工信学术出版基金
Industry and Information Technology Academic Publishing Fund

Space–Air–Sea Integrated Information Networks:

Architecture, Technologies and Applications

海天一体信息网络架构、技术及应用

杜 军 韩 笑 王劲涛 任 勇/著

人民邮电出版社
北 京

图书在版编目（CIP）数据

海天一体信息网络架构、技术及应用 / 杜军等著
. -- 北京 : 人民邮电出版社, 2024.11
ISBN 978-7-115-63992-9

Ⅰ. ①海… Ⅱ. ①杜… Ⅲ. ①海洋工程－通信网－研究 Ⅳ. ①P75

中国国家版本馆CIP数据核字(2024)第052369号

内 容 提 要

本书围绕新型海天一体信息网络，探讨了海天一体信息网络的体系架构、资源分配、通信组网与协同优化等核心问题，概述海天一体信息网络并提出一体化海洋信息网络体系架构，探讨了海天一体信息网络资源协作分配优化的相关方法，以及面向高效水下通信组网的水声信道估计方法与水声通信网络协议，在此基础上进一步探讨了大规模海洋物联网智能组网技术与跨域无人平台集群智能协同与组网优化方法，最后，详细介绍了新型海洋工程装备。本书提出的新型海天一体信息网络相关的技术为一体化海洋通信架构与协议、水下通信与组网、海洋物联网的智能协同与组网优化等相关研究提供了新的研究方法与思路。

本书可作为高等院校信息与通信工程、人工智能、水声通信和自动化等专业师生的教学与学习参考书，也可供相关领域的研究工作者与实践工作者参考。

◆ 著　　　杜　军　韩　笑　王劲涛　任　勇
责任编辑　代晓丽
责任印制　马振武
◆ 人民邮电出版社出版发行　　北京市丰台区成寿寺路 11 号
邮编　100164　　电子邮件　315@ptpress.com.cn
网址　https://www.ptpress.com.cn
固安县铭成印刷有限公司印刷
◆ 开本：700×1000　1/16
印张：16.25　　2024 年 11 月第 1 版
字数：319 千字　　2024 年 11 月河北第 1 次印刷

定价：159.80 元

读者服务热线：(010)53913866　印装质量热线：(010)81055316
反盗版热线：(010)81055315
广告经营许可证：京东市监广登字 20170147 号

前言

21 世纪，人类进入了开发海洋与部署海洋战略空间的新阶段。海洋作为人类赖以生存的“第二疆土”与“蓝色粮仓”，在保障国家总体安全、促进社会经济发展等方面的战略地位日益突出。“向海而兴，背海而衰。不能制海，必为海制。”但是，由于海洋环境的特殊性和复杂性，当前海洋信息化建设缺乏系统性的理论体系和配套技术支持，严重影响了我国海洋经济、安全和发展利益。因此，推进海洋一体化信息化建设，攻克海洋信息网络的技术难题，对建设海洋强国具有重要意义。

海天一体信息网络，就是将天基、空基、陆基、海基、潜基的信息系统相互连接融合，形成一个完整的信息网络。该网络通过无人机、无人艇、水下传感器、无人潜航器等无人系统，以及新型海洋工程装备等各种技术手段，实现海陆空天之间的数据共享、信息传输、智能协同与组网优化。这种一体化的信息网络能够为海洋资源开发、海上安全监控、海洋环境保护和海事救援等活动提供更高效、更全面、更精准的信息服务。

美国、日本、加拿大以及欧洲各国的著名海洋研究机构一直引领全球海洋科学与技术的发展，凭借在海洋信息网络领域的先发优势，纷纷投入巨资开展海天一体信息网络关键技术研究。自从党的十八大作出建设海洋强国的重大部署以来，我国的海洋事业取得了全面的发展，在海洋信息网络领域取得了丰硕的研究成果，实现了从机械化到信息化的初步过渡。随着海洋开发和利用的不断深入，海天一体信息网络的研究面临更多艰难的技术问题。与传统的陆地通信网络相比，新型海天一体信息网络所存在的高动态、多业务、资源受限、异质异构等复杂特性，极大地提高了其设计与应用的难度。因此，本书围绕新型海天一体信息网络设计与应用中的核心难题与关键技术，研究海天一体信息网络体系架构及其资源协作分配方法、水下通信与组网、海洋物联网智能协同与组网优化技术等主要问题。

本书的内容基础源于清华大学电子工程系杜军教授多年来在天空地海一体化信息网络组网优化与智能协作领域的研究成果，以及其指导的多名博士生、硕士生的相关研究工作。全书共分为 8 章：第 1 章对海天一体信息网络及其相关应用进行概述；第 2 章介绍一体化海洋信息网络体系架构，包括天–空–陆–海–潜一体化新型海天一体信息网络及一体化海洋信息网络协议，并总结多平台通信接入方式及典型的应用场景；第 3 章介绍海洋“三全”广域宽带通信，提出多种空中基站部署优化的算法并进行仿真验证；第 4 章介绍水下通信与水声组网，提出一种水声信道估计的方法和一套水声通信网络的信道接入控制协议；第 5 章介绍大规模海洋物联网智能组网技术，并提出面向大规模海洋网络的可靠性优化方法；第 6 章介绍跨域无人平台集群，提出无人平台集群智能协同与组网优化方法并给出相应的仿真分析；第 7 章介绍多种新型海洋工程装备；第 8 章为结论与展望。

本书的完稿有赖于众多研究人员的辛勤付出。杜军负责全书的内容规划和体系架构搭建，以及撰写过程中的组织和协调工作，江炳青、张华蕾、陈梓淇、魏维等参与了相关章节的初稿创作，杜军、韩笑等参与了终稿编写。此外，本书引述了段瑞洋、关桑海、秦川、王子源、魏维、高新博、郑茂醇等人的前期工作成果。全书由杜军统稿。陈梓淇对全书进行了校对，在此一并表示衷心的感谢。同时感谢人民邮电出版社对本书的出版所给予的关心与支持，也感谢在本书撰写过程中各位前辈、同行的热情参与，以及给予我们的鼓励。

在这个科技蓬勃发展的新时代，作者深知本书难以如时代洪流中的耀眼灯塔引领进步的方向，只愿本书能够燃起那科技的星星之火，为其他从事海天一体信息网络及其相关领域研究的学者与技术人员提供一定的思路与启发，从而为海天一体信息网络领域的研究尽一份绵薄之力。

由于作者的知识结构与学识水平有限，书中难免存在不妥之处。恳请读者批评和指正。

作者

2024 年 3 月于清华大学

目　录

第 1 章 海天一体信息网络概述

1.1 引言

海洋作为人类赖以生存和发展的重要空间，一直是全球竞争的主战场。进入 21 世纪以来，世界海洋强国不断强化海洋战略，争夺海洋的战略制高点。我国拥有约 300 万平方千米的管辖海域，约 1.8 万千米的大陆海岸线，有着丰富的海洋资源和战略发展利益。2024 年，自然资源部海洋战略规划与经济司发布数据显示，2023 年全国海洋生产总值 99 097 亿元，比上年增长 6.0%，增速比国内生产总值高 0.8 个百分点；占国内生产总值比重为 7.9%，比上年增加 0.1 个百分点。相比之下，美国、加拿大、日本等海洋强国的国家海洋经济人均国内生产总值（GDP）比重普遍在 20%以上。因此，在全球资源短缺与人口加速增长的矛盾推动下，开发海洋资源、发展海洋经济将成为推动国家经济发展的必然选择。近年来，随着海洋争议、危机、冲突的凸显，中国面临的地缘安全威胁出现了“从陆到海”的战略性转移，海上安全威胁明显大于、多于陆上安全威胁，成为我国国际安全的主要战略威胁[1]。因此，建设海洋强国不仅是新时期经济建设发展的需求，还是国家利益安全的保障。党的十八大报告提出“建设海洋强国”，党的十九大报告提出“加快建设海洋强国”。这充分说明，经略海洋，挺进深蓝，建设海洋强国，已经成为新时代中国特色社会主义事业的重要组成部分[2]。

我国海洋事业已取得全面的发展，实现了海洋机械化到信息化的初步过渡。中国联合网络通信集团有限公司（以下简称中国联通）在广西北海至大连海域已基本建成了近海 50 km 的覆盖网络；中国移动通信集团有限公司（以下简称中国移动）和中国电信集团有限公司（以下简称中国电信）也在一些沿海岛屿或省份建设了基站。

但是，我国海洋信息化建设由于海洋环境的特殊性与复杂性，缺乏系统性的针对海洋信息化建设的理论体系与配套技术的支撑，因此还不够完善，这严重影响了我国海洋经济、安全和发展利益。尤其是近年来，我国“21 世纪海上丝绸之路”倡议的不断推进，对深远海的信息支撑能力的进一步发展和升级提出了迫切的需求。因此，推进海洋信息化建设，解决海洋信息网络的技术难题，提升我国在近海与深远海地区的资源开发、安全防卫、搜索救援、生态环境监测等活动的能力，对实现海洋强国具有重大意义。

1.2 海天一体信息网络的应用

1.2.1 面向广域覆盖的海洋超宽带应用

海洋超宽带技术是指在海洋环境下，采用宽带通信技术实现高速数据传输的一种技术。随着人类对海洋资源的开发和利用日益增多，对于海洋超宽带技术的需求也越来越大。海洋超宽带技术的应用范围广泛，如海底观测、海底地震监测、深海采矿等。随着我国经济的不断发展，我国对海洋资源的开发和利用也越来越重视。根据中国宏观经济研究院预测，2025 年我国海洋经济产值有望超过 14 万亿元[3]。海洋超宽带技术的发展与应用，可以帮助我国更好地开发和利用海洋资源。

1. 海上通信卫星

目前，海上通信和探测主要依赖于各类卫星，我国近年来发射或计划发射的静止轨道卫星和低轨星座，能够提供全球多类型遥感和通信服务。2016 年 8 月 6 日发射的被称为中国版“海事卫星”的天通一号 01 星以及 2017 年 4 月 12 日发射的实践十三号高通量通信卫星可提供海上高速宽带通信服务，我国于 2018 年完成了北斗三号基本系统星座部署，该系统可以提供全球导航和短报文通信服务；中电科天地一体化信息网重大项目低轨接入网规划 60 颗综合星和 60 颗宽带星，采用星间链路和星间路由技术，实现极少数地面信关站支持下的全球无缝窄带和宽带机动服务[4]；中国航天科工集团有限公司（以下简称航天科工）、中国航天科技集团有限公司（以下简称航天科技）两个集团的虹云工程、鸿雁星座的首星于 2018 年 12 月成功发射；高景、珠海一号星座和朱雀一号火箭等商业航天行为此起彼伏，呈现蓬勃发展的态势[5]。此外，我国在海底光缆方面，有连接中国与日本、韩国等地区的亚太二号海底光缆，连接中国与美国、日本、韩国三国的中美海底光缆以及连接东亚、中东地区的亚欧三号海底光缆等。综上所述，国内外面向海洋覆盖的一体信息网络研究和试验如火如荼。然而，高通量通信卫星运营成本高，且受雨雾影响，无法保障全天候宽带覆盖；海底光缆布设及运维成本高，且向深远海延伸能力受限。针对未来海上宽带通信以及深远海、兼顾水上水下信息获取与传输的新型网络，需要在现有成熟技术和应用模式的基础上，进一步研究未来性价比合理、便于推广的可行方案。国内从事海上通信卫星研究的主要机构及其研究成果见表 1-1。

表 1-1　国内从事海上通信卫星研究的主要机构及其研究成果

机构名称	相关研究内容	相关研究成果
中电科第五十四研究所	卫星通信网络技术	时分多址（TDMA）卫星系统
北京华力创通科技股份有限公司（以下简称华力创通）	天通卫星通信终端	天通卫星电话
国家卫星海洋应用中心	海洋卫星系列发展和卫星应用	海洋一号（HY-1）和海洋二号（HY-2）卫星
自然资源部第二海洋研究所（以下简称海洋二所）	卫星海洋学	“钓鱼岛及其附属岛屿”真实感三维信息系统
中国卫通集团股份有限公司（以下简称中国卫通）	民用通信广播卫星	中星系列卫星

2. 岸基移动通信系统

岸基移动通信系统主要由近海岸的陆地蜂窝网基站与船只用户构成。我国近海岸、海岛及海上漂浮平台布设了大量的 2G/3G/4G 基站，能够为近海船只用户提供通信即数据服务。随着 5G 技术的发展，未来的岸基移动通信系统不仅能为近海船只用户提供稳定可靠的通信服务，而且还能为智慧港口、智慧码头的建设提供有力的技术支撑[6]。

目前海洋通信主要的研究思路是将陆地通信网络中较为成熟的技术，如长期演进技术（LTE）、全球微波接入互操作性（WiMAX）、无线局域网（WLAN）等应用到海洋场景中进行海洋通信系统设计。在这些工作中，比较有代表性的是海洋通信的电信和监测技术（TRITON）项目，此项目将无线城域网移植于海上，是一款主要利用 WiMAX 技术，基于 IEEE 802.16 协议开发的高速、低成本的海上通信系统。除此之外，很多研究者考虑将海上蒸发波导通信、散射通信、流星余迹通信等技术应用于海上电磁波通信，以实现超视距传输。还有不少工作将自组织网络技术、多天线技术和时延容忍技术应用到海上通信系统中，在不同程度上都取得了很好的系统性能表现。

3. 海域宽带通信网

海域宽带通信骨干网采用卫星和微波两种传输手段。其中，系统在卫星传输方面，设计 Ka 高通量通信卫星和 C 频段卫星融合的宽带通信机制，并采用最新的 DVB-S2X 制式和网络管理技术，使传输速率和容量达到传输要求。系统采用频分多址（FDMA）/TDMA 宽带卫星通信技术，通过网络管理中心实现基站之间的多种体制的星状连接，4G/5G 骨干网通过卫星承载示意如图 1-1 所示。具体地，在中星 16 号卫星信关站部署一套宽带卫星通信系统中心站设备并接入移动运营商骨干网，利用卫星信关站已经建成的天线和射频系统将骨干网数据发送到中星

16 号卫星上，并通过卫星转发器将数据发送到南海范围的各点波束内，通过海上卫星通信终端接收，实现和海基平台上 4G/5G 基站的连接。

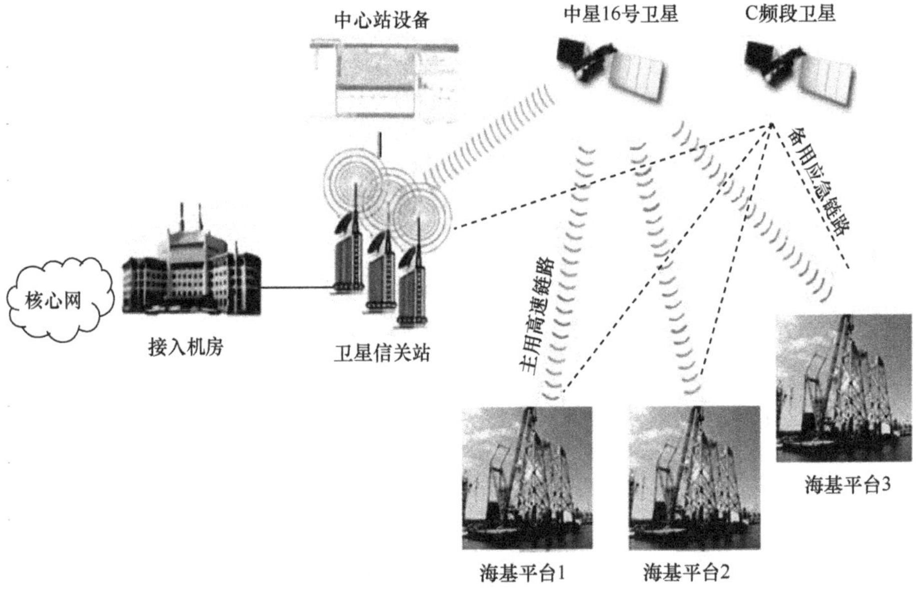

图 1-1　4G/5G 骨干网通过卫星承载示意

微波传输采用海基平台间多跳传输方案。在岸上建立微波传输公网接入节点，并在每个邻近海基平台之间架设 6 GHz 频段的微波传输链路，通过多跳微波链路将海基平台上的 4G/5G 基站与地面网相连，实现 4G/5G 基站和骨干网连接，4G/5G 骨干网通过微波承载示意如图 1-2 所示。

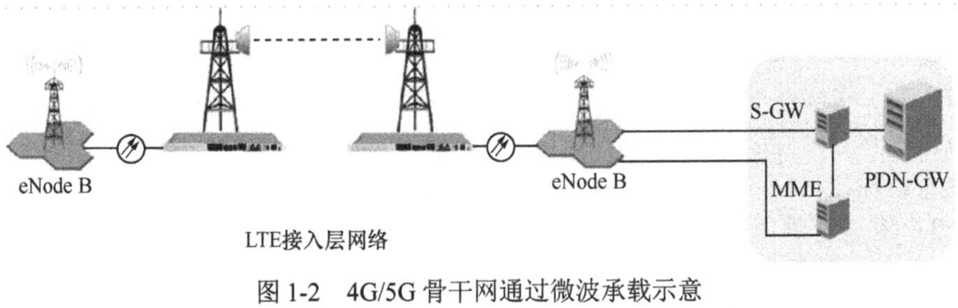

图 1-2　4G/5G 骨干网通过微波承载示意

注：①S-GW：服务网关；②MME：移动管理节点；③PDN-GW：公用数据网网关。

4G/5G 基站+用户驻地设备（CPE）终端覆盖方式如图 1-3 所示，包括部署在漂浮平台上的 4G/5G 基站及船载的 CPE，两者通过标准无线链路连接，4G/5G 基站通过骨干传输链路与陆地公众移动网络相连，实现陆地公众移动网络向海域的延伸覆盖；同时，船载 CPE 通过 Wi-Fi 接口为本地的手机、计算机等提供无线网络接入[7]。

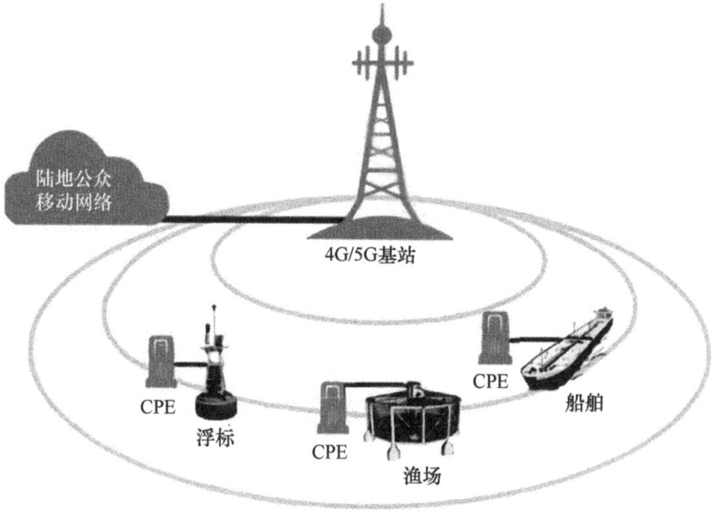

图 1-3　4G/5G 基站+CPE 终端覆盖方式

1.2.2　面向海量接入的海洋物联网应用

在海洋物联网中，大蜂窝基站平台是保证海量接入需求所必需的，拥有较强的通信能力、探测能力和能源保障能力，能够抵抗恶劣天气。卫星作为海洋物联网的重要组成部分，可以为海洋物联网提供额外的通信和探测手段，并有效提升网络系统的可靠性和灵活性。浮标、声呐等作为移动增强节点，可以增加网络的覆盖范围和通信、探测能力。在大蜂窝基站平台上部署多种体制通信基站、船舶自动识别系统（AIS）中的收发系统、分布式地波雷达收发站、4G/5G 物联网基站，可以构建海洋通信网、海域监测网、雷达探测网等海洋物联网应用。同时，该体系可与现有的和未来的地面网络、天基网络互联互通，形成完整的信息体系。海域大蜂窝网络示意如图 1-4 所示。

1. 船舶自动识别系统

AIS 是一种通过甚高频（VHF）无线电波进行船舶间自动识别和信息交换的系统。该系统能够提供船舶的位置、速度、航向、船名、船长、船宽、船舶类型、目的地和货物等信息[8]。AIS 使用全球定位系统（GPS）获取位置信息，同时使用 VHF 通信将数据传输给其他附近的船舶和岸基基站。在 AIS 中，每个船舶都被分配一个唯一的海上移动业务识别（MMSI）号码。AIS 中的船只可以通过简短邮件、卫星传真、卫星电话来进行船岸信息的交互、指令的下达和监管，同时 AIS 能够满足船舶航行全过程监控、船舶碰撞检测和海上搜救等需求。AIS 支持卫星接入、4G/5G 覆盖接入两种互备模式。AIS 的优点是能够提供实时的船舶位置信息，使船舶间的交通变得更加安全、高效。另外，AIS 也能够提高船舶的航行可视性，减少海上碰撞事故的发生，提高海上交通的流畅性。AIS 的应用范围非常广泛，包括海上交通管制、船舶位置监控、船舶定位服务、港口管理等。

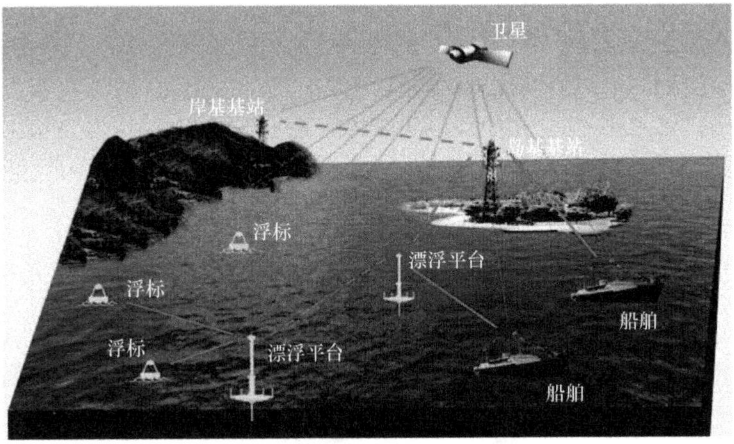

图 1-4　海域大蜂窝网络示意

AIS 技术包括硬件和软件两个方面。

在硬件方面，AIS 主要包括以下组成部分。

（1）AIS 收发器：接收和发送 AIS 信息，通常安装在船舶的桥梁上；

（2）GPS 接收器：用于获取船舶位置信息，通常与 AIS 收发器集成在一起；

（3）VHF 天线：用于将 AIS 信息通过无线电波发送到其他船舶和岸基基站；

（4）显示器：显示 AIS 信息，通常安装在船舱里。

在软件方面，AIS 主要包括以下几个模块。

（1）数据编码模块：将船舶的位置、速度、航向、船名、船长、船宽、船舶类型、目的地和货物等信息编码成 AIS 格式；

（2）数据解码模块：将接收的 AIS 信息解码成可读的船舶信息，同时进行处理和存储；

（3）数据传输模块：通过 VHF 无线电波将 AIS 信息传输到其他船舶和岸基基站；

（4）数据管理模块：管理 AIS 信息的存储、查询和分发，同时提供 AIS 数据的分析和应用服务。总体来说，AIS 技术基于 VHF 无线电波和 GPS，通过编码、解码、传输和管理等一系列技术实现船舶间的自动识别和信息交换。

2. 识别非合作船只的雷达探测系统

合作船只是指安装了 AIS 设备并按规范发布船舶信息的船舶，它们可以通过 AIS 相互通信和交流信息，但并不是所有船只都是“合作船只”。而非合作船只则包括未安装 AIS 设备、安装 AIS 但未开机、开机但篡改了所发布信息的船只，也包括敌对国的舰船（其 AIS 信息虚假或伪装成我国注册船只）。

在船舶上，雷达探测系统是一种常见的导航和安全设备，可以帮助船只在海上识别其他船只，以及浮标、礁石等障碍物，以避免碰撞等事故的发生。与 AIS

不同，雷达探测系统可以探测到其他船只的位置、速度和航向等信息，而不需要其他船只主动共享信息。对于应对非合作船只来说，雷达探测系统是一种重要的安全设备。当非合作船只进入雷达的探测范围时，雷达探测系统会自动检测其位置和速度等信息，并将其显示在雷达屏幕上。这样，船员可以及时采取行动，如调整航向、降低速度等，以避免与其发生碰撞。值得注意的是，雷达探测系统虽然可以探测到其他船只的位置和速度等信息，但并不能识别其他船只的身份和特征。因此，船员需要根据雷达显示的信息和其他观察结果来判断其他船只的身份和意图，以做出正确的决策。同时，识别非合作船只的雷达探测系统也需要经常进行维护和校准，以保证其准确性和可靠性。

3. *声呐、浮标探测系统*

声呐系统和浮标探测系统是现代海洋科技的两个重要组成部分。声呐系统通过声波的传播和反射，对海洋中的物体进行探测、跟踪和测量，从而实现对海洋环境的监测和控制。它可以用于海洋生态环境的监测、海洋资源的开发和管理、海底地形和地质的研究等方面。浮标探测系统通过在海洋中部署浮标，利用传感器获取海洋中的温度、盐度、水压等参数，从而实时监测海洋环境变化。这种系统可以用于海洋气候变化的研究、海洋生态环境的保护和管理等方面。这两种技术结合起来，可以构建一个完整的海洋环境监测系统，实现对海洋环境的全方位监测和控制，从而促进海洋资源的可持续利用和对海洋生态环境的保护。

4. *海洋物联网终端*

海洋物联网终端是指海洋物联网系统中的末端设备，主要用于采集、处理和传输海洋环境数据。海洋物联网终端通常包括以下几类。

（1）传感器节点：采集海洋环境数据，例如海水温度、盐度、压力、pH 值等。

（2）控制节点：控制海洋物联网系统中的各类设备，例如开启或关闭设备、控制设备运行状态等。

（3）通信节点：将采集到的数据和控制指令传输至海洋物联网系统中心节点，例如通过卫星、无线电波等方式进行通信。

（4）数据处理节点：对采集到的数据进行处理和分析，例如数据存储、数据加工和数据可视化等。

（5）能量管理节点：管理海洋物联网终端的能量供应，例如太阳能电池板、风力发电机等。

通过海洋物联网终端对海洋环境数据的采集、传输和处理，可以实现对海洋环境的全方位监测和控制，提高海洋资源的利用效率，保护海洋的生态环境。

海洋物联网智能终端是指集成了智能化技术的海洋物联网终端，它具有自主学习、自主控制和自主决策的能力，能够根据海洋环境数据和用户需求，自主地进行优化、调整和决策，从而实现对海洋资源的高效利用和对海洋环境的保护。例如，基于云计算的软件和分析技术能够采集气象（风速、风向、温度、湿度、气压、辐射、雨量）、海洋（水质参数、流速剖面、海水温度、盐度、深度）、系统状态（GPS 位置、姿态）等传感数据，并通过 4G/5G 信号转换回传至卫星或海上基站。在数据分析方面，基于云的软件和分析技术能够处理漂浮物报告的数据，具体包括动态显示漂浮物位置、运行状况和任务情况，处理环境数据，开发可自动探测、跟踪、识别附近船只的算法等。

1.2.3　面向超可靠超低时延的海洋信息服务

面向超可靠超低时延的海洋信息服务是指在海洋环境中，通过采用多种先进技术，保证海洋信息的传输过程具有极高的可靠性和低时延性能。其中，可靠性表现为海洋信息的传输过程具有较高的抗干扰性、容错性和安全性，能够在极端环境下保证信息传输的可靠性。低时延性表现为信息传输的时延很小，以确保海洋信息的实时性和准确性。面向超可靠超低时延的海洋信息服务主要应用于海洋资源勘探、海洋生态环境监测、海洋安全防御等领域。海洋信息服务通常依赖于海底光缆等高速数据传输设备，通过光缆将数据从海洋传输到陆地的数据中心或其他地方进行处理和存储。为了保证服务的可靠性，需要采用多重备份和灾备方案等技术手段，确保在任何情况下都能够保持数据传输的连续性和稳定性。同时，为了实现超低时延的服务，需要优化网络架构和算法，使用高速数据传输技术和最新的网络协议，以确保数据传输的快速和稳定。此外，还需要在网络拓扑设计、带宽分配和路由协议等方面进行优化，以提高数据传输的速率和稳定性。面向超可靠超低时延的海洋信息服务的实现涉及多种关键技术，包括海底传感器技术、海底通信技术、海洋大数据信息融合技术和区块链技术等。下面对这些关键技术进行介绍。

1. *海底传感器技术*

海底传感网是指在海底布置一定数量的传感器节点，通过传感器节点采集海洋环境数据，将采集到的数据通过无线通信方式传输到岸基基站或卫星，进而实现海洋环境的实时监测和控制[9]。海底传感网具有分布式、自治性、自组织、自修复等特点，可以在难以预测、多变的海洋环境中进行海洋观测和数据采集。海底传感网应用广泛，例如海洋气象、环境监测，以及海洋资源勘探等。海底传感网的组成包括传感器节点、中继节点、主节点和控制节点。传感器节点是海洋环境数据采集的最基本单位，通常由多个传感器和信号处理模块组成；中继节点负责接收、处理和转发传感器节点采集的数据，以增强海底传感网的覆盖范围和传输能力；主节点是海底传感网的核心，负责对传感器节点和中继节点进行管理和控制；控制节点负责对整个海底传感网进行远程控制和监测。海底传感网的技术挑战主要包括传感器节点的小型化、低功耗、高灵敏度和长寿命等技术；中继节点和主节点的高速、高可靠的通信技术；海洋环境的复杂性和难以预测性等挑战。随着海洋信息技术的不断发展，海底传感网的应用范围将越来越广泛。加拿大海王星计划（NEPTUNE）项目搭建了一个深海观测网，利用海底光纤通信技术，将多个海底观测站与陆地相连，实现了对太平洋深海环境的长期实时观测。该项目通过海底传感器采集了大量的海洋环境数据，如海洋温度、盐度、压力、流速等，并提供了对海底地震、火山活动等自然灾害的实时监测和预警。NEPTUNE 项目是目前最大规模的深海观测网，被誉为“海底的互联网”。日本国立研究开发法人海洋研究开发机构（JAMSTEC）的全球变化研究所（RIGC）利用海底观测设备和船只进行海洋调查和观测，通过海底通信技术将采集到的数据传输到陆地的数据处理中心，实现了对海洋环境和海洋生态的监测。该项目采集到的海洋数据对于气象预报、渔业资源管理、海洋环境保护等方面具有重要的应用价值。西班牙加那利群岛海洋平台（PLOCAN）项目开发了一个海洋观测系统，利用太阳能、风能等多种海洋能源技术，为海底观测设备提供能源支持。该项目通过海底传感器采集了大量的海洋环境数据，并通过海底通信技术将数据传输到陆地的数据处理中心，实现了对海洋环境和海洋生态的监测和预警。该项目开发的系统是目前欧洲最大的深海观测系统之一，被广泛应用于海洋科学研究和工业应用等方面。这些项目通过采用先进的海洋传感、通信、数据处理和能源技术，实现了超可靠超低时延的海洋信息服务，并在海洋科学研究、资源管理、环境保护、安全监测等方面发挥了重要作用。

2. *海底通信技术*

由于海洋环境复杂、水下传输介质特性独特，因此海底通信技术相比陆地通信技术存在很多独特的技术挑战。海底通信技术主要应用于海洋资源勘探、海洋科学研究、海底遥感观测、海洋环境监测等领域。目前，海底通信技术主要包括有线通信和无线通信。有线通信技术通常采用海底电缆进行信息传输，通过海底电缆将信号从海底传输到陆地，实现远距离的信息传输。有线通信技术具有传输带宽大、可靠性强、抗干扰能力强等优点，但是建设成本较高，海底电缆的维护和修复也比较困难。无线通信技术则利用水下声波或电磁波进行信息传输，包括水声通信和电磁通信。水声通信是指利用水下声波进行信息传输，具有传输距离远、带宽大等优点，但是受海水的吸收、衰减等影响较大；电磁通信则是利用电磁波进行信息传输，具有传输速率快、抗干扰能力强等优点，但是受海水的散射、反射等影响较大。未来，随着海洋信息技术的不断发展和海底通信技术的不断创新，海底通信技术将进一步提高传输速率、传输带宽和通信质量，为海洋资源勘探、海洋科学研究、海洋环境监测等领域提供更加可靠、高效的信息传输和通信手段。

3. 海洋大数据信息融合技术

海洋大数据信息融合技术是指将不同来源的海洋数据进行整合、分析和处理，生成全面、准确、可靠的海洋信息，以满足各种应用需求的技术。海洋大数据信息融合技术是海洋信息化发展中的重要组成部分，可以为海洋环境保护、海洋资源开发和利用、海洋航行和安全等领域提供决策支持和技术保障。

（1）海洋数据来源复杂，包括卫星遥感、海洋观测、海底探测等，这些数据来源的数据格式和结构不同，需要进行统一整合，海洋大数据信息融合技术可以对这些数据进行整合，使不同来源的数据可以互相关联和利用（数据整合）。

（2）通过对整合后的数据进行分析和处理，可以提取出有价值的信息，海洋大数据信息融合技术可以通过多种算法和技术，对数据进行挖掘、分析和预测，生成全面、准确、可靠的海洋信息（数据分析）。

（3）为了更好地展示和应用海洋信息，需要将分析后的数据进行可视化处理，海洋大数据信息融合技术可以通过数据可视化技术，将分析后的数据以图表的形式呈现出来，使人们可以更加直观地了解和应用这些数据（数据可视化）。

（4）海洋数据的安全性和保密性是至关重要的，海洋大数据信息融合技术可以通过数据加密、权限管理、身份认证等多种技术，保障海洋数据的安全性和保密性（数据安全）。

（5）为了更好地利用海洋信息，需要将这些信息进行共享，海洋大数据信息融合技术可以通过制定数据共享规范和标准，建立共享机制和平台，实现数据共享和交流（数据共享）。

总的来说，海洋大数据信息融合技术可以为海洋信息化建设提供技术保障和决策支持，促进海洋资源的合理利用和保护，为实现海洋强国建设和可持续发展提供技术支持和保障。鉴于海洋大数据的重要性，国内在陆续构建一些海洋大数据平台。2020 年 10 月，由中国海洋大学海洋高等研究院、深海圈层与地球系统前沿科学中心主持建设的海洋大数据中心集群系统正式投入业务化运行。2022 年 1 月，青岛国实科技集团有限公司建成全国首个海洋大数据交易服务平台，为海洋经济的新兴产业提供平台支撑。此外，清华大学正在筹建海洋大数据平台，该平台将运用大数据、云计算以及人工智能等技术，构建海洋大数据新型存储网络，打造国际化的海洋大数据中心[6]。

4. 区块链技术

区块链是一种基于去中心化、公开透明、难以篡改的分布式账本技术，在不需要中心化机构的情况下实现参与者间信任的建立和维护，从而保证信息的安全性、可靠性和透明性。

（1）区块链技术可用于保护海洋资源的数字权益，例如海洋地理信息、海洋生态系统和生物多样性等，通过将这些信息存储在区块链上，可以保证信息不被篡改、防止信息泄露和滥用。

（2）区块链技术可用于改善海洋物流和运输过程中的信息安全和透明度，通过将货物的物流信息和运输记录存储在区块链上，可以保证物流信息不被篡改。

（3）区块链技术可用于提高海洋渔业信息的可靠性和透明度，通过将渔民捕捞的信息和捕捞记录存储在区块链上，可以保证捕捞信息的可靠性和透明度，防止非法捕捞和不合规操作。

（4）区块链技术可用于促进海洋生态保护和减少碳排放，通过将海洋环境监测数据、碳排放数据等存储在区块链上，可以监测和追溯碳排放过程。

总的来说，区块链技术在海洋信息领域中可以提高信息的可靠性、安全性和透明度，从而保护海洋资源、促进可持续发展。

1.3　未来展望

海天一体信息网络将陆地、海洋、空中的信息紧密结合起来，形成一个完整的信息网络，以实现更高效、更全面、更精准的信息服务。未来，海天一体信息网络的发展趋势如下。

（1）全球化网络：随着全球经济一体化的发展，全球范围内的信息交流变得越来越频繁，未来海天一体信息网络将成为全球性的信息网络，实现跨越海洋和国界的信息共享和交流。

（2）智能化网络：未来海天一体信息网络将逐步智能化，利用人工智能和机器学习等技术，对大量的数据进行处理和分析，从而更好地服务于人类社会。

（3）安全可靠网络：海洋和天空的自然环境复杂、多变，信息网络的安全性和可靠性将面临巨大的挑战。未来的海天一体信息网络将依靠先进的安全技术，确保信息的安全和可靠传输。

（4）生态友好网络：随着全球环保意识的提高，未来海天一体信息网络将注重生态保护，采用环保的技术和手段，降低对海洋和天空的影响。

总的来说，未来海天一体信息网络将成为一个全球化、智能化、安全可靠、生态友好的网络，为人类社会的发展提供更为广泛和深入的支持。

参考文献

[1] 李庆功, 周忠菲, 苏浩, 等. 中国南海安全的战略思考[J]. 科学决策, 2014, 208(11): 1-51.

[2] 左传长, 张建民. 海洋强国“3345”战略构想[J]. 中国发展观察, 2018, 204(24): 36-37.

[3] 陈彦玲. “十四五”时期广东重点发展高科技产业的选择建议[J]. 广东经济, 2020, 282(1): 14-25.

[4] 王淑慧. 北斗卫星导航系统应用终端检测技术研究[J]. 数字通信世界, 2020, 184(4): 205-206.
[5] 中国航天科技集团有限公司. 中国航天科技活动蓝皮书(2018 年)(上)[J]. 国际太空, 2019, 482(2): 5-11.
[6] 段瑞洋, 王景璟, 杜军, 等. 面向“三全”信息覆盖的新型海洋信息网络[J]. 通信学报, 2019, 40(4): 10-20.
[7] 张鹏. 北斗导航系统及长距离 ZigBee 在渔业系统中的应用[D]. 青岛: 青岛科技大学, 2015.
[8] 迟玉梁. 多信源跟踪目标融合系统的设计与实现[D]. 大连: 大连海事大学, 2019.
[9] 彭翔云. 带 AUVS 水下传感器网络研究[D]. 武汉: 华中科技大学, 2008.

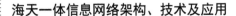

第 2 章 一体化海洋信息网络体系架构

2.1 引言

尽管现有的海洋信息网络已经初步形成以海洋物联网为代表的信息获取体系和以卫星通信、船载无线通信、水声通信为代表的信息传输体系，然而其仍未从分立的网络模块融合为功能统一的系统，存在如下的问题和挑战。

（1）信息覆盖不全，获取手段不力。现有海洋信息网络主要依靠海洋卫星实现水上目标信息获取，然而受到重访周期及分辨率限制，海洋卫星只能观测重点海域大尺度海洋信息，对小尺度目标及水下目标缺乏信息获取能力。以我国 2020 年 6 月发射的由中国东方红卫星股份有限公司研制的海洋一号 D 星（HY-1D）为例，其搭载的海洋水色扫描仪空间分辨率为 1.1 km，需要 1 天时间才能实现对全球海洋观测覆盖，并且容易受到云层遮挡影响，目前仍无法实现对全球海洋水色信息的实时获取[1]。而以实时地转海洋学观测阵列计划（ARGO）为代表的海洋浮标系统，在信息采集时，浮标需要先潜入水底采集相关信息再上浮至水面通过卫星回传数据，整个信息采集过程需要经历几天甚至十几天的时间，数据采集时效性较差。海洋监测网主要用于采集水下信息，然而目前以有缆连接为主的海洋监测网布设成本较高且灵活性差，只能覆盖近海重点区域，对中远海仍然缺乏信息覆盖。因此，如何构建高效的信息获取体系，实现包括中远海及水下的海洋全维度立体实时信息获取仍是目前的难点问题。

（2）传输能力有限，传输时效性差。现有的海洋通信系统严重依赖卫星通信和中频（MF）/高频（HF）/VHF 无线通信实现海上信息传输及通信服务，然而，由于通信成本及传输速率限制，现有方式无法满足日益增长的海洋高速通信需求。卫星通信系统能够在一定程度上提供海上宽带通信服务，然而其较高的建设成本和通信代价限制了其进一步发展。以国际海事卫星组织 77 舰队（INMARSAT-Fleet77）为例，其船载终端的安装成本为 2.8 万美元，通信费用为每分钟 2.8 美元[2]，较高的通信成本限制了其大规模安装应用。此外，卫星通信尤其是 Ka 波段通信易受到水汽及雨衰等海洋传输环境影响，难以实现高效的通信覆盖。MF/HF/VHF 无线通信是目前最普及的海上通信方式，但是受限于带宽，这些通信方式只能实现几 kbit/s 甚至数百 bit/s 的传输速率，且链路易发生中断，无法实现稳定的高速传输。对于水下通信而言，水声通信是目前唯一可靠的中远距离通信方式，然而水声通信受复杂传播环境的影响，带宽小、容量小、传播慢、不稳定等特性使其成为设计难度最高的通信系统之一。随着海洋物联网终端节点规模和海上用户规模的快速扩张，如何设计高效的通信体系满足日益增长的通信需求也是目前备受关注的难点问题。

（3）数据处理不及时，信息共享水平差。随着海洋大规模观测监测体系的完善，海洋数据规模快速增长，已进入大数据时代。根据国家海洋信息中心的数据，仅在 2014 年，我国的海洋遥感数据就已经超过 41 000 GB[3]。然而，与快速增长的数据规模相比，海洋数据处理系统建设还相对滞后。目前，海洋数据还是采用传统方式回传到陆地进行处理，尚未出现专用的海洋数据处理系统。然而，传统数据处理方式存在两方面弊端：一是受限于海洋信息传输能力，浮标、潜标等无线节点的数据很难实现实时信息采集，从而导致数据处理存在滞后性；二是不同信息采集平台的载荷和性能各异，并且对于卫星遥感数据、海洋浮标系统数据、海底监测网数据等，其处理系统相对独立，信息处理水平高低不一，因此信息共享水平和应用水平较差。随着数据挖掘、机器学习、云计算等技术的成熟，海洋数据融合处理出现了新的契机，但是由于海上缺乏数据处理中心，如何实现数据的快速采集和高效处理也是目前的难点问题。

不难看出，现有海洋信息网络的信息获取、传输和融合处理之间存在相互制约的关系，而目前信息获取体系、传输体系和融合处理体系的相互独立以及单体系能力的受限是出现上述问题和挑战的根本原因，也是制约海洋信息网络发展的瓶颈因素。因此，我们有必要设计新型的一体化海洋信息网络体系架构将信息获取、传输与融合处理由分立的子系统融合为大规模多协作的综合信息系统，从而增强多体系网络协同并进一步增强网络信息获取、传输和融合处理能力。按照这个思路，在现有海洋信息网络的基础上，融合多维平台和载荷的天-空-陆-海-潜一体化新型海天一体信息网络是未来的发展方向。

2.2 海天一体信息网络的构成

天-空-陆-海-潜一体化新型海天一体信息网络架构如图 2-1 所示。与现有海洋信息网络相比，海天一体信息网络最主要的改进是增加了海上基站、浮空平台、无人驾驶飞行器（UAV）和无人潜航器（UUV）等新型常驻节点，并以海上基站为基础构成了“以海为基、融接空天”的一体化新体系。在现有的海洋信息网络中，由于海上缺乏信息基础设施，因此天网（卫星）、海网（船只/浮标）和潜网（海底监测网）之间相互独立，且由于载荷和介质不同难以实现互联互通。为此可以参考陆地蜂窝信息系统的解决方案，通过在海上布设基站作为连接平台实现不同网络系统之间的融接。具体而言，除了将基站布设在岛礁，还可以在海上风力平台、油气开发平台上布设基站作为海上通信设施的补充。进一步地，可以通过建设半潜式平台进一步拓展信息覆盖，构建海洋蜂窝信息系统。海上基站可以搭载各种通信设备，支持卫星通信、LTE、WiMAX 等多种通信方式，并且可以在底部安装水声通信设备为水下节点提供接入。此外，海上基站作为稳定可靠的海上常驻平台，还可以为浮空平台、UAV、UUV 等平台提供停靠、充电等服务。海上基站之间可以建立视距（LOS）通信，并通过多跳的方式连接岸基基站的核心网，从而为海洋物联网、海上用户提供骨干链路传输。卫星可以作为骨干链路的备份，在海上基站无线链路发生中断或者流量过载时使用。因此，通过增加海上基站等常驻平台，各类子网可以通过组内协议及组间协议实现互联互通，从而构建从水上到水下的海洋立体信息覆盖。海天一体信息网络融合了天、空、陆、海、潜多维平台，接下来分别介绍各平台的构成及功能。

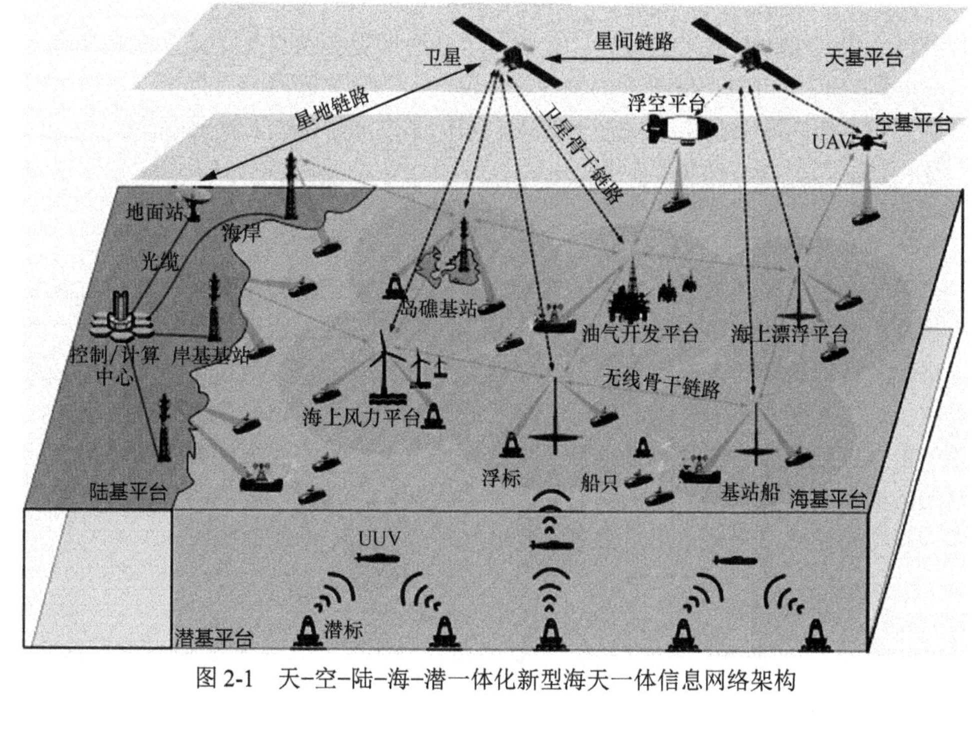

图 2-1　天–空–陆–海–潜一体化新型海天一体信息网络架构

2.2.1 天基平台

天基平台主要包括各类低地球轨道（LEO）、中地球轨道（MEO）、地球静止轨道（GEO）探测及通信卫星，如我国的海洋系列卫星、INMARSAT、铱系统（Iridium）等。这些卫星分布在不同的轨道高度，具有不同的重访周期和覆盖范围。海洋卫星主要为海天一体信息网络获取节点信息实现海洋大尺度观测，而各类通信卫星一方面为海上用户提供宽带覆盖，另一方面为海上基站、浮空平台、UAV 等提供骨干链路传输。

2.2.2 空基平台

空基平台主要包括热气球等高空平台（HAP）和 UAV 等低空平台（LAP）。HAP 分布在 20～50 km 的高空作为空中基站为海上用户及物联网节点提供通信服务并与卫星或海上基站之间建立骨干链路。LAP 分布在 1 km 以下的低空组成自组织网络，主要与海上基站建立骨干链路，一方面作为移动信息采集节点为海洋物联网提供数据采集服务，另一方面作为区域热点提高海上用户的服务质量（QoS）。

2.2.3 陆基平台

陆基平台主要包括岸基通信观测站、岸基基站（4G/5G 基站）、AIS 基站和航行警告系统（NAVTEX）基站等。其中，岸基通信观测站主要完成重点海域海上目标监测功能。4G/5G 基站一方面为近海用户和海洋物联网节点提供移动通信服务，另一方面为海上基站建立骨干链路。AIS 基站和 NAVTEX 基站则为海上用户提供定位、识别、预警等服务。

2.2.4 海基平台

海基平台主要包括海上基站、浮标、船只等。海上基站是海天一体信息网络中最核心的节点，既可以作为水上通信基站，又可以作为水下通信基站使用，其上搭载的计算平台还可以提供一定的数据处理服务。海上基站之间通过 LOS 链路连接，为海上用户和海洋物联网节点提供骨干链路传输。浮标是海洋物联网中主要的信息探测节点，通过布设浮标可以实现水上及水下小尺度的海天一体信息网络的数据获取。船只是主要的信息服务用户，同时，部分功能完善的船只还可以作为基站船使用，为海上用户及海洋物联网节点提供中继通信服务。

2.2.5 潜基平台

潜基平台主要由各类潜标和 UUV 构成，既包括美国海洋观测计划（OOI）等有缆连接海底观测网络，也包括以水声通信为主的水下自组织网络。潜标是主要的水下探测节点，用以实现水下小尺度信息获取。UUV 则是水下重要的移动信息采集节点和通信中继节点，为水下物联网提供数据采集服务和通信中继服务。

2.3　一体化海洋信息网络协议

海洋通信系统主要包括岸基通信系统、海上无线通信系统以及海洋卫星通信系统[4]，部分国家或组织的海洋通信系统及其特点总结见表 2-1。

表 2-1　部分国家或组织的海洋通信系统及其特点总结

系统分类	名称	时间	国家或组织	特点
岸基通信系统	西部港口发展（WiesPort）	2007 年	新加坡	采用 WiMAX 技术，频率为 5.8 GHz
	无线沿海区域网络（WiCAN）	2010 年	挪威	利用 LTE 基站和卫星
	TRITON	2013 年	新加坡	采用 Mesh 网络技术，频率为 5.8 GHz
	海上长期演进（LTE-Maritime）	2019 年	韩国	基于 LTE 和多输入多输出（MIMO）技术
海上无线通信系统	NAVTEX	—	国际电信联盟	NAVTEX 接收机能够自动接收特定频率上的广播信号，并自动打印或显示接收到的信息
	AIS	1994 年	国际海事组织	船舶自动识别系统，工作在甚高频
海洋卫星通信系统	海洋卫星有 INMARSAT 和 Iridium，其他的卫星网络也可以提供海洋通信服务			

1. *岸基通信系统*

岸基通信系统由若干个岸基基站组成，通过增加其天线高度和发射功率，或者在海岛建立中继节点来扩大信号覆盖范围。主要用到的技术包括 WiMAX、LTE 以及 MIMO 技术。例如，2007 年，新加坡的 WiesPort 项目采用了 WiMAX 技术，信号覆盖的范围能够达到 15 km[5]。2010 年，挪威提出了 WiCAN 技术，通过在近海区域利用 LTE 基站，远海区域利用卫星通信实现信号覆盖[6]。2013 年，新加坡的 TRITON 项目采用了近海区域利用 WiMAX 技术，远海区域利用船舶之间的连接进行通信的方法。在 4G 的竞争中，LTE 逐渐脱颖而出，对 WiMAX 的研究逐渐被 LTE 取代。2019 年，韩国提出了基于 LTE 和 MIMO 技术的 LTE-Maritime 项目，将近海域划分两个范围，分别是 30 km 内以及 30～100 km。在 30 km 内，利用船舶与岸基基站通信；在 30～100 km，利用 LTE-Maritime 路由器通信。

2. 海上无线通信系统

海上无线通信系统可以实现近海以及中远海域的信号覆盖，相比于岸基通信系统，有更广的信号覆盖范围。例如，工作在中频区域的 NAVTEX 系统，工作频率为 518 kHz，是全球海上航行的专用广播系统，可以提供气象预报、导航等服务；国际海事组织推荐的 AIS，工作在甚高频 161.975 MHz 和 162.025 MHz 上[7]。

3. 海洋卫星通信系统

海洋卫星通信系统的信号覆盖范围更广，可以实现海洋全覆盖。应用广泛的海洋卫星通信系统，如前所述的 INMARSAT 和 Iridium，兼容了全球海上遇险与安全系统（GMDSS）[7]，其中，INMARSAT-5 被称为海事全球快讯（GX）系统。除海事卫星系统，其余卫星系统虽然并非专为海洋通信建立，但皆以全球覆盖为目标，因此前述卫星系统均可用于海洋通信。

综上所述，天基通信和海基通信相辅相成，互相促进。同时，空基通信技术也得到了发展，如 2016 年葡萄牙提出的蓝色通信增强（BlueCom+）项目[6]，是空基通信的代表，通过在高海拔地区部署的通信节点以及浮标上的氦气球中的通信装置进行通信。为向不同场景的用户提供稳定全球覆盖的通信服务，对各种通信技术进行融合设计是十分必要的，因此各个国家和地区也做出了许多探索以推动空天地海一体化网络的发展。例如，在 21 世纪初，美国提出了整合天空地海网络的转型通信体系结构（TCA）[8]，由地面段、无线电段和空基段 3 个部分组成。2005 年，欧盟提出的全球通信综合空间基础设施（ISICOM）构想注重与未来互联网的融合，空基段结合了卫星、高空平台以及无人机等，促进天地一体化网络的发展。2014 年，美国提出“空间作战云”的构想，以实现天空地海的信息共享。2020 年，俄罗斯提出了地球遥感数据区域分布信息统一系统项目，研发天基信息流量自动处理技术[9]。2015 年，欧盟的基于空间辅助的安全导航（SANSA）项目提出结合空地网络来提高移动无线回程网络性能[10]。2017 年，欧盟启动的用于 5G 的卫星与地面网络（SaT5G）项目，旨将卫星集成到 5G 网络中，实现即插即用。2020 年，美国的 Intelsat 公司提出了 FlexMove 计划，即利用高通卫星与地面网络协同工作，为用户提供无缝连接的通信服务。欧洲的“哨兵-6”计划在 2020—2030 年采用两颗卫星对海面地形进行更精密的测量，以提供更完善的卫星海洋信息服务。2021 年，美国 Viasat 公司宣布收购 INMARSAT，合并后将两家公司的频谱、卫星和地面资源整合至高容量的空地网络，以提供更大的带宽以及更低时延。2022 年，欧洲通信卫星公司（Eutelsat）宣布与 OneWeb 公司进行合并，将其 36 颗地球同步轨道卫星与 OneWeb 的 648 颗低地球轨道卫星组成的星座结合起来，以扩展卫星连接服务。俄罗斯的 3 颗 Gonets-M 卫星于 2022 年 10 月进行首次发射，旨在利用移动和固定设施提供全球的信息交换服务[11]。随着各国对天空地海一体化网络的深入研究，该系统将会成为 6G 的重要研究热点。

2.4　多平台通信接入方式及典型的应用场景

1. 海域宽带通信骨干网

卫星通信方案具有技术成熟、使用广泛、易于部署的特点，然而高通量通信卫星在恶劣天气下速率受限，且抗干扰能力弱、抗毁性差、不支持水下通信。同时，长航时无人机作为海上中继节点，成本较低、灵活性强，但仍具有速率受限、抗干扰能力弱、抗毁性差、不支持水下通信、续航能力差等缺点。系留气球平台通过搭载通信设备的方式提供大范围海上通信覆盖，但其需要定期充气、运营维护成本高、抗毁性差，无法在恶劣天气下使用。为了克服上述方案的缺点，研究人员将海上通信平台引入骨干网设计方案。海上通信平台包括海上浮标、海上固定式平台、海上漂浮平台等。其中，海上浮标通信覆盖范围小，易对船只航行等海上作业造成影响，且受风浪及恶劣天气影响大，不适合提供海上广域通信覆盖。而海上固定式平台具有稳定、耐用、可拓展性强、抗恶劣天气等优点，但其建造成本极高，难以随需灵活部署。相比之下，海上漂浮平台具有成本低、寿命长、抗恶劣天气、覆盖范围大、部署灵活等优点，可以满足海上通信服务各项相关需求，因此，在充分利用已有海上固定式平台的基础上，随需部署海上漂浮平台的海上通信平台是较为合理的骨干网方案。海域宽带通信骨干网设计方案示意如图 2-2 所示。卫星单跳–平台多跳连接的混合骨干网方案综合了基于卫星和基于海上通信平台两种方案的优点，通信速率较高、可靠性强、灵活性高、易于实现、成本适中、兼顾水上和水下覆盖，完全满足海域宽带通信与网络覆盖的要求。

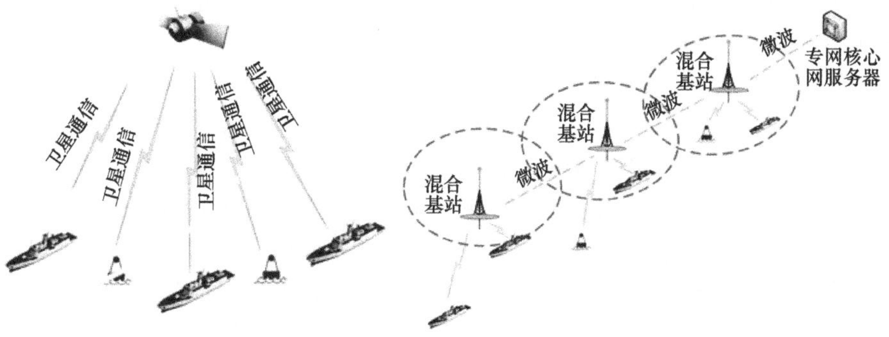

图 2-2　海域宽带通信骨干网设计方案示意

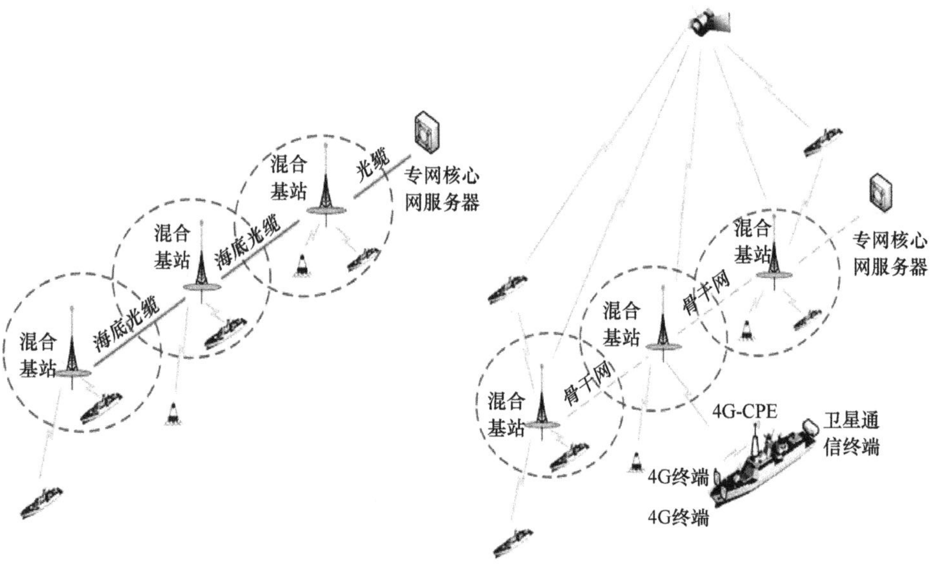

（c）海底光缆连接　　（d）卫星单跳–平台多跳连接

图 2-2　海域宽带通信骨干网设计方案示意（续）

2. 面向海洋通信和探测的大蜂窝基站平台部署方案

在海域大蜂窝信息网络中，大蜂窝基站平台是保证主体需求所必需的，其拥有较强的通信能力、探测能力和能源保障能力，能够抵抗恶劣天气环境。卫星作为海域大蜂窝信息网络的重要组成部分，可以为海洋信息网络提供额外的通信和探测手段，并有效提升网络系统的可靠性和灵活性。浮标、声呐等作为移动增强节点，可以增加网络的覆盖范围和通信能力、探测能力。在大蜂窝基站平台上部署多体制通信基站、AIS 收发系统、分布式地波雷达收发站、4G/5G 物联网基站，可以构建海洋通信网、海域监测网、雷达探测网、海洋物联网等应用。同时，该体系可与现有的和未来的地面网络、天基网络互联互通，形成完整的信息网络。

3. 海域监测及态势感知系统

AIS 通过采用支持卫星接入、4G/5G 覆盖接入两种互备模式的软硬件实现方式，可获取监控范围内船只的 AIS 信息，提升船只定位精度、降低碰撞概率、提升海上搜救能力。在雷达探测系统中，作者团队利用收发一体分布式地波超视距雷达在示范区内实现不小于 200 海里、±45°扇区的探测区域，可全天时全天候对该区域的舰船、航道进行监测，同时可获取观测范围内的洋流、风场、浪场、浪高、台风等海洋信息。通过研究声呐、浮标探测系统，作者团队实现了高速数据采集和具备实时传输能力的海洋声学监测。通过研究和构建海洋物联网系统，作者团队实现了海域边界信息监控、对船只等自动识别和跟踪。

（1）AIS 设计及定制开发

为了满足船只简短邮件、卫星传真和卫星电话等通信需求，并实现船岸信息的交互、指令的下达和监管，以及船舶航行全过程监控、船舶碰撞检测和海上搜救等功能，作者团队设计和开发了 AIS 软硬件组件。该系统支持两种互备模式，即卫星接入和 4G/5G 覆盖接入，用于船舶报告，以便沿海国家获取船舶及其载货信息，从而提高船只定位精度、降低碰撞检测概率，并提升海上搜救能力。AIS 的设计包括软件和硬件两个部分。硬件部分由内置的定位传感器、数据通信机、通信控制器、各种传感器及其接口、显示终端机等组成。软件部分由网络软件、系统控制软件和接口软件等组成。作者团队还研究了 AIS 同步和定时等数据通信技术，包括位同步技术、帧同步技术和定时技术，以提高船只的数据传输效率。此外，作者团队还研究了 AIS 船只接入控制技术，基于历史接入数据和通信环境等因素，学习接入策略，以提高频谱利用效率和航行管理能力。

（2）非合作船只的雷达探测系统

为了实现各种探测功能，并采用独特的窄发宽收体制，作者团队设计了一种新的雷达系统，该系统具备灵活的信号设计、大范围的探测能力、海空兼容性，并能够获取海态信息。该雷达系统采用短波段收发一体的新体制，系统组成如图 2-4 所示。此外，作者团队还基于超远距离分布式同步技术，研究了分布式地波雷达系统，其中各个站点之间的距离均超过 100 km。另外，作者团队还研究了基于分布式小孔径阵列雷达系统的关键技术，该系统适用于电磁环境非常复杂、存在各种有源及杂波干扰的场景。与常规地波雷达相比，该系统的子阵单元数量和孔径都要小得多。

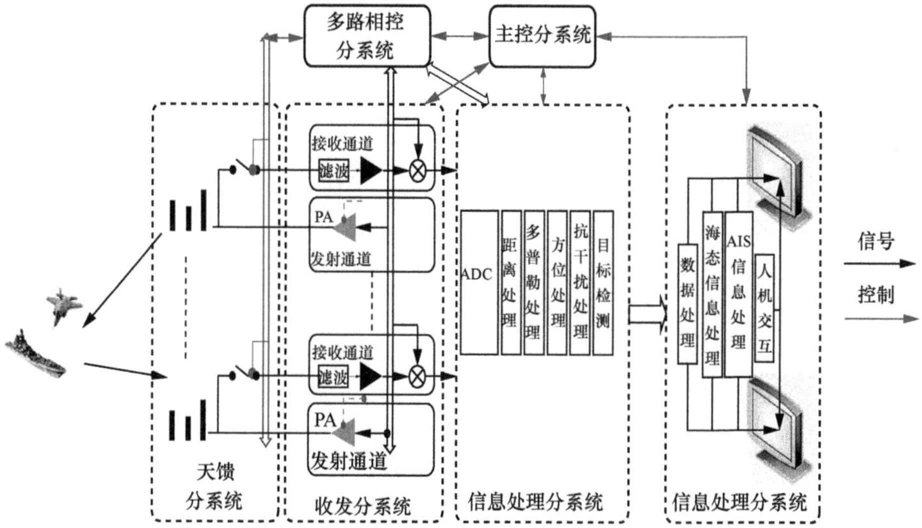

图 2-3　收发一体新体制系统组成

（3）物联网系统

通过部署成千上万个小型、低成本的物联网终端，可以组成一种分布式的传感器网络，实现对大片海域的持续态势感知。每个终端将使用一套商业传感器来收集区域内的海水温度、海况和位置等环境数据，以及商业船只、飞机甚至海洋动物的活动数据。为了适应恶劣的海洋环境，作者团队设计了能够搭载无源传感器套件的智能终端。同时，作者团队开发了基于云的软件和分析技术，以采集气象（如风速/风向、温度/湿度、气压、辐射、雨量）、海洋（如水质参数、流速剖面、温度、盐度、深度）和系统状态（如 GPS 位置、姿态）等传感数据，并通过 4G/5G 信号转换回传至卫星或海上基站。在数据分析方面，作者团队基于云的软件和分析技术来处理漂浮物报告的数据。具体而言，该系统动态显示漂浮物的位置、运行状况和任务情况，处理环境数据，并能够自动探测、跟踪和识别附近船只。

4. 海域大蜂窝信息网络应用示范

面向海域大蜂窝信息网络开展平台、载荷一体化集成设计，作者团队根据态势及任务需求，满足特定海域的高速通信需求和实时探测需求，建成通信探测一体化应用示范平台。海域大蜂窝信息网络需要集成多种平台与载荷，因此，对该网络的集成设计和仿真评估体系成为了研究难点。海域大蜂窝信息网络需求分析如表 2-2 所示。

表 2-2　海域大蜂窝信息网络需求分析

系统	解决问题	需求
深远海宽带通信示范系统	海上宽带信息服务	船舶在海上航行时，通过海上宽带卫星通信系统，船长可以实时获取航行安全方面的信息，例如台风警告、浪高预报、海图更新、海盗预警等，从而能够采取行之有效的措施，尤其是当船舶处于紧急遇险状况时，船舶状态信息可以迅速可靠地传递到岸上的救助中心，使船舶得到及时指导和援助。对于船舶管理公司来说，海上宽带卫星通信使船岸之间迅捷、可靠的商务信息传递成为可能，可以使船舶管理更高效、船舶运维更顺畅，从而节省船舶运营成本
海洋环境监测应用示范系统	海洋灾害监测预警	根据突发灾害性天气应急技术需要，在分析突发灾害性天气特征和形成机理的基础上，重点研究突发灾害性天气预报预警技术（核心）、灾害风险评估技术、应急预警信息发布技术、应急响应措施和运行机制，进一步提升突发灾害性天气应急处置能力
	渔船监管、鱼群探测	通过探测手段获取鱼群信息，为渔业捕捞提供帮助，以及对海洋牧场、网箱养鱼的可视化监控
	海洋环境预测预报	海洋监测对物理海洋、海洋灾害的研究至关重要，内波的研究需要进行小时空尺度观测，台风的研究需要获取温跃层、水下盐度等参数； 通过对海浪、海潮、洋流、温度、盐度的分析，进行风暴潮、海浪、海啸等灾害的风险评估，预测增水、天文潮、总水位、高程； 通过对风速、湿度、温度、气压、水质的监测分析，进行台风、暴雨、雷电等预测预报

续表

系统	解决问题	需求
海洋船舶交通管理示范系统	航行管控和保障（助航）	为船舶提供信息服务、交通服务、助航服务以及支持联合行动等；利用数据采集系统采集船舶实时动态数据，进行数据分析，传递船舶碰撞信息、故障信息； 向船舶提供船位和周围的交通情况，并提出合理的航行建议
海上救援-执法应用示范系统	海上救援	配合突发事件处治中的应急指挥过程，实现大面积的、跨专业和部门的信息资源、处理资源和通信资源的实时调度，使应急指挥过程更加科学化和可视化
	海上执法	服务于国家的海洋战略，通过相关组织牵头或参与国际交流执法合作，开展护航、打击国际跨境犯罪、执行联合国有关海洋治理决议和维护国际地区、维护区域海上安全稳定

2.5　未来展望

一体化海洋信息网络因其突出的基础性、战略性、引领性，已成为发达国家国民经济和国家安全重大基础设施的建设方向。我国高度重视一体化海洋信息网络建设，陆续启动“空间信息网络基础理论与关键技术”重大研究计划、“科技创新 2030—重大项目”之一天地一体化信息网络项目，“移动通信安全基础理论与关键技术”专项项目等，深入开展一体化海洋通信基础理论、关键技术、应用示范等相关研究。一体化海洋信息网络具有不可替代的独特地位和全局优势，提供无所不在的信息服务能力，能带动我国新兴产业的发展，构建新型产业生态，激发民族自主创造力，提升我国核心科技竞争力。

参考文献

[1] YUEMING R. Lm-2c launched hy-1d satellite successfully[J]. 中国航天(英文版), 2020, 21(2): 58.

[2] ILCEV S D. Introduction to INMARSAT broadband global area network for mobile backbone networks[J]. Bulletin of Electrical Engineering and Informatics, 2020, 9(2): 843-852.

[3] LI Y Z, ZHANG Y, LI W, et al. Marine wireless big data: efficient transmission, related applications, and challenges[J]. IEEE Wireless Communications, 2018, 25(1): 19-25.

[4] 张海君, 苏仁伟, 唐斌, 等. 未来海洋通信网络架构与关键技术[J]. 无线电通信技术, 2021, 47(4): 382-391.

[5] 武宜阳, 钱盼盼, 孙强, 等. 近海宽带通信技术综述[J]. 移动通信, 2021, 45(5): 75-80.

[6] 夏明华, 朱又敏, 陈二虎, 等. 海洋通信的发展现状与时代挑战[J]. 中国科学(信息科学), 2017, 47(6): 677-695.

[7] 于永学，王玉珏，解嘉宇. 海洋通信的发展现状及应用构想[J]. 海洋信息，2020，35(2): 25-28.

[8] 汪春霆，翟立君，徐晓帆. 天地一体化信息网络发展与展望[J]. 无线电通信技术，2020，46(5): 491-504.

[9] 闵士权. 天地一体化信息网络[M]. 北京：电子工业出版社, 2021.

[10] 张晓凯，郭道省，张邦宁. 空天地一体化网络研究现状与新技术的应用展望[J]. 天地一体化信息网络, 2021, 2(4): 19-26.

[11] 网易. 俄罗斯三颗 Gonets 卫星或于 10 月 22 日在东方港发射[EB]. 2022.

第 3 章 海洋“三全”广域宽带通信

3.1 引言

海洋占据了地球 71%的表面积和 90%以上的生存空间，丰富的海洋资源是支撑人类可持续发展的关键。我国是海洋大国，拥有约 1.8 万千米的大陆海岸线和超过 300 万平方千米的管辖海域，海洋对于我国的发展有着至关重要的作用。近年来，随着国家海洋强国战略的实施，我国的海洋经济得到了迅猛发展。2022 年我国的海洋经济生产总值达 8.9 万亿元，占全国生产总值的 7.8%[1]。不断增长的开发海洋和管控海洋的需求对我国的海洋科技研究提出了更高的要求。为了更好地经略海洋，高效实现对海洋全天时、全天候、全海域的“三全”信息覆盖已成为我国海洋战略的重中之重。

1. 近海宽带通信

近年来，随着海洋资源开发、海上旅游等海事活动的增多，海上用户的数量急剧增长。国际游轮协会数据显示，2023 年全球共有 3 150 万人次乘坐游轮，预计 2027 年出海邮轮游客将达到 3 950 万人次[2]，且大多游客来自离岸 50 km 以内的近海海域。不断增长的游客数量给近海通信网络带来了新的需求，除了船舶导航和操作数据传输等专用通信外，邮轮上的游客、船员还有网页浏览、图片传输和音频/视频下载等需求[3-4]，这些需求给近海通信网络的宽带信息服务能力带来了极大的挑战。岸基移动通信基站主要针对陆地用户，且一般只能覆盖方圆数千米范围，导致大部分近海船舶用户无法直接接入岸基网络；现有的海上通信系统主要包括以 INMARSAT、Iridium 为代表的卫星通信系统和以 NAVTEX、AIS 为代表的海上 MF/HF/VHF 通信系统，然而这两种系统受限于高昂的通信费用或有限的传输带宽，均不能提供稳定的、价格低廉的宽带信息服务。

作为一种解决方案，无人机、浮空气球、飞艇等空中基站由于具有部署灵活、成本低、覆盖范围大等优点而被越来越广泛地使用。一方面，空中基站可以在三维空间自由部署，并通过动态优化手段适应网络中用户的移动性，提高网络配置的灵活性。另一方面，从空中建立到陆地或海上的通信链路有利于避开障碍物，建立视距通信链路，进而提高信道增益，并实现更大的链路容量和更低的功耗。因此，通过在岸基基站与海上船舶用户之间部署空中基站，建立近海中继通信系统，可以有效增强网络覆盖，提高网络能效。

面对复杂的海洋环境，岸基基站可以为近海用户提供4G/5G等移动通信服务，同时通过与海上基站、大型浮标、基站船[5]等建立LOS骨干链路，还可以为更远的用户提供中继服务。然而，由于海上独特的传输环境，这样的通信系统在设计中面临如下的困难：首先，不同于陆地蜂窝网络，海上无法密布基站、浮标、基站船等设施，因此海上通信往往面临通信距离过长、路径损耗过大等问题；其次，海上信号传输受海平面反射信号的干扰明显，因此信道具有独特的性质；再次，与陆地系统中用户常被假设为均匀分布不同，在海上通信系统中，用户分布在特定航线的船上，呈现聚簇分布的特点，因此海上通信需求具有明显的区域性特征；最后，由于缺乏稳定的能量来源，海上通信系统面临更严重的能耗限制。以上问题无法简单地通过提高基站的发射功率或使用高增益定向天线来解决，因此，对于海上通信网络，尤其是近海通信网络，需要围绕用户的高速信息服务需求，基于海上独特的传输环境、用户分布特性和网络限制条件，研究节点协同控制和资源协作优化问题，提高网络传输能力。

2. *海洋广域覆盖*

在海天一体信息网络中，海面上漂浮着大量已部署的通信节点，包括海上基站、AIS助航节点、传感器浮标等，这些节点能够为海上船舶用户提供定位导航、信息播报、宽带上网等信息服务。但是，在远海地区，海上基础设施仍然较为匮乏，少量的海上基站难以实现全域海洋无缝覆盖。此外，由于海洋开发活动、应急救援和突发事件等原因，船舶用户有时会聚集在特定海域，基于海上基站的网络容量就会过载。对于海洋广域覆盖网络的相关研究，目前仍存在诸多难点。首先，海上基础设施分布稀疏且不均匀，过往船舶航行具有随机性，难以实现有效的网络服务覆盖，需要对基站及用户分布特点进行建模分析；其次，海上环境复杂，空中基站与海上基站需要在异构网络中进行协同，因此需要研究空中基站与海上基站海域混合通信覆盖模型；最后，大量空中基站之间难以实现有效协同，因此需要研究空中基站联合高效部署算法。因此，为了对海上基站的负载进行分流，或在海洋网络覆盖不完全的地区提供无缝覆盖，可以部署无人机作为按需空中接入点，以此建立临时无人机网络，此类网络因为具有灵活、低成本和节能等优点而被研究者广泛关注。在这种情况下，无人机网络与海上基站网络共同构成了一个空中–海上异构网络，既能为远洋船舶提供无缝覆盖，又能进一步提高网络容量。然而，在这种混合异构网络中，如何合理地部署无人机，以最大化网络服务质量就成了一个值得研究的问题。

3.2　近海中继通信网络传输

目前，基于空中基站的近海双向中继通信系统仍然面临诸多困难和挑战。首先，近海环境复杂，电磁波的传输同时受到陆上障碍物和海面反射等因素的干扰，因此需要分别对空中–海上及空中–海岸信道进行精确建模；此外，海上船舶的位置时刻处于变化之中，因此需要实现空中基站灵活、高效的部署；最后，海洋通信上下行业务具有时变性，在下行业务中，影音娱乐数据往往会占用大量通信资源，而上行业务中的监控视频等数据也必须保证高效传输，因此需要对空中基站的上下行信道资源进行随需灵活分配。本节通过空中基站优化部署及通信资源随需灵活配置，实现近海中继通信系统的网络容量最大化，以全面提升系统效能。

3.2.1　相关技术研究综述

关于空中基站（如无人机、浮空气球等）的部署问题，近年来已经受到研究者的广泛关注，主要研究方向包括面向节能、可靠性、低时延的资源动态优化分配和路由协议设计等。其中，文献[6]研究了无人机的联合三维定位和发射功率优化问题，以实现网络容量的最大化；文献[7]研究了存在干扰及窃听条件下的无人机中继传输优化，并最大化通信系统的保密通信速率；文献[8]研究了采用空中基站服务室内用户的场景下，在链路容量和用户传输功率受限条件下的系统吞吐量优化问题；文献[9]研究了采用毫米波进行中继传输场景下的空中基站部署及传输时延优化问题；文献[10]研究了传输功率、带宽、传输速率和空中基站部署位置的联合优化问题，以最大化系统吞吐量；文献[11]研究了无人机网络中无人机轨迹和无人机发射功率的联合优化问题，以实现网络服务可靠性最大化；文献[12]将总功率损耗、总中断次数和总误码率作为衡量网络可靠性的指标，研究了无人机的最优部署高度优化问题；文献[13]研究了空中基站发射功率和运动轨迹联合优化问题，以实现移动中继通信系统的吞吐量最大化。

然而，以上工作主要集中在岸基中继通信系统上，而近海中继通信在实际应用中会带来更多的挑战，例如，考虑上下行数据速率时变的资源优化配置，结合上下行信道资源规划可以获得更好的网络性能。此外，在这些研究中，空中基站通常被限制在固定的高度或水平位置上，因此考虑更加灵活的空中基站位置规划有利于进一步提高系统效能，特别是对于用户分布和通信环境较为复杂的近海通信场景，随需调整空中基站的位置可以有效保证通信链路的质量。在这种情况下，空中基站部署与通信资源配置的联合优化设计仍有待进一步研究。

3.2.2 系统模型

本节中讨论的基于空中基站的近海中继通信系统示意如图 3-1 所示，该中继通信系统共包含一个岸基基站、一个空中基站以及 N 个海上船舶用户。其中，岸基基站的平面坐标为 $(0,0)$，N 个海上船舶用户的坐标分别为 $(x_{\mathrm{M1}}, y_{\mathrm{M1}}), \cdots, (x_{\mathrm{M}N}, y_{\mathrm{M}N})$，在本模型中，二者的高度忽略不计。此外，空中基站的三维空间坐标为 $(x_{\mathrm{U}}, y_{\mathrm{U}}, h_{\mathrm{U}})$。中继通信系统采用时分双工模式进行转发，因此在同一个时隙中只支持唯一的海上船舶用户与岸基基站的上行或下行单向传输，而同一段链路的上下行传输也共用同一信道。岸基基站和空中基站间链路以及空中基站和海上船舶用户间链路采用的载波频率和带宽分别为 f_1、B_1 以及 f_2、B_2，其中，空中基站与全部 N 个海上船舶用户间的链路共用同一信道。此外，空中基站搭载两套独立的收发机用于和岸基基站以及海上船舶用户之间的通信，二者均采用定向天线进行信号的发送和接收。对于空中基站和海上船舶用户之间的链路，θ_i 表示空中基站天线指向和与第 i 个海上船舶用户之间的夹角，即天线偏差角，在本模型中使用 $(x_{\mathrm{A}}, y_{\mathrm{A}})$ 表示天线指向与海平面之间的交点。岸基基站、空中基站对岸基基站、空中基站对海上船舶用户，以及 N 个海上船舶用户的天线发射功率分别为 p_{B}、p_{U1}、p_{U2} 以及 $p_{\mathrm{M1}},\cdots,p_{\mathrm{M}N}$。考虑海上通信业务上下行流量的时变性及不平衡性，使用 $\zeta_i \in [0, 1]$ 表示第 i 个海上船舶用户的上行流量占其全部流量的比例，对于全部海上船舶用户则有 $\boldsymbol{\zeta} = [\zeta_1,\cdots,\zeta_N]$。与之类似，使用 $\boldsymbol{\lambda} = [\lambda_1,\cdots,\lambda_N]$ 和 $\boldsymbol{\gamma} = [\gamma_1,\cdots,\gamma_N]$ 表示这一时分双工系统的时隙分配策略。具体来说，λ_i 表示分配给第 i 个海上船舶用户的时隙数占全部时隙的比例，其中 $\sum_{i=1}^{N} \lambda_i = 1$，并使用 $\gamma_i \in [0, 1]$ 表示分配给第 i 个海上船舶用户的上行时隙占分配给该用户的全部时隙的比例。

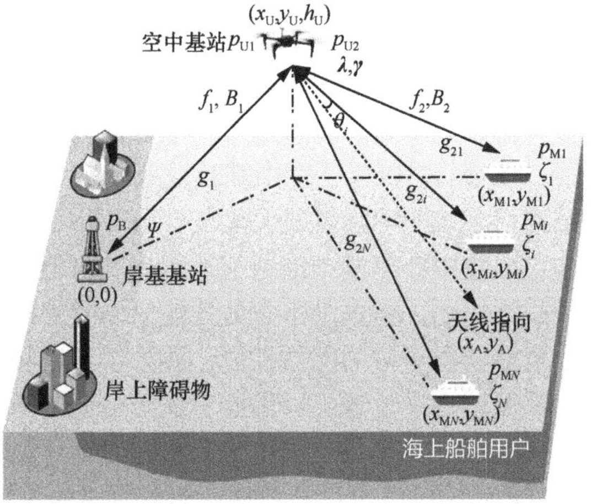

图 3-1 基于空中基站的近海中继通信系统示意

考虑近海通信环境的复杂性，需要对岸基基站与空中基站，以及空中基站与海上船舶用户之间的传输链路分别进行建模。首先，对于岸基基站与空中基站之间的传输链路，由于岸基基站周围一般存在障碍物遮挡，可能会对传输质量造成影响，因此通常使用一种基于概率统计的信道模型进行分析[14]。具体来说，电波传播可以分为视距（LOS）传输和非视距（NLOS）传输两种情况，其发生概率和传输链路与水平面之间的夹角有关，LOS 传输的发生概率可以近似表示为如下的 Sigmoid 函数。

$$P_{\text{LOS}}(\psi)=\frac{1}{1+a\exp\{-b(\psi-a)\}} \tag{3-1}$$

其中，a 和 b 分别为 LOS 传输发生概率的环境参数[15]，ψ 为岸基基站的发射仰角，即

$$\psi=\arcsin\left(\frac{h_{\text{U}}}{d_1}\right) \tag{3-2}$$

其中，$d_1=\sqrt{x_{\text{U}}^2+y_{\text{U}}^2+h_{\text{U}}^2}$ 为岸基基站与空中基站间的欧几里得距离，而 NLOS 传输的发生概率则为 $P_{\text{NLOS}}(\psi)=1-P_{\text{LOS}}(\psi)$。可以发现，岸基基站的发射仰角 ψ 越大，发生 LOS 传输的概率越大，但为了增加 ψ、缩短传输距离并增加部署高度可能会造成空中基站与海上船舶用户间链路路径损耗的增加，因此需要通过优化手段确定最佳的部署位置。在本模型中，岸基基站与空中基站之间 LOS 传输的路径损耗可以表示为

$$\text{PL}_{\text{LOS}}(d_1,f_1)=\text{FSPL}(d_1,f_1)+\eta_{\text{LOS}} \tag{3-3}$$

而 NLOS 传输的路径损耗可以表示为

$$\text{PL}_{\text{NLOS}}(d_1,f_1)=\text{FSPL}(d_1,f_1)+\eta_{\text{NLOS}} \tag{3-4}$$

本模型中使用 $\text{FSPL}(d,f)$ 表示距离为 d、频率为 f 条件下的自由空间路径损耗，即

$$\text{FSPL}(d,f)=20\lg d+20\lg f+32.44 \tag{3-5}$$

在两类路径损耗中，分别使用 η_{LOS} 和 η_{NLOS} 表示 LOS 传输和 NLOS 传输的额外损耗，具体数值与岸上环境有关[16-17]。因此，岸基基站与空中基站间的平均路径损耗为

$$\text{PL}_1(d_1,f_1)=\text{FSPL}(d_1,f_1)+P_{\text{LOS}}(\psi)\eta_{\text{LOS}}+P_{\text{NLOS}}(\psi)\eta_{\text{NLOS}} \tag{3-6}$$

因此，岸基基站与空中基站间下行链路的信道容量可以表示为

$$C_{\mathrm{BU}} = B_1 \mathrm{lb}\left(1+\frac{g_1 p_{\mathrm{B}}}{\sigma^2}\right) \tag{3-7}$$

上行链路的信道容量可以表示为

$$C_{\mathrm{UB}} = B_1 \mathrm{lb}\left(1+\frac{g_1 p_{\mathrm{U1}}}{\sigma^2}\right) \tag{3-8}$$

其中，信道增益系数 $g_1 = 10^{-\mathrm{PL}_1/10}$，这里使用 σ^2 表示环境中白噪声的功率密度。

对于空中基站和海上船舶用户之间的传输链路，由于海面上几乎不存在高大的障碍物遮挡，可以近似将其看作 LOS 传输链路，一般采用基于经验的信道模型[18]，其损耗可以表示为

$$\mathrm{PL}_{2i} = 10n\lg(d_{2i}) + \eta_{\mathrm{M}}(f_2) + \eta_{\mathrm{A}}(\theta_i) \tag{3-9}$$

具体来说，式（3-9）中的前两项表示空中–海上传输链路的路径损耗，一般接近自由空间中的路径损耗，其中 n 为路径损耗系数，取值范围为[1, 3]，η_{M} 为海上传输的额外损耗，主要由载波频率决定[19-20]。此外，式（3-9）中的最后一项代表天线指向与实际传输链路方向偏差导致的天线方向性损耗，可以表示为

$$\eta_{\mathrm{A}}(\theta_i) = \min\left\{12\left(\frac{\theta_i}{15^\circ}\right)^2, 20\ \mathrm{dB}\right\} \tag{3-10}$$

因此，空中基站和第 i 个海上船舶用户之间的下行链路和上行链路信道容量可以分别表示为

$$C_{\mathrm{UM}i} = B_2 \mathrm{lb}\left(1+\frac{g_{2i} p_{\mathrm{U2}}}{\sigma^2}\right) \tag{3-11}$$

和

$$C_{\mathrm{MU}i} = B_2 \mathrm{lb}\left(1+\frac{g_{2i} p_{\mathrm{M}i}}{\sigma^2}\right) \tag{3-12}$$

其中，$g_{2i} = 10^{-\mathrm{PL}_{2i}/10}$ 为该链路上的信道增益系数。此外，由于系统采用时分双工模式进行转发，实际的传输容量为信道容量与分配时隙比例的乘积。例如，第 i 个海上船舶用户与空中基站间上行链路的实际容量为 $\lambda_i \gamma_i C_{\mathrm{MU}i}$。

3.2.3 空中基站部署配置优化问题

根据以上分析，为实现近海中继通信系统的传输效率优化，可以将空中基站的部署和配置策略表示为如下优化问题。

$$\max_{(x_{\mathrm{U}}, y_{\mathrm{U}}, h_{\mathrm{U}}), (x_{\mathrm{A}}, y_{\mathrm{A}}), \lambda, \gamma} \quad C \tag{3-13}$$

$$\text{s.t.}\ C_i^{\text{ul}} = \min\left\{C_{\text{MU}i}, C_{\text{UB}}\right\},\ \forall i \in I \tag{3-13a}$$

$$C_i^{\text{dl}} = \min\left\{C_{\text{BU}}, C_{\text{UM}i}\right\}, \forall i \in I \tag{3-13b}$$

$$C_i = \min\left\{\frac{\lambda_i \gamma_i C_i^{\text{ul}}}{\zeta_i}, \frac{\lambda_i (1-\gamma_i) C_i^{\text{dl}}}{1-\zeta_i}\right\}, \forall i \in I \tag{3-13c}$$

$$C = \min\left\{C_1, \cdots, C_N\right\} \tag{3-13d}$$

$$\left[x_{\min}, y_{\min}, h_{\min}\right] \leqslant \left[x_{\text{U}}, y_{\text{U}}, h_{\text{U}}\right] \leqslant \left[x_{\max}, y_{\max}, h_{\max}\right] \tag{3-13e}$$

其中，$I = \{1, \cdots, N\}$ 表示海上船舶用户的集合，这一问题的约束条件可以概括为以下 4 个方面。

（1）链路容量均衡性：如式（3-13a）及式（3-13b）所示，岸基基站、空中基站和海上船舶用户间的整体链路容量由两段链路中容量较小的一段决定。即上行链路的容量 C_i^{ul} 由两段链路的容量—— $C_{\text{MU}i}$ 和 C_{UB} 中较小的链路容量决定，下行链路的容量 C_i^{dl} 由两段链路的容量—— C_{BU} 和 $C_{\text{UM}i}$ 中较小的链路容量决定。

（2）上下行流量均衡性：在这一时分双工系统中，海上船舶用户 i 的上下行实际可达通信速率分别为 $\lambda_i \gamma_i C_i^{\text{ul}}$ 和 $\lambda_i (1-\gamma_i) C_i^{\text{dl}}$。因此，考虑用户的实际上行流量占比 ζ，使用式（3-13c）表示对上下行传输容量和实际上下行流量的一致性约束，将上下行传输容量中超出实际业务量需求的部分忽略不计，保证上下行链路容量之比与实际上下行业务量之比相等，并使用规范化后的传输容量 C_i 表示海上船舶用户 i 的实际可达通信速率。

（3）用户服务质量公平性：考虑不同用户的传输容量 C_i 存在差距，如式（3-13d）所示，在本模型中使用全部用户中的最小传输容量 C 作为优化目标，并将整个问题建模为一个最小最大化问题，以保证系统对全部海上船舶用户的服务质量公平性。

（4）空中基站部署安全性：如式（3-13e）所示，空中基站的实际可部署范围被限制在特定范围内，以保证空中基站的飞行安全。其中，$(x_{\min}, x_{\max})$、$(y_{\min}, y_{\max})$、$(h_{\min}, h_{\max})$ 分别代表空中基站的平面部署范围以及最小和最大飞行高度。

可以发现，该优化问题具有非凸特性，为了提高空中基站部署的效率和准确性，可以利用启发式方法对上述问题进行求解。

3.2.4　空中基站部署配置联合优化方法

在基站部署配置问题中，主要的优化变量包括基站部署位置、天线指向和时隙分配比例，三者均为连续变量，因此本节采用基于粒子群优化（PSO）的启发式算法对这一问题进行高效求解。PSO 算法的基本概念起源于对鸟群捕食的模仿和抽象，将鸟群中的个体抽象为问题可行域中的一个可行解，并将其称为粒子群中的粒子，通过问题可行域中粒子的信息交互和迭代搜索寻找问题的最优解，空中基站部署策略求解算法的具体流程如算法 3-1 所示。

算法 3-1 空中基站部署策略求解算法

1．输入：粒子群规模 S、迭代次数 T、N 个海上船舶用户的坐标、岸基基站和空中基站间链路载波频率 f_1 和带宽 B_1、空中基站和海上船舶用户间链路载波频率 f_2 和带宽 B_2

2．初始化：粒子位置 $z_1,\cdots,z_S$、粒子速度 $v_1,\cdots,v_S$、粒子适应度 $q_1,\cdots,q_S$

3． for $t=1,\cdots,T$ do

4． for $j=1,\cdots,S$ do

5． 更新粒子速度 $v_j \Leftarrow \omega_t v_j + r_1 s_1(z_j^* - z_j) + r_2 s_2(z_j^* - z_j)$；

6． 更新粒子位置 $z_j \Leftarrow z_j + v_j$；

7． 检查越界粒子位置 z_j、进行合法性调整;

8． 计算粒子适应度 q_j；

9． 更新个体最优位置 z_j^*、个体最优适应度 q_j^*;

10． end

11． 更新全局最优位置 z^*、全局最优适应度 q^*；

12． end

13．输出：最优解 $\left(x_{\mathrm{U}}^*, y_{\mathrm{U}}^*, h_{\mathrm{U}}^*\right)$、$\left(x_{\mathrm{A}}^*, y_{\mathrm{A}}^*\right)$、$\lambda^*$、$\gamma^*$,最优系统传输容量 C^*

首先，设置迭代次数 T 以及粒子群规模 S，并在问题可行域中随机生成 S 个粒子，每个粒子具有粒子位置和粒子速度两种基本属性，其中第 j 个粒子的位置可以表示为

$$z_j = \left[x'_{\mathrm{U}j}, y'_{\mathrm{U}j}, h'_{\mathrm{U}j}, x'_{\mathrm{A}j}, y'_{\mathrm{A}j}, \lambda_j, \gamma_j\right] \tag{3-14}$$

其中，$\lambda_j = [\lambda_{1j},\cdots,\lambda_{Nj}]$ 为用户的时隙分配占比，$\gamma_j = [\gamma_{1j},\cdots,\gamma_{Nj}]$ 为用户的上行时隙分配占比。为了便于推导，在算法中使用归一化的部署坐标，即

$$x'_{\mathrm{U}j} = \frac{x_{\mathrm{U}j} - x_{\min}}{x_{\max} - x_{\min}} \tag{3-15}$$

代表 PSO 算法中的粒子位置和空中基站实际坐标间的关系，对于 $y'_{\mathrm{U}j}$、$h'_{\mathrm{U}j}$、$x'_{\mathrm{A}j}$ 和 $y'_{\mathrm{A}j}$ 同理。不失一般性，设置天线指向的范围为 $x_{\mathrm{A}j} \in [x_{\mathrm{Amin}}, x_{\mathrm{Amax}}]$ 以及 $y_{\mathrm{A}j} \in [y_{\mathrm{Amin}}, y_{\mathrm{Amax}}]$。在初始化过程中，首先生成范围为[0, 1]的随机值，作为归一化的部署坐标 $x'_{\mathrm{U}j}$、$y'_{\mathrm{U}j}$、$h'_{\mathrm{U}j}$，天线指向 $x'_{\mathrm{A}j}$、$y'_{\mathrm{A}j}$，以及用户的上行时隙占比 γ_j，其中 $j=1,\cdots,S$。另外，随机生成用户的时隙分配占比 λ_j，其中 $j=1,\cdots,S$，其符合以下约束。

$$\lambda_j \mid \sum_{i=1}^{N} \lambda_{ij} = 1, 0 \leqslant \lambda_j \leqslant 1 \tag{3-16}$$

式（3-16）代表粒子位于超平面的一个凸区域内。此外，需要随机生成粒子速度，粒子 j 的速度表示为 v_j ，可以通过产生范围为[−0.2, 0.2]的随机数作为粒子在各个维度上的初始速度。特别地，对于时隙分配占比 λ_j ，需要保证速度矢量与式（3-16）中的超平面平行，因此可以通过将平面上的两个随机点相减进行初始化。因此，各粒子对应的系统传输容量 C 可以由粒子位置 $z_1, \cdots, z_S$ 确定，在算法中称为粒子适应度，表示为 $q_1, \cdots, q_S$ 。由于在迭代中粒子位置会不断变化，第 j 个粒子运动轨迹上对应的适应度最高的位置称为粒子的个体最优位置 z_j^* ，对应的适应度称为个体最优适应度 q_j^* 。而整个粒子群对应的最优位置和最优适应度则分别称为全局最优位置 z^* 以及全局最优适应度 $q^* = \max\left\{q_1^*, \cdots, q_S^*\right\}$ 。

在每次迭代中，需要根据粒子的个体最优位置和全局最优位置对粒子的位置和速度进行更新，其中，粒子速度 v_j 的更新策略可以表示为

$$v_j = \omega_t v_j + r_1 s_1 (z_j^* - z_j) + r_2 s_2 (z_j^* - z_j) \tag{3-17}$$

其中， r_1 和 r_2 均为取值范围为[0, 1]的随机数，而 s_1 和 s_2 分别为粒子的个体学习系数和全局学习系数，取值范围为[0, 4]。在迭代过程中，粒子会趋于向最优方向移动， ω_t 为粒子速度更新的惯性系数，该系数设置为随当前迭代次数 t 改变，其取值的更新策略可以表示为

$$\omega_t = (\omega_1 - \omega_T) \cdot \frac{T - t}{t} + \omega_T \tag{3-18}$$

其中， ω_1 和 ω_T 为设置的首次迭代和最后一次迭代的惯性系数，取值范围为[0, 1]，一般设置 $\omega_1 > \omega_T$ ，因此在迭代初期粒子会倾向于向自身原运动方向探索，而在迭代后期粒子倾向于向个体最优位置和全局最优位置移动，使算法具有较好的局部优化和全局优化性能。更新粒子速度后，需要将粒子所在位置更新为

$$z_j^* = z_j + v_j \tag{3-19}$$

由于粒子在位置更新过程中有可能移动到可行域之外，因此在位置更新结束后需要检查越界粒子并进行合法性调整。在本算法中，对于越界的粒子，将其重新调整到运动轨迹与可行域的交点上。基于粒子当前适应度 q_j 和位置 z_j ，需要对个体最优位置 z_j^* 和个体最优适应度 q_j^* 进行更新。在每次迭代的最后，还需要对全局最优位置 z^* 和全局最优适应度 q^* 进行更新。在迭代结束后，基于全局最优位置 z^* ，可以获得最优解，包括空中基站的最优部署坐标、最优天线指向、最优时隙分配方案，以及最优系统传输容量。

3.2.5 仿真分析

本节将面向多种近海中继通信场景对空中基站部署策略求解算法进行仿真分析。首先给出仿真环境说明，接着给出仿真结果及分析。

1. 仿真环境说明

在仿真中，假设存在 5 个海上船舶用户，其分布情况如图 3-2 所示，其中，位于中心的海上船舶用户 3 与岸基基站的距离为 l_1，其坐标为$\left(l_1,\ 0\right)$，而周围几个海上船舶用户与海上船舶用户 3 的距离均为l_2，其坐标分别为$\left(l_1-l_2/\sqrt{2},\ l_2/\sqrt{2}\right)$$\left(l_1+l_2/\sqrt{2},\ l_2/\sqrt{2}\right)$、$\left(l_1-l_2/\sqrt{2},\ -l_2/\sqrt{2}\right)$和$(l_1+l_2/\sqrt{2},\ -l_2/\sqrt{2})$。此外，根据岸基基站周边环境的不同，分别考虑岸基基站周边的障碍物稀疏和障碍物密集两种情况，相关分布参数分别对应 ITU-RP.141-2 中的郊区（Suburban）与市区（Urban）场景[21]。

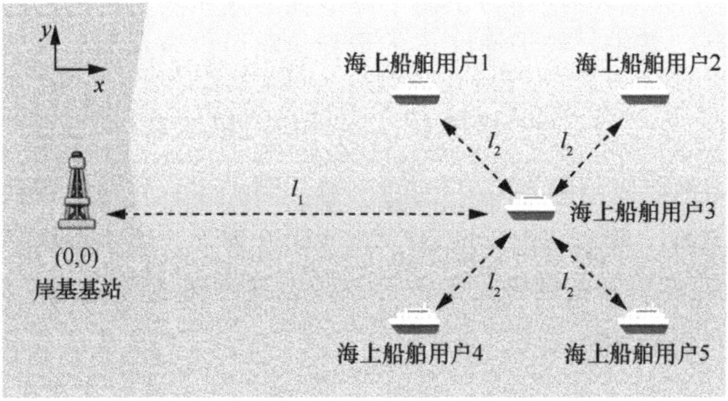

图 3-2　仿真中的海上船舶用户分布情况

对于岸基基站、空中基站以及海上船舶用户，假设发射功率分别为 $p_{\rm B}=10\ {\rm W}$、$p_{\rm U1}=p_{\rm U2}=5\ {\rm W}$ 和 $p_{\rm M1}=p_{{\rm M}N}=2\ {\rm W}$，环境中的高斯白噪声功率密度为 $\sigma^2=-174\ {\rm dB/Hz}$，海上船舶用户的上行流量占比为$\zeta=[0.1, 0.3, 0.5, 0.7, 0.9]$，空中基站的部署水平位置范围设置为$x_{\min}=0\ {\rm km}$、$x_{\max}=30\ {\rm km}$、$y_{\min}=-10\ {\rm km}$ 和 $y_{\max}=10\ {\rm km}$，部署高度范围设置为$h_{\min}=1\ {\rm km}$ 和 $h_{\max}=10\ {\rm km}$，天线指向范围设置与水平部署位置相同。对于岸基基站和空中基站之间的传输链路，设置通信的中心频率为 $f_1=2\ {\rm GHz}$，带宽为 $B_1=250\ {\rm kHz}$，对于障碍物稀疏的情况，设置额外损耗 $\eta_{\rm LOS}=0.1\ {\rm dB}$、$\eta_{\rm NLOS}=21\ {\rm dB}$，LOS 传输概率模型系数 $a=4.88$、$b=0.429$，而对于障碍物密集的情况，设置额外损耗 $\eta_{\rm LOS}=1\ {\rm dB}$ 以及 $\eta_{\rm NLOS}=20\ {\rm dB}$，LOS 传输概率模型系数 $a=9.61$、$b=0.158$。对于空中基站和海上船舶用户之间的传输链路，设置通信的中心频率为 $f_2=5.8\ {\rm GHz}$，带宽为 $B_2=250\ {\rm kHz}$，路径损耗系数 $n=1.6$，额外损耗 $\eta_{\rm M}=109.8\ {\rm dB}$。在 PSO 算法中，统一设置粒子数量 $S=100\ 000$，

迭代次数 $T = 100$，个体学习和全局学习系数为 $s_1 = s_2 = 2$，迭代初始和结束的惯性系数分别设置为 $\omega_1 = 0.7$ 和 $\omega_T = 0.4$，其他参数如前文所述。

2. 仿真结果及分析

空中基站部署坐标、天线指向及时隙分配占比的均值和标准差如图 3-3 所示。

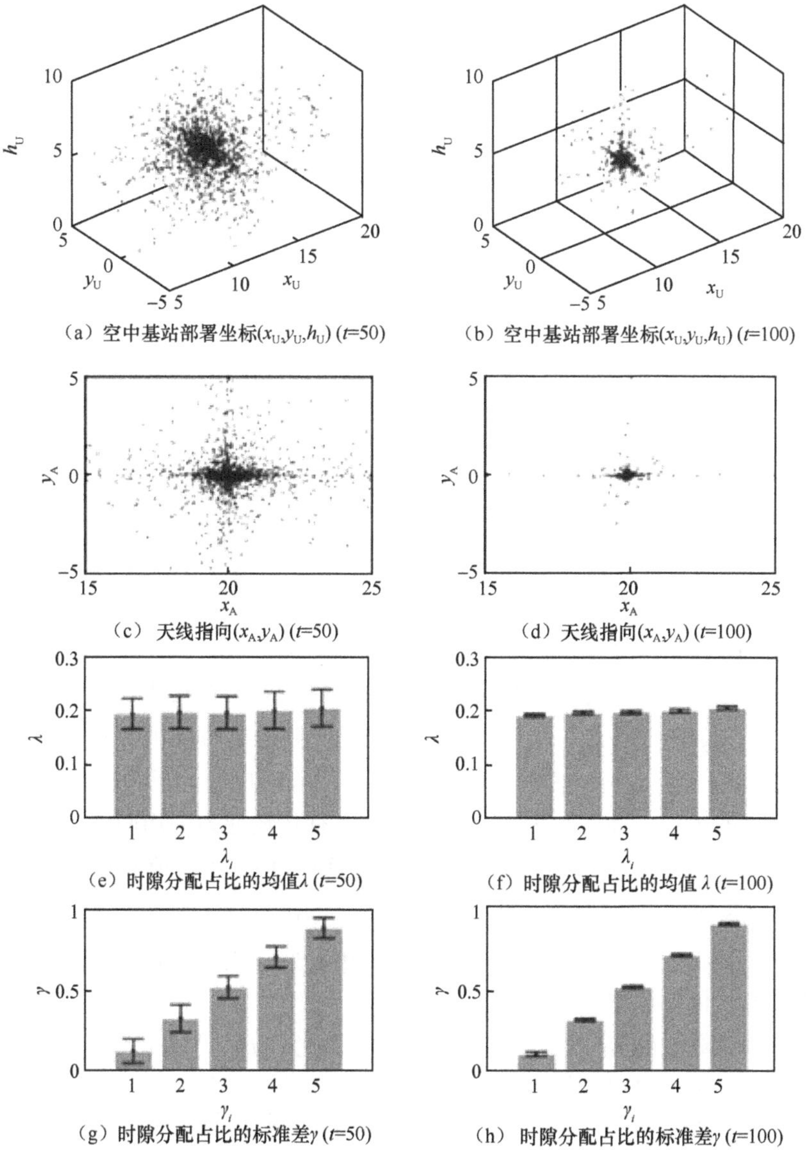
（a）空中基站部署坐标(x_U, y_U, h_U) $(t=50)$
（b）空中基站部署坐标(x_U, y_U, h_U) $(t=100)$
（c）天线指向(x_A, y_A) $(t=50)$
（d）天线指向(x_A, y_A) $(t=100)$
（e）时隙分配占比的均值λ $(t=50)$
（f）时隙分配占比的均值 λ $(t=100)$
（g）时隙分配占比的标准差γ $(t=50)$
（h）时隙分配占比的标准差γ $(t=100)$

图 3-3　空中基站部署坐标、天线指向及时隙分配占比的均值和标准差

群体的适应度（系统传输容量）的均值和标准差随迭代次数的变化如图 3-4 所示。

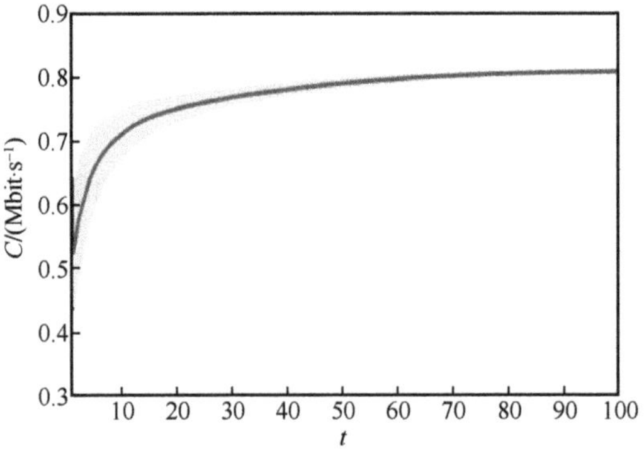

图 3-4　群体的适应度（系统传输容量）的均值和标准差随迭代次数的变化

在仿真中，首先对算法的收敛性进行验证。图 3-3 显示了迭代次数$t=50$和$t=100$时粒子群位置的变化情况，并假设岸上障碍物密集，岸基基站与海上船舶用户间的距离$l_1=20\text{ km}$，海上船舶用户间的距离$l_2=1\text{ km}$。观察仿真结果可以发现，图 3-3（a）和图 3-3（b）中显示的空中基站部署坐标、图 3-3（c）和图 3-3（d）中显示的天线指向以及图 3-3（e）～图 3-3（h）显示的时隙分配占比的均值和标准差均能够逐渐收敛至最优解。可以发现，在迭代初始阶段，粒子群倾向于在整个可行域上进行探索，而随着迭代的进行，粒子群逐渐收敛于全局最优位置，兼顾了全局优化与局部优化。在最优解中，空中基站的最优部署位置$\left(x_{\text{U}}^*, y_{\text{U}}^*, h_{\text{U}}^*\right)$约为$\left(11, 0, 4.9\right)\text{ km}$，最优天线指向$\left(x_{\text{A}}^*, y_{\text{A}}^*\right)$约为$\left(19.9, 0\right)\text{ km}$，接近海上船舶用户的中心。最优时隙分配策略约为$\lambda^*=\left[0.193, 0.198, 0.199, 0.202, 0.208\right]$以及$\gamma^*=[0.107, 0.317, 0.520, 0.715, 0.907]$。由于在仿真中假设上行发射功率$p_{\text{M}i}$、$p_{\text{U1}}$小于下行传输功率$p_{\text{U2}}$、$p_{\text{B}}$，因此在最优时隙分配方案中，具有较大上行流量占比$\zeta_i$的用户会分得略多的时隙$\lambda_i^*$，并且所有用户的上行时隙占比$\gamma^*$均略大于上行流量占比$\zeta$，体现了中继通信系统上下行传输能力的均衡性。而图 3-4 中的线条和阴影显示了多次仿真中的粒子最优适应度C_j^*的均值和标准差随迭代次数t的变化情况，可以发现，基于 PSO 算法的空中基站部署策略求解算法具有较高的效率和较好的稳定性，在多次实验中，中继通信系统的传输容量均会快速收敛至最优值，体现了算法的可行性。

为了测试算法的有效性，下面将联合优化方案与另一种面向可靠性的部分优化方案的性能进行对比分析，观察其对应的系统传输容量随海上船舶用户分布参数l_1和l_2的变化情况。在部分优化方案中，将空中基站设置于所有海上船舶用户的中心点处，即$(x_{\text{U}}, y_{\text{U}})=(l_1, 0)$，并固定天线指向为垂直向下，即$(x_{\text{A}}, y_{\text{A}})=(l_1, 0)$。为了控制空中基站与岸基基站间的 LOS 传输概率以及空中基站与海上船舶用户之间的天线偏差角，以保证传输链路的可靠性，将空中基站的部

署高度设置为

$$h_U = \max\left\{l_1 \tan 20^\circ, \frac{l_2}{\tan 15^\circ}\right\} \tag{3-20}$$

基于以上设定，在这一方案中，对时隙分配策略中的用户时隙分配占比 λ_j 以及用户上行时隙分配占比 γ_j 通过 PSO 算法进行部分优化。图 3-5 展示了在岸上障碍物稀疏和岸上障碍物密集的场景下，联合优化方案和部分优化方案的性能对比。可以发现，联合优化方案的性能全面优于部分优化方案，将两种岸上环境对应的系统传输容量分别平均提高了 7%和 12%。此外，随着 l_1 和 l_2 的增加，系统传输容量均逐渐减小，岸上障碍物稀疏时对应的系统传输容量高于岸上障碍物密集时的情况，这是由于岸基基站周边障碍物稀疏时发生 LOS 传输的概率较高，有利于减小传输过程中的衰减。因此可以认为，较长的中继距离、稀疏的海上船舶用户分布以及密集的岸上障碍物会降低中继系统的传输效率。

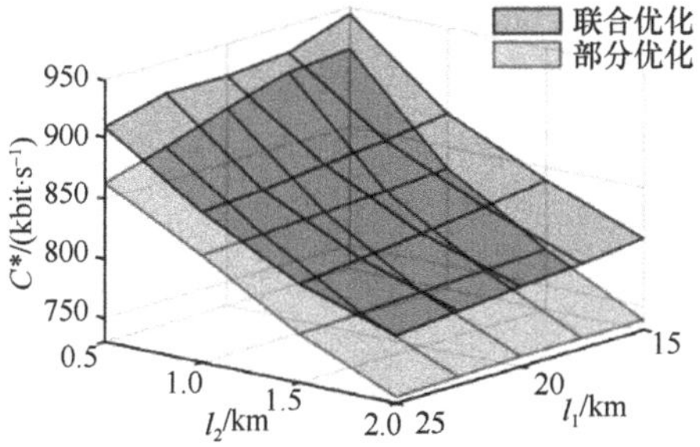

（a）岸上障碍物稀疏

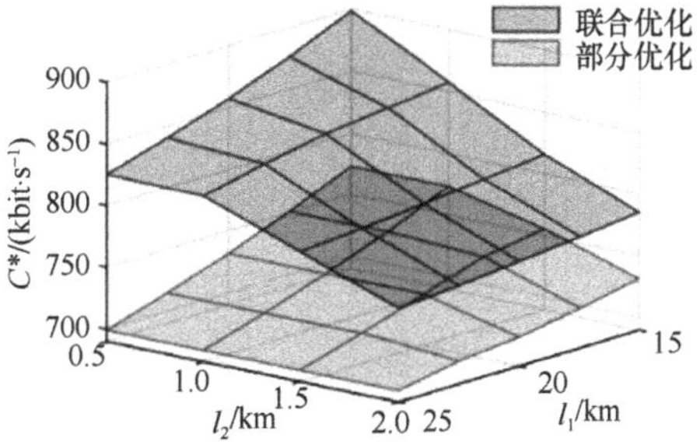

（b）岸上障碍物密集

图 3-5　不同场景下联合优化方案和部分优化方案的性能对比

最后，图 3-6 进一步展示了不同场景下最优解随海上船舶用户位置和分布的变化情况。图 3-6（a）显示了最优水平部署位置 x_U^* 与 l_1 和 l_2 之间的关系，可以发现，当海上船舶用户之间的距离 l_2 固定时，x_U^* 随着中继距离 l_1 的增加而均匀增加。而当海上船舶用户间的距离 l_2 增加时，最优部署方案倾向于缩短 x_U^* 并增加和海上船舶用户间的传输距离，以缩小天线偏差角 θ_i 及对应的方向性损耗 $\eta_A(\theta_i)$。此外，相比于岸上障碍物稀疏的情况，岸上障碍物密集时空中基站与岸基基站之间的距离更近，这有利于在减小路径损耗 PL_1 的同时增加传输仰角 ψ 并增加 LOS 传输的发生概率 P_{LOS}。此外，图 3-6（b）反映了最优部署高度 h_U^* 与 l_1 和 l_2 之间的关系。可以发现，h_U^* 随着 l_1 的增加和 l_2 的减小逐渐增加，其变化规律与最优水平部署位置 x_U^* 的变化规律相似，在传输距离增加的情况下，增加部署高度有利于保证与岸基基站间的 LOS 传输概率，在海上船舶用户间距离增加的情况下，降低部署高度则有利于降低天线的方向性损耗。此外，岸上障碍物密集情况下的最优部署高度大于岸上障碍物稀疏情况下的最优部署高度，以保证空中基站和岸基基站间的可靠 LOS 传输，但这会增加两段链路的路径损耗，并导致最优系统传输容量 C^* 的下降。根据最优水平部署位置 (x_U^*, y_U^*, h_U^*)，图 3-6（c）进一步展示了最优解下的岸基基站与空中基站之间的传输仰角 ψ 与 l_1 和 l_2 之间的关系。可以发现，随着 l_1 的增加和 l_2 的减小，传输仰角 ψ 会略微增加，在岸上障碍物稀疏和密集两种情况下分别为10°～15°以及 20°～30°。主要原因是，更长的海上船舶用户间距离 l_2 会造成较大的天线偏差角 θ_i，因此最优解会倾向于减小传输仰角 ψ 和降低部署高度 h_U 以抑制方向性损耗的增加，但这也会造成空中基站和岸基基站之间 LOS 传输概率 P_{LOS} 的下降，这一现象体现了模型中两段链路传输能力的均衡性。相关结论有利于提高空中基站部署的效率，并有助于指导近海中继通信系统的设计。

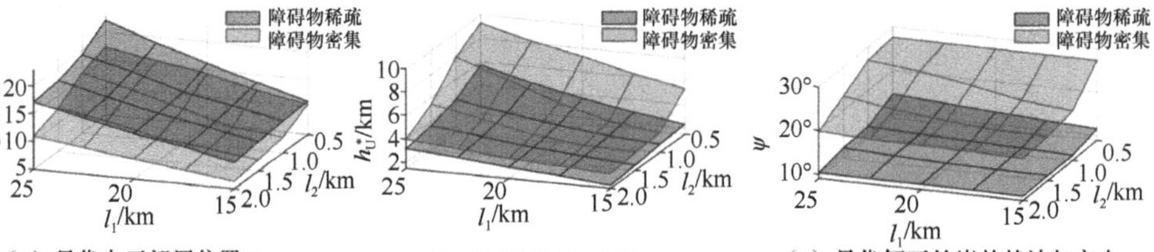

（a）最优水平部署位置 x_U^*　（b）最优部署高度 h_U^*　（c）最优解下的岸基基站与空中基站之间的传输仰角 ψ

图 3-6　不同场景下最优解随海上船舶用户位置和分布的变化情况

3.3　海上环境自适应的组播中继通信系统

考虑现有的海洋卫星通信系统和海上中频/高频/甚高频通信系统均无法提供稳定的、低成本的宽带信息服务，因此本节主要通过引入物理层组播技术，基于岸基基站和海上中继的协作构建海上下行组播中继通信系统。针对海上通信系统面临的高路径损耗和严格能耗限制等问题，本节通过对岸基基站和海上中继的联合设计，满足 QoS 需求并实现网络能效的最优化。

3.3.1　相关技术研究综述

在陆地多天线通信系统中，网络传输能力增强一般通过波束成形技术实现。波束成形技术通过设计定向波束，增强基站或中继的定向传输增益，从而对抗路径损耗，增加通信覆盖距离或用户信噪比（SNR）。常用的波束成形方法包括迫零（ZF）波束成形[22]、最大比合并（MRC）波束成形[23]和最小均方差（MMSE）波束成形[24]等。而在此基础上，物理层组播波束成形可以通过向多用户传输单信息流进一步降低网络负载并提高频谱传输效率，非常适合为多用户提供同质的宽带信息服务，在近些年得到了研究者的广泛关注。文献[25-26]分别研究了针对单组用户和多组用户的物理层波束成形问题，并基于最大最小准则提出了相应的波束设计方法。文献[27]研究了多小区网络协作组播波束成形问题并提出了低复杂度的分布式求解方法。文献[28]研究了组播波束成形系统中的波束设计和天线选择问题，并提出了相应的干扰控制方案。文献[29]研究了大规模天线系统中的波束设计问题和导频污染问题。文献[30]研究了波束和用户分组联合设计问题。此外，基站和中继的联合设计可以进一步增加通信距离并增强空间分集增益，因此组播中继通信系统的设计也吸引了大量关注。文献[31-32]分别研究了单天线多中继通信系统和多天线单中继通信系统的协作组播波束成形设计问题，并基于内点法和对偶法分别提出了相应的信源波束设计方法。进一步地，文献[33]研究了多天线多中继通信系统，并基于认知理论提出了信源–中继协作组播波束成形算法。文献[34]研究了双源组播中继通信系统的网络容量限制，并基于网络稀疏编码设计了 3 种中继方案。文献[35-36]分别研究了用户功率约束和天线功率约束下的中继方案。文献[37]考虑了中继节点的移动性，提出了一种位置感知的分布式中继选择方法。目前，物理层组播波束成形和信源–中继联合设计问题已经得到了较为充分的研究，然而，上述工作均针对陆地通信网络，没有考虑海上独特的传输环境和用户分布特性，因此无法直接应用到海上。本节将基于海上独特的信道特点、用户分布特点和功率受限特性，研究适用于海上环境自适应的组播中继通信系统，并通过岸基基站和海上中继的联合优化设计高效的信息传输方案，实现网络传输能力优化。

3.3.2　系统模型

海上下行组播中继通信系统示意如图 3-7 所示，在系统建模中，本节假设有一个岸基基站、S 个海上中继和随机数量的海上船舶用户，其中，岸基基站和海上中继分别配备了 N_{B} 和 N_{R} 根阵列天线，而海上船舶用户基于单天线船只接收信息服务。考虑海上船舶用户具有聚簇分布在船上的特点，本节假设同一条船上的用户享受同质的信息服务，并且相关信息先由海上船舶用户所在的船只接收，再以 Wi-Fi 的形式转发给船上用户，因此同一条船上的用户可以被看作配备单天线的海上船舶用户。基于海上船舶用户位置和 QoS 要求，本节假设所有的海上船舶用户被分为 $M+N$ 个组，其中靠近岸边的 M 组海上船舶用户直接由岸基基站提供信息服务，离岸较远的 N 组海上船舶用户则由海上中继提供服务。不失一般性，本节假设岸基基站和海上中继的天线数满足 $N_{\mathrm{B}} \geqslant (M+N)$，$N_{\mathrm{R}} \geqslant N$。为了表述方便，本节将 S 个海上中继、M 组岸基基站服务的用户和 N 组海上中继服务的用户组成的集合分别表示为 $\{\mathrm{RN}_1, \mathrm{RN}_2, \cdots, \mathrm{RN}_S\}$，$\{G_{\mathrm{B},1}, G_{\mathrm{B},2}, \cdots, G_{\mathrm{B},M}\}$，$\{G_{\mathrm{R},1}, G_{\mathrm{R},2}, \cdots, G_{\mathrm{R},N}\}$。

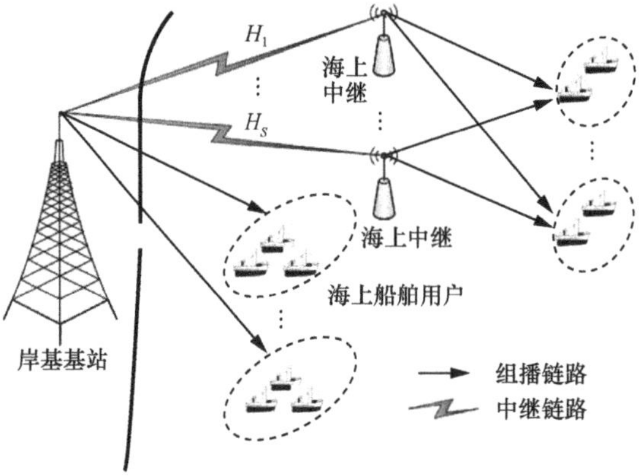

图 3-7　海上下行组播中继通信系统示意

1. 信道模型

考虑岸基基站服务用户和海上中继服务用户在天线高度和受海平面反射干扰方面存在不同，本节对其采用了不同的信道模型。具体地，由于岸基基站天线高度较高且与用户之间的通信距离较短，其 LOS 传输将占主要部分，因此本模型采用了大尺度经验衰落加小尺度莱斯衰落模型对其进行建模[18]。

$$\boldsymbol{h} = d^{-\alpha/2}\boldsymbol{h}^{\mathrm{f}} \tag{3-21}$$

其中，d 表示岸基基站和海上船舶用户之间的通信距离，α 表示路径损耗系数，$\boldsymbol{h}^{\mathrm{f}}$ 表示小尺度莱斯衰落系数。与之相对，海上中继和其服务的海上船舶用户之间由于收发天线高度差较小，通信距离相对较远，其受到来自海平面反射信号的干扰较强，会产生严重的多径效应，所以本模型采用双径反射模型[38]加小尺度瑞利衰落模型来建模它们之间的信道。

$$\boldsymbol{g} = \frac{\lambda}{4\pi d}\sin\left(\frac{2\pi h_{\mathrm{t}} h_{\mathrm{r}}}{\lambda d}\right)\boldsymbol{g}^{\mathrm{f}} \tag{3-22}$$

其中，λ、d、h_{t}、h_{r} 分别表示载波波长、海上中继和其服务海上船舶用户之间的通信距离、传输天线高度和接收天线高度，而 $\boldsymbol{g}^{\mathrm{f}}$ 则表示小尺度瑞利衰落系数。

2. 海上船舶用户分布模型

海上通信系统和陆地通信系统的关键区别之一在于用户分布。不同于陆地通信系统中用户常被假设为均匀分布，在海上通信系统中，海上船舶用户天然地聚簇分布在船上。本模型假设同一条船上的用户被提供的是同质的信息服务，如文字、图片、语音和视频等，这些多媒体信息先由船载天线作为簇首接收，再转发给船上的用户，因此同一条船上的用户可以视作有相同的 QoS 需求。考虑海上船舶用户聚簇分布的特性，本模型选择用托马斯聚簇过程（TCP）[39]来模拟用户分布，其中用户服从方差为 σ_{u}^2 的正态分布。用户位置的概率密度函数为

$$f_Y(y)=\frac{1}{2\pi\sigma_u^2}\exp\left(-\frac{\|y\|^2}{2\sigma_u^2}\right),\quad y\leqslant l_0 \tag{3-23}$$

其中，l_0 表示船的长度，y 表示用户位置，l 表示簇内用户与簇首之间的距离。进一步地，簇内用户与簇首之间的距离 l 满足如下的分布[40]。

$$f_L(l)=\frac{\frac{l}{\sigma_u^2}\exp\left(-\frac{l^2}{2\sigma_u^2}\right)}{1-\exp\left(-\frac{l_0^2}{2\sigma_u^2}\right)},\quad l\leqslant l_0 \tag{3-24}$$

3. 接收信号模型

在本节研究的系统中，海上中继采用的是半双工模式，其先接收岸基基站传输的信号，再对其进行放大转发。因此，在第一个时隙，海上中继和岸基基站直接服务的用户将先从岸基基站接收信号。特殊地，海上中继 RN_s（$S=1,2,\cdots,s$）接收的信号可以表示为

$$\boldsymbol{y}_s=\boldsymbol{H}_s^{\mathrm{H}}\left(\sum_{k=1}^{M}\boldsymbol{\omega}_{\mathrm{B},k}x_{\mathrm{B},k}+\sum_{k=1}^{N}\boldsymbol{\omega}_{\mathrm{R},k}x_{\mathrm{R},k}\right)+\boldsymbol{n}_s \tag{3-25}$$

其中，$\boldsymbol{H}_s$ 表示岸基基站和海上中继 RN_s 之间 $N_{\mathrm{B}}\times N_{\mathrm{R}}$ 维的信道矢量，$x_{\mathrm{B},k}$ 表示 $G_{\mathrm{B},k}$ 组用户信息流且满足 $E\left[\left|x_{\mathrm{B},k}\right|^2\right]=1$，$x_{\mathrm{R},k}$ 表示 $G_{\mathrm{R},k}$ 组用户信息流且满足 $E\left[\left|x_{\mathrm{R},k}\right|^2\right]=1$，$\boldsymbol{\omega}_{\mathrm{B},k}$ 表示岸基基站对应 $x_{\mathrm{B},k}$ 信息流的波束成形矢量，$\boldsymbol{\omega}_{\mathrm{R},k}$ 表示岸基基站对应 $x_{\mathrm{R},k}$ 信息流的波束成形矢量，$\boldsymbol{n}_s\sim\mathrm{CN}(0,\sigma_s^2\mathbf{I})$ 表示加性高斯白噪声（AWGN）。而岸基基站直接服务用户组 $G_{\mathrm{B},m}$ 中的第 i 个海上船舶用户接收的信号为

$$y_{\mathrm{B},m,i}=\boldsymbol{h}_{m,i}^{\mathrm{H}}\left(\sum_{k=1}^{M}\boldsymbol{\omega}_{\mathrm{B},k}x_{\mathrm{B},k}+\sum_{k=1}^{N}\boldsymbol{\omega}_{\mathrm{R},k}x_{\mathrm{R},k}\right)+n_{\mathrm{B},m,i} \tag{3-26}$$

其中，$\boldsymbol{h}_{m,i}$ 表示岸基基站和 $G_{\mathrm{B},m}$ 中第 i 个海上船舶用户之间 $N_{\mathrm{B}}\times 1$ 维的信道矢量，$n_{\mathrm{B},m,i}\sim\mathrm{CN}(0,\sigma_{\mathrm{B},m,i}^2)$ 表示 AWGN。相应地，$G_{\mathrm{B},m}$ 中第 i 个海上船舶用户接收信号的 SINR 为

$$\mathrm{SINR}_{\mathrm{B},m,i}=\frac{\left|\boldsymbol{h}_{m,i}^{\mathrm{H}}\boldsymbol{\omega}_{\mathrm{B},m}\right|^2}{\sum_{k=1,k\neq m}^{M}\left|\boldsymbol{h}_{m,i}^{\mathrm{H}}\boldsymbol{\omega}_{\mathrm{B},k}\right|^2+\sum_{k=1}^{N}\left|\boldsymbol{h}_{m,i}^{\mathrm{H}}\boldsymbol{\omega}_{\mathrm{R},k}\right|^2+\sigma_{\mathrm{B},m,i}^2} \tag{3-27}$$

在第二个时隙，海上中继对接收到的岸基基站信号进行放大转发，本模型将这一过程用一个 $N_{\mathrm{R}}\times N_{\mathrm{R}}$ 维的中继处理矩阵 $\boldsymbol{W}_s$ 来表示，对于海上中继 RN_s，其处理后的信号可以表示为

$$\boldsymbol{\tau}_s=\boldsymbol{W}_s\boldsymbol{h}_s^{\mathrm{H}}\left(\sum_{k=1}^{M}\boldsymbol{\omega}_{\mathrm{B},k}x_{\mathrm{B},k}+\sum_{k=1}^{N}\boldsymbol{\omega}_{\mathrm{R},k}x_{\mathrm{R},k}\right)+\boldsymbol{W}_s\boldsymbol{n}_s \tag{3-28}$$

在完成相应的处理之后，海上中继 RN_s 将信号转发给中继服务用户，特殊地，$G_{\mathrm{R},n}$ 中第 i 个海上船舶用户接收到的信号为

$$y_{\mathrm{R},n,i}=\sum_{s=1}^{S}\boldsymbol{g}_{s,n,i}^{\mathrm{H}}\boldsymbol{W}_s\boldsymbol{H}_s^{\mathrm{H}}\left(\sum_{k=1}^{M}\boldsymbol{\omega}_{\mathrm{B},k}x_{\mathrm{B},k}+\sum_{k=1}^{N}\boldsymbol{\omega}_{\mathrm{R},k}x_{\mathrm{R},k}\right)+\sum_{s=1}^{S}\boldsymbol{g}_{s,n,i}^{\mathrm{H}}\boldsymbol{W}_s\boldsymbol{n}_s+n_{\mathrm{R},n,i} \tag{3-29}$$

其中，$\boldsymbol{g}_{s,n,i}$ 表示海上中继 RN_s 和 $G_{\mathrm{R},n}$ 中第 i 个海上船舶用户之间 $N_{\mathrm{R}}\times 1$ 维的信道矢量，$n_{\mathrm{R},n,i}\sim\mathrm{CN}(0,\sigma_{\mathrm{R},n,i}^2)$ 是 AWGN。相应地，其接收信号的 SINR 可以表示为

$$\mathrm{SINR}_{\mathrm{R},n,i}=\frac{\left|\sum_{s=1}^{S}\boldsymbol{g}_{s,n,i}^{\mathrm{H}}\boldsymbol{W}_s\boldsymbol{H}_s^{\mathrm{H}}\boldsymbol{\omega}_{\mathrm{R},n}\right|^2}{\sum_{k=1}^{M}\left|\sum_{s=1}^{S}\boldsymbol{g}_{s,n,i}^{\mathrm{H}}\boldsymbol{W}_s\boldsymbol{H}_s^{\mathrm{H}}\boldsymbol{\omega}_{\mathrm{B},k}\right|^2+\sum_{k=1,k\neq n}^{N}\left|\sum_{s=1}^{S}\boldsymbol{g}_{s,n,i}^{\mathrm{H}}\boldsymbol{W}_s\boldsymbol{H}_s^{\mathrm{H}}\boldsymbol{\omega}_{\mathrm{R},k}\right|^2+\sum_{s=1}^{S}\sigma_s^2\left\|\boldsymbol{g}_{s,n,i}^{\mathrm{H}}\boldsymbol{W}_s\right\|^2+\sigma_{\mathrm{R},n,i}^2} \tag{3-30}$$

在已知岸基基站波束成形矢量 $\{\boldsymbol{\omega}_{\mathrm{B},k},\boldsymbol{\omega}_{\mathrm{R},k}\}$ 和海上中继最优处理矩阵 $\{\boldsymbol{W}_s\}$ 之后，整个系统的传输功率可以表示为

$$P_{\text{total}}=\sum_{k=1}^{M}\left\|\boldsymbol{\omega}_{\mathrm{B},k}\right\|^2+\sum_{k=1}^{N}\left\|\boldsymbol{\omega}_{\mathrm{R},k}\right\|^2+\sum_{s=1}^{S}\sum_{k=1}^{M}\left\|\boldsymbol{W}_s\boldsymbol{H}_s^{\mathrm{H}}\boldsymbol{\omega}_{\mathrm{B},k}\right\|^2+\sum_{s=1}^{S}\sum_{k=1}^{N}\left\|\boldsymbol{W}_s\boldsymbol{H}_s^{\mathrm{H}}\boldsymbol{\omega}_{\mathrm{R},k}\right\|^2+\sum_{s=1}^{S}\sigma_s^2\left\|\boldsymbol{W}_s\right\|^2 \tag{3-31}$$

其中，前两项为岸基基站的传输功率，后三项为海上中继的传输功率。

4. 组播中继通信系统优化设计

考虑由于缺乏稳定的能量来源，海上通信系统一般都面临严格的能量限制，因此本节将系统设计的目标定为在满足海上船舶用户 QoS 需求的基础上，通过优化岸基基站的波束成形矢量 $\{\boldsymbol{\omega}_{\mathrm{B},k},\boldsymbol{\omega}_{\mathrm{R},k}\}$ 和海上中继处理矩阵 $\{\boldsymbol{W}_s\}$ 来最小化系统传输功率。本节用 $\gamma_{\mathrm{B},m}$ 和 $\gamma_{\mathrm{R},n}$ 分别表示第 m 组岸基基站服务用户和第 n 组海上中继服务用户的目标 SINR 需求，则本节的系统设计优化问题可以建模成如下的优化问题。

$$\min_{\{\boldsymbol{\omega}_{\mathrm{B},k},\boldsymbol{\omega}_{\mathrm{R},k},\boldsymbol{W}_s\}} P_{\text{total}} \tag{3-32}$$

$$\text{s.t.}\ \ \mathrm{SINR}_{\mathrm{B},m,i}\geqslant\gamma_{\mathrm{B},m},\forall m,i\in G_{\mathrm{B},m} \tag{3-32a}$$

$$\mathrm{SINR}_{\mathrm{R},n,i}\geqslant\gamma_{\mathrm{R},n},\forall n,i\in G_{\mathrm{R},n} \tag{3-32b}$$

注意到，在本节的系统中，由于海上船舶用户聚簇分布在船上，因此同一条船上

的用户被建模为一个海上船舶用户。为了满足船上所有用户的 QoS 需求，海上船舶用户的目标 SINR 必须严格设计。对于一个海上船舶用户，其目标 SINR 主要取决于两方面，一是船上所有用户总的通信容量需求，二是簇内无线链路的传输质量。假设船上所有用户的通信容量需求满足数据到达率为 λ 的泊松过程，且簇内无线链路成功传输的概率为 $\bar{p}$，那么对该海上船舶用户而言，它的目标 SINR 需求可以表示为

$$\gamma^{\text{th}} = 2^{\frac{\lambda}{\bar{p}}} - 1 \tag{3-33}$$

其中，$\bar{p}$ 可以进一步地通过平均所有用户的成功传输概率得到。假设在船上簇首和每个用户之间的信道为瑞利衰落信道，那么 $\bar{p}$ 可以表达示为

$$\bar{p} = \int_0^{l_0} \exp\left(-\frac{\gamma^{\text{M}}}{P^{\text{H}}} l^{\frac{\alpha}{2}}\right) f_L(l)\text{d}l = \frac{\int_0^{l_0} \exp\left(-\frac{\gamma^{\text{M}}}{P^{\text{H}}} l^{\frac{\alpha}{2}}\right) \frac{l}{\sigma_u^2} \exp\left(-\frac{l^2}{2\sigma_u^2}\right)}{1 - \exp\left(-\frac{l_0^2}{2\sigma_u^2}\right)} \tag{3-34}$$

其中，P^{H} 和 γ^{M} 分别代表簇首的传输功率和船上用户的接收门限。考虑一个组播群包含多个海上船舶用户，因此该组的目标 SINR 可以定为所有海上船舶用户中最大的一个，即 $\gamma_{\text{B},m} = \max\limits_{i \in G_{\text{B},m}} \left\{\gamma_i^{\text{th}}\right\}$。

3.3.3　波束成形矢量和中继处理矩阵联合优化

对于本节的研究内容而言，最优的通信系统设计方案就是式（3-32）的最优解。然而，式（3-32）是一个非凸优化问题，很难直接求得最优解。为了以较低的复杂度完成系统优化设计，本节将该问题解耦成两个子问题求解，在子问题 1 中，本节给定岸基基站波束成形矢量 $\{\boldsymbol{\omega}_{\text{B},k}, \boldsymbol{\omega}_{\text{R},k}\}$ 的一组可行解，求解海上中继最优处理矩阵 $\{\boldsymbol{W}_s\}$；在子问题 2 中，本节在得到海上中继最优处理矩阵 $\{\boldsymbol{W}_s\}$ 之后，再求解岸基基站最优波束成形矢量 $\{\boldsymbol{\omega}_{\text{B},k}, \boldsymbol{\omega}_{\text{R},k}\}$，之后可以将两个子过程进行交替迭代优化，进一步逼近原问题的最优解。

1. 海上中继处理矩阵优化

在给定岸基基站波束成形矢量的一组可行解 $\{\boldsymbol{\omega}_{\text{B},k}, \boldsymbol{\omega}_{\text{R},k}\}$ 之后，通过移除常数项，式（3-32）的优化目标变为

$$P_{\text{total}}^{[1]} = \sum_{s=1}^{S}\sum_{k=1}^{M}\left\|\boldsymbol{W}_s \boldsymbol{H}_s^{\text{H}} \boldsymbol{\omega}_{\text{B},k}\right\|^2 + \sum_{s=1}^{S}\sum_{k=1}^{N}\left\|\boldsymbol{W}_s \boldsymbol{H}_s^{\text{H}} \boldsymbol{\omega}_{\text{R},k}\right\|^2 + \sum_{s=1}^{S}\sigma_s^2\left\|\boldsymbol{W}_s\right\|^2 \tag{3-35}$$

此外，由于海上中继处理矩阵的优化不会影响岸基基站服务用户的 SINR，因此式（3-32）可以表示为

$$\min_{\{\boldsymbol{W}_s\}} P_{\text{total}}^{[1]} \tag{3-36}$$

$$\text{s.t.}\quad \text{SINR}_{\text{R},n,i} \geqslant \gamma_{\text{R},n}, \forall n,i \in G_{\text{R},n} \tag{3-36a}$$

注意到，式（3-36）的优化变量是所有海上中继 $N_{\text{R}} \times N_{\text{R}}$ 维的中继处理矩阵，该问题搜索维度巨大且十分难以求解。幸运的是，基于海上中继的信息处理过程，本节可以给出中继处理矩阵的最优结构，从而将针对矩阵的优化问题简化为针对向量的优化问题。具体地，本节有如下定理。

定理 3.1 定义 $\boldsymbol{r}_{s,k} = \boldsymbol{H}_s^{\text{H}} \boldsymbol{\omega}_{\text{R},k}$，$\boldsymbol{R}_s = [\boldsymbol{r}_{s,1},\cdots,\boldsymbol{r}_{s,N}]$，则海上中继 RN_s 的最优处理矩阵 $\boldsymbol{W}_s$ 可以表示为

$$\boldsymbol{W}_s = \boldsymbol{V}_s \boldsymbol{R}_s^{\text{H}} \tag{3-37}$$

其中，$\boldsymbol{V}_s = [\boldsymbol{v}_{s,1},\cdots,\boldsymbol{v}_{s,N}] \in \mathbb{C}^{N_{\text{R}} \times N}$。

证明 式（3-36）表明海上中继 RN_s 的最优处理矩阵 $\boldsymbol{W}_s$ 应该最大化目标信号的强度（即式（3-30）的分子项），同时最小化干扰（即式（3-30）中的分母项）和传输功率，如果令

$$\boldsymbol{G}_s = \left[\boldsymbol{g}_{s,1,1},\cdots,\boldsymbol{g}_{s,1,|G_{\text{R},1}|},\cdots,\boldsymbol{g}_{s,N,1},\cdots,\boldsymbol{g}_{s,N,|G_{\text{R},N}|}\right] \in \mathbb{C}^{N_{\text{R}} \times N_{\text{RU}}} \tag{3-38}$$

其中，N_{RU} 表示海上中继服务用户的数量，且一般情况下有 $N_{\text{RU}} \geqslant N_{\text{R}}$，则 $\boldsymbol{W}_s$ 可以分解为

$$\boldsymbol{W}_s = \boldsymbol{G}_s[\boldsymbol{A},\boldsymbol{B}]\left[\boldsymbol{R}_s,\boldsymbol{R}_s^{\perp}\right]^{\text{H}} = \boldsymbol{G}_s\boldsymbol{A}\boldsymbol{R}_s^{\text{H}} + \boldsymbol{G}_s\boldsymbol{B}\left(\boldsymbol{R}_s^{\perp}\right)^{\text{H}} \tag{3-39}$$

其中，$\boldsymbol{A}$ 和 $\boldsymbol{B}$ 分别表示 $N_{\text{RU}} \times N$ 维和 $N_{\text{RU}} \times (N_{\text{R}} - N)$ 维的参数矩阵。将式（3-39）代入式（3-35）和式（3-30），可以得到

$$\begin{aligned} P_{\text{total}}^{[1]} = &\sum_{s=1}^{S}\sum_{k=1}^{M}\left\|\left(\boldsymbol{G}_s\boldsymbol{A}\boldsymbol{R}_s^{\text{H}} + \boldsymbol{G}_s\boldsymbol{B}\left(\boldsymbol{R}_s^{\perp}\right)^{\text{H}}\right)\boldsymbol{H}_s^{\text{H}}\boldsymbol{\omega}_{\text{B},k}\right\|^2 + \\ &\sum_{s=1}^{S}\sum_{k=1}^{N}\left\|\left(\boldsymbol{G}_s\boldsymbol{A}\boldsymbol{R}_s^{\text{H}} + \boldsymbol{G}_s\boldsymbol{B}\left(\boldsymbol{R}_s^{\perp}\right)^{\text{H}}\right)\boldsymbol{r}_{s,k}\right\|^2 + \sum_{s=1}^{S}\sigma_s^2\left\|\boldsymbol{G}_s\boldsymbol{A}\boldsymbol{R}_s^{\text{H}} + \boldsymbol{G}_s\boldsymbol{B}\left(\boldsymbol{R}_s^{\perp}\right)^{\text{H}}\right\|^2 \end{aligned} \tag{3-40}$$

$$\{\text{SINR}_{\text{R},n,i}\}_{\text{numerator}} = \left|\sum_{s=1}^{S}\boldsymbol{g}_{s,n,i}^{\text{H}}\boldsymbol{G}_s\boldsymbol{A}\boldsymbol{R}_s^{\text{H}}\boldsymbol{r}_{s,n}\right|^2 \tag{3-41}$$

$$\begin{aligned} \left\{\text{SINR}_{\text{R},n,i}\right\}_{\text{denominator}} = &\sum_{k=1}^{M}\left|\sum_{s=1}^{S}\boldsymbol{g}_{s,n,i}^{\text{H}}\left(\boldsymbol{G}_s\boldsymbol{A}\boldsymbol{R}_s^{\text{H}} + \boldsymbol{G}_s\boldsymbol{B}\left(\boldsymbol{R}_s^{\perp}\right)^{\text{H}}\right)\boldsymbol{H}_s^{\text{H}}\boldsymbol{\omega}_{\text{B},k}\right|^2 + \\ &\sum_{k=1,k\neq n}^{N}\left|\sum_{s=1}^{S}\boldsymbol{g}_{s,n,i}^{\text{H}}\boldsymbol{G}_s\boldsymbol{A}\boldsymbol{R}_s^{\text{H}}\boldsymbol{r}_{s,k}\right|^2 + \sum_{s=1}^{S}\sigma_s^2\left\|\boldsymbol{g}_{s,n,i}^{\text{H}}\left(\boldsymbol{G}_s\boldsymbol{A}\boldsymbol{R}_s^{\text{H}} + \boldsymbol{G}_s\boldsymbol{B}\left(\boldsymbol{R}_s^{\perp}\right)^{\text{H}}\right)\right\|^2 + \sigma_{\text{R},n,i}^2 \end{aligned} \tag{3-42}$$

可以看到，矩阵 $\boldsymbol{B}$ 只会影响干扰强度和总的传输功率，但对目标信号没有增益。

为了减弱干扰并降低总的传输功率，本节令 $\boldsymbol{B}=\boldsymbol{0}$，可以得到

$$\boldsymbol{W}_s=\boldsymbol{G}_s\boldsymbol{A}\boldsymbol{R}_s^{\mathrm{H}}=\boldsymbol{V}_s\boldsymbol{R}_s^{\mathrm{H}} \tag{3-43}$$

证毕。

定理 3.1 表明 $\boldsymbol{W}_s$ 可以分为 $\boldsymbol{V}_s$ 和 $\boldsymbol{R}_s^{\mathrm{H}}$ 两部分，相应地，RN_s 的处理过程也可以分为两步。海上中继数据处理过程如图 3-8 所示。第一步，RN_s 先接收岸基基站传输的信号并利用匹配滤波器 $\boldsymbol{R}_s^{\mathrm{H}}$ 对信号进行处理；第二步，RN_s 将处理后的信息以 $[\boldsymbol{v}_{s,1},\cdots,\boldsymbol{v}_{s,N}]$ 为波束成形矢量转发给海上船舶用户。事实上，定理 3.1 是单中继单用户系统最优设计的一种推广[41-44]。在单中继单用户系统中，假设基站的波束成形矢量为 $\boldsymbol{s}$，基站到中继和中继到用户的信道矢量分别为 $\boldsymbol{H}_1$ 和 $\boldsymbol{H}_2$，那么由此可以推知中继处理矩阵的最优结构。具体地，中继节点将根据信道矢量 $\boldsymbol{H}_1$ 构建匹配滤波器最大化接收信号强度，再以信道矢量 $\boldsymbol{H}_2$ 的右奇异矢量为波束成形矢量将信息转发给用户。详细的分析可以参考文献[44]，这里不再赘述。

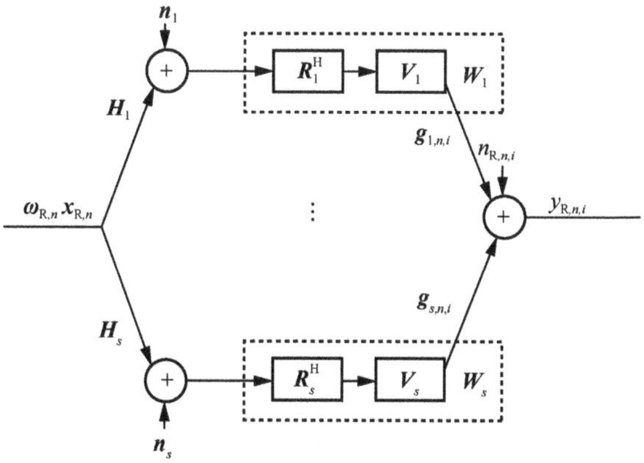

图 3-8　海上中继数据处理过程

在得到海上中继处理矩阵的最优结构之后，由于 $\{\boldsymbol{R}_s^{\mathrm{H}}\}$ 已知，本节可以将针对矩阵 $\{\boldsymbol{W}_s\}$ 的优化问题转变为针对海上中继波束成形矢量 $\{\boldsymbol{V}_s\}$ 的优化问题，从而大大降低求解的复杂度。将 $\boldsymbol{W}_s$ 用 $\boldsymbol{V}_s\boldsymbol{R}_s^{\mathrm{H}}$ 替代并且定义 $\boldsymbol{\phi}_{s,k}=\boldsymbol{R}_s^{\mathrm{H}}\boldsymbol{H}_s^{\mathrm{H}}\omega_{\mathrm{B},k}$，$\boldsymbol{\psi}_{s,k}=\boldsymbol{R}_s^{\mathrm{H}}\boldsymbol{r}_{s,k}$，那么式（3-36）的优化目标变为

$$P_{\mathrm{total}}^{[1]}=\sum_{s=1}^{S}\sum_{k=1}^{M}\left\|\boldsymbol{V}_s\boldsymbol{\phi}_{s,k}\right\|^2+\sum_{s=1}^{S}\sum_{k=1}^{N}\left\|\boldsymbol{V}_s\boldsymbol{\psi}_{s,k}\right\|^2+\sum_{s=1}^{S}\sigma_s^2\left\|\boldsymbol{V}_s\boldsymbol{R}_s^{\mathrm{H}}\right\|^2 \tag{3-44}$$

进一步地，定义

$$\begin{aligned}\boldsymbol{\Phi}_s&=\left[\boldsymbol{\phi}_{s,1},\cdots,\boldsymbol{\phi}_{s,M}\right]\\ \boldsymbol{\Psi}_s&=\left[\boldsymbol{\psi}_{s,1},\cdots,\boldsymbol{\psi}_{s,N}\right]\end{aligned} \tag{3-45}$$

并将式（3-45）代入式（3-44），$P_{\text{total}}^{[1]}$ 可以进一步改写为

$$P_{\text{total}}^{[1]}=\sum_{s=1}^{S}\mathrm{Tr}\left[\boldsymbol{V}_s\left(\boldsymbol{\Phi}_s\boldsymbol{\Phi}_s^{\mathrm{H}}+\boldsymbol{\Psi}_s\boldsymbol{\Psi}_s^{\mathrm{H}}+\sigma_s^2\boldsymbol{R}_s^{\mathrm{H}}\boldsymbol{R}_s\right)\boldsymbol{V}_s^{\mathrm{H}}\right]=\sum_{s=1}^{S}\boldsymbol{v}_s^{\mathrm{T}}\boldsymbol{Q}_s\boldsymbol{v}_s^{*} \tag{3-46}$$

其中，$\boldsymbol{v}_s=\mathrm{vec}(\boldsymbol{V}_s^{\mathrm{T}})$ 表示将 $\boldsymbol{V}_s^{\mathrm{T}}$ 按列进行向量化，$\boldsymbol{Q}_s=\mathbf{I}_{N_{\mathrm{R}}}\otimes\left(\boldsymbol{\Phi}_s\boldsymbol{\Phi}_s^{\mathrm{H}}+\boldsymbol{\Psi}_s\boldsymbol{\Psi}_s^{\mathrm{H}}+\sigma_s^2\boldsymbol{R}_s^{\mathrm{H}}\boldsymbol{R}_s\right)$，其中$\otimes$表示卷积操作。类似地，将 $\boldsymbol{\phi}_{s,k}$ 和 $\boldsymbol{\psi}_{s,k}$ 代入式（3-30）中，并且依据 $\mathrm{vec}\left(\boldsymbol{A}_1\boldsymbol{A}_2\boldsymbol{A}_3\right)=\left(\boldsymbol{A}_3^{\mathrm{T}}\otimes\boldsymbol{A}_1\right)\mathrm{vec}\left(\boldsymbol{A}_2\right)$ 进行变换，可以得到

$$\begin{aligned}\boldsymbol{g}_{s,n,i}^{\mathrm{H}}\boldsymbol{V}_s\boldsymbol{\phi}_{s,k}&=\hat{\boldsymbol{g}}_{k,s,n,i}^{\mathrm{H}}\boldsymbol{v}_s\\ \boldsymbol{g}_{s,n,i}^{\mathrm{H}}\boldsymbol{V}_s\boldsymbol{\psi}_{s,k}&=\tilde{\boldsymbol{g}}_{k,s,n,i}^{\mathrm{H}}\boldsymbol{v}_s\\ \boldsymbol{g}_{s,n,i}^{\mathrm{H}}\boldsymbol{V}_s\boldsymbol{R}_s^{\mathrm{H}}&=\boldsymbol{G}_{s,n,i}\boldsymbol{v}_s\end{aligned} \tag{3-47}$$

其中

$$\begin{aligned}\hat{\boldsymbol{g}}_{k,s,n,i}&=\boldsymbol{g}_{s,n,i}\otimes\boldsymbol{\phi}_{s,k}^{*}\\ \tilde{\boldsymbol{g}}_{k,s,n,i}^{\mathrm{H}}&=\boldsymbol{g}_{s,n,i}\otimes\boldsymbol{\psi}_{s,k}^{*}\\ \boldsymbol{G}_{s,n,i}(j,:)&=\boldsymbol{g}_{s,n,i}^{\mathrm{H}}\otimes\boldsymbol{R}_s^{*}(j,:)\end{aligned} \tag{3-48}$$

将式（3-47）代入式（3-30），则 $G_{R,n}$ 中第 i 个海上船舶用户接收信号的 SINR 可以重新表示为

$$\mathrm{SINR}_{\mathrm{R},n,i}=\frac{\left|\sum_{s=1}^{S}\tilde{\boldsymbol{g}}_{k,s,n,i}^{\mathrm{H}}\boldsymbol{v}_s\right|^2}{\sum_{k=1}^{M}\left|\sum_{s=1}^{S}\hat{\boldsymbol{g}}_{k,s,n,i}^{\mathrm{H}}\boldsymbol{v}_s\right|^2+\sum_{k=1,k\neq n}^{N}\left|\sum_{s=1}^{S}\tilde{\boldsymbol{g}}_{k,s,n,i}^{\mathrm{H}}\boldsymbol{v}_s\right|^2+\sum_{s=1}^{S}\sigma_s^2\left\|\boldsymbol{G}_{s,n,i}\boldsymbol{v}_s\right\|^2+\sigma_{\mathrm{R},n,i}^2} \tag{3-49}$$

结合式（3-46）和式（3-49），式（3-36）可以重新被表示为

$$\min_{\{\boldsymbol{v}_s\}}\sum_{s=1}^{S}\boldsymbol{v}_s^{\mathrm{T}}\boldsymbol{Q}_s\boldsymbol{v}_s^{*} \tag{3-50}$$

$$\text{s.t. }\mathrm{SINR}_{\mathrm{R},n,i}\geqslant\gamma_{\mathrm{R},n},\forall n,i\in G_{\mathrm{R},n} \tag{3-50a}$$

至此，基于海上中继处理矩阵的最优结构，本节针对矩阵 $\{\boldsymbol{W}_s\}$ 的优化问题式(3-36)重新建模为针对海上中继波束成形矢量 $\{\boldsymbol{v}_s\}$ 的优化问题，即式(3-50)。然而，式（3-50）仍是一个非凸优化问题，很难直接求得最优解。为了以较低的复杂度求解该问题，接下来将使用顺序凸松弛（SCA）方法对式（3-50）进行凸近似，再通过迭代求解其近似最优解。首先对式（3-50）进行简化。注意到式（3-50）的优化变量是 S 个海上中继的波束成形矢量 $\{\boldsymbol{v}_s\}$，定义

$$
\begin{aligned}
\boldsymbol{v} &= \left[\boldsymbol{v}_1^{\mathrm{T}},\cdots,\boldsymbol{v}_s^{\mathrm{T}}\right]^{\mathrm{T}} \\
\boldsymbol{Q} &= \mathrm{BlkDiag}\left(\boldsymbol{Q}_1,\cdots,\boldsymbol{Q}_s\right) \\
\tilde{\boldsymbol{f}}_{k,n,i} &= \left[\tilde{\boldsymbol{g}}_{k,1,n,i}^{\mathrm{T}},\cdots,\tilde{\boldsymbol{g}}_{k,s,n,i}^{\mathrm{T}}\right]^{\mathrm{T}} \\
\hat{\boldsymbol{f}}_{k,n,i} &= \left[\hat{\boldsymbol{g}}_{k,1,n,i}^{\mathrm{T}},\cdots,\hat{\boldsymbol{g}}_{k,s,n,i}^{\mathrm{T}}\right]^{\mathrm{T}} \\
\boldsymbol{G}_{n,i} &= \mathrm{BlkDiag}\left(\sigma_1\boldsymbol{G}_{1,n,i},\cdots,\sigma_s\boldsymbol{G}_{s,n,i}\right)
\end{aligned}
\tag{3-51}
$$

其中，$\mathrm{BlkDiag}\left(\boldsymbol{Q}_1,\cdots,\boldsymbol{Q}_s\right)$ 表示以 $\boldsymbol{Q}_1,\cdots,\boldsymbol{Q}_s$ 为对角元素构造的对角矩阵。将式（3-51）代入式（3-50），可以将该优化问题简化为如下针对一维矢量 $\boldsymbol{v}$ 的优化问题。

$$
\min_{\{\boldsymbol{v}\}} \boldsymbol{v}^{\mathrm{T}}\boldsymbol{Q}\boldsymbol{v}^{*} \tag{3-52}
$$

$$
\text{s.t.} \quad \frac{\left|\hat{\boldsymbol{f}}_{k,n,i}^{\mathrm{H}}\boldsymbol{v}\right|^2}{\sum_{k=1}^{M}\left|\hat{\boldsymbol{f}}_{k,n,i}^{\mathrm{H}}\boldsymbol{v}\right|^2+\sum_{k=1,k\neq n}^{N}\left|\hat{\boldsymbol{f}}_{k,n,i}^{\mathrm{H}}\boldsymbol{v}\right|^2+\left\|\boldsymbol{G}_{n,i}\boldsymbol{v}\right\|^2+\sigma_{\mathrm{R},n,i}^2} \geqslant \gamma_{\mathrm{R},n} \tag{3-52a}
$$

$$
\forall n,i\in G_{\mathrm{R},n}
$$

式（3-52）的非凸性主要来自约束式（3-52a），因此本节选择 SCA 方法对该非凸项进行凸近似将其转化为凸优化问题来求解。将约束式（3-52a）改写成

$$
\begin{aligned}
&\sum_{k=1}^{M}\gamma_{\mathrm{R},n}\left|\hat{\boldsymbol{f}}_{k,n,i}^{\mathrm{H}}\boldsymbol{v}\right|^2+\sum_{k=1,k\neq n}^{N}\gamma_{\mathrm{R},n}\left|\tilde{\boldsymbol{f}}_{k,n,i}^{\mathrm{H}}\boldsymbol{v}\right|^2+\gamma_{\mathrm{R},n}\left\|\boldsymbol{G}_{n,i}\boldsymbol{v}\right\|^2-\left|\tilde{\boldsymbol{f}}_{n,n,i}^{\mathrm{H}}\boldsymbol{v}\right|^2 \\
&\leqslant -\gamma_{\mathrm{R},n}\sigma_{\mathrm{R},n,i}^2
\end{aligned}
\tag{3-53}
$$

为了对式（3-53）中的非凸项进行凸近似，可以对其中的凸项和非凸项进行分解，表示为

$$
\begin{aligned}
\boldsymbol{v}^{\mathrm{H}}\left(\boldsymbol{\Lambda}_{\mathrm{R},n,i}^{+}+\boldsymbol{\Lambda}_{\mathrm{R},n,i}^{-}\right)\boldsymbol{v} &= \sum_{k=1}^{M}\gamma_{\mathrm{R},n}\left|\hat{\boldsymbol{f}}_{k,n,i}^{\mathrm{H}}\boldsymbol{v}\right|^2 + \\
&\sum_{k=1,k\neq n}^{N}\gamma_{\mathrm{R},n}\left|\tilde{\boldsymbol{f}}_{k,n,i}^{\mathrm{H}}\boldsymbol{v}\right|^2+\gamma_{\mathrm{R},n}\left\|\boldsymbol{G}_{n,i}\boldsymbol{v}\right\|^2-\left|\tilde{\boldsymbol{f}}_{n,n,i}^{\mathrm{H}}\boldsymbol{v}\right|^2
\end{aligned}
\tag{3-54}
$$

其中，$\boldsymbol{\Lambda}_{\mathrm{R},n,i}^{+}$ 和 $\boldsymbol{\Lambda}_{\mathrm{R},n,i}^{-}$ 分别表示为

$$
\begin{aligned}
\boldsymbol{\Lambda}_{\mathrm{R},n,i}^{+} &= \sum_{k=1}^{M}\gamma_{\mathrm{R},n}\hat{\boldsymbol{f}}_{k,n,i}\hat{\boldsymbol{f}}_{k,n,i}^{\mathrm{H}}+\sum_{k=1,k\neq n}^{N}\gamma_{\mathrm{R},n}\tilde{\boldsymbol{f}}_{k,n,i}\tilde{\boldsymbol{f}}_{k,n,i}^{\mathrm{H}}+\gamma_{\mathrm{R},n}\boldsymbol{G}_{n,i}^{\mathrm{H}}\boldsymbol{G}_{n,i} \\
\boldsymbol{\Lambda}_{\mathrm{R},n,i}^{-} &= -\tilde{\boldsymbol{f}}_{n,n,i}\tilde{\boldsymbol{f}}_{n,n,i}^{\mathrm{H}}
\end{aligned}
\tag{3-55}
$$

注意到，$\boldsymbol{\Lambda}_{\mathrm{R},n,i}^{+}\geqslant\boldsymbol{0}$ 是半正定矩阵，代表式（3-54）中的凸项，这一部分不用处理。而 $\boldsymbol{\Lambda}_{\mathrm{R},n,i}^{-}\leqslant\boldsymbol{0}$ 是半负定矩阵，代表式（3-54）中的非凸项，需要对这部分进行凸松弛。由于 $\boldsymbol{\Lambda}_{\mathrm{R},n,i}^{-}$ 是半负定矩阵，因此对于任何一个矢量 $\boldsymbol{z}\in\mathbb{C}^{SN_{\mathrm{R}}N\times1}$，都有如下的不等式成立。

$$(\boldsymbol{v}-\boldsymbol{z})^{\mathrm{H}}\boldsymbol{\Lambda}_{\mathrm{R},n,i}^{-}(\boldsymbol{v}-\boldsymbol{z})=\boldsymbol{v}^{\mathrm{H}}\boldsymbol{\Lambda}_{\mathrm{R},n,i}^{-}\boldsymbol{v}-2\mathrm{Re}\left\{\boldsymbol{z}^{\mathrm{H}}\boldsymbol{\Lambda}_{\mathrm{R},n,i}^{-}\boldsymbol{v}\right\}+\boldsymbol{z}^{\mathrm{H}}\boldsymbol{\Lambda}_{\mathrm{R},n,i}^{-}\boldsymbol{z}\leqslant 0 \tag{3-56}$$

不等式（3-56）实际上代表的是参考点 $\boldsymbol{z}$ 附近的一个线性约束，结合式（3-54）和式（3-56），可以用如下的凸约束条件来代替非凸约束式（3-54）。

$$\boldsymbol{v}^{\mathrm{H}}\boldsymbol{\Lambda}_{\mathrm{R},n,i}^{+}\boldsymbol{v}+2\mathrm{Re}\left\{\boldsymbol{z}^{\mathrm{H}}\boldsymbol{\Lambda}_{\mathrm{R},n,i}^{-}\boldsymbol{v}\right\}\leqslant\boldsymbol{z}^{\mathrm{H}}\boldsymbol{\Lambda}_{\mathrm{R},n,i}^{-}\boldsymbol{z}-\gamma_{\mathrm{R},n}\sigma_{\mathrm{R},n,i}^{2}+\epsilon_{\mathrm{R},n,i} \tag{3-57}$$

其中，$\epsilon_{\mathrm{R},n,i}$ 是用来保证参考点 $\boldsymbol{z}$ 可行性的一个松弛变量。在完成约束式（3-54）的凸松弛之后，式（3-52）此时已经变为一个凸优化问题，可以采用传统的凸优化工具如凸优化（CVX）[45]进行求解。但是注意到，在进行凸松弛时，本节是在解空间中任选一个参考点 $\boldsymbol{z}$ 来对其进行线性近似，而 $\boldsymbol{z}$ 并不是原问题的最优解或近似最优解。因此，为了逼近式（3-53）的最优解，可以用迭代的方法在每次得到凸近似问题的最优解后以其为参考点再重复进行上述过程。在经过几轮迭代之后，很容易在原问题的最优解附近找到较优的近似最优解。特殊地，在该过程中，第 k 轮迭代要求解如下的凸优化问题。

$$\min_{\boldsymbol{v}}\rho_{\mathrm{R}}+C\|\boldsymbol{\epsilon}\| \tag{3-58}$$

$$\text{s.t.}\quad \boldsymbol{v}^{\mathrm{T}}\boldsymbol{Q}\boldsymbol{v}^{*}\leqslant\rho_{\mathrm{R}} \tag{3-58a}$$

$$\boldsymbol{v}^{\mathrm{H}}\boldsymbol{\Lambda}_{\mathrm{R},n,i}^{+}\boldsymbol{v}+2\mathrm{Re}\left\{\boldsymbol{z}_k^{\mathrm{H}}\boldsymbol{\Lambda}_{\mathrm{R},n,i}^{-}\boldsymbol{v}\right\}\leqslant\boldsymbol{z}_k^{\mathrm{H}}\boldsymbol{\Lambda}_{n,i}^{-}\boldsymbol{z}_k-\gamma_{\mathrm{R},n}\sigma_{\mathrm{R},n,i}^{2}+\epsilon_{\mathrm{R},n,i},\ \forall n,i\in G_{\mathrm{R},n} \tag{3-58b}$$

$$\epsilon_{\mathrm{R},n,i}\geqslant 0,\ \forall n,i\in G_{\mathrm{R},n} \tag{3-58c}$$

其中，$\boldsymbol{\epsilon}=\left[\epsilon_{\mathrm{R},1,1},\cdots,\epsilon_{\mathrm{R},N,|G_{\mathrm{R},N}|}\right]^{\mathrm{T}}$ 是用来约束使初始点 $\boldsymbol{z}$ 落在解空间中的松弛向量，而 C 是惩罚系数。注意到，松弛向量 $\boldsymbol{\epsilon}$ 在式（3-53）中并不存在，因此令 $C\geqslant 1$ 来使该项在迭代过程中最终归于 0，从而保证最终的解 $\boldsymbol{v}$ 是落在式（3-53）的解空间中。此外，$\boldsymbol{z}_k$ 是第 k 轮迭代的参考点，本节令其等于第 $k-1$ 轮中的最优解。基于 SCA 方法的海上中继处理矩阵优化算法见算法 2。根据文献[46]，在最坏情况下，求解式（3-58）的计算复杂度为 $O((SN_{\mathrm{R}}N+1)^{3.5})$，因此最坏情况下算法 3-2 的计算复杂度为 $O((SN_{\mathrm{R}}N+1)^{3.5}T)$，其中 T 为最大迭代轮数。

算法 3-2 基于 SCA 方法的海上中继处理矩阵优化算法

1．输入：岸基基站波束成形矢量 $(\boldsymbol{\omega}_{\mathrm{B},k},\boldsymbol{\omega}_{\mathrm{R},k})$，惩罚系数 C，最大迭代轮数 T

2．初始化：$t=0$，随机产生初始参考点 $\boldsymbol{z}_0$

3．While $t\leqslant T$ do

4．　基于式（3-48）、式（3-51）、式（3-55）更新 $\boldsymbol{\Lambda}_{\mathrm{R},n,i}^{+}$ 和 $\boldsymbol{\Lambda}_{\mathrm{R},n,i}^{-}$；

5．　求解

$$\hat{\boldsymbol{v}}^{[t]} = \arg\min \rho_{\mathrm{R}} + C \| \boldsymbol{\epsilon} \|$$
$$\text{s.t. 式（3-58a）} \sim \text{式（3-58c）}$$

6. 　更新 $\boldsymbol{z}_{t+1} = \hat{\boldsymbol{v}}^{[t]}$;
7. 　更新 $t = t + 1$;
8. end while
9. 基于式（3-37）计算海上中继最优处理矩阵 $\boldsymbol{W}_s$;
10. 输出：海上中继最优处理矩阵 $\{\boldsymbol{W}_s\}$

2. 岸基基站波束成形矢量优化

在得到海上中继最优处理矩阵之后，现继续研究岸基基站的波束成形矢量优化问题。假设所求出的海上中继最优处理矩阵为 $\{\hat{\boldsymbol{W}}_s\}$，通过将其代入式（3-31）中并去掉常数项，式（3-32）的优化目标变为

$$P_{\text{total}}^{[2]} = \sum_{k=1}^{M} \left\| \boldsymbol{\omega}_{\mathrm{B},k} \right\|^2 + \sum_{k=1}^{N} \left\| \boldsymbol{\omega}_{\mathrm{R},k} \right\|^2 + \sum_{s=1}^{S} \sum_{k=1}^{M} \left\| \hat{\boldsymbol{W}}_s \boldsymbol{H}_s^{\mathrm{H}} \boldsymbol{\omega}_{\mathrm{B},k} \right\|^2 + \sum_{s=1}^{S} \sum_{k=1}^{N} \left\| \hat{\boldsymbol{W}}_s \boldsymbol{H}_s^{\mathrm{H}} \boldsymbol{\omega}_{\mathrm{R},k} \right\|^2 \tag{3-59}$$

并且通过令 $\boldsymbol{W}_s = \hat{\boldsymbol{W}}_s$，岸基基站服务用户和海上中继服务用户接收信号的 SINR 仍然遵从式（3-27）和式（3-30）的表达形式，因此式（3-32）可以被重新表示为

$$\min_{\{\boldsymbol{\omega}_{\mathrm{B},k}, \boldsymbol{\omega}_{\mathrm{R},k}\}} P_{\text{total}}^{[2]} \tag{3-60}$$

$$\text{s.t. } \mathrm{SINR}_{\mathrm{B},m,i} \geqslant \gamma_{\mathrm{R},m}, \forall m, i \in G_{\mathrm{B},m} \tag{3-60a}$$

$$\mathrm{SINR}_{\mathrm{R},n,i} \geqslant \gamma_{\mathrm{R},n}, \forall n, i \in G_{\mathrm{R},n} \tag{3-60b}$$

通过定义

$$\begin{aligned} \boldsymbol{g}_{n,i} &= \sum_{s=1}^{S} \boldsymbol{H}_s \hat{\boldsymbol{W}}_s^{\mathrm{H}} \boldsymbol{g}_{s,n,i} \\ \tilde{\sigma}_{\mathrm{R},n,i}^2 &= \sum_{s=1}^{S} \sigma_s^2 \left\| \boldsymbol{g}_{s,n,i}^{\mathrm{H}} \hat{\boldsymbol{W}}_s \right\|^2 + \sigma_{\mathrm{R},n,i}^2 \end{aligned} \tag{3-61}$$

并将其分别代入式(3-27)和式(3-30)，则 $G_{\mathrm{B},m}$ 中的第 i 个海上船舶用户和 $G_{\mathrm{R},n}$ 中的第 i 个海上船舶用户的 SINR 分别可以表示为

$$\mathrm{SINR}_{\mathrm{B},m,i} = \frac{\left| \boldsymbol{h}_{m,i}^{\mathrm{H}} \boldsymbol{\omega}_{\mathrm{B},m} \right|^2}{\sum\limits_{k=1,k\neq m}^{M} \left| \boldsymbol{h}_{m,i}^{\mathrm{H}} \boldsymbol{\omega}_{\mathrm{B},k} \right|^2 + \sum\limits_{k=1}^{N} \left| \boldsymbol{h}_{m,i}^{\mathrm{H}} \boldsymbol{\omega}_{\mathrm{R},k} \right|^2 + \sigma_{\mathrm{B},m,i}^2} \tag{3-62}$$

$$\mathrm{SINR}_{\mathrm{R},n,i} = \frac{\left| \boldsymbol{g}_{n,i}^{\mathrm{H}} \boldsymbol{\omega}_{\mathrm{R},n} \right|^2}{\sum\limits_{k=1}^{M} \left| \boldsymbol{g}_{n,i}^{\mathrm{H}} \boldsymbol{\omega}_{\mathrm{B},k} \right|^2 + \sum\limits_{k=1,k\neq n}^{N} \left| \boldsymbol{g}_{n,i}^{\mathrm{H}} \boldsymbol{\omega}_{\mathrm{R},k} \right|^2 + \tilde{\sigma}_{\mathrm{R},n,i}^2} \tag{3-63}$$

观察式（3-63）可以发现，在得到海上中继最优处理矩阵的情况下，海上中继服务用户实际上也可以被视作岸基基站服务用户，并且岸基基站服务用户和海上中继服务用户之间的等效信道可以用 $\boldsymbol{g}_{n,i}$ 建模。式（3-60）仍然是一个非凸优化问题。参照求解海上中继处理矩阵的经验，现仍然采用 SCA 方法对其进行凸松弛，从而近似为凸优化问题求解。将优化变量从 $\{\boldsymbol{\omega}_{\mathrm{B},k},\boldsymbol{\omega}_{\mathrm{R},k}\}$ 变为 $\boldsymbol{\omega}=\left[\boldsymbol{\omega}_{\mathrm{B},1}^{\mathrm{T}},\cdots,\boldsymbol{\omega}_{\mathrm{B},M}^{\mathrm{T}},\boldsymbol{\omega}_{\mathrm{R},1}^{\mathrm{T}},\cdots,\boldsymbol{\omega}_{\mathrm{R},N}^{\mathrm{T}}\right]^{\mathrm{T}}$。通过定义

$$\boldsymbol{\Theta}=\mathbf{I}_{M+N}\otimes\left(\sum_{s=1}^{S}\boldsymbol{H}_s\boldsymbol{W}_s^{\mathrm{H}}\boldsymbol{W}_s\boldsymbol{H}_s^{\mathrm{H}}\right) \tag{3-64}$$

并将其代入式（3-59）中，$P_{\mathrm{total}}^{[2]}$ 可以被重新表示为

$$P_{\mathrm{total}}^{[2]}=\boldsymbol{\omega}^{\mathrm{H}}\boldsymbol{\omega}+\boldsymbol{\omega}^{\mathrm{H}}\boldsymbol{\Theta}\boldsymbol{\omega} \tag{3-65}$$

而对于非凸约束式（3-60a）和式（3-60b），此处仿照海上中继处理矩阵优化中的处理方式（式（3-54））对其中的非凸项进行分解，特殊地，有

$$\boldsymbol{\omega}^{\mathrm{H}}\left(\boldsymbol{\Gamma}_{\mathrm{B},m,i}^{+}+\boldsymbol{\Gamma}_{\mathrm{B},m,i}^{-}\right)\boldsymbol{\omega}=\sum_{k=1,k\neq m}^{M}\gamma_{\mathrm{B},m}\left|\boldsymbol{h}_{m,i}^{\mathrm{H}}\boldsymbol{\omega}_{\mathrm{B},k}\right|^2+\sum_{k=1}^{N}\gamma_{\mathrm{B},m}\left|\boldsymbol{h}_{m,i}^{\mathrm{H}}\boldsymbol{\omega}_{\mathrm{R},k}\right|^2-\left|\boldsymbol{h}_{m,i}^{\mathrm{H}}\boldsymbol{\omega}_{\mathrm{B},m}\right|^2 \tag{3-66}$$

$$\boldsymbol{\omega}^{\mathrm{H}}\left(\boldsymbol{\Gamma}_{\mathrm{R},n,i}^{+}+\boldsymbol{\Gamma}_{\mathrm{R},n,i}^{-}\right)\boldsymbol{\omega}=\sum_{k=1}^{M}\gamma_{\mathrm{R},n}\left|\boldsymbol{g}_{n,i}^{\mathrm{H}}\boldsymbol{\omega}_{\mathrm{B},k}\right|^2+\sum_{k=1,k\neq n}^{N}\gamma_{\mathrm{R},n}\left|\boldsymbol{g}_{n,i}^{\mathrm{H}}\boldsymbol{\omega}_{\mathrm{R},k}\right|^2-\left|\boldsymbol{g}_{n,i}^{\mathrm{H}}\boldsymbol{\omega}_{\mathrm{R},n}\right|^2 \tag{3-67}$$

其中，$\boldsymbol{\Gamma}_{\mathrm{B},m,i}^{+}$、$\boldsymbol{\Gamma}_{\mathrm{B},m,i}^{-}$、$\boldsymbol{\Gamma}_{\mathrm{R},n,i}^{+}$ 和 $\boldsymbol{\Gamma}_{\mathrm{R},n,i}^{-}$ 分别表示为

$$\begin{aligned}
\boldsymbol{\Gamma}_{\mathrm{B},m,i}^{+}&=\gamma_{\mathrm{B},m}\mathbf{I}_{M+N,\bar{m}}\otimes\left(\boldsymbol{h}_{m,i}\boldsymbol{h}_{m,i}^{\mathrm{H}}\right)\\
\boldsymbol{\Gamma}_{\mathrm{B},m,i}^{-}&=\left(\mathbf{I}_{M+N,\bar{m}}-\mathbf{I}_{M+N}\right)\otimes\left(\boldsymbol{h}_{m,i}\boldsymbol{h}_{m,i}^{\mathrm{H}}\right)\\
\boldsymbol{\Gamma}_{\mathrm{R},n,i}^{+}&=\gamma_{\mathrm{R},n}\mathbf{I}_{M+N,\overline{M+n}}\otimes\left(\boldsymbol{g}_{n,i}\boldsymbol{g}_{n,i}^{\mathrm{H}}\right)\\
\boldsymbol{\Gamma}_{\mathrm{R},n,i}^{-}&=\left(\mathbf{I}_{M+N,\overline{M+n}}-\mathbf{I}_{M+N}\right)\otimes\left(\boldsymbol{g}_{n,i}\boldsymbol{g}_{n,i}^{\mathrm{H}}\right)
\end{aligned} \tag{3-68}$$

其中，$\mathbf{I}_{M+N,\bar{m}}$ 是将对角矩阵 $\mathbf{I}_{M+N}$ 的第 m 个对角元素替换为 0 得到的矩阵。基于式（3-66）和式（3-67），式（3-60）中的非凸约束式（3-60a）和式（3-60b）可以用如下的凸约束替代。

$$\boldsymbol{\omega}^{\mathrm{H}}\boldsymbol{\Gamma}_{\mathrm{B},m,i}^{+}\boldsymbol{\omega}+2\mathrm{Re}\left\{\boldsymbol{z}^{\mathrm{H}}\boldsymbol{\Gamma}_{\mathrm{B},m,i}^{-}\boldsymbol{\omega}\right\}\leqslant\boldsymbol{z}^{\mathrm{H}}\boldsymbol{\Gamma}_{\mathrm{B},m,i}^{-}\boldsymbol{z}-\gamma_{\mathrm{B},m}\sigma_{\mathrm{B},m,i}^2+\epsilon_{\mathrm{B},m,i} \tag{3-69}$$

$$\boldsymbol{\omega}^{\mathrm{H}}\boldsymbol{\Gamma}_{\mathrm{R},n,i}^{+}\boldsymbol{\omega}+2\mathrm{Re}\left\{\boldsymbol{z}^{\mathrm{H}}\boldsymbol{\Gamma}_{\mathrm{R},n,i}^{-}\boldsymbol{\omega}\right\}\leqslant\boldsymbol{z}^{\mathrm{H}}\boldsymbol{\Gamma}_{\mathrm{R},n,i}^{-}\boldsymbol{z}-\gamma_{\mathrm{R},n}\sigma_{\mathrm{B},m,i}^2+\epsilon_{\mathrm{R},n,i} \tag{3-70}$$

其中，$\epsilon_{\mathrm{B},m,i}$ 和 $\epsilon_{\mathrm{R},n,i}$ 是保证参考点 $\boldsymbol{z}$ 可行性的松弛变量。在完成约束式（3-60a）和式（3-60b）的凸近似之后，式（3-60）也已成为凸优化问题。与算法 3-2 类似，此处采用迭代算法来求解原问题的最优解。特殊地，在迭代过程中，第 k 轮要解决如下的凸优化问题。

$$\min_{\boldsymbol{\omega}} \rho_{\mathrm{B}} + C\|\boldsymbol{\epsilon}\|_2 \tag{3-71}$$

$$\text{s.t.} \quad \boldsymbol{\omega}^{\mathrm{H}}\boldsymbol{\omega} + \boldsymbol{\omega}^{\mathrm{H}}\boldsymbol{\Theta}\boldsymbol{\omega} \leqslant \rho_{\mathrm{B}} \tag{3-71a}$$

$$\begin{aligned}&\boldsymbol{\omega}^{\mathrm{H}}\boldsymbol{\Gamma}_{\mathrm{B},m,i}^{+}\boldsymbol{\omega} + 2\mathrm{Re}\left\{\boldsymbol{z}^{\mathrm{H}}\boldsymbol{\Gamma}_{\mathrm{B},m,i}^{-}\boldsymbol{\omega}\right\} \leqslant \\ &\boldsymbol{z}^{\mathrm{H}}\boldsymbol{\Gamma}_{\mathrm{B},m,i}^{-}\boldsymbol{z} - \gamma_{\mathrm{B},m}\sigma_{\mathrm{B},m,i}^{2} + \epsilon_{\mathrm{B},m,i}, \forall m,i \in G_{\mathrm{B},m}\end{aligned} \tag{3-71b}$$

$$\begin{aligned}&\boldsymbol{\omega}^{\mathrm{H}}\boldsymbol{\Gamma}_{\mathrm{R},n,i}^{+}\boldsymbol{\omega} + 2\mathrm{Re}\left\{\boldsymbol{z}^{\mathrm{H}}\boldsymbol{\Gamma}_{\mathrm{R},n,i}^{-}\boldsymbol{\omega}\right\} \leqslant \\ &\boldsymbol{z}^{\mathrm{H}}\boldsymbol{\Gamma}_{\mathrm{R},n,i}^{-}\boldsymbol{z} - \gamma_{\mathrm{R},n}\sigma_{\mathrm{B},m,i}^{2} + \epsilon_{\mathrm{R},n,i}, \forall n,i \in G_{\mathrm{R},n}\end{aligned} \tag{3-71c}$$

$$\epsilon_{\mathrm{B},m,i} \geqslant 0, \forall m,i \in G_{\mathrm{B},m} \tag{3-71d}$$

$$\epsilon_{\mathrm{R},n,i} \geqslant 0, \forall n,i \in G_{\mathrm{R},n} \tag{3-71e}$$

其中，$\boldsymbol{\epsilon} = \left[\epsilon_{\mathrm{B},1,1}, \cdots, \epsilon_{\mathrm{B},M,|G_{\mathrm{B},M}|}, \epsilon_{\mathrm{R},1,1}, \cdots, \epsilon_{\mathrm{R},N,|G_{\mathrm{R},N}|}\right]^{\mathrm{T}}$ 和 C 分别表示松弛向量和惩罚系数。基于 SCA 方法的岸基基站波束成形矢量优化算法如算法 3-3 所示。算法 3-3 的计算复杂度为 $O((N_{\mathrm{B}}+1)(M+N)^{3.5}T)$，其中 T 为最大迭代轮数。

算法 3-3 基于 SCA 方法的岸基基站波束成形矢量优化算法

1. 输入：海上中继最优处理矩阵 $\boldsymbol{W}_s$，惩罚系数 C，最大迭代轮数 T
2. 初始化：$t=0$，随机产生初始参考点 $\boldsymbol{z}_0$
3. While $t \leqslant T$ do
4. 　基于式（3-61）更新 $\boldsymbol{g}_{n,i}^{[t]}$ 和 $(\tilde{\sigma}_{\mathrm{R},n,i}^{2})^{[t]}$;
5. 　基于式（3-68）更新 $(\boldsymbol{\Gamma}_{\mathrm{B},m,i}^{+})^{[t]}$、$(\boldsymbol{\Gamma}_{\mathrm{B},m,i}^{-})^{[t]}$、$(\boldsymbol{\Gamma}_{\mathrm{R},n,i}^{+})^{[t]}$ 和 $(\boldsymbol{\Gamma}_{\mathrm{R},n,i}^{-})^{[t]}$;
6. 　求解
$$\hat{\boldsymbol{\omega}}^{[t]} = \arg\min \rho_{\mathrm{B}} + C\|\boldsymbol{\epsilon}\|$$
$$\text{s.t.} \quad 式（3-71a）\sim 式（3-71e）$$
7. 　更新 $\boldsymbol{z}_{t+1} = \hat{\boldsymbol{\omega}}^{[t]}$;
8. 　更新 $t = t+1$;
9. end while
10. 输出：岸基基站波束成形矢量 $\boldsymbol{\omega}$

3.3.4 基于 ZFBF 的优化方法

第 3.3.3 节基于 SCA 方法分别给出了求解海上中继处理矩阵和岸基基站波束成形矢量的迭代算法，虽然这些算法能够求得近似最优解，但是由于它们的复杂度较高，实际应用可能存在困难。本节将基于迫零波束成形（ZFBF）方法给出求解相关变量的低复杂度算法。

1. 基于 ZFBF 的海上中继处理矩阵设计

首先关注海上中继处理矩阵的设计，根据式（3-52），对于海上中继而言，其

接收的信号先经过融合处理，再以 $\boldsymbol{v}$ 为波束成形矢量转发给海上中继服务用户。因此，根据式（3-52），$G_{\mathrm{R},n}$ 中第 i 个海上船舶用户接收到的目标信号的强度为 $\left|\tilde{\boldsymbol{f}}_{n,n,i}^{\mathrm{H}}\boldsymbol{v}\right|^2$，而相关干扰为 $\sum_{k=1}^{M}\left|\hat{\boldsymbol{f}}_{k,n,i}^{\mathrm{H}}\boldsymbol{v}\right|^2+\sum_{k=1,k\neq n}^{N}\left|\tilde{\boldsymbol{f}}_{k,n,i}^{\mathrm{H}}\boldsymbol{v}\right|^2$。假设海上中继采用 ZFBF 方法进行数据传输，其波束成形矢量为 $\boldsymbol{v}^{\mathrm{ZF}}$，那么根据迫零原则，$\boldsymbol{v}^{\mathrm{ZF}}$ 需要消除接收信号间的干扰，因此海上中继的波束成形矢量 $\boldsymbol{v}^{\mathrm{ZF}}$ 应该满足下列条件：

$$\begin{gathered}\hat{\boldsymbol{f}}_{k,n,i}^{\mathrm{H}}\boldsymbol{v}^{\mathrm{ZF}}=0,k=1,2,\cdots,M\\ \tilde{\boldsymbol{f}}_{k,n,i}^{\mathrm{H}}\boldsymbol{v}^{\mathrm{ZF}}=0,k=1,2,\cdots,n-1,n+1,\cdots,N\end{gathered} \tag{3-72}$$

因此，通过定义 $\boldsymbol{F}=\left[\hat{\boldsymbol{f}}_{1,1,1},\cdots,\hat{\boldsymbol{f}}_{M,N,|G_{\mathrm{B},M}|},\tilde{\boldsymbol{f}}_{1,1,1},\cdots,\tilde{\boldsymbol{f}}_{N,N,|G_{\mathrm{R},N}|}\right]$ 为海上中继和中继服务用户之间的等效信道，可以得到

$$\boldsymbol{V}^{\mathrm{ZF}}=\boldsymbol{F}(\boldsymbol{F}^{\mathrm{H}}\boldsymbol{F})^{-1} \tag{3-73}$$

其中，$\boldsymbol{V}^{\mathrm{ZF}}=\left[\hat{\boldsymbol{v}}_{1,1,1},\cdots,\hat{\boldsymbol{v}}_{M,N,|G_{\mathrm{B},M}|},\tilde{\boldsymbol{v}}_{1,1,1},\cdots,\tilde{\boldsymbol{v}}_{N,N,|G_{\mathrm{R},N}|}\right]$ 表示海上中继的迫零预编码矩阵。而为了满足式（3-72）中的条件，$\boldsymbol{v}^{\mathrm{ZF}}$ 可以设计为

$$\bar{\boldsymbol{v}}\triangleq\boldsymbol{v}^{\mathrm{ZF}}/\left\|\boldsymbol{v}^{\mathrm{ZF}}\right\| \tag{3-74}$$

令 $\bar{\boldsymbol{v}}\triangleq\boldsymbol{v}^{\mathrm{ZF}}/\left\|\boldsymbol{v}^{\mathrm{ZF}}\right\|$ 表示归一化后的波束成形矢量，并且有 $\boldsymbol{v}=\sqrt{p_{\mathrm{R}}}\bar{\boldsymbol{v}}$。为了满足用户的目标 SINR 要求，式（3-52）实际上可以转换为海上中继的功率分配问题。

$$\min_{p_{\mathrm{R}}} p_{\mathrm{R}}\bar{\boldsymbol{v}}^{\mathrm{H}}Q\bar{\boldsymbol{v}} \tag{3-75}$$

$$\text{s.t.}\quad \frac{p_{\mathrm{R}}\left|\tilde{\boldsymbol{f}}_{n,n,i}^{\mathrm{H}}\bar{\boldsymbol{v}}\right|^2}{p_{\mathrm{R}}\boldsymbol{G}_{n,i}\bar{\boldsymbol{v}}^2+\sigma_{\mathrm{R},n,i}^2}\geqslant\gamma_{\mathrm{R},n},\forall n,i\in G_{\mathrm{R},n} \tag{3-75a}$$

根据约束式（3-75a），可以得到该功率分配问题的最优解。

$$p_{\mathrm{R}}=\max_{n,i}\frac{\gamma_{\mathrm{R},n}\sigma_{\mathrm{R},n,i}^2}{\left|\tilde{\boldsymbol{f}}_{n,n,i}^{\mathrm{H}}\bar{\boldsymbol{v}}\right|^2-\gamma_{\mathrm{R},n}\boldsymbol{G}_{n,i}\bar{\boldsymbol{v}}^2} \tag{3-76}$$

2. 基于 ZFBF 的岸基基站波束成形矢量设计

对于岸基基站波束成形矢量而言，根据迫零原则，$\boldsymbol{\omega}_{\mathrm{B},k}^{\mathrm{ZF}}$ 和 $\boldsymbol{\omega}_{\mathrm{R},k}^{\mathrm{ZF}}$ 应该确保多个用户组之间不存在干扰，因此如果令岸基基站和所有海上船舶用户之间的信道矩阵为

$$\boldsymbol{H}=\left[\boldsymbol{h}_{1,1},\cdots,\boldsymbol{h}_{M,|G_{\mathrm{B},M}|},\boldsymbol{g}_{1,1},\cdots,\boldsymbol{g}_{N,|G_{\mathrm{R},N}|}\right] \tag{3-77}$$

那么，岸基基站基于迫零原则的波束成形矢量 $\boldsymbol{\Omega}^{\mathrm{ZF}}$ 可以表示为

$$\boldsymbol{\Omega}^{\mathrm{ZF}}=\boldsymbol{H}(\boldsymbol{H}^{\mathrm{H}}\boldsymbol{H})^{-1} \tag{3-78}$$

其中，$\boldsymbol{\Omega}^{\mathrm{ZF}}=\left[\boldsymbol{\omega}_{\mathrm{B},1,1},\cdots,\boldsymbol{\omega}_{\mathrm{B},M,|G_{\mathrm{B},M}|},\boldsymbol{\omega}_{\mathrm{R},1,1},\cdots,\boldsymbol{\omega}_{\mathrm{R},N,|G_{\mathrm{R},N}|}\right]$。为了确保不同用户组之间不存在干扰，可以将 $\boldsymbol{\omega}_{\mathrm{B},k}^{\mathrm{ZF}}$ 和 $\boldsymbol{\omega}_{\mathrm{R},k}^{\mathrm{ZF}}$ 设计为

$$\begin{aligned}\boldsymbol{\omega}_{\mathrm{B},k}^{\mathrm{ZF}}&=\sum_{i=1}^{|G_{\mathrm{B},k}|}\boldsymbol{\omega}_{\mathrm{B},k,i}\\ \boldsymbol{\omega}_{\mathrm{R},k}^{\mathrm{ZF}}&=\sum_{i=1}^{|G_{\mathrm{R},k}|}\boldsymbol{\omega}_{\mathrm{R},k,i}\end{aligned}\tag{3-79}$$

同样地，对 $\boldsymbol{\omega}_{\mathrm{B},k}^{\mathrm{ZF}}$ 和 $\boldsymbol{\omega}_{\mathrm{R},k}^{\mathrm{ZF}}$ 进行归一化操作可以得到 $\bar{\boldsymbol{\omega}}_{\mathrm{B},k}\triangleq\boldsymbol{\omega}_{\mathrm{B},k}^{\mathrm{ZF}}/\left\|\boldsymbol{\omega}_{\mathrm{B},k}^{\mathrm{ZF}}\right\|$，$\bar{\boldsymbol{\omega}}_{\mathrm{R},k}\triangleq\boldsymbol{\omega}_{\mathrm{R},k}^{\mathrm{ZF}}/\left\|\boldsymbol{\omega}_{\mathrm{R},k}^{\mathrm{ZF}}\right\|$。归一化操作之后，可以得到 $\boldsymbol{\omega}_{\mathrm{B},k}=\sqrt{p_{\mathrm{B},k}}\bar{\boldsymbol{\omega}}_{\mathrm{B},k}$，$\boldsymbol{\omega}_{\mathrm{R},k}=\sqrt{p_{\mathrm{R},k}}\bar{\boldsymbol{\omega}}_{\mathrm{R},k}$，那么岸基基站的传输功率可以表示为

$$P_{\mathrm{total}}^{[2]}=\sum_{k=1}^{M}p_{\mathrm{B},k}+\sum_{k=1}^{N}p_{\mathrm{R},k}+\sum_{s=1}^{S}\sum_{k=1}^{M}p_{\mathrm{B},k}\left\|\hat{\boldsymbol{W}}_s\boldsymbol{H}_s^{\mathrm{H}}\bar{\boldsymbol{\omega}}_{\mathrm{B},k}\right\|^2+\sum_{s=1}^{S}\sum_{k=1}^{N}p_{\mathrm{R},k}\left\|\hat{\boldsymbol{W}}_s\boldsymbol{H}_s^{\mathrm{H}}\bar{\boldsymbol{\omega}}_{\mathrm{R},k}\right\|^2\tag{3-80}$$

因此，式（3-62）也可以转换为如下的功率分配问题。

$$\min_{\{p_{\mathrm{B},k},p_{\mathrm{R},k}\}}P_{\mathrm{total}}^{[2]}\tag{3-81}$$

$$\text{s.t.}\quad\frac{p_{\mathrm{B},m}\left|\boldsymbol{h}_{m,i}^{\mathrm{H}}\bar{\boldsymbol{\omega}}_{\mathrm{B},m}\right|^2}{\sigma_{\mathrm{B},m,i}^2}\geqslant\gamma_{\mathrm{B},m},\forall m,i\in G_{\mathrm{B},m}\tag{3-81a}$$

$$\frac{p_{\mathrm{R},n}\left|\boldsymbol{g}_{n,i}^{\mathrm{H}}\bar{\boldsymbol{\omega}}_{\mathrm{R},n}\right|^2}{\tilde{\sigma}_{\mathrm{R},n,i}^2}\geqslant\gamma_{\mathrm{R},n},\forall n,i\in G_{\mathrm{R},n}\tag{3-81b}$$

很容易求出该功率分配问题的最优解为

$$\begin{aligned}p_{\mathrm{B},m}&=\max_i\frac{\gamma_{\mathrm{B},m}\sigma_{\mathrm{B},m,i}^2}{\left|\boldsymbol{h}_{m,i}^{\mathrm{H}}\bar{\boldsymbol{\omega}}_{\mathrm{B},m}\right|^2},\forall m=1,2\cdots,M\\ p_{\mathrm{R},n}&=\max_i\frac{\gamma_{\mathrm{R},n}\tilde{\sigma}_{\mathrm{R},n,i}^2}{\left|\boldsymbol{g}_{n,i}^{\mathrm{H}}\bar{\boldsymbol{\omega}}_{\mathrm{R},n}\right|^2},\forall n=1,2\cdots,N\end{aligned}\tag{3-82}$$

3.3.5 仿真分析

本节首先给出仿真环境说明，接着通过仿真验证基于 SCA 方法的海上中继处理矩阵和岸基基站波束成形矢量的优化算法的性能，最后验证了基于 ZFBF 的岸基基站波束成形和海上中继处理矩阵联合优化算法的性能。

1. 仿真环境说明

考虑一个近海通信场景，包括一个岸基基站、$S=4$ 个海上中继和固定数量的海上船舶用户。岸基基站和海上中继分别配备 $N_{\mathrm{B}}=12$ 根和 $N_{\mathrm{R}}=8$ 根高增益定向天线，传输增益分别为 40 dBi 和 35 dBi。第一跳通信距离即岸基基站和海上中继

及岸基基站服务用户之间的通信距离，设为 10 km，第二跳通信距离即海上中继和海上中继服务用户之间的通信距离，设为 8 km，路径损耗系数为$\alpha = 3$。通信系统的载波频率为 1.9 GHz，噪声水平为−30 dBW。小尺度莱斯衰落系数 $\boldsymbol{h}^{\mathrm{f}}$ 设为 12.7，瑞利衰落信道的均值和方差分别为 0 和 4[18]。不失一般性，本节假设岸基基站和海上中继分别服务 $M=N=4$ 组组播用户，每组组播用户包含 2 个海上船舶用户，并且所有用户都有相同的 QoS 要求。

2. 仿真结果及分析

首先验证算法 3-2 和算法 3-3 的收敛性。由于算法 3-2 和算法 3-3 都是基于 SCA 方法的迭代算法，因此本节只以算法 3-3 为例进行验证。算法初始化过程中，海上中继处理矩阵 $\{\boldsymbol{W}_s\}$ 由算法 3-2 产生，惩罚系数 C 设为 10^6。作为对比，本节分别验证了海上船舶用户目标 SINR 为 5 dB、10 dB 和 15 dB 时算法的收敛性，算法 3-3 的收敛性能如图 3-9 所示。从图 3-9 可以看到，在海上船舶用户不同的 QoS 要求下，算法 3-3 均可以在 5 轮或者 6 轮迭代后实现收敛。图 3-9 的仿真结果表明，所提基于 SCA 的迭代算法具有较快的收敛速度并且对用户 QoS 要求变化不敏感。尽管在每轮迭代过程中求解式（3-71）的计算复杂度都较高，但是考虑其较快的收敛速度，算法 3-3 仍然具有很强的实用性。

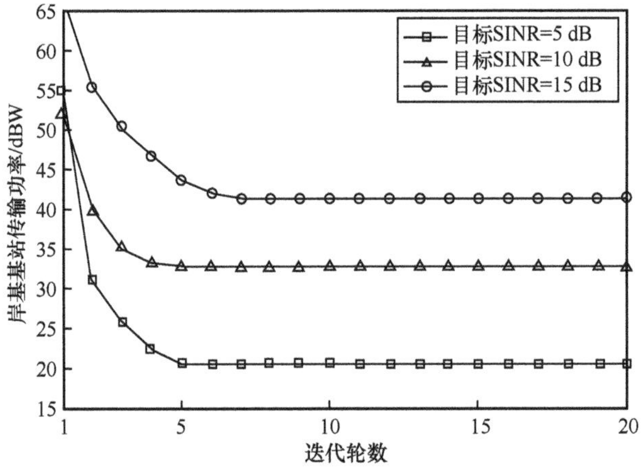

图 3-9　算法 3-3 的收敛性能

接下来，验证所提的基于 ZFBF 的海上中继处理矩阵优化算法和岸基基站波束成形优化算法给系统性能带来的提升。首先，系统传输功率随海上船舶用户目标 SINR 的变化如图 3-10 所示，系统传输容量随海上船舶用户目标 SINR 的变化如图 3-11 所示，其中本节分别对比了岸基基站和海上中继的天线数量为 $(N_{\mathrm{B}}, N_{\mathrm{R}}) = (12, 8)$, (16, 8),(16, 12) 3 种情况。系统传输容量是根据香农定理计算的，计算式为

$$R_{\text{total}} = \sum_{m=1}^{M}\sum_{i=1}^{|G_{\text{B},m}|}\text{lb}\left(1+\text{SINR}_{\text{B},m,i}\right)+\sum_{n=1}^{N}\sum_{i=1}^{|G_{\text{R},n}|}\text{lb}\left(1+\text{SINR}_{\text{R},n,i}\right) \tag{3-83}$$

图 3-10 的仿真结果表明，为了满足海上船舶用户更高的 QoS 要求，岸基基站和海上中继需要提供更大的传输功率并承载更高的能耗。同时，仿真结果还表明，增加岸基基站和海上中继发射天线的数量有助于降低传输功率，例如，当天线数量从(12, 8)提高到(16, 12)时，系统传输功率平均下降 2 dBW。这是因为发射天线的数量越多，系统所获得的空间分集增益也就越高，因此对抗深衰落效应也越明显。而图 3-11 的仿真结果表明，系统的传输容量对岸基基站和海上中继的天线数量不敏感，这是因为在不同传输天线数量的配置下，经过优化设计之后，海上船舶用户接收信号的 SINR 实际上都逼近其目标值。图 3-10 和图 3-11 的仿真结果表明，通过利用组播技术降低网络负载，利用波束成形技术对抗信道衰落，基于相关优化后设计的系统能够以较低的传输功率代价实现较高的通信速率。

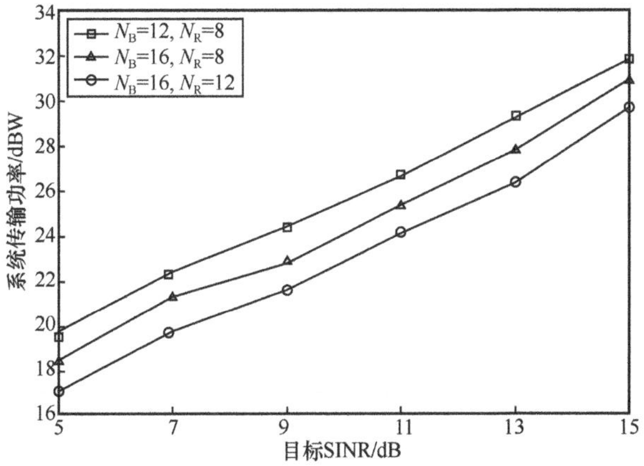

图 3-10　系统传输功率随海上船舶用户目标 SINR 的变化

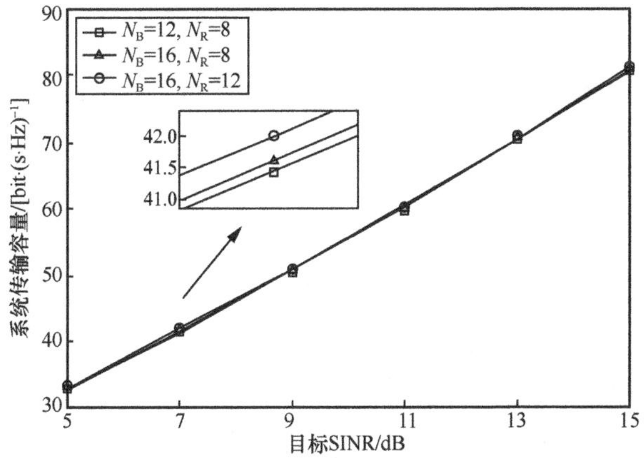

图 3-11　系统传输容量随海上船舶用户目标 SINR 的变化

图 3-12 和图 3-13 分别分析了海上组播中继通信系统中，组内海上船舶用户数量和海上船舶用户目标 SINR 对系统传输功率的影响。图 3-12 的仿真结果表明，随着组内海上船舶用户数量的增多，系统传输功率也会增加，从而满足更多用户的 QoS 要求。此外，随着组内海上船舶用户数量的增加，多天线的优势也更加明显。例如，当岸基基站和海上中继的天线数量从(12, 8)提高到(16, 12)时，当组内只有一个海上船舶用户时，系统传输功率降低了 2.7 dBW，而当组内有 5 个用户时，系统传输功率却下降了 9 dBW。图 3-13 展示了在海上船舶用户不同的目标 SINR 要求下分别对比了 2 个、3 个、4 个海上中继对系统传输功率的影响，可以看出，系统传输功率随着海上中继数量的增多而减小。这是因为随着海上中继数量的增多，空间分集效应更加明显，此外，每个海上中继要服务的用户更少，因此干扰也相对较小。

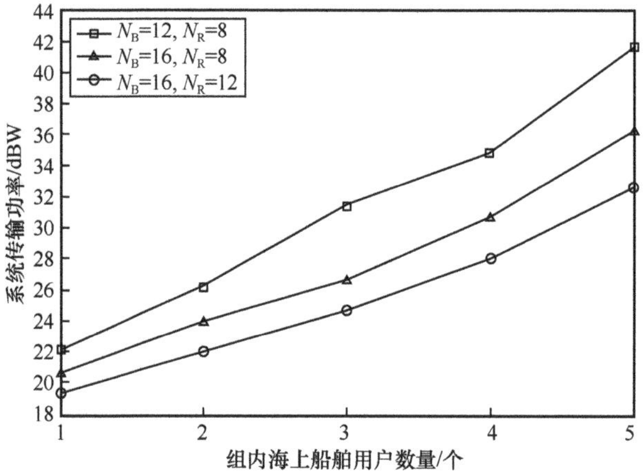

图 3-12　系统传输功率随组内海上船舶用户数量的变化

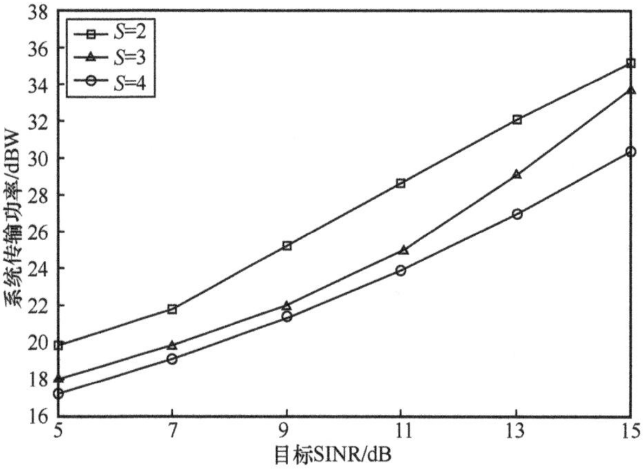

图 3-13　系统传输功率随海上船舶用户目标 SINR 的变化

最后，图 3-14 对比了不同设计方案下系统的传输功率随海上船舶用户目标 SINR 的变化。其中，“迭代最优方案”是指将算法 3-2 和算法 3-3 进行交替迭代优化之后得到的最优设计方案，“迫零方案”是指第 3.3.4 节中基于 ZFBF 的设计方案，“贪婪方案”则是基于贪婪策略的岸基基站和海上中继联合设计方案，其中岸基基站和海上中继在满足其服务用户需求的前提下分别通过算法 3-2 和算法 3-3 优化自身的发射功率。在该仿真场景中，本节假设有 $S=4$ 个中继，岸基基站和海上中继的天线数量分别为 $N_{\mathrm{B}}=16$，$N_{\mathrm{R}}=8$。从图 3-14 可以看出，迭代最优方案在降低系统传输功率方面表现最优，但考虑其较高的计算复杂度，实用价值不如其他两种方案。而尽管迫零方案有较低的计算复杂度，但它和迭代最优方案之间存在超过 20 dBW 的性能差异。贪婪方案的性能表现相对折中，但是和迭代最优方案相比仍有一定的性能差异。因此，在不同的应用场景下，可以通过采用不同的设计方案取得计算复杂度和系统性能表现之间的折中。

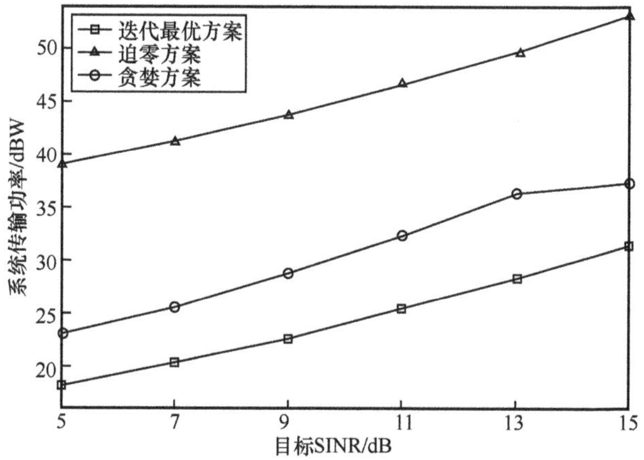

图 3-14　不同设计方案下系统传输功率随海上船舶用户目标 SINR 的变化

3.4　海洋广域覆盖网络服务质量保障

3.4.1　相关技术研究综述

关于空中基站（如无人机）的覆盖和部署问题，近年来已经受到研究者的广泛关注。其中，文献[47]研究了基于信道统计信息的无人机最大覆盖面积与部署高度的关系；文献[48]研究了在已知用户分布情况下的无人机三维空间部署问题；文献[49]研究了存在功率和干扰限制条件的无人机三维空间部署问题；文献[50]研究了一种基于启发式算法的低复杂度多无人机部署方法；文献[51]研究了保证用户速率和节能要求下的多无人机优化部署问题；文献[52]研究了无人机的飞行轨迹高效部署问题，缩短了无人机部署所需的时间；文献[53]研究了无人机部署的分布式算法，以最小化无人机与用户的平均距离；文献[54]研究了用户所需服务质量不同情况下的无人机最优部署策略；文献[55]研究了无人机部署高度与带宽分配策略的联合优化问题；文献[56]研究了一种面向网络容量最大化的无人机高效部署方法；文献[57]研究了无人机的高度、位置和带宽分配策略的联合优化问题。

然而，以上大部分文献仅研究了单个或多个无人机的部署问题，没有考虑地面或海上基站与无人机的协同，且针对多无人机的部署方法复杂度较高，难以保证随需部署的时效性、灵活性和适应性。此外，目前仍缺乏对海上基站覆盖问题的研究，由于海上环境、海上基站服务性能及海上用户分布均与陆地通信系统有一定的差别，因此必须结合海天一体信息网络的特点进行分析。

3.4.2 系统模型

本节首先描述了空中基站及海上基站协同覆盖模型，如图 3-15 所示，并在此模型的基础上，定义了网络服务质量衡量指标以评估空中基站部署方法的有效性。

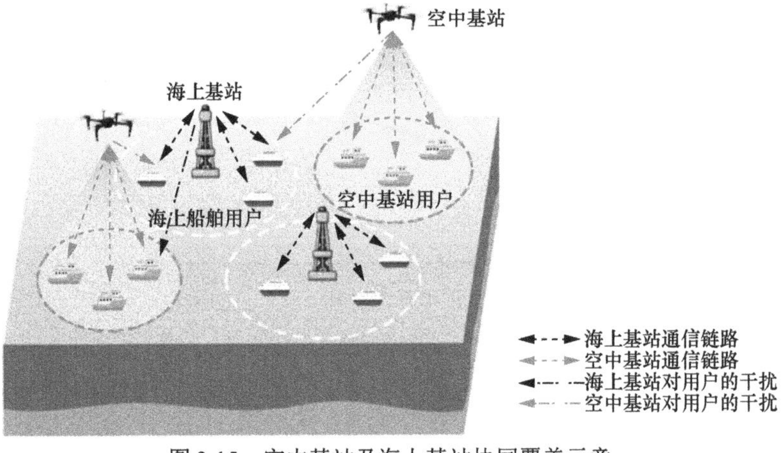

图 3-15 空中基站及海上基站协同覆盖示意

1. 空中基站及海上基站协同覆盖模型

在本模型中，考虑一个由 M 个海上基站 $\mathcal{V}=\{v_1,v_2,\cdots,v_M\}$ 和 N 个空中基站 $U=\{u_1,u_2,\cdots,u_N\}$ 组成的混合网络。每个海上基站全向天线的发射功率为 P_{B}，每个空中基站定向天线的发射功率为 P_{U}，根据海面电磁波传播的路径损耗模型，海上基站到海上船舶用户之间的路径损耗 $\mathrm{PL_B}$ 可以表示为

$$\mathrm{PL_B}(d)=\mathrm{PL_B}(d_0)+10n\lg\left(\frac{d}{d_0}\right)+\chi_\sigma \tag{3-84}$$

其中，d 为传输距离，d_0 为传输的参考距离，根据海面传输信道模型[58]，在海上基站和船载天线高度分别为 1.7 m 和 9.8 m 的条件下，若使用 C 波段这一海上常用的传输频段，$d_0 = 600\ \text{m}$ 对应的 $\text{PL}_\text{B}(d_0) = 91.51\ \text{dB}$，而 n 代表路径损耗系数，本模型中取 $n = 4.58$，而 χ_σ 服从均值和方差为 $(0,\sigma^2)$ 的正态分布，这里取 $\sigma = 3.49$。空中到海上信道的路径损耗模型与之类似，其路径损耗 $\text{PL}_\text{U}(d)$ 可以表示为

$$\text{PL}_\text{U}(d) = \text{PL}_\text{U}(d_0) + 10n\lg\left(\frac{d}{d_0}\right) + D(\theta) + \chi_\sigma \tag{3-85}$$

对于这一路径损耗模型[59]，在使用 C 波段进行传输的情况下，传输的参考距离 $d_0 = 2\,600\ \text{m}$ 对应的 $\text{PL}_\text{B}(d_0) = 116.4\ \text{dB}$，路径损耗系数 $n = 1.6$，而正态分布标准差 $\sigma = 2.7$。此外，$D(\theta)$ 为传输方向性修正系数，其中 θ 为天线指向与实际传输方向之间的夹角，这里取

$$D(\theta) = \min\left\{12\left(\frac{\theta}{15^\circ}\right)^2, 20\ \text{dB}\right\} \tag{3-86}$$

假设网络中的空中与海上基站使用同一频段进行通信，网络中的海上船舶用户表示为 $V = \{v_1, v_2, \cdots, v_P\}$，因此对于海上船舶用户 v_i，其接收信号的 SINR（单位：dB）可以表示为

$$\text{SINR}_i = 10\lg\left(\frac{P_{\text{R}i}}{N_0 + P_{\text{I}i}}\right) \tag{3-87}$$

在网络中，每个海上船舶用户都连接到对应最强 SINR 的海上或空中基站，因此海上船舶用户 v_i 的通信速率（单位为 bit/s）可以表示为

$$C_i = B\text{lb}\left(1 + \frac{P_{\text{R}i}}{N_0 + P_{\text{I}i}}\right) \tag{3-88}$$

其中，B 为带宽，$P_{\text{R}i}$ 为海上船舶用户所连接基站的接收信号功率，N_0 为环境白噪声功率，$P_{\text{I}i}$ 为其他基站干扰的功率。

对于所有海上船舶用户，假设其接收设备与服务质量要求均相同。考虑海上船舶用户的分布特性，本模型使用二维的泊松点过程（PPP）建模海上船舶用户分布，海上船舶用户在单位面积上的数量符合泊松分布。为了便于表示各基站的覆盖范围以分析基站分布的空间规律性，可以采用基站分布位置的 Voronoi 图近似表示每个基站对应的蜂窝小区[60]，其相关统计参数可以作为衡量网络服务质量的指标之一。具体来说，在 Voronoi 图中，将基站位置作为参考点，按照最邻近

原则将平面划分为多边形区域，每个多边形区域中的点与该区域对应的基站距离最近。Voronoi 图可以由 Delaunay 三角剖分生成，即二者互为对偶图。基站覆盖的 Voronoi 图与 Delaunay 三角剖分网格图如图 3-16 所示，Delaunay 三角剖分通过基站之间的连线将平面剖分为若干三角形网格，其顶点为基站位置，对于该平面图对应的全部剖分方法，通过 Delaunay 三角剖分可以得到唯一的最接近规则的三角网格，该方法效率较高，并可以通过连接网格中相邻三角形外接圆的圆心直接生成 Voronoi 图，第 3.4.3 节将会介绍利用 Delaunay 三角剖分网格图的统计特性评价基站分布空间规律性的方法。

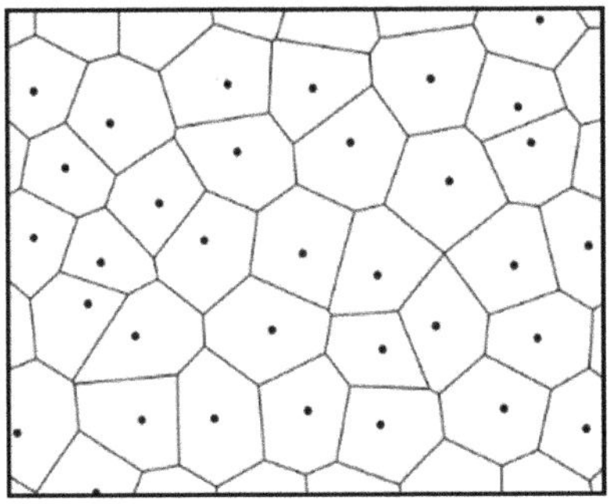

（a）Voronoi图

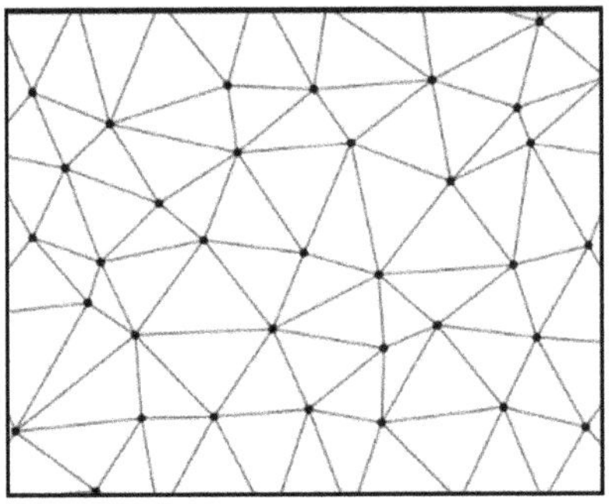

（b）Delaunay三角剖分网格图

图 3-16　基站覆盖的 Voronoi 图与 Delaunay 三角剖分网格图

根据实际场景，原有海上基站的空间分布有多种情况。首先，海上基站若为统一规划布设，其分布一般均匀且规则，在这种情况下，其 Delaunay 三角剖分为规则的三角形网格。如果海上基站为完全随机布设，其空间分布的规律性很低，则可以直接使用二维泊松点过程进行模拟。而更为常见的情况是，在海上基站的部署过程中既存在统一规划布设的基站，也存在随机布设的基站，或是基站在统一规划布设后由于海流等因素发生位置偏移。对于这种情况，可以使用扰动三角网格（PTL）的方法进行模拟，首先生成规则三角网格，而后将均匀三角网格中的每个点在一定半径内进行随机位移，以自由调整基站分布的空间规律性。

2. 网络服务质量衡量指标

在本模型中，部署空中基站的目的是提高网络服务质量。因此，为了评估空中基站部署方法的有效性，可以根据网络中的基站部署空间规律性、用户 SINR 以及网络系统容量，对部署方法进行对比分析，以衡量空中基站及海上基站协同网络的服务质量，具体指标介绍如下。

（1）基站部署空间规律性

在基站联合部署中，为了提高网络的覆盖效果，基站在空间中应该尽量均匀、规则分布，因此可以使用基站部署的空间规律性指标进行评估。基站部署的空间规律性可以借助基站部署范围的 Voronoi 图及其对应的基站位置的 Delaunay 三角剖分网格图进行统计分析。在统计学中，可以使用统计量的变异系数（CoV），即随机量的标准差 σ 与平均值 μ 之比来衡量其规律性，具体的统计量有多种选择方式。

首先，可以使用基站部署范围 Voronoi 图中的蜂窝小区面积进行衡量，此时基站部署的空间规律性可以表示为

$$C_{\mathrm{V}}=\frac{1}{k_{\mathrm{V}}}\cdot\frac{\sigma_{\mathrm{V}}}{\mu_{\mathrm{V}}},\quad k_{\mathrm{V}}=0.529 \tag{3-89}$$

其中，k_{V} 为归一化系数，而 σ_{V} 和 μ_{V} 分别为蜂窝小区面积的标准差与平均值。

其次，可以使用基站部署范围 Voronoi 图对应的 Delaunay 三角剖分网格图中的三角形边长进行衡量，此时基站部署的空间规律性可以表示为

$$C_{\mathrm{D}}=\frac{1}{k_{\mathrm{D}}}\cdot\frac{\sigma_{\mathrm{D}}}{\mu_{\mathrm{D}}},\quad k_{\mathrm{D}}=0.492 \tag{3-90}$$

其中，k_{D} 为归一化系数，而 σ_{D} 和 μ_{D} 分别为三角形边长的标准差与平均值。

最后，还可以使用每个基站与其最邻近基站之间的距离进行衡量，此时基站部署的空间规律性可以表示为

$$C_{\mathrm{N}}=\frac{1}{k_{\mathrm{N}}}\cdot\frac{\sigma_{\mathrm{N}}}{\mu_{\mathrm{N}}},\quad k_{\mathrm{N}}=0.523 \tag{3-91}$$

其中，k_{N} 为归一化系数，而 σ_{N} 和 μ_{N} 分别为距离的标准差与平均值。

对于以上 3 个空间规律性计算式，当基站位置为规则等距分布时可得 $C=0$，而当基站位置服从二维泊松点过程分布时可得 $C=1$，一般情况下其取值在 0 与 1 之间。在实际计算中，3 种方法的结果较为相似，因此在本节中主要选取 Delaunay 三角剖分网格图中三角形边长对应的变异系数 C_{D} 作为空中基站部署的空间规律性指标进行仿真及测试。

（2）用户 SINR

在海上基站与空中基站构成的混合网络中，由于基站使用同一频段进行通信并造成干扰，因此可以根据式（3-87）计算海上船舶用户接收信号的 SINR 并进行衡量。在本节中，使用所有海上船舶用户接收信号的 SINR 的中位数作为网络服务质量的衡量指标。

（3）网络系统容量

在混合网络中，根据式（3-88）可得海上船舶用户 i 的通信速率为 C_i，而这个网络系统的整体容量可以表示为系统中所有用户的通信速率之和，即

$$C_{\text{total}}=\sum_{i=1}^{P}C_i \tag{3-92}$$

在求得部署了空中基站的网络系统整体容量后，使用原有只存在海上基站的

网络系统容量对其进行归一化，并使用归一化的网络系统容量衡量网络服务质量。

3.4.3 空中基站部署优化问题及方法

为了求解空中基站联合部署问题，最大化网络服务质量，需要对空中基站的平面位置和高度进行优化。鉴于问题的复杂性，可以将原问题拆解为两个子问题分别求解，首先基于基站覆盖范围的空间规律性优化空中基站的水平部署位置，在确定水平部署位置后，再根据实际覆盖范围和海上船舶用户分布情况对部署高度进行调整，问题的具体分析过程如下。

1. 空中基站水平部署位置优化

根据以上分析，空中基站的水平部署需要最大化网络的空间规律性，为了避免空间分布不均，新增的基站应该尽可能远离现有基站，因此可以通过最大化所有基站间距离之和来实现。由于该问题较为复杂，将其简化为在给定的位置点集中选取一部分用以部署空中基站，以获得近似最优解。

首先，对于给定的海上基站位置集合 $A=\{a_1,a_2,\cdots,a_M\}$，以及空中基站的备选部署位置集合 $C=\{c_1,c_2,\cdots,c_L\}$，其中 L 为空中基站备选部署位置的数量，空中基站水平部署位置的优化问题可以表述为在位置集合 C 中选取 N 个位置部署空中基站，以最大化网络的空间规律性。设 $D=A\cup C=\{a_1,a_2,\cdots,a_M,c_1,c_2,\cdots,c_L\}$ 为集合 A 与集合 C 的并集，I 为该集合的指标集，则可以将该问题表示为如下二次整数规划问题。

$$\max \sum_{i\in I}\sum_{j\in I} w_{ij} z_i z_j \tag{3-93}$$

$$\text{s.t.} \sum_{i\in I} z_i = M+N \tag{3-93a}$$

$$z_i \in \{0,1\} \tag{3-93b}$$

$$z_i = 1,\ \forall i \leqslant m,\ i\in I \tag{3-93c}$$

其中，变量 z_i 表示位置集合 D 中第 i 个位置是否被选中，w_{ij} 表示位置集合 C 中第 i 个位置与第 j 个位置之间的水平距离。在约束条件中，式（3-93a）表明基站的总数为 $M+N$，而式（3-93c）保证了所有原有海上基站都要出现在解中。

由于该问题是一个 NP 难问题，当基站数量较多时，很难求得最优解，因此，本节提出了一种基于贪婪算法的启发式算法来求得近似最优解，空中基站水平部署位置求解算法如算法 3-4 所示。

算法 3-4 空中基站水平部署位置求解算法

1．输入：海上基站位置集合 A，空中基站备选部署位置集合 C，空中基站数量 N

2．初始化：$S \Leftarrow \varnothing$，$B \Leftarrow A$；

3．while $|S|<N$ do

4. 　选择元素 $c^* \in C$，使 $l\left(c^*,B\right)=\max\left\{l\left(c_i,B\right):c_i \in C,\forall i\right\}$；

5. 　$S \Leftarrow S \cup \{c^*\}$；

6. 　$B \Leftarrow B \cup \{c^*\}$；

7. 　$C \Leftarrow C \setminus \{c^*\}$；

8. end while

9. 输出：空中基站部署位置集合 $S=\left\{s_1,s_2,\cdots,s_N\right\}$

如算法 3-4 所示，主要变量包括当前已选中的基站（海上基站和空中基站）位置集合 B，以及当前已选中的空中基站位置集合 S。在该算法中，集合 B 由海上基站的位置集合 A 初始化，然后在每次迭代中，向解集中添加一个与该解集中所有点距离最远的新的空中基站的水平位置，直到解集 S 达到所需的空中基站的数量。其中，距离 $l(a_i,a_j)=\left\|a_i-a_j\right\|$ 表示位置 a_i 和 a_j 之间的欧氏距离，而距离 $l(a_i,B)$ 表示位置 a_i 与位置集合 B 中最近位置之间的欧氏距离，即 $l(a_i,B)=\min\{l(a_i,a_j): a_j \in B,a_i \neq a_j,\forall j\}$。另外，$|S|$ 表示集合 S 中元素的数量。该算法的计算复杂度为 $O(M+N)^3$，因此可以在多项式时间内高效完成空中基站的水平位置部署。

空中基站水平部署位置示意如图 3-17 所示。图 3-17（a）中的粗点及实线表示原有海上基站的分布及覆盖范围，而细点表示启发式算法随机生成的空中基站备选部署位置；图 3-17（b）中的方形点表示通过该算法选出的空中基站部署位置。可以发现，通过合理部署空中基站，海上基站的空间规律性得到了明显改善，证明了算法的有效性。

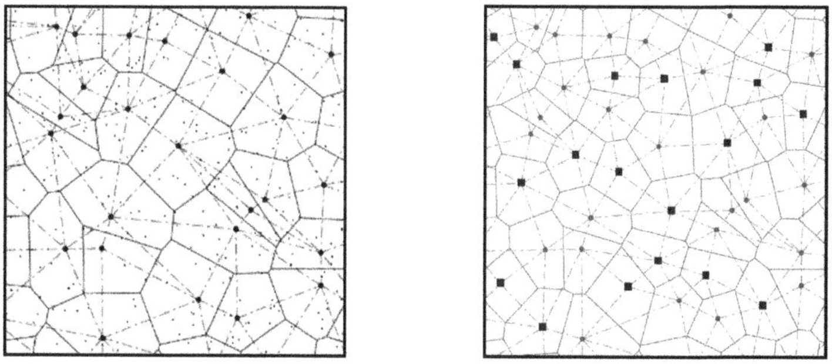

（a）原海上基站覆盖范围及备选位置　　（b）部署空中基站后的覆盖范围

图 3-17　空中基站水平部署位置示意

2. 空中基站部署高度优化

在确定了空中基站的水平部署位置后，还需要对各空中基站的部署高度进行优化，以实现最佳覆盖，提升海上船舶用户的服务质量，这里用 $H=\left\{h_1,h_2,\cdots,h_P\right\}$ 表示空中基站的部署高度。考虑用户对基站的干扰会随着用户的实际位置发生变化，想要精确求解这一问题较为困难，因此可以将空中基站 u_i 的覆盖范围假设为一个圆形区域，其覆盖半径 R_i 等于该基站与最邻近基站间水平距离的一半。在这种情况下，若用户在覆盖区域内随机分布，可以认为最优部署高度 h_i 只与覆盖半径 R_i 以及空中基站与覆盖区域边缘连线和水平面之间的最优夹角 ψ 有关，即

$$h_i = \alpha \times R_i \tan\psi \tag{3-94}$$

其中，$0<\alpha\leqslant 1$ 代表空中基站部署高度的规范化系数，通过适当降低空中基站的实际部署高度，减弱其对周边其他蜂窝小区用户的干扰，该参数与最优夹角 ψ 可以根据实际的环境参数和基站密度进行模拟仿真，利用启发式算法求解。在完成高度部署后，可以根据用户的实际位置进一步调整空中基站的水平位置，将其移动到所服务的全部用户的中心点，实现最优覆盖。

3.4.4 仿真分析

本节将面向多种海上场景对空中基站协同部署方法进行仿真分析。首先给出仿真环境说明，接着进行仿真结果分析。

1. *仿真环境说明*

在仿真中，假设 K=200 个海上船舶用户分布在面积为 20 km×20 km 的开放海域上，该区域设置有 M = 20 个海上基站，海上基站间的平均距离为 5 km，为了消除边界区域对仿真结果的影响，计算时只统计海域的中心 15 km×15 km 范围内的用户数据。对于海上基站及空中基站，假设发射功率 $P_{\mathrm{B}} = P_{\mathrm{U}} = 10\ \mathrm{W}$，路径损耗模型及参数如前文所述，环境中的高斯白噪声功率密度为−174 dB/Hz，通信设备所使用频段的中心频率为 5.8 GHz，带宽为 50 kHz。

对于原有海上基站的空间分布，如前文所述，在仿真中考虑空间分布规律性不同的 4 种情况，其变异系数 C_{D} 分别为 0、0.45、0.75 和 1，部署位置及覆盖范围如图 3-18 所示，其中第一种对应完全规则分布，最后一种对应使用泊松点过程产生的随机分布，而中间两种介于完全规则分布与随机分布之间，通过所介绍的 Delaunay 三角剖分网格方法生成。在实验中，通过逐步调整空中基站的数量 N 观察网络服务质量的变化，在结果中，使用 $\beta = N / M$ 代表空中基站与原有海上基站的数量之比。

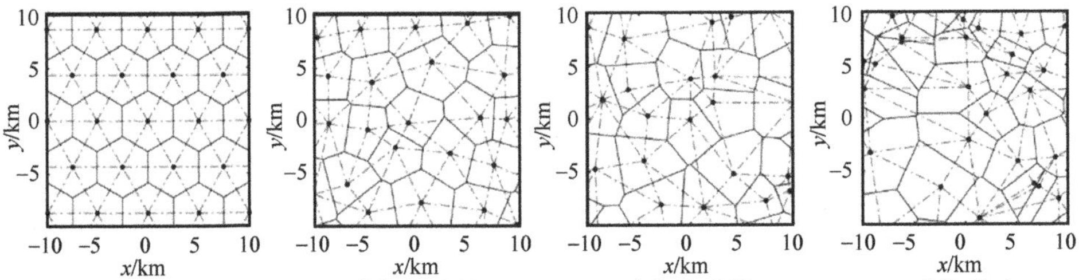

图 3-18 原有海上基站部署位置及覆盖范围

此外，为了验证所提部署方案的有效性，使用另外两种方案进行对比。在仿真结果中，方案 1 代表前文所述方案；方案 2 代表使用水平部署方案部署空中基站，但将全部空中基站固定在同一高度，且不根据用户位置对水平位置进行重新调整；方案 3 代表随机部署全部空中基站的水平位置，并固定在同一高度。在后两种方案中，空中基站的高度设置为方案 1 所求解的全部空中基站高度的平均值。

2. 仿真结果及分析

图 3-19 显示了当空中基站数量 $N = 20$，即 $\beta = 1$ 时使用方案 1 获得的联合部署位置及覆盖范围，可以发现，通过该方案部署空中基站可以有效改善海洋网络的覆盖。为了进一步对算法有效性进行分析，图 3-20、图 3-21 和图 3-22 分别显示了基于空间规律性、用户 SINR 和网络系统容量 3 种指标的网络服务质量。

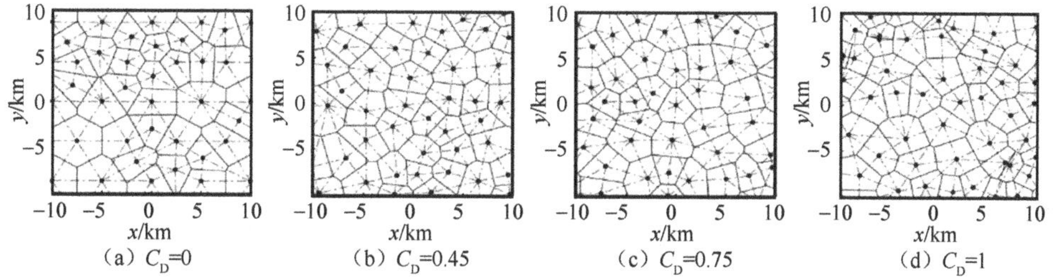

图 3-19　海上基站与空中基站联合部署位置及覆盖范围

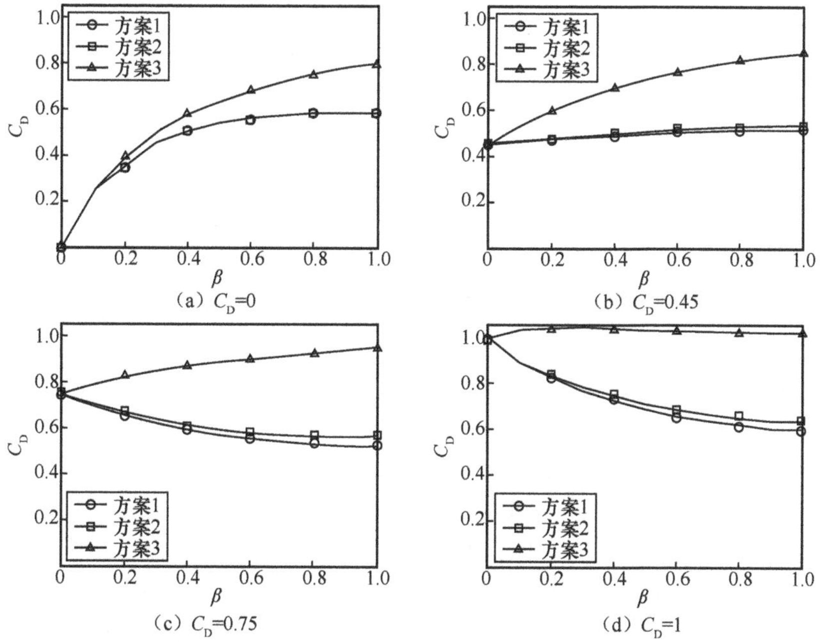

图 3-20　不同海上基站分布下，空间规律性与空中基站部署数量之间的关系

观察图 3-19 和图 3-20 可以发现，所提出的空中基站部署方案可以有效提高基站位置分布的空间规律性，对于原有海上基站不规则排列的情况，随着空中基站的部署，其空间规律性逐渐提高，对于初始 $C_{\mathrm{D}}=0.75$ 的情况，当部署空中基站比例 $\beta=1$ 时，变异系数 C_{D} 下降到 0.5；而对于初始 $C_{\mathrm{D}}=1$ 的情况，当部署空中基站比例 $\beta=1$ 时，变异系数 C_{D} 最终下降到 0.6。而对于海上基站原本规则排列的情况，例如 $C_{\mathrm{D}}=0$ 的情况，此时增加空中基站会造成网络的空间规律性下降，但所提出的空中基站部署方案会尽可能避免对网格的扰动，当 $\beta=1$ 时，变异系数 C_{D} 上升到 0.6 左右并趋于稳定，而与之对比的方案 3 中，C_{D} 上升到 0.8。此外，还可以发现，由于方案 1 和方案 2 中空中基站的部署位置基本相同，因此其空间规律性的仿真结果较为接近，方案 1 由于根据海上船舶用户位置进一步调整了水平位置，因此效果略好于方案 2。

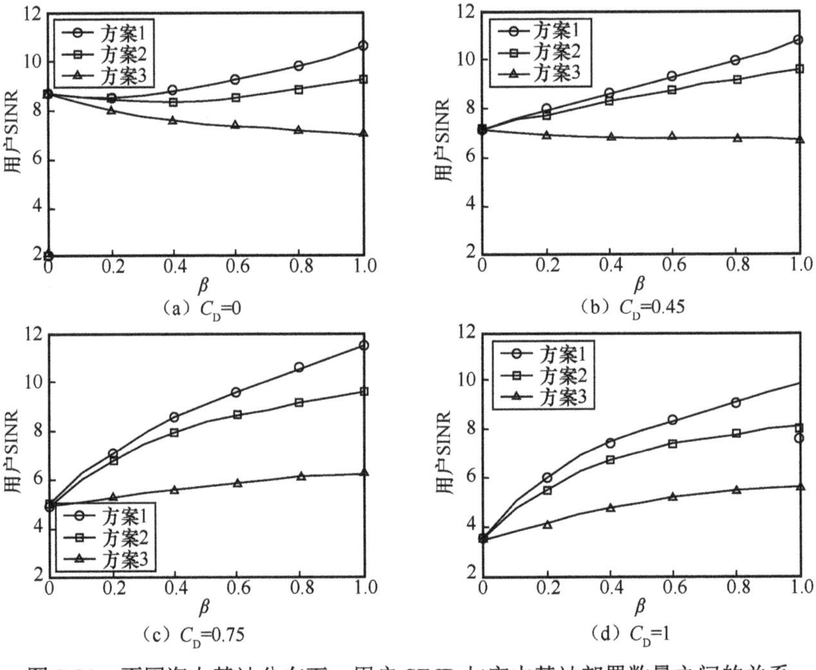

图 3-21　不同海上基站分布下，用户 SINR 与空中基站部署数量之间的关系

此外，图 3-21 和图 3-22 给出了使用 SINR 中位数和归一化网络系统容量作为网络服务质量的仿真结果。可以发现，所提出的部署方案可以有效提高海上船舶用户的 SINR 中位数和归一化网络系统容量，而方案 2 可以在一定程度上提高网络服务质量，相比方案 1，由于其不需要追踪和计算用户的实际位置，因此可以实现更高效率的部署。具体来说，对于方案 1 的空中基站位置调整过程，其生成 Voronoi 图所需的复杂度为 $O\left((M+N)\log(M+N)\right)$，而计算海上船舶用户位置所

需的复杂度为$O(K\log K)$。方案 3 则难以提升网络服务质量，其对网络系统容量的提升作用较小，在原有网络较为规律的情况下甚至会由于与原有基站产生严重干扰而降低用户的 SINR 和系统的网络容量，进而降低网络服务质量。

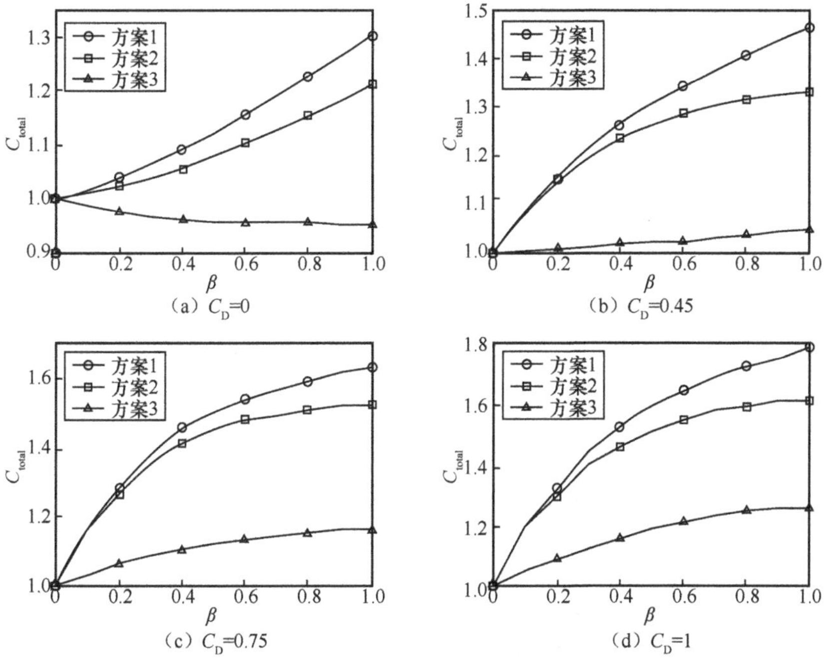

图 3-22　不同海上基站分布下，网络系统容量 C_{total} 与空中基站部署数量之间的关系

根据以上仿真结果，实际应用中，可以根据原有基站分布以及所需的网络服务质量指标，估算所需部署的空中基站数量。例如，对于仿真中 $C_D=0.75$ 的海上基站网络，若需要将其网络系统容量增加到原来的 1.5 倍，则只需要额外部署数量为原有海上浮标数量 80%的空中基站，以降低部署成本，并实现部署效率的最大化。

3.5　未来展望

本章围绕新型海天一体信息网络在信息传输方面的典型应用对资源协作分配问题展开了一些研究。为了进一步加强海天一体信息网络的服务效率及能力，本章对未来海天一体信息网络协作资源配置研究方向提出如下展望。

（1）多个岸基基站及多个空中基站的联合部署优化将进一步提升网络的传输

效率并适应大规模海洋网络的特点。

（2）随着宽带卫星通信系统的建设和完善，卫星必将在海洋信息网络中扮演重要角色。然而，增加卫星这一维度会引出许多需要研究的问题，如天网与地网、海网之间的协作覆盖、干扰控制、协同传输等，因此研究空地海一体化网络协作资源配置将是进一步提升网络能效的关键。

（3）海上船舶用户的分布特点复杂且多变，进一步研究在其他用户分布条件下的基站部署策略具有深刻的研究价值。

参考文献

[1] 中华人民共和国自然资源部. 2022 年中国海洋经济统计公报[EB]. 2023.

[2] 国际游轮协会. 2023 年邮轮行业现状报告[EB]. 2024.

[3] XIAO A L, GE N, YIN L G, et al. A voyage-based cooperative resource allocation scheme in maritime broadband access network[C]//Proceedings of the 2017 IEEE 86th Vehicular Technology Conference (VTC-Fall). Piscataway: IEEE Press, 2017: 1-5.

[4] RAULEFS R, WIRSING M, WANG W. Increasing long range coverage by multiple antennas for maritime broadband communications[C]//Proceedings of the OCEANS 2018 MTS/IEEE Charleston. Piscataway: IEEE Press, 2018: 1-6.

[5] XIAO A L, GE N, YIN L G, et al. Adaptive shipborne base station sleeping control for dynamic broadband maritime communications[C]//Proceedings of the 2017 19th Asia-Pacific Network Operations and Management Symposium (APNOMS). Piscataway: IEEE Press, 2017: 7-12.

[6] XUE Z, WANG J L, DING G R, et al. Joint 3D location and power optimization for UAV-enabled relaying systems[J]. IEEE Access, 2018, 6: 43113-43124.

[7] WANG Q, CHEN Z, MEI W D, et al. Improving physical layer security using UAV-enabled mobile relaying[J]. IEEE Wireless Communications Letters, 2017, 6(3): 310-313.

[8] LI Y, FENG G S, GHASEMIAHMADI M, et al. Power allocation and 3-D placement for floating relay supporting indoor communications[J]. IEEE Transactions on Mobile Computing, 2019, 18(3): 618-631.

[9] KONG L H, YE L S, WU F, et al. Autonomous relay for millimeter-wave wireless communications[J]. IEEE Journal on Selected Areas in Communications, 2017, 35(9): 2127-2136.

[10] FAN R F, CUI J N, JIN S, et al. Optimal node placement and resource allocation for UAV relaying network[J]. IEEE Communications Letters, 2018, 22(4): 808-811.

[11] ZHANG S H, ZHANG H L, HE Q C, et al. Joint trajectory and power optimization for UAV relay networks[J]. IEEE Communications Letters, 2018, 22(1): 161-164.

[12] CHEN Y F, FENG W, ZHENG G. Optimum placement of UAV as relays[J]. IEEE Communications Letters, 2018, 22(2): 248-251.

[13] ZENG Y, ZHANG R, LIM T J. Throughput maximization for UAV-enabled mobile relaying

systems[J]. IEEE Transactions on Communications, 2016, 64(12): 4983-4996.
[14] KUMAR S, SUMAN S, DE S. Backhaul and delay-aware placement of UAV-enabled base station[C]//Proceedings of the IEEE INFOCOM 2018 - IEEE Conference on Computer Communications Workshops (INFOCOM WKSHPS). Piscataway: IEEE Press, 2018: 634-639.
[15] MOZAFFARI M, SAAD W, BENNIS M, et al. Mobile unmanned aerial vehicles (UAVs) for energy-efficient Internet of things communications[J]. IEEE Transactions on Wireless Communications, 2017, 16(11): 7574-7589.
[16] BOR-YALINIZ R I, EL-KEYI A, YANIKOMEROGLU H. Efficient 3-D placement of an aerial base station in next generation cellular networks[C]//Proceedings of the 2016 IEEE International Conference on Communications (ICC). Piscataway: IEEE Press, 2016: 1-5.
[17] MOZAFFARI M, SAAD W, BENNIS M, et al. Unmanned aerial vehicle with underlaid device-to-device communications: performance and tradeoffs[J]. IEEE Transactions on Wireless Communications, 2016, 15(6): 3949-3963.
[18] WANG J, ZHOU H F, LI Y, et al. Wireless channel models for maritime communications[J]. IEEE Access, 2018(6): 68070-68088.
[19] AL-HOURANI A, GOMEZ K. Modeling cellular-to-UAV path-loss for suburban environments[J]. IEEE Wireless Communications Letters, 2018, 7(1): 82-85.
[20] AMORIM R, NGUYEN H, MOGENSEN P, et al. Radio channel modeling for UAV communication over cellular networks[J]. IEEE Wireless Communications Letters, 2017, 6(4): 514-517.
[21] ITU propagation data and prediction methods for the design of terrestrial broadband millimetric radio access systems: ITU-R P. 141-2[S]. Switzerland: International Telecommunication Union (ITU), 2003.
[22] NANDAN N, MAJHI S, WU H C. Maximizing secrecy capacity of underlay MIMO-CRN through Bi-directional zero-forcing beamforming[J]. IEEE Transactions on Wireless Communications, 2018, 17(8): 5327-5337.
[23] MCKAY M R, COLLINGS I B, SMITH P J. Capacity and SER analysis of MIMO beamforming with MRC[C]//Proceedings of the 2006 IEEE International Conference on Communications. Piscataway: IEEE Press, 2006: 1326-1330.
[24] XU Q Y, JIANG C X, HAN Y, et al. Waveforming: an overview with beamforming[J]. IEEE Communications Surveys & Tutorials, 2018, 20(1): 132-149.
[25] SIDIROPOULOS N D, DAVIDSON T N, LUO Z Q. Transmit beamforming for physical-layer multicasting[J]. IEEE Transactions on Signal Processing, 2006, 54(6): 2239-2251.
[26] KARIPIDIS E, SIDIROPOULOS N D, LUO Z Q. Quality of service and max-min fair transmit beamforming to multiple cochannel multicast groups[J]. IEEE Transactions on Signal Processing, 2008, 56(3): 1268-1279.
[27] XIANG Z Z, TAO M X, WANG X D. Coordinated multicast beamforming in multicell networks[J]. IEEE Transactions on Wireless Communications, 2013, 12(1): 12-21.
[28] MEHANNA O, SIDIROPOULOS N D, GIANNAKIS G B. Joint multicast beamforming and

antenna selection[J]. IEEE Transactions on Signal Processing, 2013, 61(10): 2660-2674.

[29] XIANG Z Z, TAO M X, WANG X D. Massive MIMO multicasting in noncooperative cellular networks[J]. IEEE Journal on Selected Areas in Communications, 2014, 32(6): 1180-1193.

[30] ZHOU H, TAO M X. Joint multicast beamforming and user grouping in massive MIMO systems[C]//Proceedings of the 2015 IEEE International Conference on Communications (ICC). Piscataway: IEEE Press, 2015: 1770-1775.

[31] BORNHORST N, PESAVENTO M, GERSHMAN A B. Distributed beamforming for multi-group multicasting relay networks[J]. IEEE Transactions on Signal Processing, 2012, 60(1): 221-232.

[32] DONG M, LIANG B. Multicast relay beamforming through dual approach[C]//Proceedings of the 2013 5th IEEE International Workshop on Computational Advances in Multi-Sensor Adaptive Processing (CAMSAP). Piscataway: IEEE Press, 2013: 492-495.

[33] LI S Y, XU W J, YANG K W, et al. Distributed cooperative multicast in cognitive multi-relay multi-antenna systems[J]. IEEE Signal Processing Letters, 2015, 22(3): 288-292.

[34] DU J F, XIAO M, SKOGLUND M, et al. Wireless multicast relay networks with limited-rate source-conferencing[J]. IEEE Journal on Selected Areas in Communications, 2013, 31(8): 1390-1401.

[35] ZHAO G D, SHI W Y, CHEN Z, et al. Autonomous relaying scheme with minimum user power consumption in cooperative multicast communications[J]. IEEE Transactions on Wireless Communications, 2016, 15(4): 2509-2522.

[36] WU S X, LI Q, SO A M C, et al. A stochastic beamformed amplify-and-forward scheme in a multigroup multicast MIMO relay network with per-antenna power constraints[J]. IEEE Transactions on Wireless Communications, 2016, 15(7): 4973-4986.

[37] ZHOU Y Q, LIU H, PAN Z G, et al. Cooperative multicast with location aware distributed mobile relay selection: performance analysis and optimized design[J]. IEEE Transactions on Vehicular Technology, 2017, 66(9): 8291-8302.

[38] SUMAYYA BALKEES P A, SASIDHAR K, RAO S. A survey based analysis of propagation models over the sea[C]//Proceedings of the 2015 International Conference on Advances in Computing, Communications and Informatics (ICACCI). Piscataway: IEEE Press, 2015: 69-75.

[39] AFSHANG M, SAHA C, DHILLON H S. Nearest-neighbor and contact distance distributions for Thomas cluster process[J]. IEEE Wireless Communications Letters, 2017, 6(1): 130-133.

[40] AFSHANG M, DHILLON H S, JOO CHONG P H. Modeling and performance analysis of clustered device-to-device networks[J]. IEEE Transactions on Wireless Communications, 2016, 15(7): 4957-4972.

[41] TANG H Y, CHEN W, LI J, et al. Achieving global optimality for joint source and relay beamforming design in two-hop relay channels[J]. IEEE Transactions on Vehicular Technology, 2014, 63(9): 4422-4435.

[42] KHOSHNEVIS B, YU W, ADVE R. Grassmannian beamforming for MIMO amplify-and-forward relaying[J]. IEEE Journal on Selected Areas in Communications, 2008, 26(8): 1397-1407.

[43] SONG S H, ZHANG Q T. Design collaborative systems with multiple AF-relays for asynchronous frequency-selective fading channels[J]. IEEE Transactions on Communications, 2009, 57(9): 2808-2817.
[44] TANG X J, HUA Y B. Optimal design of non-regenerative MIMO wireless relays[J]. IEEE Transactions on Wireless Communications, 2007, 6(4): 1398-1407.
[45] GRANT M, BOYD S, YE Y. Cvx: MATLAB software for disciplined convex programming[EB]. 2008.
[46] MEHANNA O, HUANG K J, GOPALAKRISHNAN B, et al. Feasible point pursuit and successive approximation of non-convex QCQPs[J]. IEEE Signal Processing Letters, 2015, 22(7): 804-808.
[47] AL-HOURANI A, KANDEEPAN S, LARDNER S. Optimal LAP altitude for maximum coverage[J]. IEEE Wireless Communications Letters, 2014, 3(6): 569-572.
[48] MOZAFFARI M, SAAD W, BENNIS M, et al. Efficient deployment of multiple unmanned aerial vehicles for optimal wireless coverage[J]. IEEE Communications Letters, 2016, 20(8): 1647-1650.
[49] ALZENAD M, EL-KEYI A, LAGUM F, et al. 3-D placement of an unmanned aerial vehicle base station (UAV-BS) for energy-efficient maximal coverage[J]. IEEE Wireless Communications Letters, 2017, 6(4): 434-437.
[50] LYU J B, ZENG Y, ZHANG R, et al. Placement optimization of UAV-mounted mobile base stations[J]. IEEE Communications Letters, 2017, 21(3): 604-607.
[51] MOZAFFARI M, SAAD W, BENNIS M, et al. Optimal transport theory for power-efficient deployment of unmanned aerial vehicles[C]//Proceedings of the 2016 IEEE International Conference on Communications (ICC). Piscataway: IEEE Press, 2016: 1-6.
[52] ZHANG X, DUAN L J. Fast deployment of UAV networks for optimal wireless coverage[J]. IEEE Transactions on Mobile Computing, 2019, 18(3): 588-601.
[53] SAVKIN A V, HUANG H L. Deployment of unmanned aerial vehicle base stations for optimal quality of coverage[J]. IEEE Wireless Communications Letters, 2019, 8(1): 321-324.
[54] ALZENAD M, EL-KEYI A, YANIKOMEROGLU H. 3-D placement of an unmanned aerial vehicle base station for maximum coverage of users with different QoS requirements[J]. IEEE Wireless Communications Letters, 2018, 7(1): 38-41.
[55] HE H Y, ZHANG S W, ZENG Y, et al. Joint altitude and beamwidth optimization for UAV-enabled multiuser communications[J]. IEEE Communications Letters, 2018, 22(2): 344-347.
[56] LAGUM F, BOR-YALINIZ I, YANIKOMEROGLU H. Strategic densification with UAV-BSs in cellular networks[J]. IEEE Wireless Communications Letters, 2018, 7(3): 384-387.
[57] YANG Z H, PAN C H, SHIKH-BAHAEI M, et al. Joint altitude, beamwidth, location, and bandwidth optimization for UAV-enabled communications[J]. IEEE Communications Letters, 2018, 22(8): 1716-1719.

[58] REYES-GUERRERO J C, BRUNO M, MARISCAL L A, et al. Buoy-to-ship experimental measurements over sea at 5.8 GHz near urban environments[C]//Proceedings of the 2011 11th Mediterranean Microwave Symposium (MMS). Piscataway: IEEE Press, 2011: 320-324.
[59] MATOLAK D W, SUN R Y. Air–ground channel characterization for unmanned aircraft systems: Part I: methods, measurements, and models for over-water settings[J]. IEEE Transactions on Vehicular Technology, 2017, 66(1): 26-44.
[60] LAGUM F, SZYSZKOWICZ S S, YANIKOMEROGLU H. CoV-based metrics for quantifying the regularity of hard-core point processes for modeling base station locations[J]. IEEE Wireless Communications Letters, 2016, 5(3): 276-279.

第 4 章 水下通信与水声组网

4.1 引言

水下信息传输是水下技术中重要的一环，对人类认知水下环境特点具有重大意义。水下信息传输可分为有线和无线两种传输方式，有线传输方式的优点在于信息传输速率高、稳定，但是缺点也非常明显，即作用距离有限，而且铺设光缆成本非常高。相对于有线传输方式来说，无线传输方式的劣势在于信息传输速率低、易受环境影响、稳定性差，但是鉴于其使用灵活、成本低廉，目前得到了广泛的应用，是水下技术研究的热点。

与陆地环境不同，电磁波与光波在水下的传播距离十分有限，难以作为信息传输的载体在水下大规模传输信息，而声波能够在水下环境中大范围、远距离传播，因此近年来水声通信技术得到了越来越广泛的应用。与陆地环境相比，水下环境更加多变，这也导致水下信道比电磁波信道复杂得多。水下干扰将对水声通信质量产生极大的影响。为了减小这些影响，提升通信质量，对信道状态进行估计成为水声通信中重要的一步，信道估计结果将在很大程度上影响水声通信系统的性能。

水声通信技术可以很好地利用海洋信道的多径特性，提高节点间的通信速率。通过优化调度机制最大化网络吞吐量是水下声学网络–介质访问控制（UAN-MAC）协议的研究热点和难点。由于水声定向通信技术的发展，定向通信的介质访问控制（MAC）协议受到研究者的日益关注。与全向收发网络不同，基于定向通信的水下声学网络（UAN）通过较高的网络资源空间复用度提升协议的网络吞吐量，可以较好地解决通信网络的拥塞问题。

4.2 水下通信系统概述

4.2.1 水声通信

声波是目前人类已知的能够在水下进行远距离信息传输的最佳载体。陆地上通常使用的电磁波通信方式是以电磁波为载体的，电磁波在水中传播时，会被大量吸收而快速衰减，传输距离十分有限。而声波在水下有着良好的传播性能，频率为 1 Hz～50 kHz 的声波在水中的衰减系数约为 10^{-4}～10^{-2} dB/m。水声通信具有灵活、方便、经济、不存在电缆缠绕等特点，水声通信示意如图 4-1 所示，可满足导航、定位、信息交换、通信联络和安全保障等的信息传输需求，是实现水下综合信息感知与信息交互的主要手段。因此，发展水声通信技术在各个方面都有着重要而实际的意义。然而，水声信道是最为复杂的无线通信信道之一，这是由声波在海洋中传播时受到海面的波浪起伏、海底介质的分层不均匀和不平整，以及海水介质的非均匀性所产生的散射、折射效应而造成的。另外，水声信道的复杂性还体现在它会随时间、空间而变化。总的来说，水声信道具有多途扩展严重、时频域快速变化、多普勒频偏严重、传输衰减大、噪声干扰严重和通信带宽受限等特点，对水声通信的稳健性、通信速率和通信距离产生了严重影响。

图 4-1　水声通信示意

4.2.2　水下光通信

电磁波在水中传播时，会被大量吸收；声波在水中的衰减与声波频率的平方成正比，限制了远距离、高带宽的水下数据传输；光波在水下的传输速率可达上千兆，适宜传输图像、音频等海量数据，其高带宽、高数据传输速率、低时延的特性被认为是最有潜力的水下海量数据传输方式。海水对蓝绿光的衰减比对其他波段光的衰减要小很多，这使得利用蓝绿光进行水下光通信成为可能。

首先，水下光通信系统将信息进行编码，并将编码后的信号加载到调制器上调制成随信号变化的电流，以此电流驱动光源发光；其次，光束通过光学系统会聚准直后发送到海水信道，接收机由光电检测器把光信号转变为电信号。该电信号经过一定的数字信号处理滤波判决后由解码器解调，最终得到发送机发送的信息。海水信道的特性与大气、光纤信道不同，对不同波长的光波衰减也不同。不同的海水信道决定了水下光通信具有不同的特征与通信能力。在水下光通信系统中，光源及调制方式的选择是影响水下光通信系统性能的关键因素。水下光通信示意如图 4-2 所示。

图 4-2　水下光通信示意

然而，水下光通信也面临诸多的技术难点。

（1）海水随机信道对激光传输的影响。激光在传输过程中，必然与水分子和水中的粒子相互作用，被吸收或被散射，从而对激光传输产生影响。

（2）水下蓝绿光通信的信道编码。信道编码需要结合具体水下蓝绿光通信系统的特点，通过理论分析得出，再由实验进行验证。

（3）蓝绿光源高速调制方法的研究。光源的种类很多，不同种类光源的调制特性不同，如何选择合适的光源并为其设计调制方法也是技术难点之一。

（4）高精度、高速度的光束对准。如何在远距离实现高精度、快速的对准是实现水下光通信必须解决的问题之一。

4.2.3　水下电磁波通信

由于海水的导电性质，海水对电磁波具有屏蔽作用。海水中含有多种元素，但在每升海水中含量超过 1 mg 的仅有 12 种（除水中的氢和氧外），它们以多种形式存在，绝大多数处于离子状态，其中，Na^+、K^+、Ca^{2+}、Mg^{2+}、SO_4^{2-}、CO_3^{2-}、Cl^-、HCO_3^- 这 8 种离子占海水中溶质总量的 99%以上，这是使海水成为导体的主要原因，其电导率随海区盐度、深度、温度而不同，为 3～5 S/m，工程上一般取其平均值——4 S/m，它高于纯水的电导率 5～6 个数量级。所以，对平面电磁波传播而言海水是有耗媒质，这也决定了平面电磁波在海水中的传播衰减较大。

当收发双方的天线均在海水中时，电磁波可能的传播路径有多种。发收双方皆在海水中的电磁波通信，虽然由于传播衰减较大，通信距离较短，但受水文条件影响甚微，通信较为稳定，而且可以穿透如防波堤之类的水中物体。图 4-3 所示为水下电磁波通信示意。

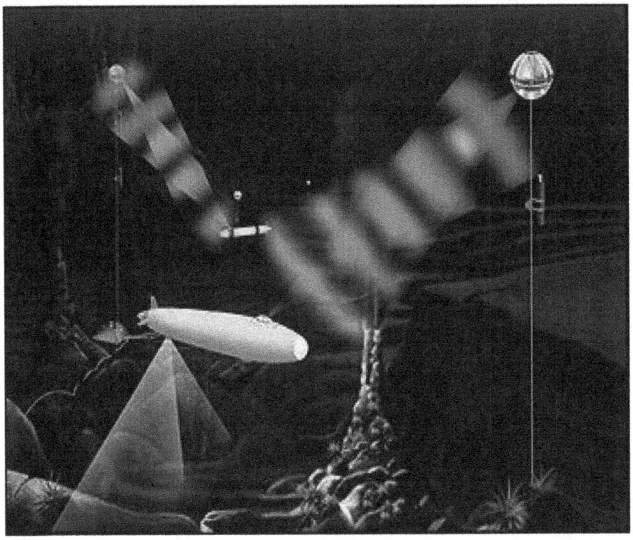

图 4-3　水下电磁波通信示意

4.3　水声信道特性

4.3.1　传播衰减

声波在海水中传播时会产生能量损失，主要原因可以归结为两个方面：吸收损失和扩展损失。吸收损失又称为物理衰减，其与声波的频率有关；扩展损失指声波在传播过程中波阵面的不断扩展，引起声强的衰减，也称为几何衰减。

频率为 f 的声波在传播距离为 l 时的传播损失可以表示为

$$A(l,f)=l^k\alpha(f)^l \tag{4-1}$$

其中，k 为扩展因子，$\alpha(f)$ 为海水的吸收系数。式（4-1）可以表示成分贝（dB）的形式，如下

$$10\lg A(l,f)=10k\lg l+10l\lg\alpha(f) \tag{4-2}$$

式（4-2）等号右侧的第一项表示扩展损失，第二项表示吸收损失。扩展因子 k 描述了声波不同的几何传播形式，当 $k=2$ 时表示球面波扩展，当 $k=1$ 时表示柱面波扩展，当 $k=1.5$ 时表示计入海底声吸收情况下的浅海声传播。海水的吸收系

数可以通过 Thorp 经验公式计算得到。

$$10\lg\alpha(f)=0.11\frac{f^2}{1+f^2}+44\frac{f^2}{4100+f}+2.75\cdot10^{-4}f^2+0.003 \qquad (4\text{-}3)$$

其中，f 的单位为 kHz，$\alpha(f)$ 的单位为 dB/km。式（4-3）一般适用于频率大于几百赫兹的信号，当信号频率更低时，可以采用下面的公式计算海水的吸收系数。

$$10\lg\alpha(f)=0.002+0.11\frac{f^2}{1+f^2}+0.011f^2 \qquad (4\text{-}4)$$

海水的吸收系数变化曲线如图 4-4 所示。海水的吸收系数随着声波频率的增大而快速增加，因此，在通信距离一定的前提下海水的吸收系数成为限制最大可使用通信频带的主要因素。

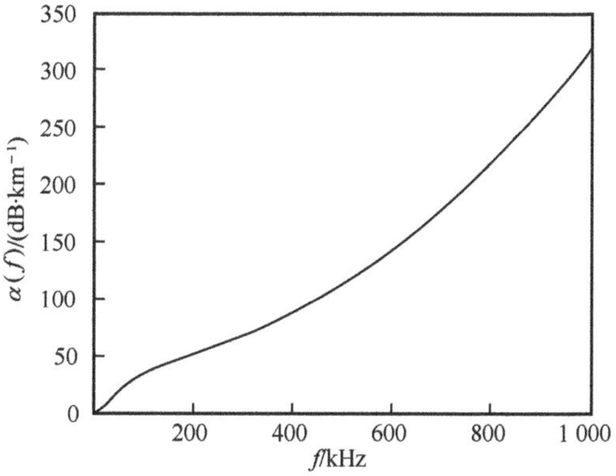

图 4-4　海水的吸收系数变化曲线

4.3.2　海洋环境噪声

在水声信道中，影响通信系统性能的另一个主要因素就是海洋环境噪声。海洋环境噪声是水声信道中的一种加性干扰背景场。海洋环境噪声主要包含 4 个部分：湍流噪声、船只噪声、海浪噪声和热噪声。大多数的海洋环境噪声可以用高斯分布和连续功率谱密度来描述，式（4-5）给出了计算上面 4 种噪声功率谱密度的经验公式。

$$\begin{cases}10\log N_{\mathrm{t}}(f)=17-30\log f\\10\log N_{\mathrm{s}}(f)=40+20(s-0.5)+26\log f-60(f+0.03)\\10\log N_{\mathrm{w}}(f)=50+7.5w^{0.5}+20\log f-40(f+0.4)\\10\log N_{\mathrm{th}}(f)=-15+20\log f\end{cases} \qquad (4\text{-}5)$$

其中，$N_t(f)$、$N_s(f)$、$N_w(f)$、$N_{th}(f)$分别表示湍流噪声、船只噪声、海浪噪声和热噪声的功率谱密度，单位为dB re 1μPa²/Hz；s表示船只的活动密集程度，其值从 0 到 1 变化，s越大表示船只活动越密集；w表示风速，单位为 m/s。

湍流噪声主要集中在 0～10 Hz 的频带，船只噪声主要集中在 10～100 Hz 的频带，海浪噪声是 100～100 000 Hz 频带噪声的主要影响因素，热噪声在 $f > 100\,\text{kHz}$ 的频带占据主导地位。环境噪声的功率谱密度包含所有的噪声因子，可以表示为

$$N(f) = N_t(f) + N_s(f) + N_w(f) + N_{th}(f) \tag{4-6}$$

不同频率下的海洋环境噪声功率谱密度如图 4-5 所示，其中，$s = 0.5$，$w = 10$ m/s。海洋环境噪声主要集中在低频段，给水声通信造成了更加不利的影响。

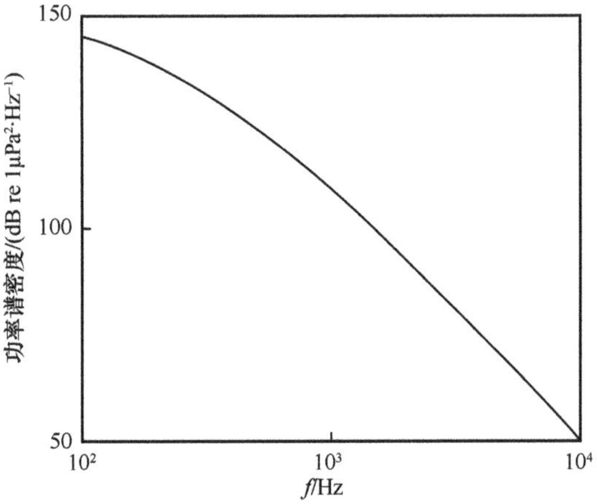

图 4-5　不同频率下的海洋环境噪声功率谱密度

4.3.3　可用通信带宽

因为随着频率增大而增大的传播衰减和能量主要集中在低频段环境噪声中，信噪比随着信号带宽变化。利用传播损失 $A(l,f)$ 和噪声功率谱密度 $N(f)$，可以估计接收机的接收信号的 SNR。假设信号传输距离为l，窄带信号的中心频率为f，信号功率为P，则 SNR 可以表示为

$$\text{SNR}(l,f) = \frac{P}{A(l,f)N(f)} \tag{4-7}$$

对于任意给定的l，这个窄带信号的 SNR 是f的函数。接收信号的 SNR 与信号带宽以及信号传输距离的关系如图 4-6 所示。水声通信可用带宽是由声在水中

的衰减决定的，即可以根据应用环境的信号传输距离选取信号带宽。当 l=100 km 时，衰减增加，系统可用带宽严重降低。在工程应用中有一个经验法则：信号带宽上限频率是在收发两方间距上能量衰减为 10 dB 的频率值。这并不表示在短距离通信时，可用带宽可以随意选取。当进行短距离通信时，信号带宽受限于发射换能器的发射频率特性。

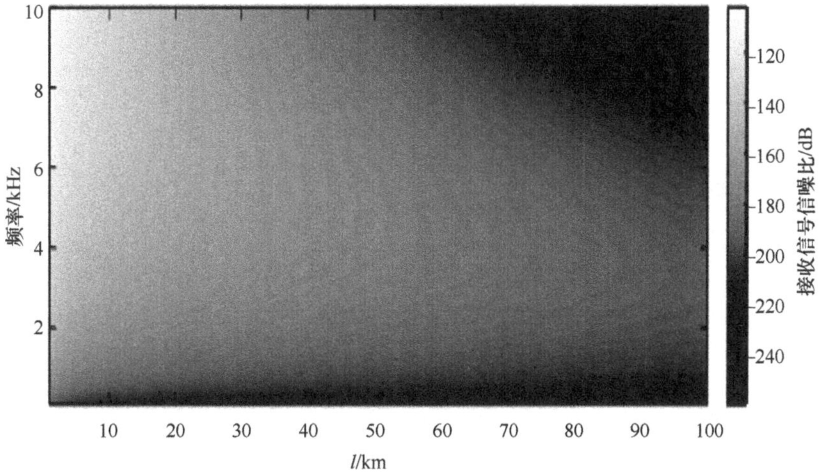

图 4-6　接收信号的 SNR 与信号带宽以及信号传输距离的关系

4.3.4　多径传播

多径传播示意如图 4-7 所示。在海洋环境中，多径传播现象的产生源于两种物理机制：海洋存在着海面和海底两个界面，声波在传输时会发生反射，如图 4-7（a）所示；由于海洋温度、盐度和深度的影响，不同深度的声速分布不均匀，从而使声波发生折射，如图 4-7（b）所示。

声速是海水中最重要的声学参数，它是影响声波在海水中传播的最基本的物理量。声速取决于海洋的温度、盐度和压力，它们随着深度和地点的不同而变化。深海声速分为表面层、跃变层和深海等温层 3 层。在海洋表面，海水因受到阳光照射，水温较高，但它同时又受到风浪的搅拌作用，形成海洋表面层，层内声速梯度可正可负。在跃变层之下，水温较低，但很稳定，水温终年不变，且不随深度变化，形成深海等温层。随着海洋深度增加声速也增加，呈现海洋内部的声速正梯度分布。在表面层和等温层之间的跃变层是声速变化的过渡区域。跃变层分为季节跃变层和主跃变层，层中温度随深度而下降，声速相应变小，声速梯度为负值。从声源发出的声波将沿着不同的路径传播，置于不同位置的接收源将观察到多路径信号的到达。在这个过程中有一点值得注意：传播路径长的信号不一定晚到达。因为声速在水体中的不均匀性，传播路径长的信号可能以更快的速度传播。也就是说，经过长距离传输的信号可能比直达路径的强信号更早到达接收源，这个现象导致水声信道响应系统可能不是最小相位系统。

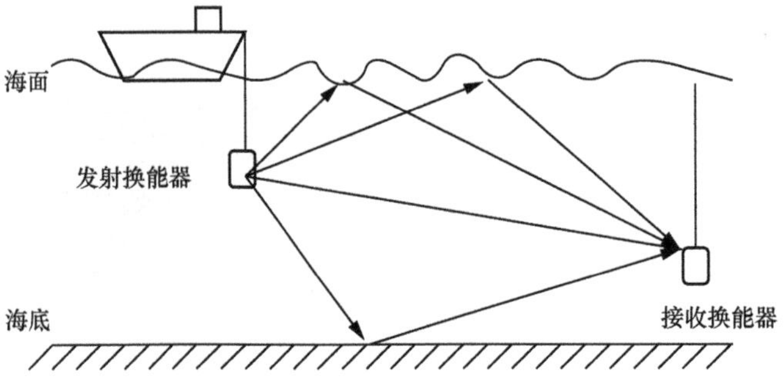

（a）声波反射示意

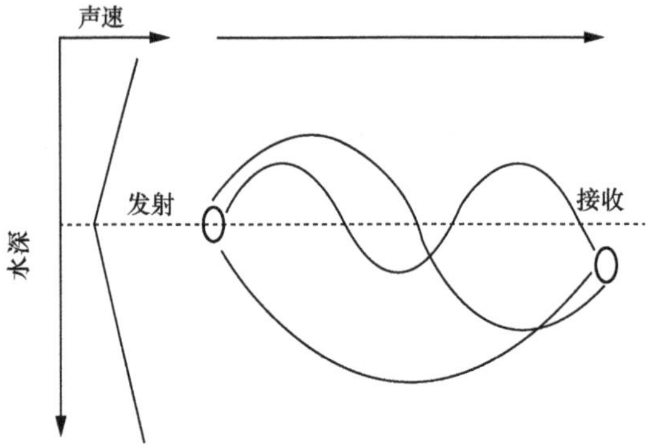

（b）声波折射示意

图 4-7　多径传播示意

4.3.5　多普勒效应

因为声波在水中的传播速度慢，水声信道的多普勒效应明显。无人潜航器的航速通常为 1.5～3 m/s，但其多普勒频移因子可以达到$1\times10^{-3}\sim2\times10^{-2}$。而对于相同速度的电磁波通信，其多普勒频移因子仅为$5\times10^{-9}\sim1\times10^{-8}$。由此可见，水声通信中的相对多普勒频移比电磁波通信中的多普勒频移高几个数量级。可见微小的运动在水声通信中造成的多普勒频移都是不可以被忽略的，也就是说，如波浪、潮汐等都将对信号造成不可忽略的多普勒频移和扩展。

实测的水声信道冲激响应如图 4-8 所示，可以看到，尽管该水声信道直达声路径的结构较为稳定，但数据发送过程中发射换能器的垂直深度、相对接收点的距离不断变化，不同时刻的信道微结构仍存在一定的差异，从而导致了信道的时变特性。多普勒效应还会造成发射机和接收机间传播距离的增大或减小，从而引起接收信号在时间上的扩展或压缩，频域表现为载波频率的偏移。如果发射信号的带宽相对于其中心频率来说很小，则时间上的变化可以看作信号的频移。由发射机和接收机的相对运动造成的多普勒频移 f_d 与相对运动的声速 v 、声传播速度 c 以及信号频率 f_0 有关，可以表示为

$$f_d = \frac{v}{c} f_0 \cos\varphi \tag{4-8}$$

其中，φ 为相对运动的声速与信号传输方向的夹角。考虑水声信道中声传播速度为 1 500 m/s，远低于电磁波信道中的传播速度，因此，多普勒频移对水声系统的影响要比电磁波信道严重得多。

一方面，发射机和接收机之间的相对运动不仅会造成接收信号中出现一个多普勒频移，考虑发射机和接收机之间有多条传播途径，还会形成多普勒扩展。另一方面，为了实现高速水声通信，通常情况下会采用较宽的通信频带（信号的带宽相对于其中心频率来说不可忽略），此时多普勒效应不能被简单地看作多普勒频移，因此不能使用单一的频率对接收信号进行补偿。

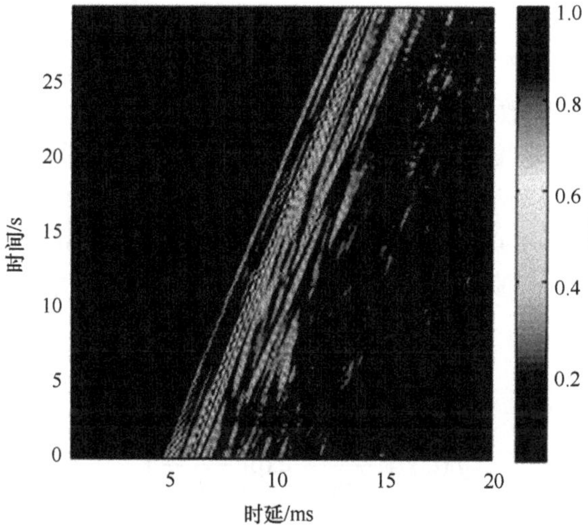

图 4-8　实测的水声信道冲激响应

4.3.6　强时变特性

信号在随机时变信道中传输时会随时间波动，信号波动的快慢通常使用信号随时间变化的相关度来表述。信号随时间的变化反映到水声通信中即为信道冲激响应随时间的变化。为了描述信道冲激响应随时间的变化可以定义信道的时间相干函数为

$$\Gamma(\tau)=\left\langle \frac{[h^*(t)h(t+\tau)]}{\sqrt{[h^*(t)h(t)][h^*(t+\tau)h(t+\tau)]}} \right\rangle \tag{4-9}$$

其中，$h(t)$ 表示参考水声信道；$h(t+\tau)$ 表示时延 τ 后的水声信道；$[ab]$ 表示信号 a 与 b 互相关系数的最大值；“ * ” 表示共轭运算；$<\cdot>$ 表示系综平均。

水声信道相干时间的测量对于水声通信系统的设计具有重要的意义。对于慢变信道（信道相干时间为几十秒、几分钟，甚至更长时间）可以尽量增加信号帧的长度，而不必采用多帧数据格式，即频繁地插入探测信号和保护时间间隔，从而增加系统的有效性。对于快变信道（信道相干时间为几秒、几百毫秒，甚至更短时间）可以在信号解码时确定信道更新的频率，从而提高系统的可靠性。

水声信道具有时频域快速变化的特点，使其成为最困难的无线传输信道之一。固有的传播介质变化是引起水声信道时变的主要原因之一。很多物理因素可以引起水声信道的时变特性，总体来说这些物理因素可以分为三大类：大时间尺度（几个月），如季节流等；中时间尺度（几天、几小时），如潮汐、惯性起伏等；小时间尺度（几分钟、几秒），如表面海浪、湍流和内波等。对于较高频率的水声通信信号而言，具有小时间尺度的运动海面是影响水声通信性能的主要因素。尤其是在浅海环境下，声信号不可避免地会与海面相互作用，使水声信道的时变性更加严重，本节将结合试验数据对其展开详细的论述。

在具有恒定声速梯度、向上折射的声速梯度或者收发节点都位于近海面声信道的海洋环境中，声信号在传播过程中不可避免地会与海面发生交互。海面的不平整性可用海面质点偏离平均海面的垂直位移 $\zeta(x,y,t)$ 来表示，$\zeta(x,y,t)$ 被称为随机波浪场，一般可假定是均匀的平稳随机场，其中(x,y)表示海平面上的平面坐标，t 表示时间。绝大部分实际的海面波浪质点位移 $\zeta(x,y,t)$ 的分布符合高斯分布

$$f(\zeta)=\frac{1}{\sqrt{2\pi}\sigma_\zeta}\exp\left(-\frac{\zeta^2}{2\sigma_\zeta^2}\right) \tag{4-10}$$

其中，σ_ζ 为海面波高的均方根值（单位：m），表示了海面不平整性的程度，其大小与引起海面不平整的海况有关，一般为厘米到米量级。另外，我们还可以采用瑞利参数 R 来描述海面不平整度的统计特性

$$R=\frac{2\pi f_0}{c}\sigma_\zeta\sin\theta_0 \tag{4-11}$$

其中，f_0 表示信号频率（单位：Hz）；c 表示声速（单位：m/s）；θ_0 为掠射角。R

在物理上可以理解为由于不平整海面所引起的声波散射相对于镜像反射波的均方根相移，因此，其大小也反映了不同入射波频率和掠射角下海面的相对不平整性。当 $R \ll 1$ 时，海面可以看成是平静的，作为反射体，在镜像反射角产生相干反射；当 $R \gg 1$ 时，对于声传播特性来说，海面近似看作粗糙界面，作为散射体，在所有方向上发出不相干的散射。Carl 等[1]指出当 $R = 2$ 时足以使相干反射产生超过 15 dB 的损失。Rouseff 等[2]通过试验验证了 $R > 1$ 的多径信号对相干水声通信依然有用，但是需要提高水声信道的更新频率以抑制信道的时变特性。

为了研究粗糙海面对于水声信道的影响，有试验分析了 2016 年 3 月 20 日在鲅鱼圈海域采集的试验数据。本次试验在港口内进行，平均水深为 18 m，试验当天海面起伏较大，能够观察到明显的白色浪花，约为 3 级海况。试验中均连续发送线性调频（LFM）信号作为信道探测码，LFM 信号频带范围为 8～14 kHz，脉宽为 200 ms，重复周期为 400 ms，发送持续时间为 30 s。

接收机对信号进行匹配滤波处理可以估计信道冲激响应函数，通过不同时刻的估计信道可以研究信道的时变特性。图 4-9 给出了粗糙海面下的水声信道的测量结果。水声信道随时间快速发生变化，虽然信号能量仍然集中于直达声和海面发射声，但是这两条信道的结构已经不再稳定，除了这两条路径还有一些较晚达到的声信号。较晚达到的声信号可能是由于粗糙海面的声散射导致的，这些声散射随着时间快速变化，在不知道海面真实粗糙程度的情况下很难去模型化描述。将不同时刻的估计信道当作参考信号，可以得到水声信道时间相干性的估计结果，如图 4-10 所示。在粗糙海面下，水声信道的相关性较差，时间为 2 s 时信道的时间相干性 $\Gamma < 0.5$，在这种情况下要减小通信信号的数据帧长度，并且需要不断地进行水声信道的估计和更新，以提高系统的稳健性。

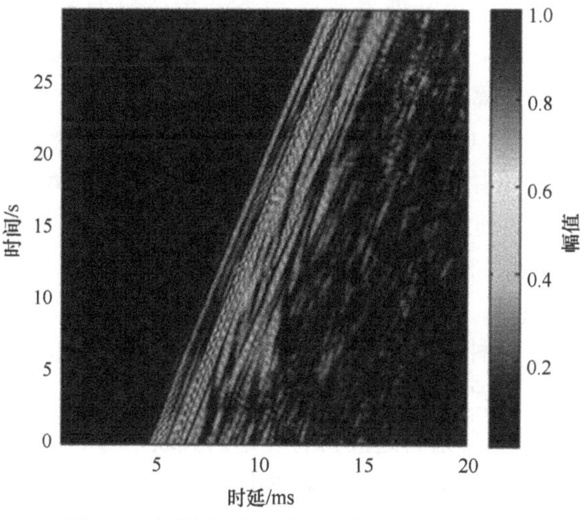

图 4-9　粗糙海面下的水声信道的测量结果

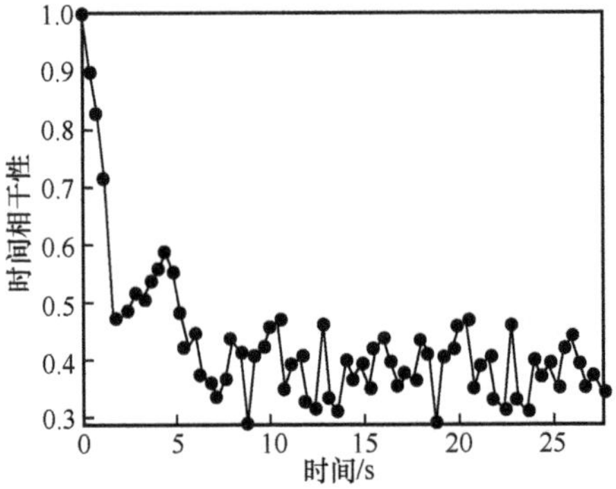

图 4-10 水声信道时间相干性的估计结果

4.4 基于稀疏贝叶斯学习算法的水声信道估计

水声信道具有显著的稀疏特性，利用稀疏贝叶斯学习（SBL）算法能够实现稀疏水声信道的有效估计。针对 SBL 算法计算复杂度较高的问题，将广义近似消息传递−稀疏贝叶斯学习（GAMP-SBL）算法引入水声信道估计。该方法在 SBL 算法的框架下结合 GAMP 以消息传递的方式计算信道冲激响应，能够有效降低 SBL 算法的计算复杂度。

4.4.1 稀疏贝叶斯学习算法

2001 年，Tipping 提出 SBL 算法，该算法最初用于获取分类与回归任务中的稀疏表示，该算法利用贝叶斯准则将一个函数分解为多个函数的叠加，与支持向量机的核函数相似，随后其凭借优异的性能被引入压缩感知（CS）算法。与 CS 算法相比，SBL 算法具有一些明显的性能优势。

（1）在理想条件下（无噪声），基于 l_1 范数的算法无法得到最稀疏的解。在一些应用场景中，采用 SBL 算法往往可以得到更好的效果。

（2）当观测矩阵的列之间具有较强的相关性时，基于 l_1 范数的算法性能会变得很差，而且大多数的 CS 算法性能都会下降，如近似消息传递（AMP）算法、匹配追踪（MP）算法等，而 SBL 算法在这种情况下仍然表现出良好的性能。

（3）SBL 算法与一种迭代加权的 l_1 算法是等价的。Candes 等[3]指出，采用这种算法更易获得真正的最稀疏解。

（4）在实际应用中，稀疏解之间常有一定的关联，利用这些结构性信息可以进一步提升算法性能。SBL 算法利用独立高斯同分布作为先验分布，在贝叶斯框架下可以灵活地对一些先验结构性信息加以利用，通过迭代不断地学习和优化先验信息。

1. 发射信号模型

信号模型采用循环前缀正交频分复用（CP-OFDM），即在发射端，每个 OFDM 符号中插入循环前缀。一个 OFDM 符号中含有 N 个子载波，符号周期为 T，循环前缀长度为 T_g，总长度为 $T+T_g$。一个 OFDM 符号中第 k 个子载波频率为

$$f_k = f_c + k/T, k = -N/2, \cdots, N/2-1 \tag{4-12}$$

其中，f_c 为中心频率。在 N 个子载波中，有 N_d 个数据子载波，N_p 个导频子载波，其余为空子载波，第 k 个子载波上的传输数据记作 X_k，一个 OFDM 符号可以表示为

$$x(t) = 2\mathrm{Re}\left\{\left[\sum_{k=-N/2}^{N/2-1} X_k \mathrm{e}^{\mathrm{j}2\pi\frac{k}{T}t} q(t)\right]\mathrm{e}^{\mathrm{j}2\pi f_c t}\right\}, t \in [0, T+T_g] \tag{4-13}$$

其中，$q(t)$ 是成形滤波器。

$$q(t) = \begin{cases} 1, t \in [0, T+T_{cp}] \\ 0, 其他 \end{cases} \tag{4-14}$$

其中，T_{cp} 是每个符号的循环前缀长度。

2. 信道模型

水声信道具有传播损失大、多径干扰严重、多普勒频移现象明显等特点[4]，可以将多径水声信道建模为

$$h(\tau, t) = \sum_{l=1}^{L} A_l(t)\delta(\tau - \tau_l) \tag{4-15}$$

其中，A_l 为第 l 条路径的增益，τ_l 为第 l 条路径的时延，L 为信道长度，不考虑多普勒频移，在一个 OFDM 符号周期内认为信道保持不变。

3. 接收信号模型

接收机接收的通带信号为 OFDM 信号与信道冲激响应函数的卷积与加性噪声之和。

$$y(t) = x(t) * h(t, \tau) + w(t) \tag{4-16}$$

在经过模数（A/D）转换、降采样以及快速傅里叶变换（FFT）之后得到的频域基带接收信号为

$$\boldsymbol{Y} = \boldsymbol{XH} + \boldsymbol{W} = \boldsymbol{XFh} + \boldsymbol{W} = \boldsymbol{\Phi h} + \boldsymbol{W} \tag{4-17}$$

其中，$\boldsymbol{Y}$ 为 $N \times 1$ 的频域接收信号；$\boldsymbol{X}$ 为 $N \times N$ 的对角阵，对角线上的元素包含频

域发射数据、导频以及空子载波对应的0；$\boldsymbol{W}$ 为 $N\times1$ 的加性高斯白噪声，概率密度函数记作 $\mathrm{CN}(0,\sigma^2)$，σ^2 是噪声方差；$\boldsymbol{F}$ 为 $N\times N$ 离散傅里叶变换（DFT）矩阵的前 L 列；$\boldsymbol{h}$ 为时域信道冲激响应；$\boldsymbol{H}$ 为频域的信道冲激响应。若把 $\boldsymbol{XF}$ 看作一个矩阵，则该矩阵等效为CS中的字典矩阵 $\boldsymbol{\Phi}$。一个OFDM符号中含有 N_{d} 个数据子载波，N_{p} 个导频子载波，导频子载波对应的接收信号为[5]

$$\boldsymbol{Y}_{\mathrm{p}}=\boldsymbol{X}_{\mathrm{p}}\boldsymbol{F}_{\mathrm{p}}\boldsymbol{h}+\boldsymbol{W}_{\mathrm{p}}=\boldsymbol{\Phi}_{\mathrm{p}}\boldsymbol{h}+\boldsymbol{W}_{\mathrm{p}} \tag{4-18}$$

其中，$\boldsymbol{Y}_{\mathrm{p}}$ 是一个 $N_{\mathrm{p}}\times1$ 的向量，包含了在导频位置处的接收信号；$\boldsymbol{X}_{\mathrm{p}}$ 是一个 $N_{\mathrm{p}}\times N_{\mathrm{p}}$ 的对角矩阵，对角线上的元素为已知的导频；$\boldsymbol{F}_{\mathrm{p}}$ 是 $\boldsymbol{F}$ 的子矩阵，大小为 $N_{\mathrm{p}}\times L$，包含了矩阵 $\boldsymbol{F}$ 中导频位置对应的行；$\boldsymbol{W}_{\mathrm{p}}$ 是一个 $N_{\mathrm{p}}\times1$ 的向量，包含了向量 $\boldsymbol{W}$ 在导频位置的元素；$\boldsymbol{\Phi}_{\mathrm{p}}$ 为 $\boldsymbol{X}_{\mathrm{p}}$ 和 $\boldsymbol{F}_{\mathrm{p}}$ 的乘积。

4. SBL信道估计

在SBL框架中，将 $\boldsymbol{h}$ 建模为服从零均值高斯独立同分布的随机变量，即 $\boldsymbol{h}\sim\mathrm{CN}(0,\boldsymbol{\Gamma})$，其中，$\boldsymbol{\Gamma}=\mathrm{diag}(\gamma(1),\cdots,\gamma(L))$ 为控制 $\boldsymbol{h}$ 的超参数所构成的对角阵。

$$p(\boldsymbol{h};\boldsymbol{\Gamma})=\prod_{i=1}^{L}N(h_i\mid0,\gamma_i)=\prod_{i=1}^{L}(2\pi\gamma_i)^{-1/2}\exp\left(\frac{|h_i|^2}{2\gamma_i}\right) \tag{4-19}$$

值得注意的是，如果 $\gamma(l)\to0$，也就等同于 $h(l)\to0$。接下来采用期望最大化（EM）算法迭代更新超参数以及估计时域信道冲激响应 $\boldsymbol{h}$。

EM算法主要用于含有无法观测隐变量的概率模型中，利用该算法求解参数的最大似然估计。隐变量问题不容易求解，其类似于样本的类别，对样本的参数进行最大似然估计时需要明确样本所属类别；与之类似，明确了样本参数，才能判断其归属于哪个类别的概率更大。两方都无法确定使问题求解陷入了困难。EM算法的求解思路是：首先为隐变量设置一个初始分布，根据概率分布估计参数；根据参数分布反过来再估计隐变量的分布；循环迭代直到收敛，得到一个最优的参数估计。EM算法利用Jensen不等式寻找似然函数的下界，在取等条件下，求解下界对应的最大似然估计，然后不断地迭代提升下界，直到收敛即可找到似然函数的最大值。EM算法包括E-step和M-step两个步骤，具体如下。

E-step：根据上一次迭代得到的 $\boldsymbol{\Gamma}$ 计算 $\boldsymbol{h}$ 的后验概率密度函数。

$$\begin{aligned}Q(\boldsymbol{h})=p(\boldsymbol{h}\mid\boldsymbol{Y}_{\mathrm{p}},\boldsymbol{\Gamma},\sigma^2)=\frac{p(\boldsymbol{Y}_{\mathrm{p}}\mid\boldsymbol{h},\sigma^2)p(\boldsymbol{h}\mid\boldsymbol{\Gamma})}{p(\boldsymbol{Y}_{\mathrm{p}}\mid\boldsymbol{\Gamma},\sigma^2)}=\\(2\pi)^{-N/2}|\boldsymbol{\Sigma}|^{1/2}\exp\left\{-\frac{1}{2}(\boldsymbol{h}-\boldsymbol{\mu})^{\mathrm{H}}\boldsymbol{\Sigma}^{-1}(\boldsymbol{h}-\boldsymbol{\mu})\right\}\end{aligned} \tag{4-20}$$

其中，$\boldsymbol{\Sigma}=(\sigma^{-2}\boldsymbol{\Phi}^{\mathrm{H}}\boldsymbol{\Phi}+\boldsymbol{\Gamma}^{-1})^{-1}$，$\boldsymbol{\mu}=\sigma^{-2}\boldsymbol{\Sigma}\boldsymbol{\Phi}^{\mathrm{H}}\boldsymbol{Y}_{\mathrm{p}}$，$\boldsymbol{\mu}$ 为 $\boldsymbol{h}$ 的后验概率密度函数的均值。

M-step：根据 E-step 中得到的信道冲激响应 $\boldsymbol{h}$ 的后验概率密度函数，最大化对应的似然函数下界更新超参数。

$$\gamma_i=\arg\min_{\gamma_i}\left\{\frac{1}{2}\ln(2\pi\gamma_i)+\frac{1}{2\gamma_i}E[h_i^2]\right\}=\left|\mu_i\right|^2+\Sigma_{ii} \tag{4-21}$$

其中，Σ_{ii} 表示协方差矩阵中的第 i 个对角元素。

噪声方差的更新式为

$$\sigma^2=\frac{\left\|\boldsymbol{Y}_{\mathrm{p}}-\boldsymbol{\Phi}_{\mathrm{p}}\boldsymbol{h}\right\|_2^2+\sigma^2[L-\mathrm{Tr}(\boldsymbol{\Sigma}\boldsymbol{\Gamma}^{-1})]}{N_{\mathrm{p}}} \tag{4-22}$$

将 SBL 信道估计算法步骤如下。

步骤 1　参数输入：导频位置处接收信号 $\boldsymbol{Y}_{\mathrm{p}}$，字典矩阵 $\boldsymbol{\Phi}_{\mathrm{p}}$，迭代终止门限 $\varepsilon_{\mathrm{sbl}}$，最大迭代次数 $K_{\max}$，初始化 $\boldsymbol{\Gamma}=\mathrm{diag}(\boldsymbol{\gamma})=\boldsymbol{I}_L$，$\boldsymbol{\gamma}=[\gamma_1,\gamma_2,\cdots,\gamma_L]^{\mathrm{T}}$，迭代次数 $k=1$，$(\sigma^2)^k$，$\boldsymbol{\mu}^k>0$。

步骤 2　E-step。

$$\boldsymbol{\Sigma}=(\sigma^{-2}\boldsymbol{\Phi}_{\mathrm{p}}^{\mathrm{H}}\boldsymbol{\Phi}+\boldsymbol{\Gamma}^{-1})^{-1}$$

$$\boldsymbol{\mu}^{k+1}=\sigma^{-2}\boldsymbol{\Sigma}\boldsymbol{\Phi}_{\mathrm{p}}^{\mathrm{H}}\boldsymbol{Y}_{\mathrm{p}}$$

步骤 3　M-step。

$$\gamma_i^{k+1}=\Sigma_{ii}+\left|\mu_i^{k+1}\right|^2,i=1,2,\cdots,L$$

$$(\sigma^2)^{k+1}=\frac{\left\|\boldsymbol{Y}_{\mathrm{p}}-\boldsymbol{\Phi}_{\mathrm{p}}\boldsymbol{\mu}^{k+1}\right\|_2^2+(\sigma^2)^k[L-\mathrm{Tr}(\boldsymbol{\Sigma}\boldsymbol{\Gamma}^{-1})]}{N_{\mathrm{p}}}$$

步骤 4　终止条件判决：$\left\|\boldsymbol{\mu}^{k+1}-\boldsymbol{\mu}^k\right\|_2^2\leqslant\varepsilon_{\mathrm{sbl}}$ 或者 $k=K_{\max}$ 迭代终止，否则返回步骤 2。

步骤 5　输出信道冲激响应 $\hat{\boldsymbol{h}}=\boldsymbol{\mu}^{k+1}$。

4.4.2　广义近似消息传递

AMP 算法为解决 CS 算法中基于追踪（BP）以及基于追踪去噪（BPDN）复杂度较高的问题提供了有效的解决方式，Rangan[6]证明了 AMP 算法的框架可以进一步推广，用于处理任意的先验分布以及任意的噪声分布，提出了广义近似消息传递（GAMP）算法。该算法唯一需要的条件是先验分布与噪声分布可分解。GAMP 算法在应用时可以使用稀疏促进先验分布，如 spike 和 slab 先验分布。鉴于其对任意的噪声分布也是有效的，利用服从二项分布的噪声，该框架可以用于分类。GAMP 算法的灵活性使该算法在近年来得到了广泛的关注，接下来简要介绍 GAMP 算法[6]。

GAMP 算法模型如图 4-11 所示，系统输入向量为：$\boldsymbol{q}=[q_1,q_2,\cdots,q_N]^{\mathrm{T}}\in Q^N$，$q_j\in Q, j=1,2,\cdots,N$，逐个元素通过条件概率密度为 $p_{X|Q}(x_j\mid q_j)$ 的输入通道，产生了未知的随机向量 $\boldsymbol{x}=[x_1,x_2,\cdots,x_N]^{\mathrm{T}}$。向量 $\boldsymbol{x}$ 随后经过了一个线性变换

$$\boldsymbol{z}=\boldsymbol{A}\boldsymbol{x} \tag{4-23}$$

其中，$\boldsymbol{A}$ 是一个已知的变换矩阵，维度为 $M\times N$。随后，向量 $\boldsymbol{z}$ 的每一个元素经过条件概率密度为 $p_{Y|Z}(y_i\mid z_i), i=1,2,\cdots,M$ 的输出通道，得到一组维度为 M 的输出向量 $\boldsymbol{y}=[y_1,y_2,\cdots,y_M]^{\mathrm{T}}$。对于一个一般的矩阵 $\boldsymbol{A}$（非单位阵），经过线性变换后，向量 $\boldsymbol{x}$ 中的元素被混合进了向量 $\boldsymbol{z}$ 之中。在这种情况下，任何后验分布都将面对一个高维的积分，这是非常难以求解的。GAMP 算法是一个广义的线性解混方法，把一个向量估计问题转化成了一系列标量问题和线性变换问题，通过可分解的先验分布与似然函数有效地估计参数的后验分布。

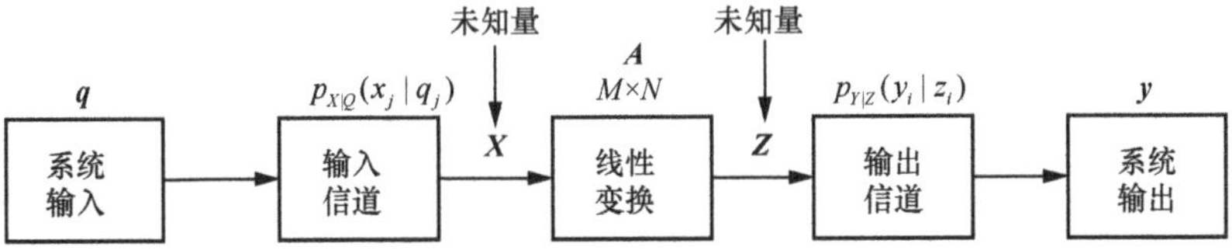

图 4-11　GAMP 算法模型

假设向量 $\boldsymbol{x}$ 中每一个元素都是独立同分布的，每一个元素的条件概率密度为 $p(x_i\mid q_i)$，其中，i 为向量 $\boldsymbol{x}$ 中各个元素的索引，q_i 是一个已知的超参数。与向量 $\boldsymbol{x}$ 类似，假设观测向量也是独立同分布的，则对于输出向量 $\boldsymbol{y}_a$，其似然函数为 $p(\boldsymbol{y}_a\mid\boldsymbol{x})$。通过贝叶斯准则可以得到向量 $\boldsymbol{x}$ 的后验概率密度函数。

$$p(\boldsymbol{x}\mid\boldsymbol{y})\propto p(\boldsymbol{y}\mid\boldsymbol{x})p(\boldsymbol{x})=\prod_i p(y_i\mid\boldsymbol{x})\prod_j p(x_j) \tag{4-24}$$

其中，$\propto$ 表示正比关系。根据概率分布可以画出 GAMP 算法模型对应的因子图，如图 4-12 所示，其中 f_{in} 和 f_{out} 分别表示因子图的输入节点和输出节点。

GAMP 算法的核心是两个标量估计函数：g_{in} 和 g_{out}。这两个函数取决于先验分布和噪声分布的形式以及估计器选择最大后验概率（MAP）估计还是 MMSE 估计。在选择合适的标量估计函数条件下，GAMP 算法能够给出环路置信传递（Loopy Belief Propagation，LBP）算法的高斯以及二次逼近。因此，这两个函数对整个算法的性能有重大的影响。两个标量估计函数的推导将在后面的论述中给出。值得注意的是，GAMP 算法中标量估计函数必须具有闭式表达式，这在一定程度上限制了 GAMP 算法的应用。GAMP 算法的步骤如下所示，矩阵 $\boldsymbol{A}$ 的每一个元素设为 a_{ij}。

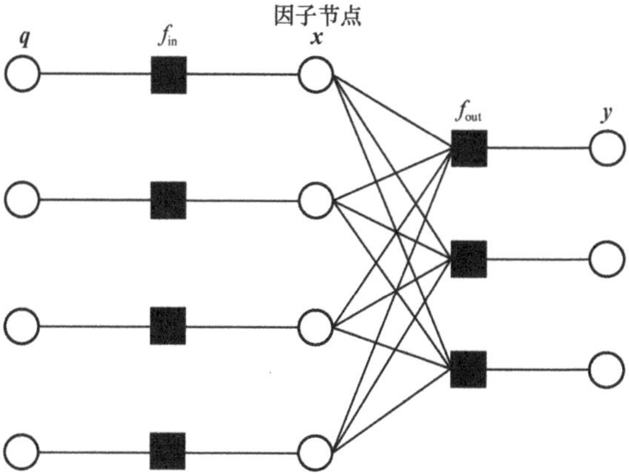

图 4-12　GAMP 算法模型对应的因子图

步骤 1　输入参数：线性变换矩阵 $\boldsymbol{A}$ 、系统输入 $\boldsymbol{q}$ 、系统输出 $\boldsymbol{y}$ 、标量估计函数 g_{in} 和 g_{out} 、迭代次数 t 、最大迭代次数 $t_{\max}$ ；

步骤 2　初始化：令 $t=0$ ，并且为输出向量 $\hat{\boldsymbol{x}}_j(t)$ 和 $\boldsymbol{\tau}_j^x(t)$ 初始赋值，其中 j 为这两个向量的索引。

步骤 3　线性输出：对于每一个 i 有

$$\begin{cases}\boldsymbol{\tau}_i^{\text{p}}(t)=\sum_j\left|a_{ij}\right|^2\boldsymbol{\tau}_j^x(t)\\ \hat{\boldsymbol{p}}_i(t)=\sum_j a_{ij}\hat{\boldsymbol{x}}_j(t)-\boldsymbol{\tau}_i^{\text{p}}(t)\hat{\boldsymbol{s}}_i(t-1)\\ \hat{\boldsymbol{z}}_i(t)=\sum_j a_{ij}\hat{\boldsymbol{x}}_j(t)\end{cases} \tag{4-25}$$

并且令 $\hat{s}(-1)=0$ 。

步骤 4　非线性输出：对于每一个 i 有

$$\begin{cases}\hat{\boldsymbol{s}}_i(t)=g_{\text{out}}(t,\hat{\boldsymbol{p}}_i(t),y_i,\boldsymbol{\tau}_i^{\text{p}}(t))\\ \boldsymbol{\tau}_i^{\text{s}}(t)=-\dfrac{\partial}{\partial\hat{\boldsymbol{p}}}g_{\text{out}}(t,\hat{\boldsymbol{p}}_i(t),y_i,\boldsymbol{\tau}_i^{\text{p}}(t))\end{cases} \tag{4-26}$$

步骤 5　线性输入：对于每一个 j 有

$$\begin{cases}\boldsymbol{\tau}_j^{\text{r}}(t)=\left[\sum_i\left|a_{ij}\right|^2\boldsymbol{\tau}_i^{\text{s}}(t)\right]^{-1}\\ \hat{\boldsymbol{r}}_j(t)=\hat{\boldsymbol{x}}_j(t)+\boldsymbol{\tau}_j^{\text{r}}(t)\sum_i a_{ij}\hat{\boldsymbol{s}}_i(t)\end{cases} \tag{4-27}$$

步骤 6　非线性输入：对于每一个 j 有

$$\begin{cases}\hat{\boldsymbol{x}}_j(t+1)=g_{\text{in}}(t,\hat{\boldsymbol{r}}_j(t),q_j,\boldsymbol{\tau}_j^{\text{r}}(t))\\ \boldsymbol{\tau}_j^{x}(t+1)=\boldsymbol{\tau}_j^{\text{r}}(t)\dfrac{\partial}{\partial\hat{\boldsymbol{r}}}g_{\text{in}}(t,\hat{\boldsymbol{r}}_j(t),q_j,\boldsymbol{\tau}_j^{\text{r}}(t))\end{cases}\tag{4-28}$$

令$t=t+1$并返回步骤3，直到达到最大迭代次数，算法终止。

接下来简要描述GAMP算法是如何降低计算复杂度的，每一次迭代分为4个步骤，即步骤3～步骤6。在步骤3中，以$\boldsymbol{A}$中每个元素为单位进行平方，计算$|\boldsymbol{A}|^2$，这一步骤的复杂度为$O(MN)$。步骤4将输出向量$\hat{\boldsymbol{p}}$的每一个元素输入到标量估计函数g_{out}中，而g_{out}将不会随着问题维度的变化而改变，所以这一步骤总的复杂度为$O(M)$。与以上的输出步骤类似，在后面两个输入步骤中，复杂度分别为$O(MN)$和$O(M)$。

根据上述讨论可以看出，GAMP算法把以向量为基本单位的运算变为一系列线性转换和标量估计函数的运算。其中，最大的复杂度为$O(MN)$，小于一些结构性变换的复杂度，如傅里叶变换。并且，通过状态演化分析可以发现，对于每一个元素达到相同的输出状态所需要的迭代次数是不随问题维度而变化的。具体分析过程可参考文献[6]，此处不进行过多讨论。综上，可以得出GAMP算法有效降低了算法计算的复杂度。

关于标量估计函数，输入与输出标量估计函数是GAMP算法的核心内容，选择恰当的标量估计函数能够给出LBP算法的逼近。下面首先简要地阐述用于计算MAP估计的Max-Sum GAMP算法标量估计函数的推导过程。在已知系统输入$\boldsymbol{q}$和输出$\boldsymbol{y}$的条件下，向量$\boldsymbol{x}$的后验概率密度函数为

$$p(\boldsymbol{x}\,|\,\boldsymbol{q},\boldsymbol{y})=\frac{1}{Z(\boldsymbol{q},\boldsymbol{y})}\exp(F(\boldsymbol{x},\boldsymbol{A}\boldsymbol{x},\boldsymbol{q},\boldsymbol{y}))\tag{4-29}$$

其中，$Z(\boldsymbol{q},\boldsymbol{y})$是一个正则化常数，

$$F(\boldsymbol{x},\boldsymbol{z},\boldsymbol{q},\boldsymbol{y})=\sum_{j=1}^{N}f_{\text{in}}(\boldsymbol{x}_j,\boldsymbol{q}_j)+\sum_{i=1}^{M}f_{\text{out}}(z_i,\boldsymbol{y}_i)\tag{4-30}$$

并且，

$$\begin{cases}f_{\text{out}}(\boldsymbol{z},\boldsymbol{y})=\ln p_{Y|Z}(\boldsymbol{y}\,|\,\boldsymbol{z})\\ f_{\text{in}}(\boldsymbol{x},\boldsymbol{q})=\ln p_{X|Q}(\boldsymbol{x}\,|\,\boldsymbol{q})\end{cases}\tag{4-31}$$

因此，$\boldsymbol{x}$的MAP估计为

$$\hat{\boldsymbol{x}}_{\text{map}}=\arg\max F(\boldsymbol{x},\boldsymbol{z},\boldsymbol{q},\boldsymbol{y}),\ \hat{\boldsymbol{z}}=\boldsymbol{A}\hat{\boldsymbol{x}}\tag{4-32}$$

但是，式（4-30）中的$f_{\text{in}}(\boldsymbol{x},\boldsymbol{q})$和$f_{\text{out}}(\boldsymbol{z},\boldsymbol{y})$是未知的，利用式（4-32）并不能得出$\boldsymbol{x}$的MAP估计。根据文献[6]的推导，得出一种对于MAP估计问题的Max-Sum

LBP 近似实现方法，输入函数为

$$g_{\text{in}}(\hat{\boldsymbol{r}},\boldsymbol{q},\boldsymbol{\tau}^{\text{r}}) = \arg\max_{\boldsymbol{x}} F_{\text{in}}(\boldsymbol{x},\hat{\boldsymbol{r}},\boldsymbol{q},\boldsymbol{\tau}^{\text{r}}) \tag{4-33}$$

其中，$\boldsymbol{\tau}^{\text{r}}$ 为与 $\hat{\boldsymbol{r}}$ 相关的隐变量。

$$F_{\text{in}}(\boldsymbol{x},\hat{\boldsymbol{r}},\boldsymbol{q},\boldsymbol{\tau}^{\text{r}}) = f_{\text{in}}(\boldsymbol{x},\boldsymbol{q}) - \frac{1}{2\boldsymbol{\tau}^{\text{r}}}(\hat{\boldsymbol{r}}-\boldsymbol{x})^2 \tag{4-34}$$

并且，关于 g_{in}，其满足式（4-35）。

$$\boldsymbol{\tau}^{\text{r}}\frac{\partial}{\partial\hat{\boldsymbol{r}}}g_{\text{in}}(\hat{\boldsymbol{r}},\boldsymbol{q},\boldsymbol{\tau}^{\text{r}}) = \frac{\boldsymbol{\tau}^{\text{r}}}{1-\boldsymbol{\tau}^{\text{r}}f''_{\text{in}}(\hat{\boldsymbol{x}},\boldsymbol{q})} \tag{4-35}$$

其中，$f''_{\text{in}}(\hat{\boldsymbol{x}},\boldsymbol{q})$ 是关于 $\hat{\boldsymbol{x}}$ 的二阶导数，并且 $\hat{\boldsymbol{x}} = g_{\text{in}}(\hat{\boldsymbol{r}},\boldsymbol{q},\boldsymbol{\tau}^{\text{r}})$。

当 f_{in} 的形式如式（4-31）所示的时候，$g_{\text{in}}(\hat{\boldsymbol{r}},\boldsymbol{q},\boldsymbol{\tau}^{\text{r}})$ 是随机变量 $\boldsymbol{X}$ 的准确标量 MAP 估计。其中，$\boldsymbol{Q}=\boldsymbol{q}$ 和 $\hat{\boldsymbol{R}}=\hat{\boldsymbol{r}}$ 也是随机变量。

$$\hat{\boldsymbol{R}} = \boldsymbol{X}+\boldsymbol{V}, \quad \boldsymbol{V} \sim N(0,\boldsymbol{\tau}^{\text{r}}) \tag{4-36}$$

其中，$\boldsymbol{X} \sim P_{X|Q}(\boldsymbol{x}|\boldsymbol{q})$，$\boldsymbol{Q} \sim p_{Q}(\boldsymbol{q})$，变量 $\boldsymbol{V}$ 独立于 $\boldsymbol{X}$ 和 $\boldsymbol{Q}$。在这种定义之下，$\hat{\boldsymbol{R}}$ 可以看作 $\boldsymbol{X}$ 经过均值为 0、方差为 $\boldsymbol{\tau}^{\text{r}}$ 的高斯噪声信道的输出。

对于 MAP 估计问题的 Max-Sum LBP 近似实现方法的输出函数为

$$g_{\text{out}}(\hat{\boldsymbol{p}},\boldsymbol{y},\boldsymbol{\tau}^{\text{p}}) = \frac{1}{\boldsymbol{\tau}^{\text{p}}}(\hat{\boldsymbol{z}}^0 - \boldsymbol{p}) \tag{4-37}$$

其中，$\boldsymbol{\tau}^{\text{p}}$ 为与 $\hat{\boldsymbol{p}}$ 相关的隐变量。

$$\hat{\boldsymbol{z}}^0 = \arg\max_{\boldsymbol{z}} F_{\text{out}}(\boldsymbol{z},\hat{\boldsymbol{p}},\boldsymbol{y},\boldsymbol{\tau}^{\text{p}}) \tag{4-38}$$

并且，

$$F_{\text{out}}(\boldsymbol{z},\hat{\boldsymbol{p}},\boldsymbol{y},\boldsymbol{\tau}^{\text{p}}) = f_{\text{out}}(\boldsymbol{z},\boldsymbol{y}) - \frac{1}{2\boldsymbol{\tau}^{\text{p}}}(\boldsymbol{z}-\hat{\boldsymbol{p}})^2 \tag{4-39}$$

式（4-37）中 g_{out} 满足如下负导数关系

$$-\frac{\partial}{\partial\hat{\boldsymbol{p}}}g_{\text{out}}(\hat{\boldsymbol{p}},\boldsymbol{y},\boldsymbol{\tau}^{\text{p}}) = \frac{-f''_{\text{out}}(\hat{\boldsymbol{z}}^0,\boldsymbol{y})}{1-\boldsymbol{\tau}^{\text{p}}f''_{\text{out}}(\hat{\boldsymbol{z}}^0,\boldsymbol{y})} \tag{4-40}$$

其中，f''_{out} 是关于 $\boldsymbol{z}$ 的二阶导数，$\hat{\boldsymbol{z}}^0$ 是 $\boldsymbol{Z}$ 的 MAP 估计。

当 $f_{\text{out}}(\boldsymbol{z},\boldsymbol{y})$ 的形式如式（4-31）所示的时候，$F_{\text{out}}(\boldsymbol{z},\hat{\boldsymbol{p}},\boldsymbol{y},\boldsymbol{\tau}^{\text{p}})$ 可以看作随机变量 $\boldsymbol{Z}$ 的对数后验概率密度。其中，$\boldsymbol{Y}=\boldsymbol{y}$。

$$Z \sim N(\hat{\boldsymbol{p}},\boldsymbol{\tau}^{\mathrm{p}}), \boldsymbol{Y} \sim p_{Y|Z}(\boldsymbol{y}\,|\,\boldsymbol{z}) \tag{4-41}$$

从上述推导中可以看出，Max-Sum GAMP 算法利用输入与输出标量估计函数把向量的 MAP 估计问题转化成了标量 MAP 估计问题。

接下来简要地介绍另一种标量估计函数的推导，用于计算 MMSE 估计的 Sum-Product GAMP 算法。MMSE 估计实际上是关于条件概率密度的条件期望。

$$\hat{\boldsymbol{x}}^{\mathrm{mmse}} = E[\boldsymbol{x}\,|\,\boldsymbol{y},\boldsymbol{q}] \tag{4-42}$$

关于 MMSE 估计问题的 Sum-Product LBP 近似实现方法的输入函数为

$$g_{\mathrm{in}}(\hat{\boldsymbol{r}},\boldsymbol{q},\boldsymbol{\tau}^{\mathrm{r}}) = E[\boldsymbol{X}\,|\,\hat{\boldsymbol{R}}=\hat{\boldsymbol{r}},\boldsymbol{Q}=\boldsymbol{q}] \tag{4-43}$$

其中，变量的含义与式（4-33）一致。并且该输入函数的导数满足式（4-44）。

$$\boldsymbol{\tau}^{\mathrm{r}}\frac{\partial}{\partial\hat{\boldsymbol{r}}}g_{\mathrm{in}}(\hat{\boldsymbol{r}},\boldsymbol{q},\boldsymbol{\tau}^{\mathrm{r}}) = \mathrm{var}[\boldsymbol{X}\,|\,\hat{\boldsymbol{R}}=\hat{\boldsymbol{r}},\boldsymbol{Q}=\boldsymbol{q}] \tag{4-44}$$

根据式（4-34）中 $F_{\mathrm{in}}(\cdot)$ 的定义，近似的边缘后验概率如（4-45）所示。

$$p(\boldsymbol{x}_j\,|\,\boldsymbol{q},\boldsymbol{y}) \approx \frac{1}{Z}p_{X|Q}(\boldsymbol{x}_j\,|\,\boldsymbol{q}_j)\exp\left[-\frac{1}{2\boldsymbol{\tau}^{\mathrm{r}}}(\hat{\boldsymbol{r}}_j-\boldsymbol{x}_j)^2\right] \tag{4-45}$$

其中，Z 是一个正则化常数。对于 Sum-Product GAMP 算法，其输出标量估计函数为

$$g_{\mathrm{out}}(\hat{\boldsymbol{p}},\boldsymbol{y},\boldsymbol{\tau}^{\mathrm{p}}) = \frac{1}{\boldsymbol{\tau}_{\mathrm{p}}}(\hat{\boldsymbol{z}}^0-\hat{\boldsymbol{p}}), \hat{\boldsymbol{z}}^0 = E[\boldsymbol{z}\,|\,\hat{\boldsymbol{p}},\boldsymbol{y},\boldsymbol{\tau}^{\mathrm{p}}] \tag{4-46}$$

其中，期望是关于 $\boldsymbol{z}$ 的后验概率密度的，而 $\boldsymbol{z}$ 的后验概率密度满足式（4-47）。

$$p(\boldsymbol{z}\,|\,\hat{\boldsymbol{p}},\boldsymbol{y},\boldsymbol{\tau}^{\mathrm{p}}) \propto \exp F_{\mathrm{out}}(\boldsymbol{z},\hat{\boldsymbol{p}},\boldsymbol{y},\boldsymbol{\tau}^{\mathrm{p}}) \tag{4-47}$$

其中，F_{out} 与式（4-39）相同。式（4-46）的导数满足式（4-48）。

$$-\frac{\partial}{\partial\hat{\boldsymbol{p}}}g_{\mathrm{out}}(\hat{\boldsymbol{p}},\boldsymbol{y},\boldsymbol{\tau}^{\mathrm{p}}) = \frac{1}{\boldsymbol{\tau}^{\mathrm{p}}}\left[1-\frac{\mathrm{var}(\boldsymbol{z}\,|\,\hat{\boldsymbol{p}},\boldsymbol{y},\boldsymbol{\tau}^{\mathrm{p}})}{\boldsymbol{\tau}^{\mathrm{p}}}\right] \tag{4-48}$$

与 MAP 估计问题类似，Sum-Product GAMP 算法把 MMSE 的向量估计问题转化为了标量估计问题，降低了计算的复杂度。

高斯信道是最常见的输出信道，在高斯信道下，Max-Sum GAMP 算法与 Sum-Product 算法中的标量估计函数具有统一的形式。假设噪声是均值为 0、方差为 $\boldsymbol{\tau}^{\mathrm{w}}$ 的高斯白噪声，则 $\boldsymbol{z}$ 的后验概率分布为

$$p(\boldsymbol{z}\,|\,\hat{\boldsymbol{p}},\boldsymbol{y},\boldsymbol{\tau}^{\mathrm{p}}) \sim N(\hat{\boldsymbol{z}}^0,\boldsymbol{\tau}^{z}) \tag{4-49}$$

其中，$\hat{\boldsymbol{z}}^0 = \hat{\boldsymbol{p}} + \dfrac{\boldsymbol{\tau}^{\mathrm{p}}}{\boldsymbol{\tau}^{\mathrm{w}} + \boldsymbol{\tau}^{\mathrm{p}}}(\boldsymbol{y} - \hat{\boldsymbol{p}})$，$\boldsymbol{\tau}^z = \dfrac{\boldsymbol{\tau}^{\mathrm{w}}\boldsymbol{\tau}^{\mathrm{p}}}{\boldsymbol{\tau}^{\mathrm{w}} + \boldsymbol{\tau}^{\mathrm{p}}}$。在高斯信道下，输出标量估计函数为

$$g_{\mathrm{out}}(\hat{\boldsymbol{p}}, \boldsymbol{y}, \boldsymbol{\tau}^{\mathrm{p}}) = \frac{\boldsymbol{y} - \hat{\boldsymbol{p}}}{\boldsymbol{\tau}^{\mathrm{w}} + \boldsymbol{\tau}^{\mathrm{p}}} \tag{4-50}$$

对应的负导数为

$$-\frac{\partial}{\partial \hat{\boldsymbol{p}}} g_{\mathrm{out}}(\hat{\boldsymbol{p}}, \boldsymbol{y}, \boldsymbol{\tau}^{\mathrm{p}}) = \frac{1}{\boldsymbol{\tau}^{\mathrm{p}} + \boldsymbol{\tau}^{\mathrm{w}}} \tag{4-51}$$

对于高斯信道，Max-Sum GAMP 算法与 Sum-Product 算法同样具有相同形式的标量估计函数，假设输入概率密度函数为

$$p_{X|\boldsymbol{Q}}(\boldsymbol{x} \mid \boldsymbol{q}) = N(\boldsymbol{q}, \boldsymbol{\tau}^{x_0}) \tag{4-52}$$

那么，输入标量估计函数和其导数分别为

$$g_{\mathrm{in}}(\hat{\boldsymbol{r}}, \boldsymbol{q}, \boldsymbol{\tau}^{\mathrm{r}}) = \frac{\boldsymbol{\tau}^{x_0}}{\boldsymbol{\tau}^{x_0} + \boldsymbol{\tau}^{\mathrm{r}}}(\hat{\boldsymbol{r}} - \boldsymbol{q}) + \boldsymbol{q} \tag{4-53}$$

$$\tau^{\mathrm{r}} g_{\mathrm{in}}'(\hat{\boldsymbol{r}}, \boldsymbol{q}, \boldsymbol{\tau}^{\mathrm{r}}) = \frac{\boldsymbol{\tau}^{x_0}\boldsymbol{\tau}^{\mathrm{r}}}{\boldsymbol{\tau}^{x_0} + \boldsymbol{\tau}^{\mathrm{r}}} \tag{4-54}$$

4.4.3 基于广义近似消息传递稀疏贝叶斯学习的水声信道估计

前文阐述了基于 SBL 算法的水声 OFDM 系统稀疏信道估计算法，SBL 算法利用均值为零、方差为超参数的高斯独立同分布作为先验分布，在贝叶斯框架中，这样的先验分布设置拥有巨大的灵活性。随后，系统通过不断地迭代学习并更新超参数来优化先验分布的模型，根据 MAP 估计恢复出稀疏信号。该算法通过自动学习利用了一些结构性信息，相比于传统的 CS 算法具有一定的优势。同时，该算法并不需要输入先验信息，在实际应用中便于使用，具有较为稳定的性能。SBL 算法常结合 EM 算法计算稀疏信号的 MAP 估计以及超参数的更新，在 EM 算法的 E-step 中，期望的求解需要矩阵的逆运算，随着问题维度的增加，在矩阵求逆中的计算开销将是巨大的，这一点限制了 SBL 算法在大规模问题中的应用。而本章引入的 GAMP 算法根据因子图建立贝叶斯网络，将概率密度函数看作在节点中传递的消息，利用 Sum-Product 算法或 Max-Sum 算法得出稀疏信号的 MMSE 估计或 MAP 估计。在 GAMP 算法中引入了输出标量估计函数与输入标量估计函数，这两个函数是整个 GAMP 算法的核心内容，GAMP 算法通过两个标量估计函数将向量估计问题转化为了一系列标量估计问题，有效地降低了计算的复杂度。但是，GAMP 算法在稳定性上有所欠缺，可能会出现不收敛的情况。因此，综合考虑 SBL 算法与 GAMP 算法的优势与劣势，本节引入 GAMP-SBL 算法[7]，将两种算法

结合，利用 GAMP 算法取代 EM 算法中 E-step 的矩阵求逆过程，降低 SBL 算法的计算复杂度，同时与 SBL 算法的结合提高了 GAMP 算法的稳定性。两种算法的结合弥补了各自的不足之处。

本节所采用的系统模型与第 3 章中的系统模型一致，此处不再赘述，接下来将重点阐述 GAMP-SBL 算法。GAMP-SBL 算法是在 SBL 算法的框架下进行的，首先设置信道服从均值为 0、方差为超参数的高斯独立同分布的先验分布 $\boldsymbol{h} \sim \text{CN}(0, \boldsymbol{\varGamma})$，其中，$\boldsymbol{\varGamma} = \text{diag}(\gamma(1), \cdots, \gamma(L))$ 为控制 $\boldsymbol{h}$ 的超参数所构成的对角阵。

$$p(\boldsymbol{h}; \boldsymbol{\varGamma}) = \prod_{i=1}^{L} N(h_i \mid 0, \gamma_i) = \prod_{i=1}^{L} (2\pi\gamma_i)^{-1/2} \exp\left(\frac{|h_i|^2}{2\gamma_i}\right) \tag{4-55}$$

接下来采用 EM 算法更新超参数并计算稀疏信号的 MAP 估计，其中，E-step 用 GAMP 算法计算，M-step 不变，根据 E-step 中得到的信道冲激响应 $\boldsymbol{h}$ 的后验概率密度函数，不断提升对应的似然函数下界更新超参数。

综上，GAMP-SBL 算法步骤如下所示。

步骤 1 参数输入：导频位置处接收信号 $\boldsymbol{Y}_{\text{p}}$、字典矩阵 $\boldsymbol{\varPhi}_{\text{p}}$，令 $\boldsymbol{S} = |\boldsymbol{\varPhi}_{\text{p}}|^2$，在 GAMP 算法中 $|g|^2$ 指以元素为单位进行平方；对 $\hat{\boldsymbol{\tau}}_{\text{h}}^0, \boldsymbol{\gamma}^0$ 赋值，一般为大于 0 的向量；令 $(\sigma^2)^0$ 为大于 0 的常数、$\boldsymbol{s}^0, \hat{\boldsymbol{s}}^0, \boldsymbol{h}^0$ 为 0 向量；SBL 算法的最大循环次数 $K_{\max}$、GAMP 算法的最大循环次数 $M_{\max}$；GAMP 算法的终止条件 $\varepsilon_{\text{gamp}}$、SBL 算法的终止条件 ε_{sbl}；$k=1$、$m=1$、$\boldsymbol{\varGamma} = \text{diag}(\boldsymbol{\gamma}) = \boldsymbol{I}_L$、$\boldsymbol{\gamma} = [\gamma_1, \gamma_2, \cdots, \gamma_L]^{\text{T}}$；

步骤 2 GAMP 算法（E-step）。令 $\boldsymbol{\tau}_{\text{h}}^{m=1} = \hat{\boldsymbol{\tau}}_{\text{h}}^{k-1}$、$\boldsymbol{\mu}^{m=1} = \boldsymbol{h}^{k-1}$、$\boldsymbol{s}^{m=1} = \hat{\boldsymbol{s}}^{k-1}$，可得如下公式。

$$1/\boldsymbol{\tau}_{\text{p}}^m = \boldsymbol{S}\boldsymbol{\tau}_{\text{h}}^m$$

$$\boldsymbol{p}^m = \boldsymbol{s}^{m-1} + \boldsymbol{\tau}_{\text{p}}^m \boldsymbol{\varPhi}_{\text{p}} \boldsymbol{h}^m$$

$$\boldsymbol{\tau}_{\text{s}}^m = \boldsymbol{\tau}_{\text{p}}^m g_{\text{s}}'(\boldsymbol{p}^m, \boldsymbol{\tau}_{\text{p}}^m)$$

$$\boldsymbol{s}^m = (1-\theta_{\text{s}})\boldsymbol{s}^{m-1} + \theta_{\text{s}} g_{\text{s}}(\boldsymbol{p}^m, \boldsymbol{\tau}_{\text{p}}^m)$$

$$1/\boldsymbol{\tau}_{\text{r}}^m = \boldsymbol{S}^{\text{T}} \boldsymbol{\tau}_{\text{s}}^m$$

$$\boldsymbol{r}^m = \boldsymbol{h}^m - \boldsymbol{\tau}_{\text{r}}^m \boldsymbol{\varPhi}_{\text{p}}^{\text{H}} \boldsymbol{s}^m$$

$$\boldsymbol{\tau}_{\text{h}}^{m+1} = \boldsymbol{\tau}_{\text{r}}^m g_{\text{h}}'(\boldsymbol{r}^m, \boldsymbol{\tau}_{\text{r}}^m)$$

$$\boldsymbol{\mu}^{m+1} = (1-\theta_{\text{h}})\boldsymbol{\mu}^m + \theta_{\text{h}} g_{\text{h}}(\boldsymbol{r}^m, \boldsymbol{\tau}_{\text{r}}^m)$$

如果$\left\|\boldsymbol{\mu}^{m+1}-\boldsymbol{\mu}^{m}\right\|^{2}<\varepsilon_{\text{gamp}}$或$m=M_{\max}$，则停止 GAMP 算法，同时，令$\hat{\boldsymbol{s}}^{k}=\boldsymbol{s}^{m}$，$\boldsymbol{h}^{k}=\boldsymbol{\mu}^{m+1}$，$\hat{\boldsymbol{\tau}}_{h}^{k}=\boldsymbol{\tau}_{h}^{m+1}$进入 SBL 算法。

步骤 3　M-step。

$$\gamma^{k+1}=\left|\boldsymbol{h}^{k}\right|^{2}+\hat{\boldsymbol{\tau}}_{\text{h}}^{k}$$

$$(\sigma^{2})^{k+1}=\frac{\left\|\boldsymbol{Y}_{\text{p}}-\boldsymbol{\Phi}_{\text{p}}\boldsymbol{h}^{k}\right\|^{2}+(\sigma^{2})^{k}\sum_{i=1}^{L}(1-(\hat{\tau}_{x}^{k})_{i}/\gamma_{i}^{k+1})}{N_{\text{p}}}$$

如果$\left\|\boldsymbol{h}^{k}-\boldsymbol{h}^{k-1}\right\|^{2}<\varepsilon_{\text{sbl}}$，则终止 GAMP-SBL 算法的迭代，输出信道冲激响应$\hat{\boldsymbol{h}}=\boldsymbol{h}^{k}$。

两个标量估计函数的具体形式为

$$g_{\text{h}}(\boldsymbol{r},\boldsymbol{\tau}_{\text{r}})=\frac{\gamma}{\gamma+\boldsymbol{\tau}_{\text{r}}}\boldsymbol{r} \tag{4-56}$$

$$g_{\text{h}}'(\boldsymbol{r},\boldsymbol{\tau}_{\text{r}})=\frac{\gamma}{\gamma+\boldsymbol{\tau}_{\text{r}}} \tag{4-57}$$

$$g_{\text{s}}(\boldsymbol{p},\boldsymbol{\tau}_{\text{p}})=\frac{\boldsymbol{p}/\boldsymbol{\tau}_{\text{p}}-\boldsymbol{Y}_{\text{p}}}{\sigma^{2}+1/\boldsymbol{\tau}_{\text{p}}} \tag{4-58}$$

$$g_{\text{s}}'(\boldsymbol{p},\boldsymbol{\tau}_{\text{p}})=\frac{\sigma^{-2}}{\sigma^{-2}+\boldsymbol{\tau}_{\text{p}}} \tag{4-59}$$

4.4.4　仿真分析

下面对 GAMP-SBL 算法进行仿真分析。GAMP-SBL 算法主要在 SBL 算法基础之上进行改进以降低 SBL 算法的复杂度，因此本节将主要对比 GAMP-SBL 算法与 SBL 算法。仿真参数如表 4-1 所示。

表 4-1　仿真参数

参数	数值或设置	参数	数值或设置
子载波数量/个	1 024	频带宽度/kHz	6
导频子载波数量/个	256	映射方式	四相移相键控（QPSK）
数据子载波数量/个	768	信道长度/个	150
循环前缀/ms	42.7	多径数量/个	5
符号长度/ms	170.7	信噪比范围/dB	0～20
采样频率/kHz	96	符号数量/个	8
中心频率/kHz	12		

对 GAMP-SBL 算法与 SBL 算法进行 50 次蒙特卡洛仿真分析。仿真性能由频域信道的 MSE 与传输系统误码率（BER）以及算法运行时间来衡量，基带多径信道如图 4-13 所示。

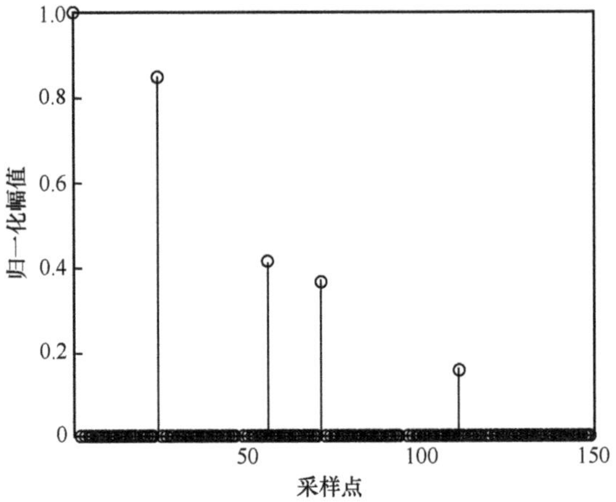

图 4-13　基带多径信道

GAMP-SBL 算法与 SBL 算法 MSE 性能对比如图 4-14 所示，可以看出，GAMP-SBL 算法与 SBL 算法 MSE 性能基本一致。

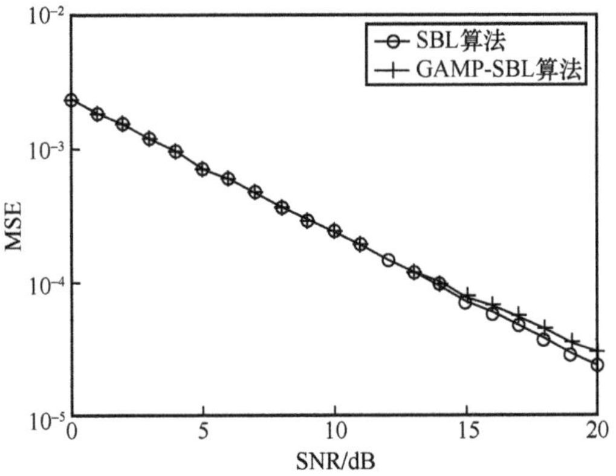

图 4-14　GAMP-SBL 算法与 SBL 算法 MSE 性能对比

GAMP-SBL 算法与 SBL 算法 BER 性能对比如图 4-15 所示，可以看出，GAMP-SBL 算法与 SBL 算法 BER 性能基本一致。

GAMP-SBL 算法和 SBL 算法运行时间对比如图 4-16 所示，可以看出，信噪比从 0 dB 到 20 dB，GAMP-SBL 算法的运行时间都要小于 SBL 算法的运行时间。

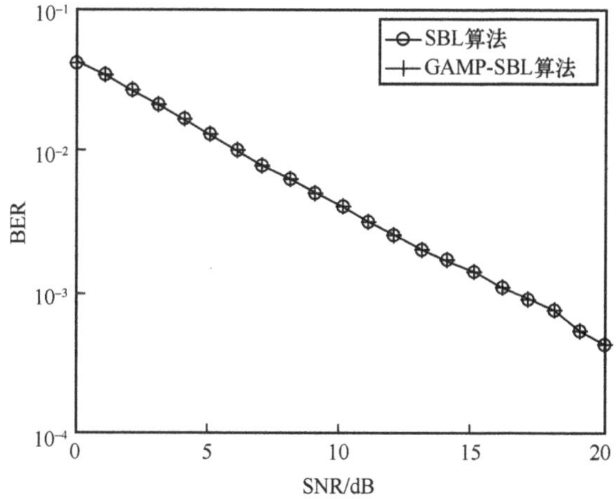

图 4-15　GAMP-SBL 算法与 SBL 算法 BER 性能对比

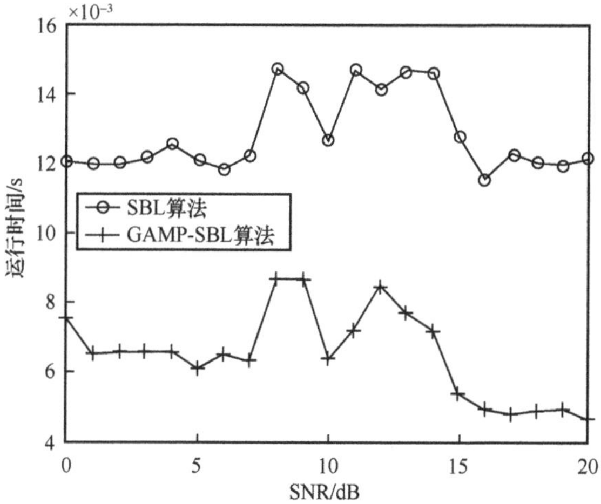

图 4-16　GAMP-SBL 算法和 SBL 算法运行时间对比

通过对以上两种算法的仿真分析，根据 MSE 和 BER 曲线可以得到，GAMP-SBL 算法与 SBL 算法信道估计性能大致相同，在表 4-1 的仿真条件下，根据两种算法运行时间对比曲线可以看出，GAMP-SBL 算法的复杂度要小于 SBL 算法的复杂度。下面对不同维度下，两种算法的复杂度进行对比分析，仿真参数如表 4-2 所示。

表 4-2　复杂度分析仿真参数

参数	数值或设置	参数	数值或设置
子载波数量/个	4 096	频带宽度/kHz	6
导频子载波数量/个	2 048	映射方式	QPSK

续表

参数	数值或设置	参数	数值或设置
数据子载波数量/个	2 048	信道长度/个	128/256/512/682/ 1 024/1 365/2 048
循环前缀/ms	42.7	多径数量/个	8
符号长度/ms	170.7	信噪比/dB	10
采样频率/kHz	96	符号数量/个	1
中心频率/kHz	12		

不同维度下 GAMP-SBL 算法和 SBL 算法的运行时间对比如图 4-17 所示，其中，图 4-17（b）为图 4-17（a）的局部放大，从图 4-17 中可以看出，随着问题维度的增大，SBL 算法的运行时间明显增加，而 GAMP-SBL 算法的运行时间则增长较为缓慢。除了在维度数值极低时，两种算法运行时间相近，在其他维度上，GAMP-SBL 算法的运行时间都要小于 SBL 算法。因此，以上的仿真分析证明了 GAMP-SBL 算法可以有效降低 SBL 算法的复杂度，在解决维度较高的问题上具有明显的优势。

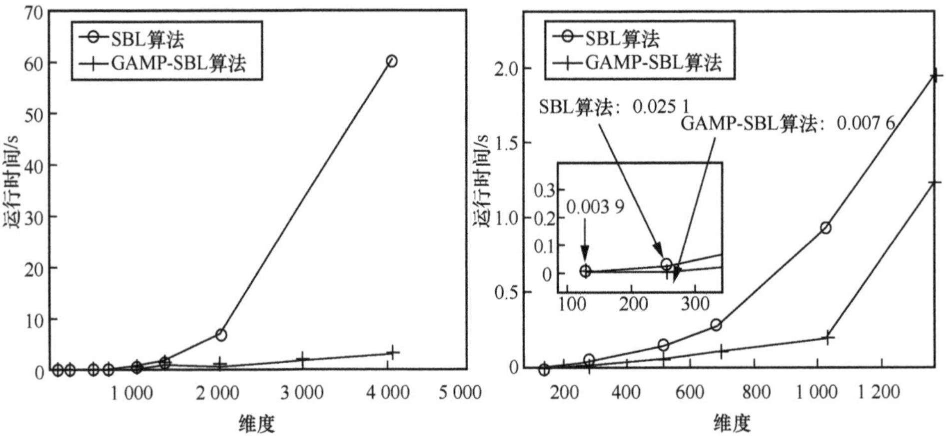

（a）不同维度下的运行时间　　（b）局部放大图

图 4-17　不同维度下 GAMP-SBL 算法和 SBL 算法的运行时间对比

4.4.5　试验数据处理

为验证 GAMP-SBL 算法在实际应用中的性能，下面对试验数据进行处理与分析。试验数据来自 2019 年 12 月吉林省吉林市松花湖水库水声通信试验。下面重点对比 GAMP-SBL 与 SBL 两种算法。试验参数如表 4-3 所示。

表 4-3　试验参数

参数	数值或设置	参数	数值或设置
子载波数量/个	1 024	频带宽度/kHz	6
导频子载波数量/个	244	映射方式	QPSK
数据子载波数量/个	732	每帧符号数量/个	8
空子载波数量/个	48	帧数量/个	12
符号长度/ms	170.7	通信距离/m	1 440
循环前缀长度/ms	42.7	发射端深度/m	10
采样频率/kHz	100	接收端深度/m	22
中心频率/kHz	12		

GAMP-SBL 算法和 SBL 算法的 BER 数据处理结果对比如图 4-18 所示，共 12 帧通信数据，均衡方法采用迫零均衡。从图 4-18 中可以看到，两种算法的 BER 相差不大，在个别帧，SBL 算法的 BER 性能要略优于 GAMP-SBL 算法。因此，在信道估计性能上 GAMP-SBL 算法与 SBL 算法是十分接近的。

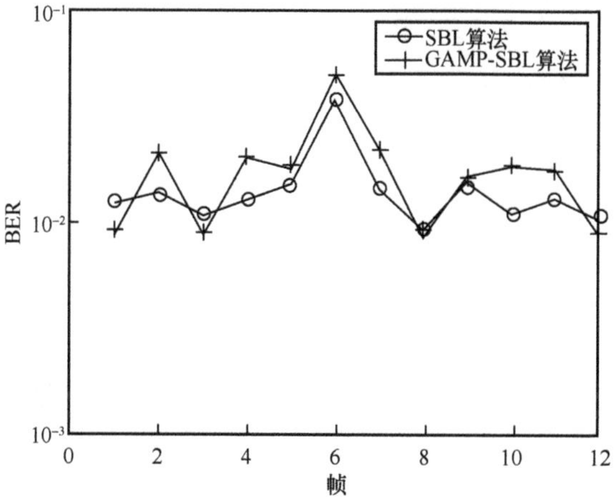

图 4-18　GAMP-SBL 算法和 SBL 算法的 BER 数据处理结果对比

GAMP-SBL 算法和 SBL 算法数据处理运行时间对比如图 4-19 所示，共 12 帧数据。从图 4-19 中可以看到，在运行时间上，GAMP-SBL 算法要明显小于 SBL 算法。因此，可以得出，GAMP-SBL 算法有效地降低了 SBL 算法的计算复杂度，同时，信道估计性能没有较大的损失。利用 GAMP-SBL 算法得到的信道估计结果如图 4-20 所示。在图 4-20（b）、（c）、（d）中，分别给出了第 1 帧、第 7 帧与第 11 帧信号的信道冲激响应。

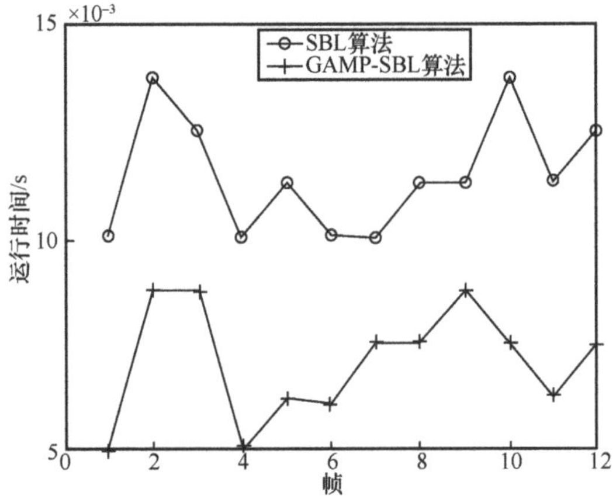

图 4-19　GAMP-SBL 算法和 SBL 算法数据处理运行时间对比

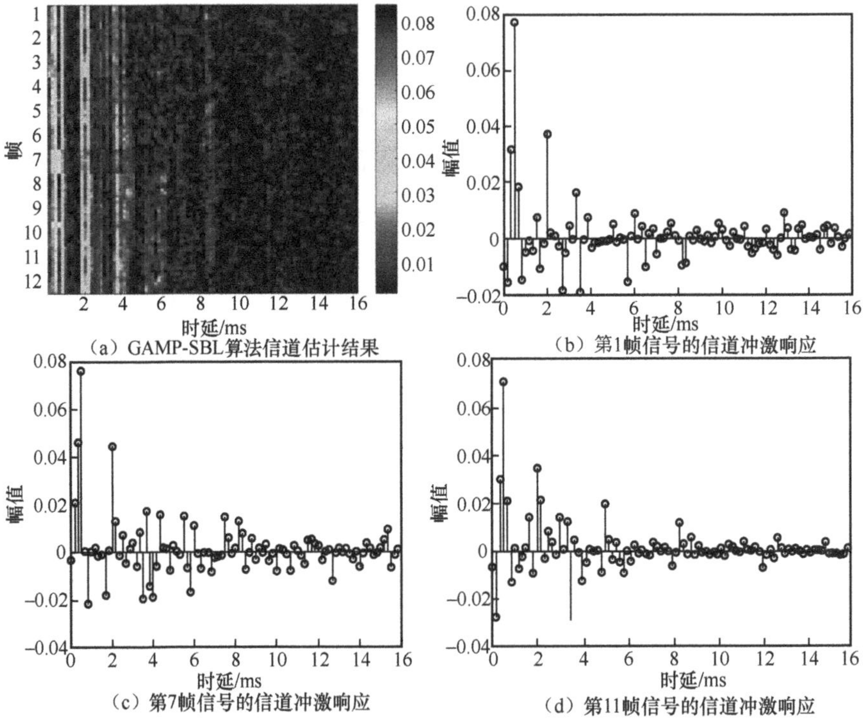

图 4-20　利用 GAMP-SBL 算法得到的信道估计结果

4.5　定向接收低冲突率水声通信网络的信道接入控制协议

在全向水声通信网络场景中，较大的传播时延和较高的数据包碰撞率严重影响了网络性能。相比全向接收技术，声矢量水听器的声压和振速通过线性加权组合可以形成单边指向性，实现定向接收某个方向上的信号，进而提高网络的空间复用率。

4.5.1　定向接收水声通信技术

1. 声矢量信号处理

矢量水听器可以同步共点地获得声场的标量和矢量信息，增加了信息种类和数量，扩展了后置信号处理空间，且矢量水听器可以获取只有声压水听器阵才能测量的目标方位信息，具有良好的指向性[8]。

在满足声学欧姆定律的条件下，二维矢量水听器输出模型如下。

$$\begin{cases} p(t) = x(t) \\ v_x(t) = x(t)\cos\theta \\ v_y(t) = x(t)\sin\theta \end{cases} \tag{4-60}$$

其中，t 为网络时间，$x(t)$ 为目标信号，$p(t)$ 为声压信息，$v_x(t)$ 和 $v_y(t)$ 分别为传感器接收到的沿 x 轴和 y 轴的振速信号，θ 为信号的水平入射角度。根据文献[8]所述，通过电子方式旋转 v_x 和 v_y，引导方位为目标方位 ψ，得到组合振速 v_c 和 v_s。

$$\begin{cases} v_c(t) = v_x\cos\psi + v_y\sin\psi = x(t)\cos(\theta-\psi) \\ v_s(t) = -v_x\sin\psi + v_y\cos\psi = x(t)\sin(\theta-\psi) \end{cases} \tag{4-61}$$

利用在线测得的信源方位信息即可通过声压和振速线性加权组合来调整矢量水听器的单边指向性，使其指向期望用户，进而屏蔽波束范围外的干扰源。为保证接收端获得最大信噪比，在此采用 $p(t)+2v_c$ 的矢量组合[9]，θ_i 表示第 i 个信号的水平入射角度，其指向波束如图 4-21 所示。

$$p(t) + 2v_c(t) = (1 + 2\cos(\theta_i - \psi))x(t) \tag{4-62}$$

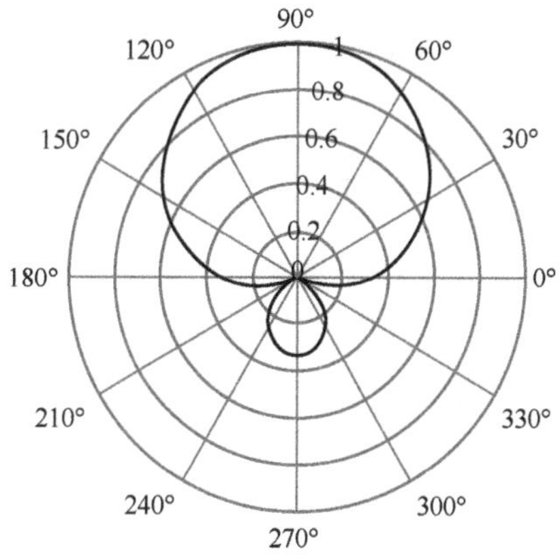

图 4-21　$p(t)+2v_c$ 的指向波束

2. 定向接收下的网络中断概率分析

虽然矢量水听器的指向性接收技术可以定向接收某个方位的信号，但是由于复用相同的水声信号频率资源，并发通信链路之间存在同频干扰。通过建立节点中断概率模型分析所使用的定向接收技术网络化应用的可行性。

（1）系统模型

定向接收模式下的干扰端分布示意如图 4-22 所示，若干个传感器节点随机分布在二维水平面内，每个节点使用 Aloha 协议接入网络。设存在一对干扰端 Tx_0 和接收端 Rx_0，Rx_0 的矢量水听器接收波束极大值方向指向 Tx_0。以 Rx_0 为圆心，半径 $r \in [R_{\min}, R_{\max}]$，方位角 $\theta \in [\varphi_{\min}, \varphi_{\max}]$ 组成的区域 A 内存在 i 个干扰端 Tx_i（$i = 1, 2 \cdots, K$），其中，$R_{\min}$ 和 $R_{\max}$ 分别为区域 A 内节点间最小和最大通信距离，$\varphi_{\min}$ 和 $\varphi_{\max}$ 分别为区域 A 内节点最小和最大入射方位。

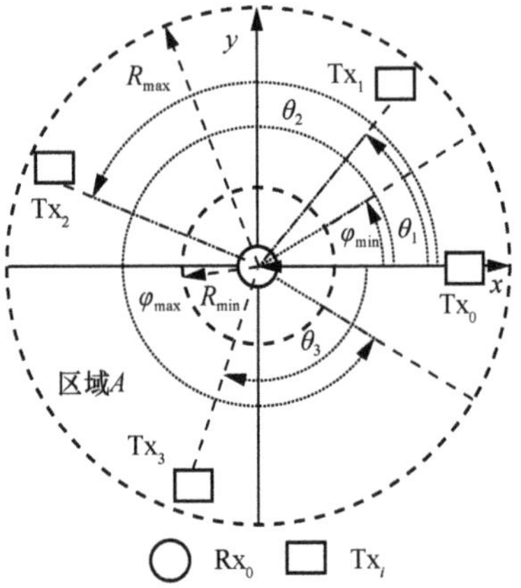

图 4-22　定向接收模式下的干扰端分布示意

（2）接收端信号

在全向接收模式下，接收端 Rx_0 处的接收信号可以表示为

$$y_0(t,v) = \sum_{i=0}^{K} H_i(d_i, v) x_i(t) + N_0 \tag{4-63}$$

其中，v 是通信载波频率，d_i 是 Tx_i 到 Rx_0 的欧氏距离，$H_i(d_i, v)$ 是 Tx_i 信号到达 Rx_0 的信道增益，x_i 表示 Tx_i 发送的信号，N_0 表示加性高斯白噪声。

（3）定向接收信号

假设干扰端 Tx_i 与接收端 Rx_0 接收指向方向的夹角为 θ_i，指向性接收采用 $p(t) + 2v_{\mathrm{c}}$ 的矢量组合模式，则干扰端 Tx_i 发送的信号在接收端 Rx_0 处的输出为

$$y_{0,i}(t,v) = H_i(d_i, v) x_i(t) \left[1 + 2\cos(\theta_i)\right] \tag{4-64}$$

（4）信道模型

根据文献[9]可知干扰端 Tx_i 发送的水声信号在接收端处的信道增益 $H_i(d_i,v)$ 服从复高斯分布，该分布的方差为

$$\sigma_i^2(d_i,v)=d_i^{-\alpha}a(v)^{-d_i} \tag{4-65}$$

其中，α 是与海洋地理环境有关的传播系数，$a(v)^{-d_i}$ 是与距离 d_i 和频率 v 有关的吸收系数。

（5）信干噪比模型

接收端 Rx_0 处的 SINR 表示为

$$\mathrm{SINR}=\frac{P_{\mathrm{Tx}}\left[H_i(d_i,v)\right]^2G(0)}{\sum_{j=1}^{K}P_{\mathrm{Tx}}\left[H_j(d_j,v)\right]^2G\left(\theta_j\right)+P_N} \tag{4-66}$$

其中，P_{Tx} 表示干扰端 Tx_i 的发送功率，P_N 表示接收端 Rx_0 处的噪声功率。设声压噪声功率为 σ_n^2，则其振速噪声功率为 $\sigma_n^2/2$，在 $p(t)+2v_{\mathrm{c}}$ 矢量组合中噪声功率为 $3\sigma_n^2$，所以 P_N 在全向和定向接收模型下的值分别为 σ_n^2 和 $3\sigma_n^2$。θ_j 表示干扰端 Tx_j 到接收端 Rx_0 的方位与 Rx_0 极大值指向方位之间的夹角，$G(\theta_j)$ 表示 θ_j 产生的空间增益，$G(\theta_j)$ 取值如式（4-67）所示。

$$G(\theta_j)=\begin{cases}1 & ,\text{全向接收}\\ \left[1+2\cos(\theta_j)\right]^2 & ,\text{定向接收}\end{cases} \tag{4-67}$$

（6）中断概率

假设 I_i（$i=1,2,\cdots,K$）为 i 个干扰端在接收端 Rx_0 处的干扰功率之和，则有

$$I_i=\sum_{j=1}^{K}P_{\mathrm{Tx}}\cdot\left[H_j(d_j,v)\right]^2\cdot G(\theta_j) \tag{4-68}$$

为保证正确接收到干扰端 Tx_0 的信号，在接收端处的信干噪比需要远大于一定的解码门限 Z_{th}。在接收端 Rx_0 处发生通信中断的概率为：

$$\begin{aligned}&\Pr\left[\mathrm{SINR}\leqslant Z_{\mathrm{th}}\right]=\Pr\left[H_0<Z_{\mathrm{th}}\left(\frac{1}{r_0}+\frac{I_K}{G(0)P_{\mathrm{Tx}}}\right)\right]=\\&\int_0^{\infty}\Pr\left[H_0<Z_{\mathrm{th}}\left(\frac{1}{r_0}+\frac{x}{G(0)P_{\mathrm{Tx}}}\right)\right]\cdot f_{I_K}(x)\mathrm{d}x=\\&1-\mathrm{e}^{-\eta_0Z_{\mathrm{th}}/r_0}\int_0^{\infty}\mathrm{e}^{\frac{-\eta_0Z_{\mathrm{th}}x}{G(0)P_{\mathrm{Tx}}}}\cdot f_{I_K}(x)\mathrm{d}x=1-\mathrm{e}^{-\eta_0Z_{\mathrm{th}}/r_0}M_{I_K}\left(-\frac{\eta_0Z_{\mathrm{th}}}{G(0)P_{\mathrm{Tx}}}\right)\end{aligned} \tag{4-69}$$

其中，$\eta_0 = d_0^{\alpha} a(v)^{d_0}$，$r_0 = G(0) P_{\mathrm{Tx}} / P_N$，$f_{I_K}(x)$ 表示 I_K 的概率密度，$M_{I_K}(s)$ 表示 I_K 的矩量母函数（MGF）。由于干扰信号的独立性，$f_{I_K}(x)$ 为 $f_{I_1}(x)$ 的 k 重卷积，所以 I_K 的 $M_{I_K}(s)$ 与 I_1 的 $M_{I_1}(s)$ 的关系如式（4-70）所示。

$$\begin{aligned} & f_{I_K}(x) = f_{I_1}(x) \otimes f_{I_1}(x) \otimes f_{I_1}(x) \otimes \cdots \otimes f_{I_1}(x) \\ & M_{I_K}(s) = \left[M_{I_1}(s) \right]^K \end{aligned} \tag{4-70}$$

在给定的区域 A 内，$f_{I_1|z}(x|z)$ 为位置 z 时干扰功率 x 的概率密度，$f_z(z)$ 为位置 z 的概率密度，则 $f_{I_1}(x)$ 为

$$f_{I_1}(x) = \int\limits_{z \in A} f_{I_1|z}(x|z) f_z(z) \mathrm{d}z \tag{4-71}$$

位置 z 可由干扰端到接收端 Rx_0 的距离 r 和水平入射角 θ 表示，则 $f_{I_1}(x)$ 变换为

$$f_{I_1}(x) == \int\limits_{R_{\min}}^{R_{\max}} \int\limits_{\varphi_{\min}}^{\varphi_{\max}} f_{I_1|r,\theta}(x|r,\theta) \cdot f_{\mathrm{R}}(r) \cdot f_{\Theta}(\theta) \mathrm{d}r \mathrm{d}\theta \tag{4-72}$$

其中，$f_{\mathrm{R}}(r)$ 和 $f_{\Theta}(\theta)$ 分别是 r 和 θ 的概率密度函数，$f_{I_1|r,\theta}(x|r,\theta)$ 是 r 和 θ 条件下 I_1 的概率密度函数。根据随机几何原理，$f_{\mathrm{R}}(r)$ 与 $f_{\Theta}(\theta)$ 分别为

$$\begin{cases} f_{\mathrm{R}}(r) = \dfrac{2r}{R_{\max}^2 - R_{\min}^2}, R_{\min} \leqslant r \leqslant R_{\max} \\ f_{\Theta}(\theta) = \dfrac{1}{\varphi_{\max} - \varphi_{\min}}, \varphi_{\min} \leqslant \theta \leqslant \varphi_{\max} \end{cases} \tag{4-73}$$

由于 $H_j(d_j, v)$ 服从复高斯分布，则 I_1 服从指数分布，即 $I_1 \sim E(\lambda)$，其中 $\lambda = d_j^{-\alpha} a(v)^{-d_j} P_{\mathrm{Tx}} G(\theta_j)$。根据式（4-71）～式（4-73），则 I_1 的 MGF 表示为

$$M_{I_1}(s) = \int\limits_{R_{\min}}^{R_{\max}} \int\limits_{\varphi_{\min}}^{\varphi_{\max}} \frac{r^a a(v)^r / [G(\theta) P_{\mathrm{Tx}}]}{\dfrac{r^a a(v)^r}{G(\theta) P_{\mathrm{Tx}}} - s} \cdot f_{\mathrm{R}}(r) \cdot f_{\Theta}(\theta) \mathrm{d}r \mathrm{d}\theta \tag{4-74}$$

将式（4-74）代入式（4-69）可得出定向接收模式和全向接收模式下的中断概率。设 v =15 kHz、α =1.76、$P_{\mathrm{Tx}} / P_N = 60\ \mathrm{dB}$、$R_{\min} = 0.2\ \mathrm{km}$、$R_{\max} = 2\ \mathrm{km}$。基于以上参数，当干扰节点数量为 0 且 d_0 为 2 km 时 Rx_0 处的接收信噪比约为 5 dB，所以 Z_{th} 设置为 5 dB。从图 4-22 可知指向性接收波束主瓣 3 dB 宽度约为 $110°$，所以干扰端在 Rx_0 处的入射方位最大范围设置为 $[55°, 305°]$。在 UAN 场景中节点密度较为稀疏，干扰节点数量 K 从 1 到 3 可满足实际应用。当 $K = 1$ 时不同干扰方位范围 $[\varphi_{\min}, \varphi_{\max}]$ 和距离范围 $[R_{\min}, R_{\max}]$ 的网络中断概率如图 4-23 所

示，在不同 d_0 和 K 条件下的全向和定向接收模式下的网络中断概率如图 4-24 所示。

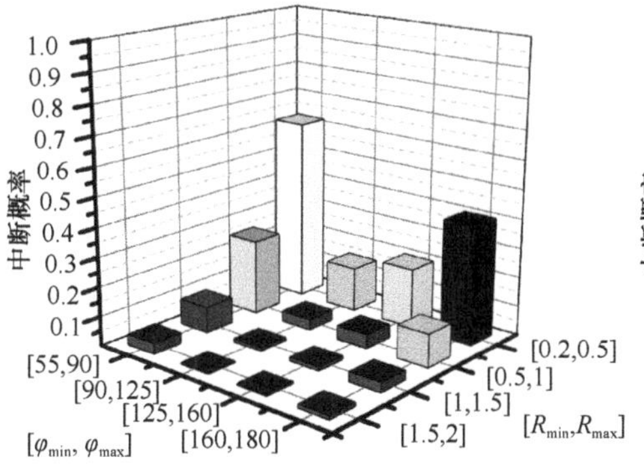

（a）定向接收(d_0=0.5 km, K=1)

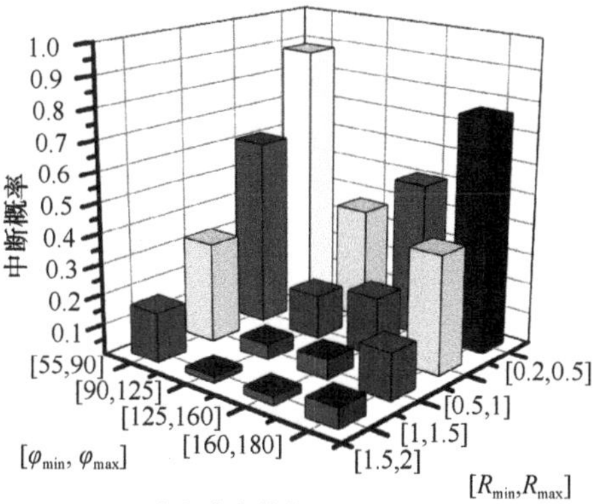

（b）定向接收(d_0=1 km, K=1)

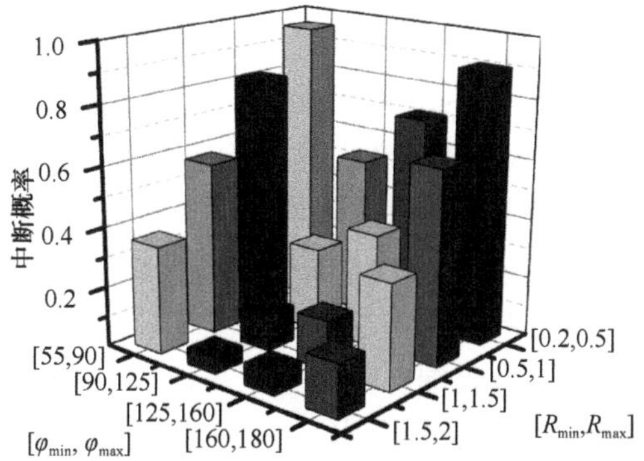

（c）定向接收(d_0=1.5 km, K=1)

图 4-23　定向接收模式下的网络中断概率

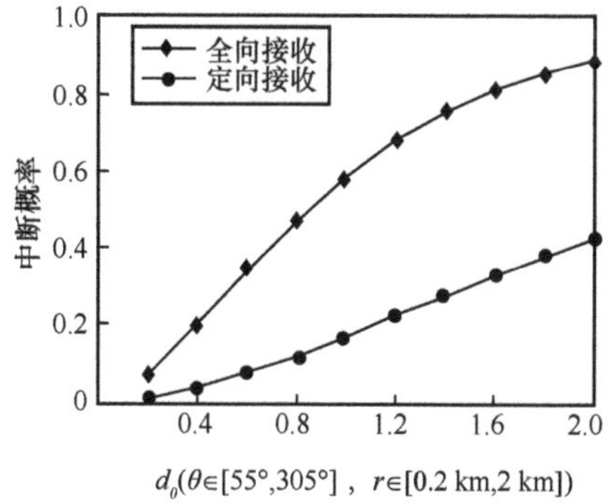

（a）全向和定向接收(K=1)

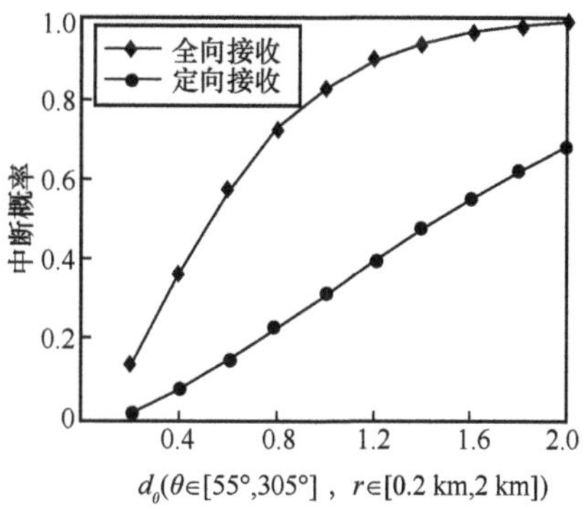

（b）全向和定向接收(K=2)

图 4-24　全向和定向接收模式下的网络中断概率

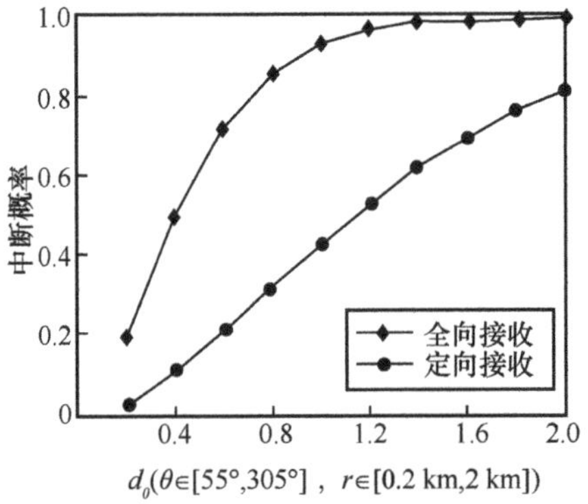

（c）全向和定向接收(K=3)

图 4-24　全向和定向接收模式下的网络中断概率（续）

从图 4-23（a）～图 4-23（c）可以得出，在定向接收模式下，当干扰端 Tx_i 方位低于 90° 或距离小于 0.5 km 时对 Rx_0 的干扰较大，当干扰端 Tx_i 方位大于 90° 且距离大于 0.5 km 时对 Rx_0 的干扰较小；方位范围为[160°,180°]时虽然处于主波束范围外，但由于180° 处存在旁瓣导致存在较大的中断概率。从图 4-24（a）～图 4-24（c）中看出，在定向接收模式下，当 d_0 较小时，接收波束范围外的 Tx_i 对于 Rx_0 的干扰程度显著小于全向接收模式；当 d_0 超过 1.4 km 时，即使在定向接收模式下，其受到其他节点的干扰仍然较大。综上所述，若采用定向接收模式可以有效降低一定方位和距离范围内的干扰，但干扰端应根据实际的干扰方位和通信距离判断是否对接收端产生干扰，在设计 UAN-MAC 协议时节点需要对定向接收链路的抗干扰能力进行判别。

4.5.2　定向接收水声通信网络协议设计

1. 协议简介

定向接收低冲突率介质访问控制（DR-UMAC）协议定义了 3 种包：请求发送（RTS）包、清除发送（CTS）包和数据（DATA）包。本协议认为网络数据传输失败只能由数据包碰撞引起，不考虑数据在水声信道中发生传输错误的情况。在 DR-UMAC 中，当某一个节点 S 需要发送数据时，需要在竞争窗口时间内侦听信道。若未侦听到其他节点发送 CTS 包，则在竞争时间结束后发送 RTS 包。当目的接收端节点 R 接收到 RTS 包后，测得信源节点 S 的方位角 α，将矢量水听器的极大值方向指向该方位。节点 R 将方位角 α 和接收功率等相关信息写入 CTS 包中，全向发送该包并进入等待 DATA 包状态。其他节点接收到 CTS 包后，提取发送节点方位角和功率等信息，计算是否会影响节点 R 接收数据。若不影响，则丢弃该包。若影响，则进入静默状态。节点 S 接收到 CTS 包后，全向发送 DATA 包。

节点 R 接收到 DATA 包后完成此次数据传输。

2. 定向接收模式下的握手机制设计

水下信息网络采用虚拟载波侦听机制避免网络数据之间的碰撞问题。在虚拟载波侦听机制下，节点接入信道之前需要感知信道，只有侦听到信道空闲时，才允许接入信道。握手机制主要是通过发送控制包竞争信道，节点获取信道后进行无冲突传输。当发送节点成功接入信道后，在它周围会存在一个其他邻居节点被沉默的区域，被称为载波侦听范围。当接收节点进入接收状态后，同样在它周围会存在一个其他邻居节点被沉默的区域。这两个载波侦听范围决定了网络的空间复用度，也就决定了网络的最大容量。

RTS/CTS 握手机制示意如图 4-25 所示。陆地无线通信协议中的握手机制规定，当节点 n_i 一跳内的邻居节点接收到其发送的 RTS 包时，作为节点 n_i 的邻居节点应保持静默状态。节点 n_i 的邻居节点保持静默的原因是邻居节点发送数据可能影响节点 n_i 接收 CTS 包。由于每个节点接入信道时需要进行握手流程，所以节点 n_i 接收 CTS 包主要受到其邻居节点发送的控制包（RTS/CTS）的影响。由于水声网络传播时延较大而控制包长度较小，邻居节点发送的控制包与节点 n_i 处的 CTS 包发生冲突的概率较小，所以本协议中节点 n_i 的邻居节点收到节点 n_i 的 RTS 包时不需要保持静默状态。

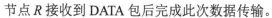

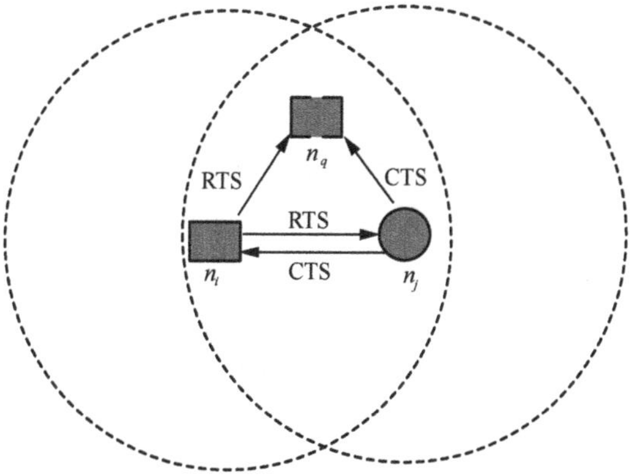

图 4-25　RTS/CTS 握手机制示意

当节点 n_j 接收到 RTS 包后，将接收波束的极大值方向指向节点 n_i 的方位，并广播 CTS 包。节点 n_i 收到 CTS 包后，将接收波束的极大值方向指向节点 n_j 方位。通过上述握手过程，节点 n_i 和节点 n_j 建立了定向接收的通信链路。若某个节点接收到发送给其他节点的 CTS 包，则应该判断是否会影响该通信链路的接收端接收 DATA 包。若影响接收端接收 DATA 包，则静默时间设置为 $\tau+T_{\mathrm{DATA}}$。其中，τ 是网络的最大传播时延，T_{DATA} 为物理层发送 DATA 包所需时长。通过第 4.5.1 节的分析，需要根据实际的方位与干扰距离计算邻居节点是否影响目标节点接收数据。如式（4-75）所示，IT_{ij}^{q} 表示节点 n_q 对接收端 n_j 的干扰值，$\angle ijq$ 表示节点向量 $\boldsymbol{ji}$ 和 $\boldsymbol{jq}$ 之间的夹角，P_{Rx}^{qj} 和 P_{Rx}^{ij} 分别表示在全向接收模式下节点 n_q 和节点 n_i 发送的信号在节点 n_j 处的接收功率，$G(\Delta\theta)$ 是式（4-67）所示干扰夹角 $\Delta\theta$ 条件下的空间增益。N_{th}^{I} 是协议规定接收端所能容忍的干扰节点数量，即 δ_{th} 表示接收端的干扰功率容忍平均值。当 $\mathrm{IT}_{ij}^{q} \leqslant \delta_{\mathrm{th}}^{ij}$ 时，节点 n_q 不会对 n_j 接收数据产生干扰。

$$\begin{cases} \delta_{\mathrm{th}}^{ij} = \dfrac{1}{N_{\mathrm{th}}^{I}}\left(\dfrac{G(0)P_{\mathrm{Rx}}^{ij}}{Z_{\mathrm{th}}} - P_N\right) \\ \mathrm{IT}_{ij}^{q} = G(\angle ijq)P_{\mathrm{Rx}}^{qj} \end{cases} \tag{4-75}$$

由于节点 n_i 的邻居节点会收到节点 n_i 发送的 DATA 包，若节点 n_i 邻居节点主动向某个节点发起握手流程，则可能受到该 DATA 包的干扰，从而使该邻居节点握手失败。为了避免被节点 n_i 干扰，节点 n_i 的邻居节点收到节点 n_j 的 CTS 包时不应主动竞争信道。

综上所述，在应用矢量水听器定向接收模式的场景中，DR-UMAC 协议的定向接收握手机制设计如下。

（1）某个节点收到发送给其他节点的 RTS 包（xRTS）时，不需要进入静默状态。

（2）某个节点收到发送给其他节点的 CTS 包（xCTS）时，需要根据 IT 值判断是否会对该定向接收通信链路产生影响。若该定向接收通信链路的发送端是该节点的邻居节点，则该节点需要在 $\tau+T_{\mathrm{DATA}}$ 时间内禁止主动竞争信道。

3. 定向接收模式下的协议可靠性分析

在 MAC 协议研究中，一般采用接收端回复确认接收（ACK）包的方式保证 DATA 包的准确交付。但是由于 UAN 的传播时延较大，若每个发送端在发送完 DATA 包后都必须等待接收端回复 ACK 包，则会消耗大量的网络时间。DR-UMAC 协议所基于的定向接收握手机制中，当收到接收端发送的 CTS 包时，干扰节点通过实际的干扰功率值与接收端干扰功率容忍值相比较判断是否产生干扰。接收端的干扰功率容忍值采用平均值解决同时存在多个干扰源累计干扰的问题，保证了接收端 DATA 包的接收功率达到解码阈值。同时，基于矢量水听器的水声通信技术拥有较低的误码率，进一步保证了 DATA 包的正确接收。所以，在 DR-UMAC 协议中当接收端收到 DATA 包后不需要回复 ACK 包。

4. 协议状态转移策略

各类型包内数据结构如图 4-26 所示。节点状态为空闲（IDLE）、竞争（CONTEND）、静默（QUIET）、竞争静默（QUIET_CTD）、等待 CTS 包（WFCTS）和等待 DATA 包（WFDATA）。

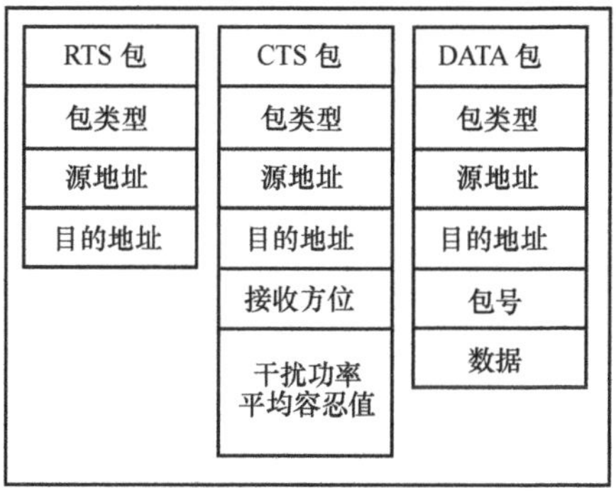

图 4-26 各类型包内数据结构

协议节点具体的状态转移策略如下。

（1）当节点需要发送数据且状态为 IDLE 时，将状态切换 CONTEND，该状态保持时间为 T_{CTD}（$T_{\mathrm{CTD}}=\mathrm{Random}(0,W_{\mathrm{CTD}})$），其中，$\mathrm{Random}(a,b)$ 表示取 a 与 b 之间的随机数，W_{CTD} 表示最大竞争窗口时间。当 T_{CTD} 结束后，节点将当前时间写入 RTS 包的时间戳中并广播该包。

（2）当节点收到 RTS 包时，若节点状态是 IDLE、CONTEND 或 QUIET_CTD，首先根据 RTS 包的接收功率和本节点处环境噪声功率按照式（4-75）计算本次接收的 δ_{th} 值，然后将本次接收到 RTS 包的接收方位和 δ_{th} 值写入 CTS 包中并广播该包。最后，本节点切换为 WFDATA 状态（状态保持时长为 $2\tau+T_{\mathrm{CTS}}$，其中 T_{CTS} 是物理层发送 CTS 包所需的时长）。若节点状态为 QUIET、WFCTS 或 WFDATA，则保持原状态，并丢弃该包。

（3）当节点收到 xRTS 包时将该包发送地址存入本节点邻居节点表中，保持原有状态不变并丢弃该包。

（4）当节点收到 CTS 包时，若节点状态是 WFCTS，则立即发送 DATA 包，节点状态切换为 IDLE。

（5）当节点收到 xCTS 包时，若节点为 IDLE、CONTEND、QUIET 或 QUIET_CTD，则需要根据以下步骤判断节点是否在影响接收端接收 DATA 包。

如图 4-26 所示，假设本节点为 n_q，该 CTS 包由节点 n_j 发送给节点 n_i。

① 节点 n_q 提取 CTS 包中的接收方位信息，结合在线测得的节点 n_j 方位信息，利用三角关系可计算出干扰方位 $\angle ijq$。

② 由于每个节点的发送功率相同，根据节点 n_j 信号在节点 n_q 处的接收功率 P_{Rx}^{jq}，可估计节点 n_q 信号在节点 n_j 处的接收功率 P_{Rx}^{qj}（$P_{\mathrm{Rx}}^{qj}\approx P_{\mathrm{Rx}}^{jq}$）。

③ 将上述数值代入式（4-75）计算 IT_{ij}^{q}，提取 CTS 包中的干扰功率平均容忍值 $\delta_{\mathrm{th}}^{ij}$。若 $\mathrm{IT}_{ij}^{q}>\delta_{\mathrm{th}}^{ij}$，则状态切换为 QUIET，保持时长为 $\tau+T_{\mathrm{DATA}}$。若 $\mathrm{IT}_{ij}^{q}\leqslant\delta_{\mathrm{th}}^{ij}$

且节点 n_i 是本节点的邻居节点，则状态切换为 QUIET_CTD，保持时长为 $\tau+T_{\text{DATA}}$。

（6）当节点收到 DATA 包时，则将本节点状态切换为 IDLE。当节点收到发送给其他节点的 DATA 包时，均保持原状态。

（7）当 WFCTS 状态保持时间结束时，则将状态切换为 QUIET。在协议中，QUIET 状态的保持时间计算方法与水下冲突避免多址接入（MACA-U）协议相同，采用二进制指数退避算法。

（8）当节点 QUIET、QUIET_CTD 或 WFDATA 状态保持时间结束后，检测缓存中是否存在数据包未发送，若存在待发送的数据包，则节点状态切换为 CONTEND，进入新一轮的信道竞争阶段；若没有待发送的数据包，则节点状态切换为 IDLE。

4.5.3 仿真分析

在 NS-3 平台上对 DR-UMAC 协议进行仿真，并与 MACA-U 协议和时隙地面多址接入（Slotted-FAMA）协议在随机拓扑场景对比信道接入成本、网络吞吐量和端到端时延性能。为保证实验公平性，对 MACA-U 协议和 Slotted-FAMA 协议进行修改，即在握手成功后均切换为定向接收模式。仿真参数设置如表 4-4 所示。

表 4-4　仿真参数设置

参数	数值
拓扑范围/km	[4,4]
节点数量/个	16
声源级/dB	135
信噪比门限/dB	6
有效通信距离/km	2
载波频率/kHz	15
物理层通信速率/(bit·s^{-1})	2 000
发包率/(packet·s^{-1})	0.02～0.2
数据包长度/byte	250,500
N_{th}^{I} (DR-UMAC)/个	3

仿真网络拓扑结构如图 4-27 所示，网络拓扑范围为 4 km×4 km 的海域，为保证网络覆盖率，将网络划分为 16 个 1 km×1 km 的网格，每个网格内随机部署一个水声通信节点。为模拟真实的应用场景，在 16 个节点中随机选择 5 个

节点作为发送端，每个发送端随机选择某个邻居节点作为接收端。每个节点装配有矢量水听器，接收模式可在全向与定向之间切换，定向接收模式采用 $p+2v_c$ 矢量组合。

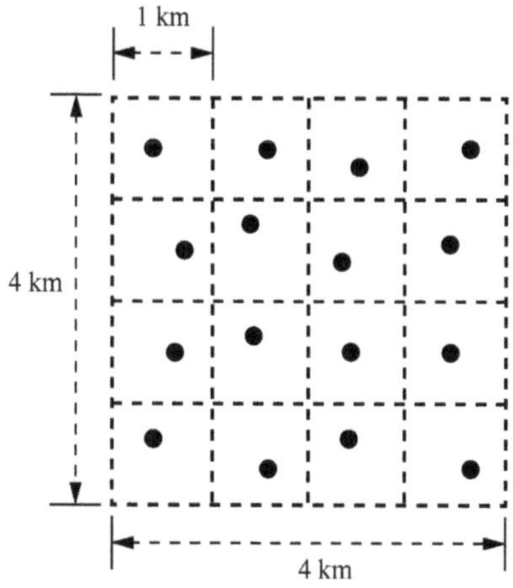

图 4-27　仿真网络拓扑结构

1. 接入信道成本

利用仿真时间内发送 RTS 包的数量与成功接收到的 DATA 包数量之间的比值验证不同协议接入信道的成本，即每成功传输一个 DATA 包，需要发送多少个 RTS 包。不同发包率下的信道接入成本对比如图 4-28 所示。从图 4-28 中可以看出 Slotted-FAMA 协议的 RTS 包和 DATA 包数量的比值最高，MACA-U 协议和 DR-UMAC 协议的信道接入成本低于 Slotted-FAMA 协议。由于在 Slotted-FAMA 协议中，节点如果侦听到任意目的地址非本节点的控制包均需要进入静默状态。而在 MACA-U 协议和 DR-UMAC 协议中根据其状态转移策略进行选择性静默操作。DR-UMAC 协议的信道接入成本低于 MACA-U 协议，根据 DR-UMAC 协议的握手机制，节点收到 xCTS 包时进行选择性静默进而允许多对通信链路存在，而在全向接收模式下的 MACA-U 协议中，节点若收到 xCTS 包，为防止发生数据碰撞则需要保持静默状态。

2. 网络吞吐量

利用仿真时间内成功传输的数据量衡量协议的网络吞吐量。不同发包率下的吞吐量对比如图 4-29 所示，协议的吞吐量与发包率成正比，当发包率增大到一定程度时，吞吐量增长缓慢达到协议性能极限。由于 Slotted-FAMA 协议将网络时间划分为固定的时隙，其吞吐量性能受到固定时隙的影响，导致吞吐量在不同网络负载下相似。MACA-U 协议采用基于状态转移的机制，其对网络负载的变化适应性较强，但是由于握手机制导致的沉默区域影响，其效率低于基于定向接收机制的 DR-UMAC 协议。DR-UMAC 协议利用矢量水听器的定向接收特性，建立一种基于定向信号接收的节点状态转移策略，缩小了沉默区域的范围，提高了网络资源的空间复用率。当发包率小于 0.08 时，DR-UMAC 协议与 MACA-U 协议的吞吐量相似。这是因为当网络负载较小且在相同的网络时间内，DR-UMAC 协议和 MACA-U 协议均可将产生的负载数据交付到下一跳节点。在高网络负载下，DR-UMAC 协议的吞吐量性能明显高于 MACA-U 协议，这是因为随着网络负载的增加，网络数据碰撞加剧，DR-UMAC 协议采用基于定向接收的状态转移机制提高数据链路的并行度，减弱了网络拥塞的影响。在数据包长度为 500 byte 的仿真场景中，DR-UMAC 协议性能比数据包为 250 byte 更为优良，由此可见，在高负载的情况下，DR-UMAC 协议具有更高的吞吐量性能优势。

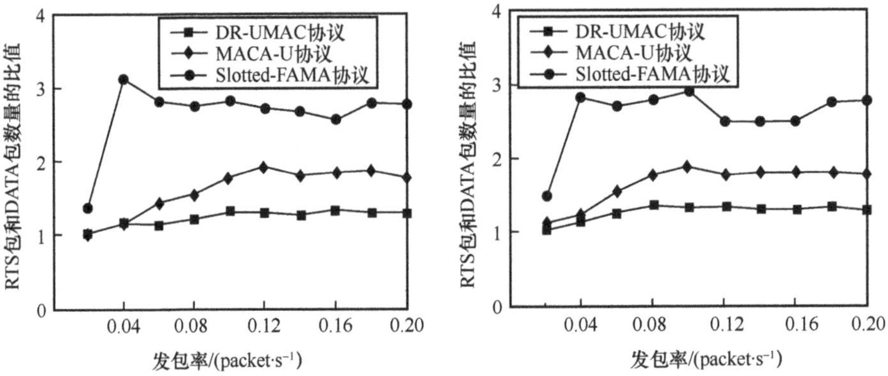

（a）数据包长度为250 byte　（b）数据包长度为500 byte

图 4-28　不同发包率下的信道接入成本对比

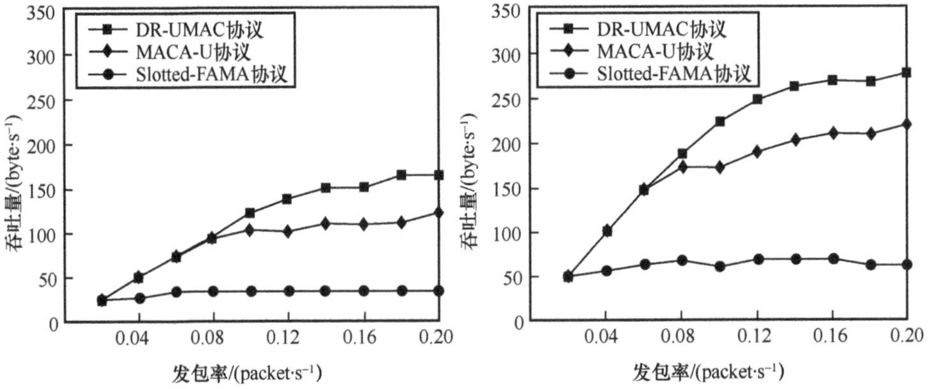

（a）数据包长度为250 byte　（b）数据包长度为500 byte

图 4-29　不同发包率下的吞吐量对比

3. 端到端时延

不同发包率下的端到端时延对比如图 4-30 所示，可以看出信道的竞争程度随发包率的增长而加剧，导致协议的端到端时延增加。Slotted-FAMA 协议在时隙开始时发送数据，并且每发送一个数据包需要消耗 3 个时隙进行握手和确认，所以 Slotted-FAMA 协议的端到端时延远大于 DR-UMAC 协议和 MACA-U 协议。MACA-U 协议和 DR-UMAC 协议在发包率较小时，端到端时延性能接近。这是由于当发包率较小时，信道竞争度较低，所以定向接收性能发挥的作用较小。随着网络负载的增加，DR-UMAC 协议的端到端时延性能优于全向模式下的 MACA-U 协议。较高的网络负载会造成较为严重的网络拥塞问题，导致节点接入信道的时间成本增加。在定向接收模式下干扰范围被缩小，DR-UMAC 协议的状态转移策略可建立多个并行的定向接收通信链路，所以 DR-UMAC 协议缓解了网络拥塞问题，保证了网络较低的端到端时延。

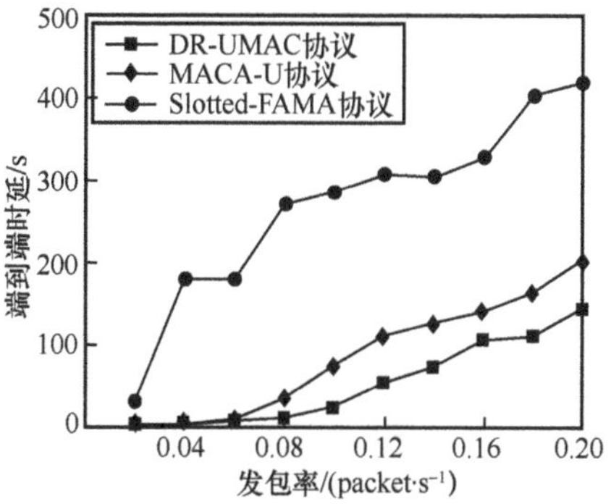

（a）数据包长度为250 byte

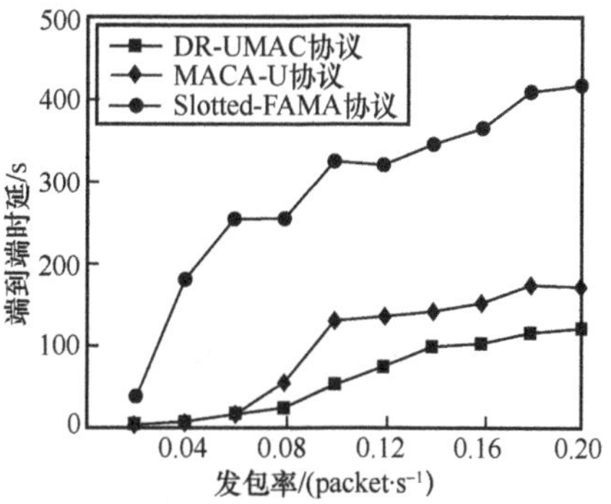

（b）数据包长度为500 byte

图 4-30　不同发包率下的端到端时延对比

4.6　未来展望

水声信道具有显著的稀疏特性，而传统的信道估计方法并未利用这一特点，信道估计效果并不好，因此考虑使用压缩感知的方法。相对于传统的压缩感知方法，基于贝叶斯准则的稀疏重构算法能够更好地利用先验知识，重构结果更加精确，并且复杂度不高，在实际应用中具有一定的优势。首先，本章介绍了基于 SBL 的水声信道估计方法。SBL 算法在迭代更新超参数时需要矩阵求逆运算，这一过程使该算法在面对大规模问题时计算复杂度过高。针对这一缺陷，引入了 GAMP-SBL 算法。GAMP 算法根据因子图建立贝叶斯网络模型，将概率密度函数看作在因子节点之间传递的消息，利用 Sum-Product 算法或 Max-Sum 算法得出稀疏信号的 MAP 估计。该算法利用两个标量估计函数将向量计算转化为标量计算，有效降低了算法的复杂度，但该算法在稳定性上有所欠缺。因此，将 GAMP 算法与 SBL 算法结合，用 GAMP 算法代替 SBL 算法中矩阵求逆的步骤，得到了 GAMP-SBL 算法。仿真分析与试验数据处理验证了 GAMP-SBL 算法与 SBL 算法性能相近并且能够降低计算复杂度。其次，本章介绍了一种利用矢量水听器定向接收性能的 MAC 协议，验证了定向收信特性在水声网络中的适用性，推导了定向接收模式下网络中断模型。利用定向收信的理论，提出了定向接收低冲突率水声网络 MAC 协议，建立了一种基于定向信号接收的握手机制，设计了定向接收模式下的节点状态转移策略。在 NS-3 平台上进行了仿真验证，仿真结果表明 DR-UMAC 协议在高网络负载的情况下比 MACA-U 协议和 Slotted-FAMA 协议的信道接入成本更低、网络吞吐量更高、端到端时延更低，且可以有效提升水声网络的性能。因此，在装配矢量水听器的水下组网场景中有着较高的适用性。

参考文献

[1] CARL E. The scattering of sound from the sea surface[J]. The Journal of the Acoustical Society of America, 1953, 25(3): 566-570.

[2] ROUSEFF D, BADIEY M, SONG A J. Effect of reflected and refracted signals on coherent underwater acoustic communication: results from the Kauai experiment (KauaiEx 2003)[J]. The Journal of the Acoustical Society of America, 2009, 126(5): 2359-2366.

[3] CANDES E J, WAKIN M B. An introduction to compressive sampling[J]. IEEE Signal Processing Magazine, 2008, 25(2): 21-30.

[4] 惠俊英, 生雪莉. 水下声信道[M]. 第 2 版. 北京: 国防工业出版社, 2007.

[5] PRASAD R, MURTHY C R, RAO B D. Joint approximately sparse channel estimation and data detection in OFDM systems using sparse Bayesian learning[J]. IEEE Transactions on Signal Processing, 2014, 62(14): 3591-3603.

[6] RANGAN S. Generalized approximate message passing for estimation with random linear mixing[C]//Proceedings of the IEEE International Symposium on Information Theory Proceedings. Piscataway: IEEE Press, 2011: 2168-2172.

[7] AL-SHOUKAIRI M, SCHNITER P, RAO B D. A GAMP-based low complexity sparse Bayesian learning algorithm[J]. IEEE Transactions on Signal Processing, 2018, 66(2): 294-308.

[8] 惠俊英, 惠娟. 矢量声信号处理基础[M]. 北京：国防工业出版社，2009.

[9] 黄熠, 刘书杰, 刘和兴, 等. 基于单矢量水听器的水声通信接收机的设计与实现[J]. 中国电子科学研究院学报, 2021, 16(7): 674-683, 697.

第 5 章 大规模海洋物联网智能组网技术

5.1 引言

海洋物联网（IoUT）智能组网是指将集中式和分布式网络方案智能地结合起来，实现海洋网络节点之间的高效协作和信息共享，可以用来实现对海洋环境信息的及时获取和动态组网观测。构建海天一体信息网络，对开展基于海洋物联网的示范应用、对加强海洋观测能力具有重要意义。但是，海洋物联网存在带宽窄、速率低、传播慢、传播介质不均匀、节点生命周期短等问题，且异质异构、连接关系复杂，在面临恶意攻击时具有脆弱性，这些因素严重限制了海洋物联网智能组网的发展，目前尚未形成对全球海洋环境信息的实时获取以及高效探测。但是，随着相关技术的发展，海洋物联网智能组网技术将会逐渐成熟。

随着世界人口数量不断增长，陆地自然资源日益短缺，陆地环境恶化日益严峻，充分开发海洋资源，不断强化海洋管理，已成为当今世界各国寻求长远发展的战略转移重点。我国作为海洋大国，大陆海岸线长约 1.8 万千米，海域总面积约 473 万平方千米，由北向南依次濒临渤海、黄海、东海和南海，海域自北向南纵跨暖温带、亚热带和热带。此外，我国拥有极为丰富的海洋油气资源和生物资源。南海海底石油和天然气储量巨大，包括油气田 180 个，约为 230 亿～300 亿吨，相当于全球总储量的 12%；另外，位于我国四大海域的海洋鱼类超过 3 000 种，其中可捕捞、养殖的鱼类约占 50%以上，经济价值和效益巨大[1]。近年来，随着建设海洋强国战略的提出，提高海洋科技研究水平，增强海洋资源开发能力，推动海洋相关产业发展已经成为重中之重。为了能够更好地开发、利用、保护和管控海洋，一个保证广袤海域无缝、高效、可靠信息覆盖的海洋信息网络必不可少[2]。

面向海域中的突发情况以及实时目标监测的需求，研发基于海洋物联网的智能组网技术，实时获取、传输和处理海洋环境信息，可以为海洋科技研究、海洋资源开发以及海洋相关产业发展等提供更有力的支持与保障。

首先，第 5.2 节提出基于水下曲线声传播的混合路由算法，减小水下传输时延，实现可靠组网传输。其次，在第 5.3 节设计了一种具有能量感知的自适应水下分簇算法，统筹考虑节点位置信息和剩余能量的簇首节点动态选择机制，实现传感器节点能量的高效管理，保障信息的采集。然后，在第 5.4 节研究了基于信息价值的无人潜航器（UUV）路径规划，通过优化汇点选择和 UUV 路径设计，实现了水下物联网的负载均衡和以信息价值为代表的网络能效的最大化。再次，在第 5.5 节研究了一种具有避障功效的、低角度开销的基于马尔可夫奖励过程的 UUV 路径规划方案，用于海洋信息数据获取。最后，在第 5.6 节针对复杂海洋物联网的网络结构脆弱、针对恶意攻击缺乏有效防御策略导致网络可靠性不足的难题，建立了面向网络整体安全性能的网络攻防资源分配博弈模型，并提出了基于共同进化的博弈均衡高效求解算法。

5.2 水下传感器网络路由技术

水下传感器网络路由技术是水下通信技术的一个重要研究领域，由于水下环境的固有特性，水下传感器网络路由协议面临传播距离长、鲁棒性差、能耗高、时延大等挑战。

传统基于人工鱼群算法（AFSA）和蚁群优化算法（ACOA）优点的混合路由算法（简称为 AFSA-ACOA）可以有效减小水下传输的时延，但未考虑水声环境中声波的曲线传播以及水下声速的非恒定分布。因此本节介绍的基于水下曲线声传播的混合路由算法（简称为改进 AFSA-ACOA）对传统路径寻优的算法流程进行改进，提高传统算法的寻优可靠性并使其适应于三维水声传感网络中，算法考虑节点间声波的曲线传播，减小水下传感器网络实际声传播时延，一定程度上缓解水声通信时延大的问题。

5.2.1 相关技术研究综述

路由协议根据其特点和路由算法的不同，可分为非跨层设计的路由协议、传统的跨层设计路由协议和基于智能算法的路由协议。近年来，随着人工智能的发展，越来越多的智能算法被引入多跳无线网络的路由协议设计中，特别是在传输性能要求较高的通信应用中。基于智能算法的路由协议通常可以获得比传统的多跳水声路由算法更好的性能[3]，但并不是所有的智能算法都能应用于无线传感器网络的设计中，能较好应用并可设计相关路由协议的智能算法包括模拟退火（SA）、遗传算法（GA）、粒子群优化（PSO）[4-8]、ACOA[9-11]、强化学习（RL）、模糊逻辑（FL）、AFSA[12-13]和神经网络。因此，在水声传感器网络中的基于智能算法的路由协议设计是一个极具潜力的研究领域，并面临许多开放性的问题和挑战。

基于水下网络节点能源有限的问题，文献[14]提出能量效率最大化算法

（EEMA），其通过动态自主潜航器（AUV）路径规划和动态网关分配，降低了系统能量利用率，同时引入合理输送比例的概念，提高了网络的能量水平。为扩展网络寿命，文献[15]提出用于水下无线传感器网络的平衡节能循环路由协议（BEEC），其考虑了圆形环境并将其划分为 10 个次圆形区域，每个圆形划分为 8 个扇区，实现了网络周期、能耗和吞吐量性能的提升。针对水下节点难以通过 GPS 定位和节点能量有限限制了高计算量定位算法应用的问题，文献[16]提出基于移动预测和粒子群优化（MP-PSO）算法的水下无线传感器网络定位方法，该方法采用基于距离的粒子群优化算法对信标节点进行定位并计算信标节点的速度，利用水下节点运动的空间相关性计算未知节点的速度，进而预测其位置，具有较高的定位精度和较好的定位覆盖率。鉴于水下通信多跳的特点，文献[17]提出改进的基于矢量转发（VBF）的路由协议，其利用位置信息、前一段时间的剩余能量和重发次数来决定是否转发数据，一定程度上保证了节点能量的均匀利用和数据的可靠传输。为实现路由传输时延最小化，文献[18]提出结合 ACOA 和 AFSA 的混合路由算法，该混合路由算法的设计整合了两种群智类算法各自的优势，实验证明其减小了路由协议的传输时延和能耗，提高了路由协议的鲁棒性。基于文献[18]算法的基本理念，文献[19]提出蚁群和鱼群融合动态编码合作路由算法，其加入了辅助节点译码的思想，优化了算法的寻优能力，并在一定程度上降低了能耗。基于水声网络链路的可靠性的考虑，文献[20]提出一种基于强化学习的算法，并应用于多跳水声传感网络，该算法定义了综合效用函数并考虑剩余能量和传播时延做出适当的路由选择。

本节主要研究内容如下。

（1）基于水声通信中较常见的表面声道环境（理想化表面声道模型）和水声学原理，总结声波曲线传播路径规律，并提出两点间曲线传播模型和时延计算公式。

（2）基于性能优越的蚁群和鱼群融合动态编码合作路由算法（不考虑存在协作节点的情况），改进了路径寻优的算法流程，提出基于水下曲线声传播的混合路由算法 AFSA-ACOA。

5.2.2　基于水下曲线声传播的混合人工鱼群-蚂蚁集群路由算法

1. 水下表面声道模型

水下表面声道模型是一种常见的水下通信环境，指海水在洋流的搅拌等作用下形成的一定厚度的等温层，也称为混合层。典型的混合层内可将温度视为均匀分布，因此声速仅受压力线性递增影响，呈现随深度变化的恒正梯度分布。本节将实验的水声传感器网络置于水下理想表面声道环境中，即声速呈现随深度变化的恒正梯度分布，且声速梯度较大。由于节点分布于水下 200 m 以下，且海面和海底对声能具有吸收作用，节点间仅考虑一跳直传，不考虑海面或海底的折射作

用，其声速分布可用水声传播中广泛应用的线性声速分布模型[21]描述，表示为

$$c = c_0(1 + az), 0 \leqslant z \leqslant H \tag{5-1}$$

其中，c_0 为海水表面声速，$a > 0$ 为声速相对梯度。

2. Snell 定律与声传播时延计算式

Snell 定律是基于水下射线声学程函方程推导出的用于射线声学分析的基本定律（折射定律）。其规定了水下声线的走向[22]：声速变化导致声线曲线传播且总是弯向声速小的方向，表示为

$$\frac{\cos\alpha}{c(z)} = \frac{\cos\alpha_0}{c_0} \tag{5-2}$$

其中，α 为掠射角（深度 z 上声线与水平方向的夹角），c 为该深度上的声速，α_0 和 c_0 为初始深度上的掠射角和声速。

基于水下射线声学程函方程，可以进一步推出

$$\frac{\mathrm{d}\theta}{\mathrm{d}s} = a\cos\alpha_0 \tag{5-3}$$

其中，$\mathrm{d}s$ 为垂直方向长度微元，θ 为声线入射角。由式（5-3）可知，在声速相对梯度 a 不变时，声线轨迹的曲率半径恒定，即声线轨迹为圆弧的一部分，其曲率半径为[22]

$$R = \left|\frac{1}{a\cos\alpha_0}\right| = \left|\frac{c_0}{g\cos\alpha_0}\right| = \left|\frac{c_i}{g\cos\alpha_i}\right| \tag{5-4}$$

因此，基于表面声道模型中的恒正梯度声速分布与 Snell 定律，通过积分可以推出两点间声传播计算式[22]（不考虑经过了反转点）。其中，i 点到 $i+1$ 点的传播时延为

$$\begin{aligned} t_i &= \left|\int_{\alpha_i}^{\alpha_{i+1}} \frac{\mathrm{d}\alpha}{ac_0\cos\alpha}\right| = \left|\frac{1}{g}\int_{\alpha_i}^{\alpha_{i+1}} \frac{\mathrm{d}\alpha}{\cos\alpha}\right| = \\ &\left|\frac{1}{2g}\ln\left(\frac{1+\sin\alpha}{1-\sin\alpha}\right)\Big|_{\alpha_i}^{\alpha_{i+1}}\right| = \left|\frac{1}{g}\ln\left(\frac{\tan\left(\frac{\alpha_{i+1}}{2}+\frac{\pi}{4}\right)}{\tan\left(\frac{\alpha_i}{2}+\frac{\pi}{4}\right)}\right)\right| \end{aligned} \tag{5-5}$$

其中，α_i 和 α_{i+1} 分别为入射和出射掠射角。

特别地，当声线垂直入射时，此时可推出声线的曲率为零，即声线为垂直于水平面的直线，水平距离为 0[23]。根据 Larry Mayer 的推导，声传播时延表示为[23]

$$t_i = \int_{c_i}^{c_{i+1}} \frac{\mathrm{d}z}{C_i(z)} = \int_{c_i}^{c_{i+1}} \frac{\mathrm{d}z}{c_i + g(z - z_i)} = \frac{1}{g}\ln\frac{c_{i+1}}{c_i} \tag{5-6}$$

其中，c_i 为发射节点 i 处的声速，c_{i+1} 为接收节点 $i+1$ 处的声速。

3. 基于表面声道的曲线声传播模型

如上所述，声速分布模型符合表面声道要求，受压力作用，形成恒正梯度纵向分布，声道轴即海底位置，通过该模型可求得任意深度的声速 $c_i = c_0 + az$ ，故声线应向上弯曲，且声线轨迹为正圆的一部分，如式（5-4）所示，曲率半径由发出声波的掠射角 α_i 和声速 c_i 决定。而基于水声学知识[22]，可以通过已确定的传输路径来计算曲线传播时延，由于掠射角的范围为 $\left(0, \dfrac{\pi}{2}\right)$，且由掠射角可确定路径的曲率半径，则通过掠射角的方向和半径可唯一获取圆心位置（以向右上传播为例，圆心位于发射节点的左侧），即传输范围内每一个接收点对应唯一的一条到达的声波曲线（不考虑海面和海底折射的弱信号，故无多径）。由于水下声波向上翻折，故存在声线轨迹发生向上偏转的情况，即经历偏转深度（会导致掠射角清零），故应分类讨论。现以二维平面为例，总结推出传输模型，三维结构可由二维平面扩展得到；且由于对称性，基于发射节点竖直对称轴左侧的节点可与映射后的右侧对称节点相同，故以右半平面为例。

情况 1 观察曲线传播的示例，设发射节点 i 坐标为 (x_i, y_i) ，接收点 j 坐标为 (x_j, y_j) ，当接收点位于圆心为 $\left(x_i, y_i - \dfrac{c_i}{a}\right)$、半径为 $\dfrac{c_i}{a}$ 的右半 $\dfrac{1}{4}$ 圆内（如图 5-1 所示的边界状态，称为极限圆），此时声线无偏转向右上传播示意如图 5-2 所示，掠射角 α 与横轴上半周夹角为正，路径上不存在偏转深度（除掠射角为零时，此时在发射节点发生反转，即偏转深度为节点深度），通过求出的声线轨迹纵坐标与半径可以看出，随着发射掠射角的增大，路径圆周的半径逐渐变大，但圆心纵坐标不发生变化，一直为 $y_i - \dfrac{c_i}{a}$ ，即随着掠射角的增大，圆心在直线 $y = y_i - \dfrac{c_i}{a}$ 上移动。

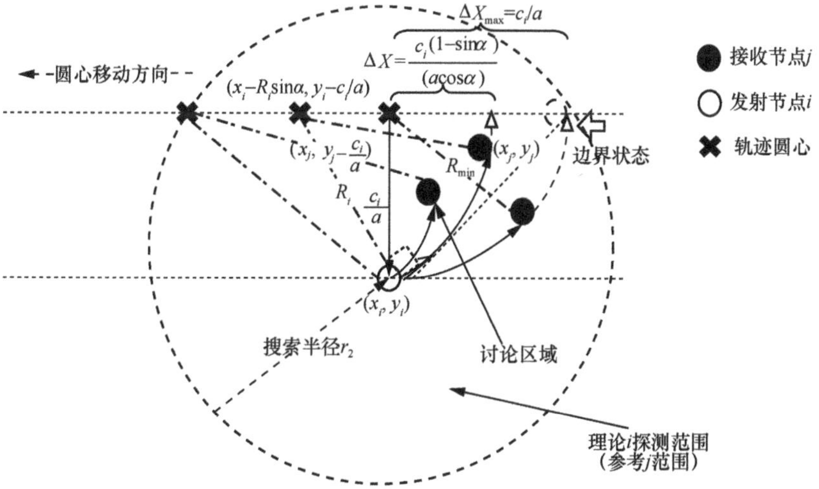

图 5-1　声线随掠射角变化的圆周轨迹示意（未过偏转点）

$$\begin{cases} O_i = x_i - R_i \sin\alpha \\ O_j = y_i - R_i \cos\alpha = y_i - \dfrac{c_i \cos\alpha}{(a \times \cos\alpha)} = y_i - \dfrac{c_i}{a} \end{cases}$$

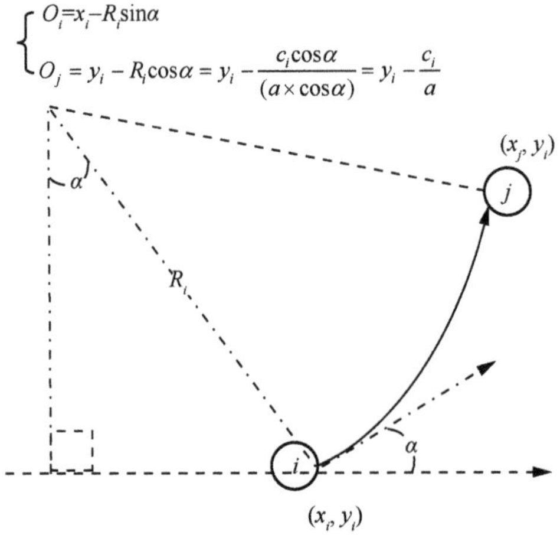

图 5-2 声线无偏转向右上传播示意

观察图 5-1 中的多条声线正圆轨迹可知,声线在上横边界 $y = y_i - \dfrac{c_i}{a}$ 交点处的掠射角为 $\dfrac{\pi}{2}$,此时完全消失原水平横传播趋势,故为极限边界,$y = y_i - \dfrac{c_i}{a}$ 以上不可能存在传播到达接收节点 j(不符合物理常识,声线无法到达,但由于通信半径有限,一般无法到达这个高度,无须考虑)。同时可观察到声线在横边界产生的横截距 $\Delta X = \dfrac{c_i(1 - \sin\alpha)}{a \cos\alpha}$ 随 α 增大单调递减,即接收节点 j 的横坐标不可能超过 $x_i + \dfrac{c_i}{a}$,此时在半径和掠射角确定后轨迹被唯一确定。

由于圆心纵坐标已经确定,而节点位置必在 i 与 j 连线的垂直平分线与上横边界的交点,以半径相等为依据可获得圆心的横坐标为

$$x_0 = \left| \dfrac{\left(x_j^2 - x_i^2 + \left(y_i - \dfrac{c_i}{a} - y_j \right)^2 - \left(\dfrac{c_i}{a} \right)^2 \right)}{2(x_j - x_i)} \right| \tag{5-7}$$

而此时圆心在 i 点左侧有 $x_0 = x_i - \dfrac{c_i}{a \tan\alpha_i}$,对于每个横坐标,$\alpha \in \left(0, \dfrac{\pi}{2} \right)$ 都有一个与其对应的唯一值,a 为声速相对梯度,则掠射角 α_i 可表示为

$$\alpha_i = \arctan\left(\dfrac{a(x_i - x_0)}{c_i} \right) \tag{5-8}$$

依据式(5-4)可求得半径,又由于水平传播距离 $X = |x_j - x_i|$ 可由式(5-9)

求得[20]，则到达掠射角 α_{i+1} 可表示为式（5-10）。

$$X = R_i\left|\sin\alpha_i - \sin\alpha_{i+1}\right| = \frac{c_i}{a\cos\alpha_i}(\sin\alpha_i - \sin\alpha_{i+1}) \tag{5-9}$$

$$\alpha_{i+1} = \arcsin\left(\sin\alpha + Xa\cos\frac{\alpha_i}{c_i}\right) \tag{5-10}$$

在获取发射和到达掠射角后，传播时延 t_i 可由式（5-5）得到。

情况 2 讨论节点位于除上述极限 $\frac{1}{4}$ 圆内，到 i 小于通信半径且在上横边界以下的其他位置。当节点在极限 $\frac{1}{4}$ 圆外时，完整的声线轨迹会出现偏转深度，即完整轨迹会低于发射节点的位置，此时发出声线的掠射角与情况 1 不同，不是与 i 所在水平线上半部分夹角为 α，而是下半部分夹角为 α。此时半径依然随 α 增大而增大，轨迹圆心依然在上横边界移动，但开始向发射节点右侧平移。声线经偏转向右上传播示意如图 5-3 所示，观察可知，除了情况 1 讨论的区域外，随着曲率半径的增大，横边界以下通信半径内的所有点理论上都可传达，但存在是否经过翻转点的问题，计算过程有所不同。

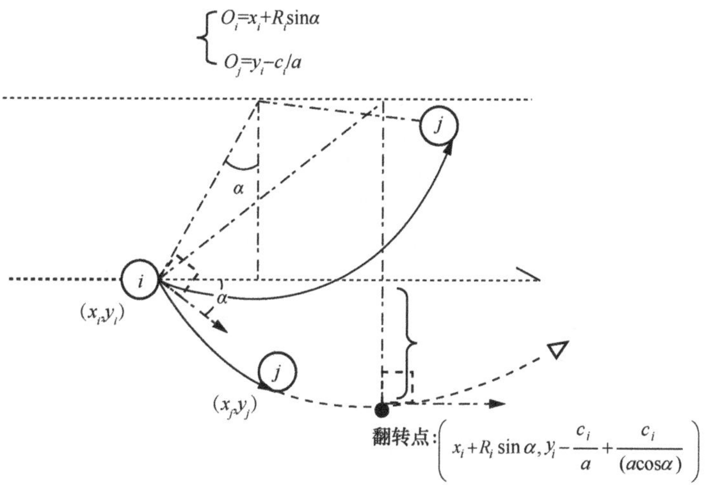

图 5-3　声线经偏转向右上传播示意

类似情况 1 区域内的点，我们也可通过 i 和 j 中垂直平分线与上横边界的交点获得此圆周路径下的圆心位置及半径，声线随掠射角变化的圆周轨迹示意（经过翻转点）如图 5-4 所示，观察可知，这两种情况可由是否经过该路径下的翻转点来区分，而经过翻转点会导致掠射角经历清零过程且需要分段求取。即当 $x_j \leqslant x_i + R_i \sin\alpha_i$ 时，可认为未发生偏转，求解步骤与情况 1 相同（只不过此时圆心坐标在 i 的右侧）；当 $x_j > x_i + R_i \sin\alpha_i$ 时，在最低点不超过水深最低点时（否则被海底介质吸收），此时应分为偏转前与偏转后两段时间求解，由于翻转点处的掠射角为 0，依据式（5-5）可知，前半段发射掠射角为 0°，则前半段时延为

$$t_1 = \left| \frac{1}{a} \ln(1/\tan\left(\frac{\alpha_i}{2} + \frac{\pi}{4}\right) \right| \tag{5-11}$$

后半段将发射节点更新为翻转点，此时发射掠射角 $\alpha_i = 0$，半径不变，横移变为 $X = x_j - (x_i + R_i \sin\alpha)$，又由式（5-9）可得到达掠射角为

$$\alpha_{i+1} = \arcsin\frac{aX}{c_i} \tag{5-12}$$

基于后半段的发射掠射角与到达掠射角，由式（5-5）可得后半段时延 t_2，最终时延为两段共同时延 $t_i = t_1 + t_2$。

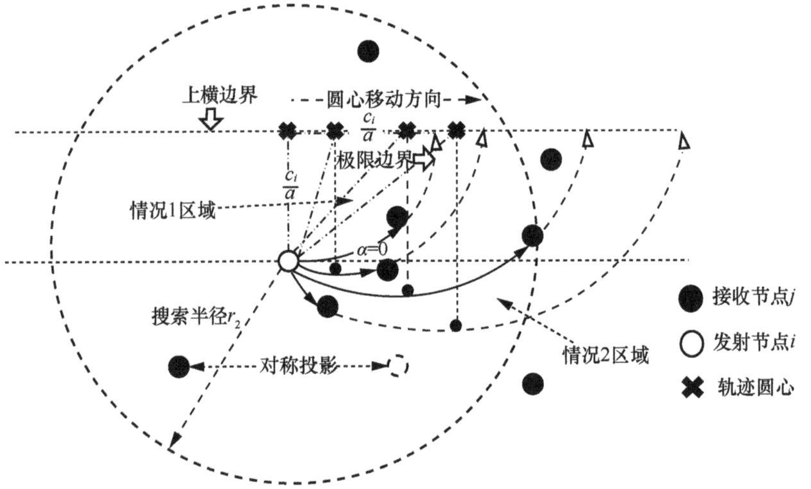

图 5-4　声线随掠射角变化的圆周轨迹示意（经过翻转点）

情况 3　节点位于可传输区域内且与 i 横坐标相同，即 $x_j = x_i$、$y_i - r \leqslant y_j < y_i + \frac{c_i}{a}$，此时为垂直出射情况，初始掠射角为 $\frac{\pi}{2}$，曲率半径为无穷，上述计算式无法求解，而曲率半径为零即声线为平行于 z 轴的直线，水平距离为 0，垂直入射在此线段区域上的接收点，传播时延可由式（5-6）求得。

情况 4　对于分布于左半周的节点，可依据 i 所在竖直线进行对称映射，由左右对称互易性可转变为情况 1 和情况 2 求解，即 $(x_j, y_j) \rightarrow (2x_i - x_j, y_j)$。

表面声道声波曲线传播时延计算流程如图 5-5 所示，水声传感器网络为三维结构，需将二维模型扩展为三维模型，即从原本的平面圆扩展为球面，原模型的 y 轴变为深度 z；x 轴变为(x, y)平面；原本基于 y 轴的映射变为在(x, y)平面内映射到第一象限内，在两点构成的竖直平面内运用原计算式实现曲线传播实际时延的计算即可。

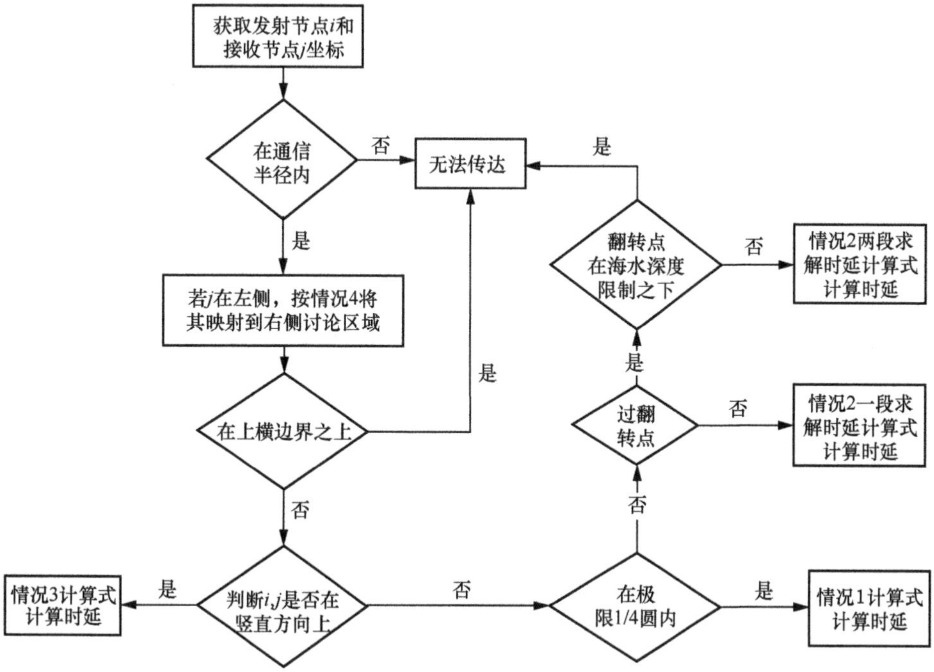

图 5-5　表面声道声波曲线传播时延计算流程

5.2.3　仿真分析

1. 算法流程

（1）节点信息的获取与初始化

① 输入节点 S 坐标信息，节点广播数据包，通过 MP-PSO 算法得到各节点获取传输半径内的节点坐标、跳数信息和剩余能量信息，并获知自身坐标和距离目标节点跳数等其他信息。

② 基于表面声道环境的深度 H、海水表面声速 c_0 和声速相对梯度 a，各节点可获知自身深度对应声速，基于前述声波曲线传播时延计算方法完善邻居节点存储表信息，该表存储传输距离（节点间直线距离对称矩阵 $\boldsymbol{C}(n, n)$）、传输时间（节

点间时延矩阵 $\boldsymbol{D}(n, n)$）、该节点跳数信息和剩余能量信息。

③ 获取 $\boldsymbol{D}$ 与 $\boldsymbol{C}$ 的倒数矩阵 $\overline{\boldsymbol{D}} = \frac{1}{\boldsymbol{D}}$、$\overline{\boldsymbol{C}} = \frac{1}{\boldsymbol{C}}$，用于下述 ACOA 得到启发因子。

④ 初始化外循环迭代次数 maxgen 和终止条件。

（2）AFSA 寻优过程

① 输入目标节点 id 和源节点 id，获取起点和终点的标号，以及 $\boldsymbol{D}$、$\boldsymbol{C}$、$\overline{\boldsymbol{D}}$、$\overline{\boldsymbol{C}}$ 和节点剩余能量向量，并进行 AFSA 参数初始化，即鱼群数量 Fishnum、鱼群觅食次数 Trynum、鱼群视野范围（这里指路径中不同的节点数目）Visual、聚集密度 δ、路过节点数上限 $D_{\max}$。

② 初始化生成鱼群：源节点发送前向人工鱼随机选取一跳范围内的合适节点（基于深度路由思想，优先选择处于高于本层的探测层，且层级越高越易被选取的那些未被选取过的、可以曲线传播到的、能够使全局跳数信息减少的节点），中继节点重复上述操作直至到达目标节点，目标节点生成后向人工鱼沿到达路径返回源节点，将本条路径的信息（耗时、路径长度、经历的标号、途经节点剩余能量）传回源节点（无法传达则为路由空洞，也回传至源节点，重新随机选取新的路径），重复上述过程直至所有人工鱼到达目标节点。

③ 计算当前各人工鱼状态的食物密度，以路径时延（即路由传输时延）作为食物密度，即适应性函数

$$F = \sum_{j} d_{ij} \tag{5-13}$$

其中，d_{ij} 为两点间实际曲线时延。

④ 依据移动策略，更新每条人工鱼的状态，具体步骤如下。

步骤 1 追尾操作（follow）。根据当前鱼群中其他人工鱼的路径，比较其与当前待更新的个体的距离（distance），即比较路径不同节点数，在视野范围（Visual）内的称为伙伴（neighbor），选择伙伴中适应性函数最小者与自身状态比较，若自身状态小于此时的适应性函数，则将人工鱼个体路径更新为该路径，标记为成功，输出实现更新；否则进行觅食操作（prey）尝试寻找更好的路径作为 follow 的结果，若找到更好路径则标记为成功，输出实现更新，否则标记为失败，前进至步骤 2。

步骤 2 觅食操作（prey）。随机选取觅食范围 D_j（D_j 不大于 Visual 和路径长度），作为可改变的节点数，将 D_j 个位置上的路由节点随机互换，在觅食次数（Trynum）允许的范围内进行新的路径尝试，若伙伴的适应性函数更小，且周围的伙伴密度不超过聚集密度 δ，则输出实现更新；否则标记为失败，前进至步骤 3。

步骤 3 群聚操作（swarm）。依据前面寻找到达感知范围内的伙伴，寻找伙

伴中的中心路径，即以出现次数较多的节点构成新的路径，若伙伴的适应性函数小且周围伙伴未超过聚集密度δ，则输出实现状态更新，否则实行 prey 尝试寻解实现更新作为 swarm 的输出，若未成功，前进至步骤 4。

步骤 4　随机操作（random）。随机初始化一条路径作为新的状态输出实现更新，并标记是否实现适应性函数的缩小。

⑤ 内循环 Fishnum 次实现人工鱼个体的状态更新，鱼群中最好个体状态作为本次迭代的最优解与全局最优解比较，若新的解更优越则存入记录区（board）中。以 board 中适应性函数最小的路径作为 AFSA 的输出路径。

（3）ACOA 寻优过程

① 为提高 ACOA 的随机性，避免陷入局部最优，将上述 AFSA 选出的最优路线输入禁忌表（即 ACOA 需要从其他节点中选择出另一条路径），依据 $\boldsymbol{C}(n, n)$ 初始化各节点可达的邻居节点集。

② 获取源节点和目标节点 id、$\boldsymbol{D}$、$\overline{\boldsymbol{D}}$、$\boldsymbol{C}$、$\overline{\boldsymbol{C}}$、节点总数 n，初始化蚁群数量 M，影响系数α、β、γ，以及初始化信息素水平τ、信息素挥发系数ρ、信息素增长水平 Q。

③ 启动蚁群觅食活动，源节点根据禁忌表和 $\boldsymbol{D}$ 判断一跳范围内可传达的节点集，计算每个节点被选择的概率。

$$P_{ij} = \left(\tau_{ij}\right)^{\alpha} \cdot \left(\overline{C}_{ij}\right)^{\beta} \cdot \left(\overline{D}_{ij}\right)^{\gamma} \tag{5-14}$$

其中，$\left(\tau_{ij}\right)^{\alpha}$、$\left(\overline{C}_{ij}\right)^{\beta}$、$\left(\overline{D}_{ij}\right)^{\gamma}$ 分别表示信息素、直线距离、传播时延对节点选择的影响，依靠轮盘赌选择法随机选择合适的节点，传递给前向蚂蚁。

④ 前向蚂蚁到达新节点更新禁忌表状态并记录路径信息，搜索新节点可到达的邻居节点。重复上述操作选择节点并发送给前向蚂蚁，直到到达目标节点或出现路由空洞，发送给后向蚂蚁沿原路径返回并告知源节点信息，计算该路径总时延并更新路径信息素。

$$\Delta\tau_{ij}^{k} = \begin{cases} \frac{Q}{D_{k,ij}}, & \text{routing}(ij) \\ 0 & ，其他 \end{cases} \tag{5-15}$$

$$\tau_{ij} = \left(1-\rho\right)\tau_{ij} + \Delta\tau_{ij}^{k} \tag{5-16}$$

⑤ 重复操作 M 次直到所有蚂蚁到达目标节点，记录蚂蚁走出路径中时延最小的路径为本次迭代的最优解，作为 ACOA 输出的最优解。

（4）ACOA 二次寻优过程

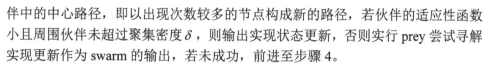

将 ACOA 选出的路径中的节点集与 AFSA 得出的路径的节点集组成新的搜索集，将剩余节点加入禁忌表，仅从最优节点集中重新进行小种群 ACOA 得出最优解，比较

此时的解与前两者解的适应性函数，以最小者作为最终的输出，从而获取全局最优解。

基于曲线传播的改进 AFSA-ACOA 操作流程如图 5-6 所示。

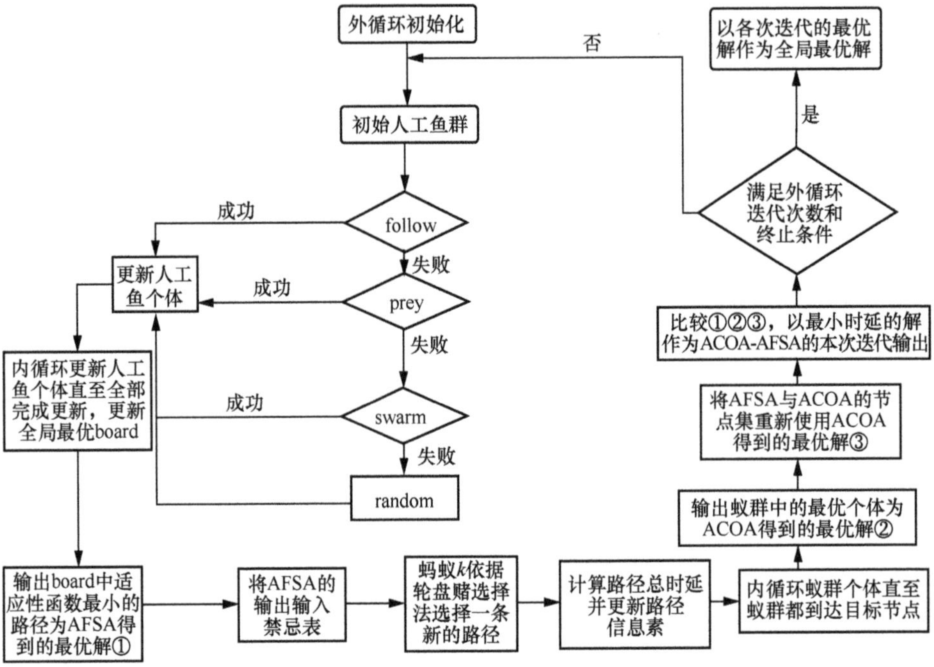

图 5-6 基于曲线传播的改进 AFSA-ACOA 操作流程

2. 复杂度分析和仿真参数设置

算法的复杂度主要与外循环迭代次数 maxgen=K、节点数目 n、鱼群数量 Fishnum=F、鱼群觅食次数 Trynum=T、鱼群视野范围 Visual=V、补集中的蚁群数量 M、最优解集中的蚁群数量 m、最优解集中的蚁群出动次数 k 有关。忽略常量与低阶项，总的算法时间复杂度为

$$O(K(nF^2+FTn+TVF+Fn^2+Mn^2+kmn^2)) \tag{5-17}$$

算法与外循环迭代次数呈线性时间复杂度 $O(K)$，与节点数目呈平方时间复杂度 $O(n^2)$，与鱼群数量呈平方时间复杂度 $O(F^2)$，与鱼群觅食次数呈线性时间复杂度 $O(T)$，与鱼群视野范围呈线性时间复杂度 $O(V)$，与补集中的蚁群数量呈线性时间复杂度 $O(M)$，与最优解集中的蚁群数量呈线性时间复杂度 $O(m)$，与最优解集中的蚁群出动次数呈线性时间复杂度 $O(k)$。

在实验集上对主要影响参数进行对照实验，基于时延和运行耗时最小原则，选择参数 K=10、F=3、T=4、V=15、M=30、m=15、k=8。AFSA-ACOA 对照实验结果如图 5-7 所示。

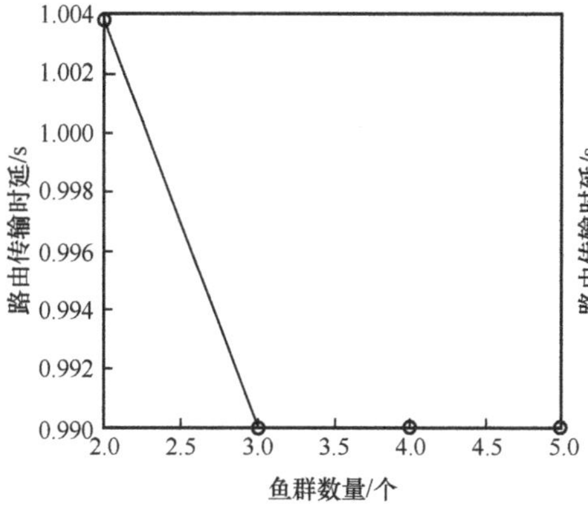

（a）路由传输时延随鱼群数量变化情况

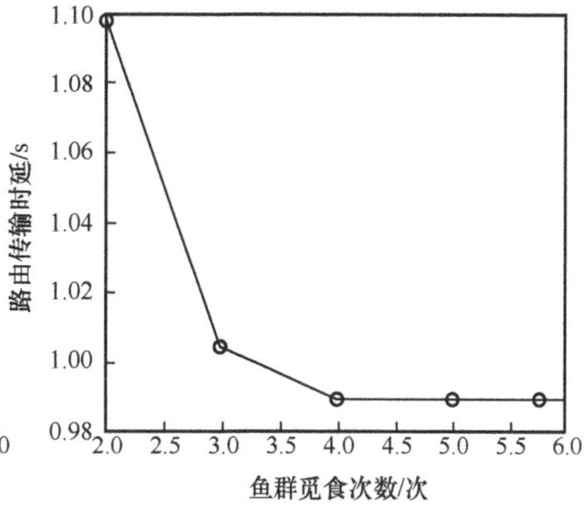

（b）路由传输时延随鱼群觅食次数变化情况

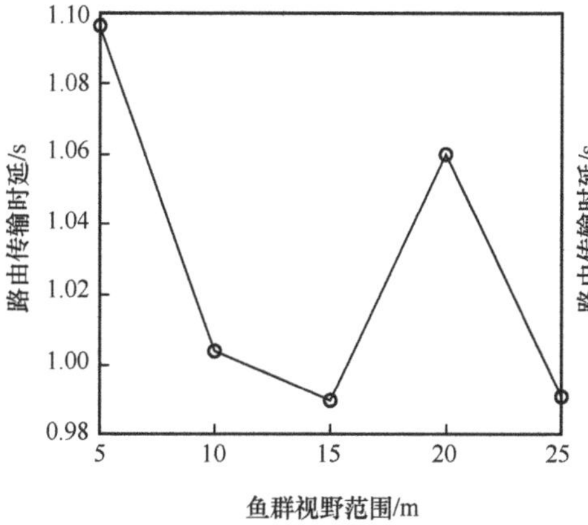

（c）路由传输时延随鱼群视野范围变化情况

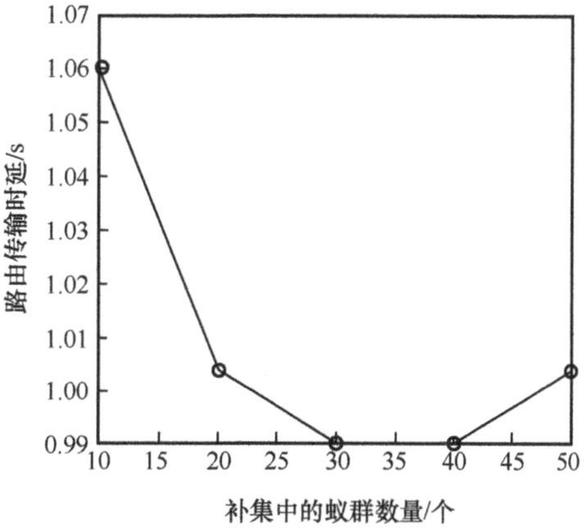

（d）路由传输时延随补集中的蚁群数量变化情况

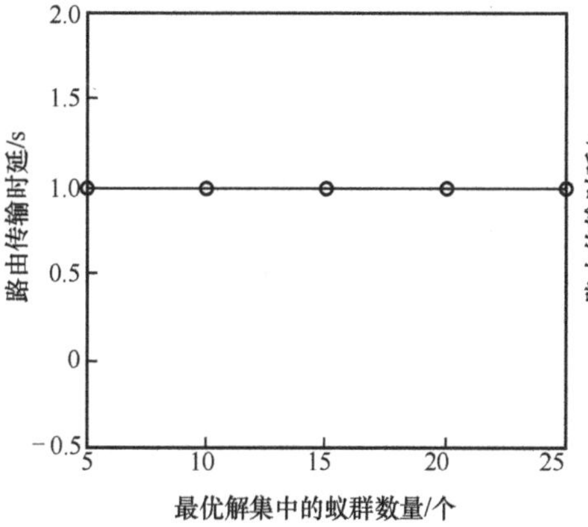

（e）路由传输时延随最优解集中的蚁群数量变化情况

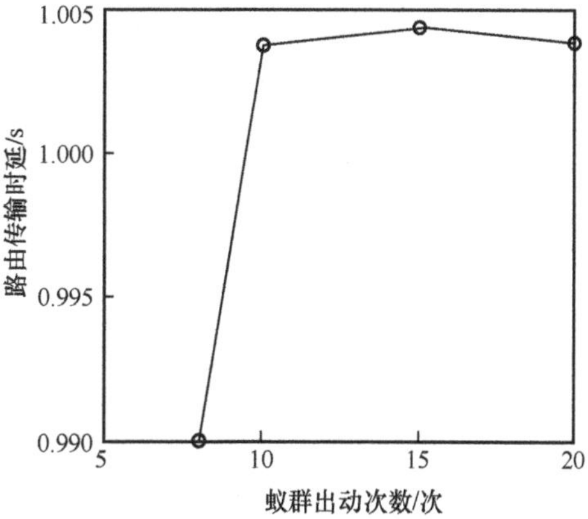

（f）路由传输时延随最优解集中的蚁群出动次数变化情况

图 5-7　AFSA-ACOA 对照实验结果

基于上述分析，路由算法的仿真实验参数设置如表 5-1 所示。

表 5-1　参数设置

参数名称	参数值
外循环迭代次数 K /次	10
鱼群数量 F /个	3
鱼群觅食次数 T /次	4
鱼群视野范围 V /m	15
补集中的蚁群数量 M /个	30
最优解集中的蚁群数量 m /个	15
最优解集中的蚁群出动次数 k /次	8
重要性权值 α、β、γ	0.63、0.4、0.8
初始化信息素水平 τ	1
信息素挥发系数 ρ	1
信息素增长水平 Q	2
信标节点（U 节点）数量	30
未知节点（B 节点）数量	1
发射节点 id	30
目标节点 id	31
海水深度 H /m	1 000
海水表面声速 c_0 /$(\mathrm{m\cdot s^{-1}})$	1 200
声速相对梯度 a	0.5
通信半径（路由阶段） r /m	550

3. 实验结果

4 种群智类路由算法在水下无线传感器网络中进行一次路由寻优并做出路径选择，其时延如图 5-8 所示。重复进行 20 次对照实验，记录所选路径参数（路由传输时延和直线距离）和算法，依据均值、标准差和极大值做出直方图，并从路径参数和算法性能方面比较各算法运行 20 次的实验结果，如图 5-9 所示。

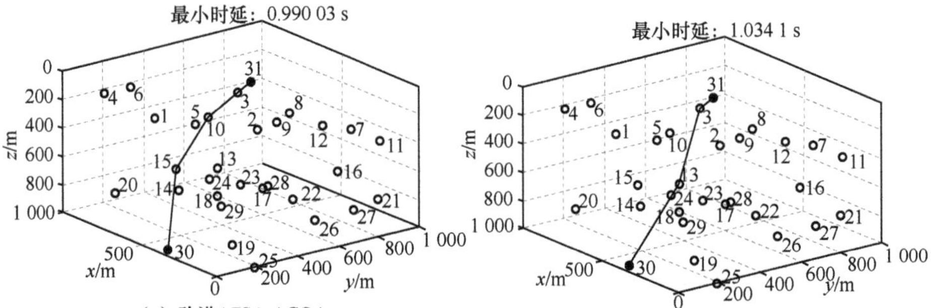

（a）改进AFSA-ACOA　　（b）传统AFSA-ACOA

图 5-8　4 种群智类路由算法进行一次路由寻优的时延

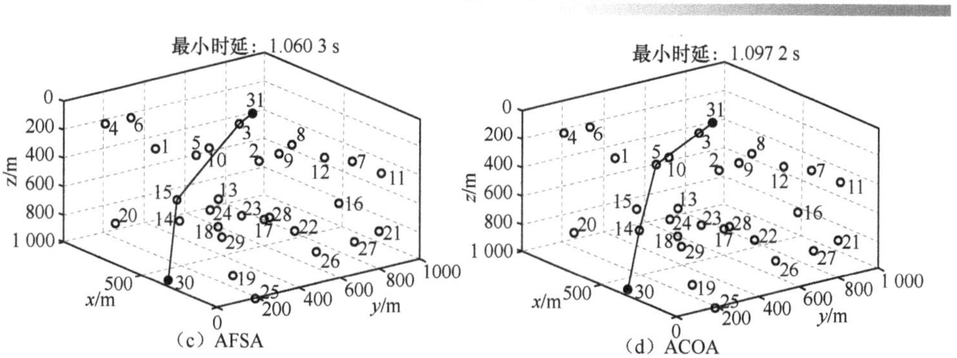

（c）AFSA　（d）ACOA

图 5-8　4 种群智类路由算法进行一次路由寻优的时延（续）

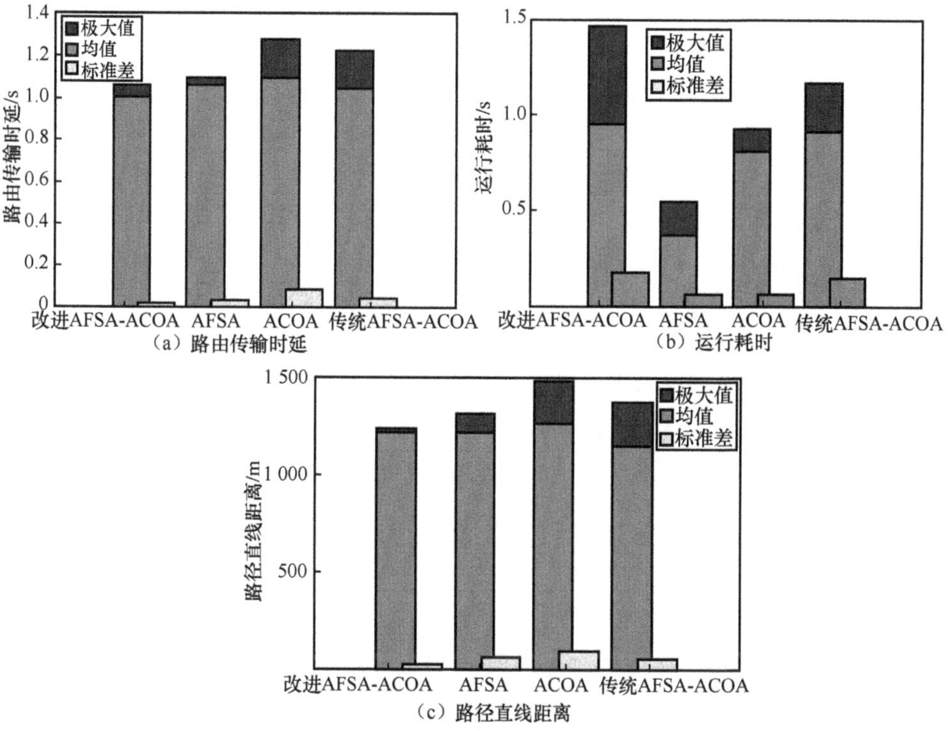

（a）路由传输时延　（b）运行耗时　（c）路径直线距离

图 5-9　4 种群智类路由算法运行 20 次的实验结果

从图 5-9（a）中可知，本节提出的改进 AFSA-ACOA 具有稳定地选择时延最小路由的性能，算法的路由传输时延均值为 0.999 25 s，优于其他算法，且时延结果标准差（0.018 009 s）也最小、极大值也最小，说明不易产生效果恶劣的解，效果最稳定可靠，这是由于本节改进了算法的寻优策略，加入了深度路由的思想，并考虑了曲线传播，使其结果明显优于其他算法，可见改进 AFSA-ACOA 具有稳定地寻找时延最小路由的能力，可有效解决水声通信时延大的问题，算法性能优越。

从图 5-9（b）中可知，ASFA 具有明显优势，算法运行耗时均值最小（0.371 35 s）。其他 3 种算法的运行耗时均值相近，改进 AFSA-ACOA 由于复杂度最高，耗时均值最大（0.950 21 s），接近传统 AFSA-ACOA 的运行耗时均值（0.907 43 s），略大于 ACOA 的运行耗时均值（0.804 6 s）。总体来说，4 种算法的运行耗时虽有差异，但均值都小于 1 s，结果可以接受。

从图 5-9（c）中可知，改进 AFSA-ACOA 的路径直线距离均值（1 217.180 6 m）略大于以路径长度作为主要寻优标准的传统 AFSA-ACOA，由于其考虑了路径直线长度的影响因素，结果亦为 4 种结果中的第二位，依然优越。除此以外，改进 AFSA-ACOA 的路径直线距离标准差（27.286 1 m）小于传统 AFSA-ACOA 的标准差（57.493 6 m）及其他两种算法，且极大值依然最小，说明不易产生路径过长的恶劣解，改进 AFSA-ACOA 的路径直线距离亦为 4 种算法中最稳定的，算法性能优越。

最后验证改进 AFSA-ACOA 在节点数量 n 变化的情况下对路由传输时延的优化效果是否仍然优越，类似上述实验，将网络中从 200 m 深度每一探测层每次随机多唤醒两个节点，从而形成 31、41、51、61、71、81、91 个 U 节点的随机节点分布，从底层随机选取一个 U 节点作为发射节点，从 100 m 深度随机选取一个 B 节点作为目标节点，进行 20 次平行对照实验，记录算法选取的路由传输时延并计算均值，将改进 AFSA-ACOA 和其他 3 种算法进行比较。4 种算法的路由传输时延均值随节点数量变化的实验结果如表 5-2 所示，4 种算法的路由传输时延均值及其随节点数量变化的箱线图如图 5-10 所示。

表 5-2　4 种算法的路由传输时延均值随节点数量变化的实验结果

节点数量	路由传输时延均值/s						
	n=31	n=41	n=51	n=61	n=71	n=81	n=91
改进 AFSA-ACOA	0.992 904	0.914 299	0.819 322	0.886 741	0.931 437	0.943 919	1.061 690
传统 AFSA-ACOA	1.024 586	0.953 212	0.861 689	1.018 713	1.037 742	1.029 543	1.162 030
AFSA	1.077 433	0.958 406	0.907 752	1.051 838	1.105 200	1.033 307	1.174 570
ACOA	1.051 703	1.107 666	0.938 316	1.063 194	1.307 096	1.198 160	1.275 880

从表 5-2 和图 5-10 中可知，随着节点数量的增加，本节提出的改进 AFSA-ACOA 的路由传输时延均值依然最小，对路由传输时延均值的优化效果较其他 3 种算法更加明显。图 5-10 中箱线图的 3 条边界分别为路由传输时延的最大值、中位数、最小值。观察图 5-10 可见，改进 AFSA-ACOA 的路由传输时延均值随节点数量增加而增加的趋势减小，且路由传输时延均值构成的箱型跨度依然为 4 种算法中最小的，说明其路由传输时延结果稳定；同时，改进 AFSA-ACOA 无过大的极端值，路由传输时延最小值也最小，说明其搜索能力强且稳定，对路由传输时延均值优化性能最优，且具有较好的鲁棒性。

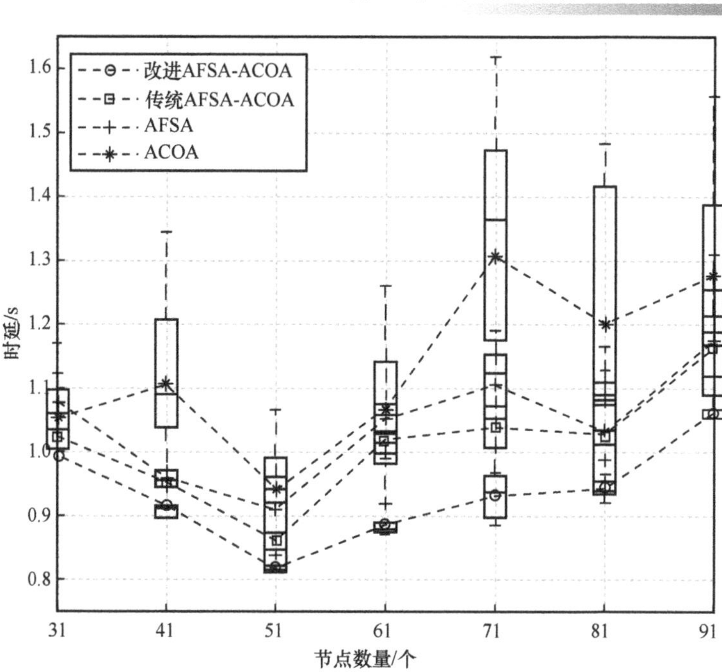

图 5-10　4 种算法的路由传输时延均值及其随节点数量变化的箱线图

5.3　能量感知的自适应水下分簇算法

不同于传统的陆基通信环境，水声信道固有的窄带、高噪和时延问题为本节设计水下分簇算法带来不小挑战，最直观的影响就是水下传感器节点工作能耗较高，生命周期较短，加之深海环境无法实现传感器充电或换电等操作，传感器节点的能量管理工作至关重要。

本节旨在探究设计一种低能耗、高节点存活率的水下分簇算法。通过模拟真实海洋环境，区分传感器节点的工作任务，对网络能耗进行针对性建模，据此给出具体的解决方案。本节将着重解决以下两个关键难点。

（1）如何计算得出水下分簇的具体数量。簇的数量不仅影响水下传感器节点分簇效果和性能，同时也将影响后续 UUV 路径规划方案的设计，故须预先处理。

（2）如何实现传感器节点能量的高效管理。水下传感器节点能量负载较大，生命周期较短，特别是对于担负更多工作任务的簇首节点而言，极易出现节点失效的情形，故须重点关注。

5.3.1　相关技术研究综述

水下分簇协议是指将锚定在水下任务区域内的传感器节点运用一定机制进行

分类聚堆操作，同时按照一定性质将同簇内的传感器节点分为若干个普通节点和一个簇首节点。普通节点主要完成簇内数据采集和通信工作，簇首节点主要负责数据汇总融合以及簇间通信工作。通常，这样的任务区域可以是平面的，也可以是立体的。平面场景主要是将传感器节点锚定在海底，近似位于同一平面，是一种高效采集深海数据信息的可行手段。立体场景主要用于采集不同深度的海洋信息，但受水下气候和洋流的影响，节点位置易发生偏移，影响分簇效果。因此，目前大部分研究都采用平面场景。

相较于陆地通信环境，海洋水文条件、地理特征和声场环境异常复杂，传感器节点能耗过大的问题十分突出，加之水下电池无法更换和充电等不利因素，水下传感器节点的能量管理问题成为制约海洋通信和信息获取发展的桎梏。

分簇协议的本质是将一个大规模的传感器网络分为多个小规模的传感器网络，根据节点工作内容的不同，在每个小规模传感器网络中规划出一个簇首节点和若干个普通节点。这种分类并行的工作方式具有扩展性能好、网络覆盖范围可增大以及数据融合方便等特点[24]，最早被应用于陆地无线通信网络，并逐渐向水下传感器网络拓展[25]。基于分簇协议的水下传感器网络很好地继承了分簇的效果和性能，同样具备节点能耗小、结构易扩展等特点，被认为是解决大规模水下传感器节点网络能量管理问题的最佳方法之一，引起了国内外学者的广泛关注[26]。

典型的分簇算法包括基于博弈论的算法、基于确定性规则的算法、基于贪婪性选择的算法、基于群体智能的算法、基于自适应的算法，以及近年来比较的热门的基于机器学习的算法。

基于博弈论的算法主要运用了拍卖模型中的价格博弈方法，其核心是假设节点之间进行多次博弈，最终选择性能较优的簇首节点。文献[27]面向车联网中分簇和簇首节点优选的场景，提出了一种基于内容的分簇和簇首选择算法，在特定的场景中，取得了较好的效果。但在水声场景中，由于信息传播时延较大、能耗偏高，多次博弈不仅耗时较长，无形中也增大了节点的能量开销。因此，这种方式显然不能直接在水声网络中使用。

基于确定性规则的算法一般需要优先选定一些确定性的指标，常见的有基于信号强度[28]和基于地理位置[29]等信息。这类方法在达到某个特定目标的性能上有较好的优势，比较适用于静态场景，对水声通信这种高速变化的环境不太适用。

基于贪婪性选择的算法最早用来解决传感器节点能耗不均的问题，即“热点”问题，其本质是基于节点与基站的距离建立大小不同的簇，通过平衡簇内节点数量，达到调整簇内能耗均衡的目的。其中，比较典型的工作是文献[30-31]。但这类方法仅把节点与基站的距离作为唯一指标，其指向性过于强烈，具有很大的局限性，不具备泛化应用的条件。例如，在大规模的水下传感器网络中，节点密度比较大，与距离基站相等的簇首节点在簇内信息传递的能耗可能存在很大差异，这严重影响了大规模水下传感器网络的能耗均衡性。特别是在第 5.4 节和第 5.5 节所提出的基于 UUV 的水下信息获取体系中，UUV 扮演着基站的角色，与每个传感器节点的通信距离相等，本身就不存在所谓的“热点”问题。因此这类方法也不适用。

基于群体智能的算法作为一种仿生智能算法的典型运用，最广为人知的是粒子群优化算法，其以高效计算和较好的收敛速度等特性被广泛应用于传感器网络领域。文献[32]作为该类别中的经典之作，将研究重点放在了簇首节点的选择上，即优选剩余能量多、簇内位置靠中心的节点担当簇首节点，在整体网络的能量优化上性能显著，但在网络生命周期的延长方面增益不大。

基于自适应的算法能够实现簇首节点动态转换，采用了一种“轮”的思想，在延长网络生命周期上优势显著。低能耗自适应聚类层次化（LEACH）算法[33]作为开山之作，率先应用于陆地无线通信传感器分簇，其创新性地提出了一种簇首节点动态更换的策略，以防止簇首节点因工作负担大而失效，最大限度地延长了网络生命周期。但这种簇首更换的方法是随机的，没有充分考虑所选择簇首节点自身的性能，仅解决了节点失效的问题，对降低整体网络能耗的贡献十分有限。因此，这种分簇算法显然不能直接应用于水下环境。有的研究开始尝试改进 LEACH 算法使其可以适用于水下场景，具有不均匀聚类的低能耗自适应聚类层次化（LEACH-L）算法应运而生[34]。在这项工作中，研究者修改了簇首节点的动态更换策略，引入节点剩余能量的影响，在一定程度上均衡了网络负载。但由于其忽视了节点位置的影响，导致新当选的簇首节点可能存在能耗较大的弊端。

近年来，机器学习的蓬勃发展对各行各业都带来了颠覆性的影响，其以卓越的性能优势改进和创新了现有模式。相较于传统算法，基于机器学习的算法性能优势异常显著。在分簇领域中，最为广泛应用的就是 K 均值聚类（K-Means）算法[35]，其工作流程具体如下。首先从 N 个节点中随机挑选 K 个目标节点作为初始的簇中心节点（即质心节点），余下的节点选择与自身欧氏距离最小的质心节点进行聚类，完成初始分簇。然后，重新计算每个簇内的质心节点，再依据上述原则重新分簇，直到满足收敛条件，即完成节点分簇。通常情况下，簇内的误差平方和（SSE）可以作为分簇是否完成的评判标准，表示为

$$\mathrm{SSE}=\sum_{i=1}^{k}\sum_{x\in C_i}\| x-\overline{x_i}\|_2^2 \tag{5-18}$$

更新质心节点的函数为

$$\overline{x_i}=\frac{1}{|C_i|}\sum_{x\in C_i}x \tag{5-19}$$

其中，C_i 表示簇内所有目标节点的集合，x 和 $\overline{x_i}$ 分别表示普通节点和质心节点的坐标，k 表示簇的数量。算法收敛条件为

$$\left|\mathrm{SSE}_1 - \mathrm{SSE}_2\right| < \varepsilon \tag{5-20}$$

其中，ε 表示一个极小值，SSE_1 和 SSE_2 分别表示当前 SSE 上一次 SSE。

不难看出，K-Means 算法是一种基于距离（即节点位置）的分簇算法，在减少节点能耗，特别是簇首节点的能量开销上表现十分亮眼。但簇首节点因工作负担大而率先出现节点“死亡”的这一固有问题，没有得到妥善解决。此外，K-Means 算法中，k 值（即分簇的数量）是一个超参数[36]，通常需要被预先优化以确保算法可以获得更好的结果或者性能。特别是在第 5.4 节和第 5.5 节所提出的基于 UUV 的水下信息获取场景中，k 值将直接作用于后续 UUV 的路径规划，其具体数值的选择牵连甚广、至关重要。在一些经典的基于改进 K-means 的水下分簇算法设计中[37-38]，研究者通常选用最优簇首数公式来获得 k 值，即将 N 个传感器节点部署在 Mm×Mm 的任务区域内，最佳的簇首节点个数为

$$k = \sqrt{\frac{N}{2\pi}}\sqrt{\frac{\varepsilon_{\mathrm{fs}}}{\varepsilon_{\mathrm{amp}}}}\frac{M}{d_{\mathrm{toBS}}^2} \tag{5-21}$$

其中，$\varepsilon_{\mathrm{fs}}$ 和 $\varepsilon_{\mathrm{amp}}$ 分别表示自由空间模型的功率放大系数和多路衰减模型的功率放大系数，$\dfrac{\varepsilon_{\mathrm{fs}}}{\varepsilon_{\mathrm{amp}}}$ 表示节点距离和能耗的关系，且均为常数。d_{toBS} 表示节点到基站的距离，由于节点数量众多，其到基站的距离也不尽相同。因此，通常会进行加权平均处理，计算式为

$$d_{\mathrm{toBS}} = \frac{1}{N}\sum_{i=1}^{N} d_{i\mathrm{toBS}} \tag{5-22}$$

显然，这类方法的核心思想是在固定区域内寻求节点能耗和距离间的均衡，没有考虑每个节点的位置和剩余能量等个体特征信息，泛化推广能力较弱。特别是当传感器节点数量较多、分布不均时，收益甚微。

当然，传统的分簇算法虽或多或少存在不足，但部分思路仍对本节工作具有启发式的影响。例如，基于粒子群优化算法的分簇协议提出的优先选择剩余能量较多和簇内位置较佳的节点充当簇首节点这一思路，在改善网络能耗方面取得了出色成果；LEACH 算法中簇首节点动态选择的策略是一种延长网络生命周期最直接有效的方法；基于节点位置的 K-Means 算法在平衡网络负载上有着不可替代的优势。本节在充分吸取借鉴这些优点的同时，聚焦水下复杂场景，靶向性解决能耗过快和生命周期过短等问题。

5.3.2　水下节点信道模型

为了使仿真实验更加贴近真实的海洋环境，本节采用文献[39]的信道模型。

1．水声信道模型

假设一个节点接收单个信号的最小传输能耗是 p_0，那么为了确保在距离 x 处的节点可以顺利接收到数据，传输功率应该至少为 $p_0A(x,f)$，其中 $A(x,f)$ 是水声信号在水中的损失函数，由此可以推断出，如果需要发射 T bit 数据到目标节点，发送功率至少应该为 $E_t(T,x)$，表示为

$$E_t(T,x) = Tp_0A(x,f) \tag{5-23}$$

其中，损失函数可以根据文献[40]计算得出，即

$$A(x,f) = x^k a^x \tag{5-24}$$

其中，k 是一个与水声传播相关的能量传播系数，k=1 表示圆柱形传播模型，k=2 表示球形传播模型，k=1.5 表示实际的水声传播模型。$a = 10^{\frac{a(f)}{10}}$ 是一个与频率相关并从能量吸收系数 $a(f)$ 中得出的项。根据索普公式[41]，$a(f)$ 可以表示为

$$a(f) = 0.11\frac{f^2}{1+f^2} + 44\frac{f^2}{4100+f^2} + 2.75\times10^{-4}f^2 + 0.003 \tag{5-25}$$

水声信道中的环境噪声通常由 4 个基本噪声源构成，表示为

$$N(f) = N_{\rm t}(f) + N_{\rm s}(f) + N_{\rm w}(f) + N_{\rm th}(f) \tag{5-26}$$

其中，$N_{\rm t}(f)$、$N_{\rm s}(f)$、$N_{\rm w}(f)$ 和 $N_{\rm th}(f)$ 分别表示湍流噪声、船只噪声、海浪噪声和热噪声，分别表示为

$$\begin{aligned}
&10\lg N_{\rm t}(f) = 17 - 30\lg f\\
&10\lg N_{\rm s}(f) = 40 + 20\left(s - \frac{1}{2}\right) + 20\lg f - 40\lg(f+0.4)\\
&10\lg N_{\rm w}(f) = 50 + 7.5w^{\frac{1}{2}} + 20\lg f - 40\lg(f+0.4)\\
&10\lg N_{\rm th}(f) = -15 + 20\lg f
\end{aligned} \tag{5-27}$$

其中，s 是船舶活跃因子，取值范围通常为 0～1；w 是风速（单位：m/s）。事实上，水声通信的信噪比（SNR）正是受到损失函数 $A(x,f)$ 和环境噪声 $N(f)$ 的影响，表示为

$$\zeta(x,f) = \frac{1}{A(x,f)N(f)} \tag{5-28}$$

通常情况下，水下发射器和接收器都是窄带应用，本节使用最优频率 $f_0(0)$和

与之对应的信噪比$\zeta_0(l)$来定义水声信道中的窄带宽。此外，本节将频率的变化范围设置为$\left[f_{\rm L}(x), f_{\rm U}(x)\right]$。那么，对应的窄带宽$B = f_{\rm U}(x) - f_{\rm L}(x)$。所提短距离通信系统，一般通信距离不会超过 1 km，实际上，当信噪比等于 3 dB 时，频率的变化范围可以达到几十 kHz。因此，可以计算一个信噪比的下界函数用来替换真实的信噪比，这个下界函数可以表示为

$$\tilde{\zeta}(x) = \begin{cases} \min\left\{\zeta\left(x, f_{\rm c} - \dfrac{B}{2}\right), \zeta\left(x, f_{\rm c} + \dfrac{B}{2}\right)\right\}, f \in B \\ 0，其他 \end{cases} \tag{5-29}$$

其中，$f_{\rm c}$表示中心频率，B 表示信道带宽。考虑加性高斯白噪声的干扰，水声信道容量可以表示为

$$R(x) = B{\rm lb}\left(1 + \frac{P_{\rm SL}\tilde{\zeta}(x)}{B}\right) \tag{5-30}$$

其中，$P_{\rm SL}$是传输功率。根据文献[42]，电功率$P_{\rm T}$可以转换为水声传输功率$P_{\rm SL}$，过程如下

$$I_{\rm T} = \frac{\eta P_{\rm T}}{2\pi H} \tag{5-31}$$

$$P_{\rm SL} = 10\lg\frac{I_{\rm T}}{1\mu{\rm Pa}} \tag{5-32}$$

其中，η 表示电子电路的整体效能，H 表示水深。当 1μPa 设置为 0.67×10^{-22} Watts/cm^2 时，$I_{\rm T}$表示距离发射器 1 m 处的强度。

2. 传感器信道模型

假设锚定在海底的 N 个传感器节点随机分布在任务区域内，它们会根据特定的分簇机制被分为若干个簇。如前文所述，每个传感器节点的初始能量E_0都相等。传感器节点的能耗主要由传输数据、接收数据和处理数据产生。

鉴于簇首节点和普通节点的操作模式和工作内容不同，需要分别计算它们的能耗。以一个簇内的所有节点为例，首先分析该簇内 1 个簇首节点的能耗，它由 4 个部分组成，一是簇首节点广播身份信息所产生的能耗，这是因为被选定的簇首节点需要在第一时间向簇内普通节点传输含有其位置和 ID 的身份信息，而发送这部分身份信息将产生能耗。其他 3 个部分分别是汇聚普通节点采集到的原始数据所产生的能耗、融合处理这些数据所产生的能耗，以及将处理后的数据发送给 UUV 所产生的能耗。将上述 4 个能耗分别定义为$E_{\rm br}$、$E_{\rm r}$、$E_{\rm f}$和$E_{\rm s}$。根据式（5-23）和式（5-24），$E_{\rm br}$可以被表示为

$$E_{\rm br} = l_{\rm b} p_0 d_{\rm b}^{1.5} a^{d_{\rm b}} \tag{5-33}$$

其中，l_b 是簇首节点广播信息大小，d_b 是信号广播距离。

E_r 可以表示为

$$E_r = P_r \sum_{i=1}^{j} T_i \tag{5-34}$$

其中，$T_i = R(d_i)t_i$ 表示簇首节点接收到来自第 i 个普通节点传输的数据大小，d_i 表示两者之间的距离，P_r 是一个常数，取决于传感器自身性能。t_i 表示传输时间，表示为

$$t_i = \frac{V_s}{d_i} \tag{5-35}$$

其中，V_s 表示声速，通常等于 1 500 m/s。

为了避免簇内出现信息冗余，簇首节点通常需要对收集到的数据信息进行预处理，然而在大部分基于 UUV 的海洋信息获取研究中，传感器融合处理采集到的数据信息这部分能耗却往往被忽视了，或者是简单地当成一个常数来处理，这显然不符合真实的应用场景。因此，本节借鉴文献[43]的思路，采用加权平均的方式进行数据融合。假设簇内有 j 个普通节点，它们都完成了信息采集工作。簇首节点需要对接收到的来自普通节点的数据进行数据融合，融合之后的数据大小为 T_f，表示为

$$T_f = \sum_{i=1}^{j} w_i T_i \tag{5-36}$$

其中，w_i 是一个权重系数，满足

$$\sum_{i=1}^{j} w_i = 1 \tag{5-37}$$

因此，簇首节点将处理后的数据发送给 UUV 所产生的能耗 E_s 可以表示为

$$E_s = T_f p_0 h^{1.5} a^h \tag{5-38}$$

其中，h 是 UUV 距离海底的高度，而簇首节点融合处理数据所产生的能耗 E_f 可以表示为

$$E_f = E_{DA} \sum_{i=1}^{j} T_i \tag{5-39}$$

其中，E_{DA} 表示传感器节点进行数据预处理所需的能耗，通常被设置为 5 nJ/bit。

综上，把这 4 部分的能耗叠加，即可求解出一个簇内的簇首节点的能耗 E_{ch}，表示为

$$E_{\mathrm{ch}}=E_{\mathrm{br}}+E_{\mathrm{r}}+E_{\mathrm{f}}+E_{\mathrm{s}} \tag{5-40}$$

下面，分析簇内一个普通节点的能耗情况。它的能耗主要来自两个部分，一是它在初始阶段接收来自簇首节点身份信息所产生的能耗，二是它将采集到的水下数据信息发送给簇首节点产生的能耗。因此它的能耗 E_{cn} 可以表示为

$$E_{\mathrm{cn}}=T_i p_0 d_i^{1.5} a^{d_i}+l_{\mathrm{b}} P_{\mathrm{r}} \tag{5-41}$$

那么，簇内所有普通节点所产生的总能耗就是把单个节点的能耗线性叠加，表示为

$$E_{\mathrm{cn}}^{t}=\sum_{i=1}^{j} T_i p_0 d_i^{1.5} a^{d_i}+l_{\mathrm{b}} P_{\mathrm{r}} \tag{5-42}$$

5.3.3 水下分簇算法设计

本节的目的是设计一个低能耗的、高节点存活率的水下分簇算法。如前文所述，通过学习研究现有的方法可知，基于位置的分簇手段在平衡网络负载方面有很大优势，同时簇首节点的能耗远大于普通节点，因此易出现失效的问题。而LEACH 算法中，簇首节点轮换的思路可以直接解决这个问题。因此，在借鉴传统方法优势的基础上，本节提出了一种具有能量感知的自适应水下分簇算法，即一种改进的节能型 K-Means 算法，也就是基于改进 K-Means 算法的能量高效聚类（ECBIK）算法。

K-Means 算法有很好的聚类分簇效果，但其随机选择 k 值的方式显然不适用于水下场景，因此，需要事先确定具体的分簇的数量。这里，本节采用一种基于节点位置信息的肘方法[44]。具体来说，对于 N 个待分簇的节点，假设 k 值从 1 逐一增长到 N，而每个 k 值都将对应一个 SSE 值，两个相邻的 k 值产生的 SSE 的差值为 ΔS 。

不难想象，随着 k 值的增大，SSE 值递减，当假设的 k 值小于真实 k 值时，这种递减的趋势会非常明显，但是当假设的 k 值大于真实的 k 值时，这种趋势会趋于平缓。因此，SSE 值变化率最大的点所对应的 k 值，就是真实的簇的数量 k，它可以表示为

$$k=\underset{k}{\operatorname{argmax}}\, \Delta S(k)-\Delta S(k+1) \tag{5-43}$$

这种基于位置信息求解 k 值的方法与传统的 K-Means 算法类似，对分簇效果的增益十分明显。得到准确的 k 值之后，采用 K-Means 算法对传感器节点进行分簇，待分簇完毕后，选择距离质心最近的节点为首轮次的簇首节点。这里，本节借鉴了 LEACH 算法中“轮”的思想，引入一种簇首的动态选择机制。本节定义

普通节点首先采集海洋信息，然后传送给同簇的簇首节点，簇首节点汇总采集到的数据后传输给 UUV，这个过程为一轮，每一轮都会重新选择新的簇首节点，选择簇首节点的概率为$T(s)$，表示为

$$T(s)=\begin{cases}\dfrac{1}{1+\mathrm{e}^{-(\omega_1 d_s+\omega_2 E_j+\lambda)}}, & s\in G\\ 0，其他 \end{cases} \tag{5-44}$$

其中，G 表示上一轮为被选为簇首节点的目标集合，d_s 表示该节点到质心的距离的倒数，E_j 表示该节点当前剩余能量（$E_j=E_0-E_{\rm ch}$）。ω_1 和 ω_2 分别表示节点位置和剩余能量的权重系数，λ 表示偏斜的常数。可以发现，当 d_s 和 E_j 趋于无穷时，$T(s)$ 趋近于 1，也就是说距离质心越近的、自身剩余能量越大的节点大概率会被选为簇首节点。因此，本节所提出的 ECBIK 算法是一种具有能量感知的自适应算法。之后，重复上述过程，直至节点能量耗尽。详细流程如算法 5-1 所示。

算法 5-1　能量感知的自适应水下分簇算法

1．初始化：maxround、n、D、$l_{\rm b}$、$l_{\rm f}$、E_0、$E_{\rm f}$、T_i、$p_{\rm r}$、p_0、ω_1、ω_2、f

2．for $k \in [1, n]$ do

3．　　通过式（5-18）计算 K-Means 中 SSE 值的斜率 S then

4．　　记录 S 的列表$[S_1, S_2,\cdots, S_n]$;

5．　　for $k \in [1, n-1]$ do

6．　　　　计算 $\Delta S_k = S(k)-S(k+1)$ then

7．　　　　记录 ΔS 列表$[\Delta S_1, \Delta S_2,\cdots, \Delta S_{n-1}]$;

8．　　　　通过式（5-43）计算 k 值;

9．　　　　将 k 值作为簇的数量;

10．　　end for

11．end for

12．运用式（5-18）～式（5-20）进行分簇，然后将距离质心最近的节点作为首轮次的簇首节点

13．for 每一轮$\in$[1, maxround] do

14．　　通过式（5-42）计算每一轮存活的普通节点的剩余能量;

15．　　通过式（5-40）计算簇首节点的能耗;

16．　　更新簇首节点候选集;

17．　　for 在候选集中的每个节点 do

18．　　　　通过式（5-44）计算某个节点被选为簇首节点的概率 $T(s)$;

19．　　　　if 随机产生的数$\leqslant T(s)$ then

20．　　　　　　将该节点设置为簇首节点;

21.   将该节点从下一轮次的簇首节点候选集中剔除;
22.   end if
23.   end for
24. end for

5.3.4 仿真分析

为了验证所提算法的性能，下面通过仿真实验，特别是对比实验来验证其可行性。

1. 参数设置

首先设置实验环境的具体参数。考虑一个 500 m×500 m 的浅海环境，在此任务区域内，随机分布 120 个传感器节点，UUV 在距离海底 20 m 的平面做运动，水下的传输频率 $f = 25$ kHz。其他相关的参数设置如表 5-3 所示。

表 5-3 参数设置

参数名称	值
最小传输能耗 p_0/J	0.001
簇首节点广播信息大小 l_b/bit	50
信号广播距离 d_b/m	100
常数 P_r	0.002
数据预处理所需能耗 E_{DA} /(nJ·bit^{-1})	5
UUV 距离海底的高度 h/m	30
船舶活跃因子 s	0.5
权重系数 ω_1, ω_2	10^3, 10
风速 w/(m·s^{-1})	0

2. 结果对比与分析

簇首节点选择概率 $T(s)$中包含了两个超参数 ω_1 和 ω_2。为了确保 ECBIK 算法的性能，需要预先对这两个参数进行讨论，找到能够使算法性能最优的取值范围。

为了验证不同权重取值对算法性能的影响，下面区分了 4 种情况来讨论，即(ω_1, ω_2)= (0, 0), (100, 0), (0, 100), (100, 100)。这 4 种情况分别代表选择簇首节点时既不考虑节点位置，也不考虑剩余能量；仅考虑节点位置，不考虑剩余能量；仅考虑剩余能量，不考虑节点位置以及既考虑节点位置又考虑剩余能量。

不同权重系数对算法性能的影响如图 5-11 所示。

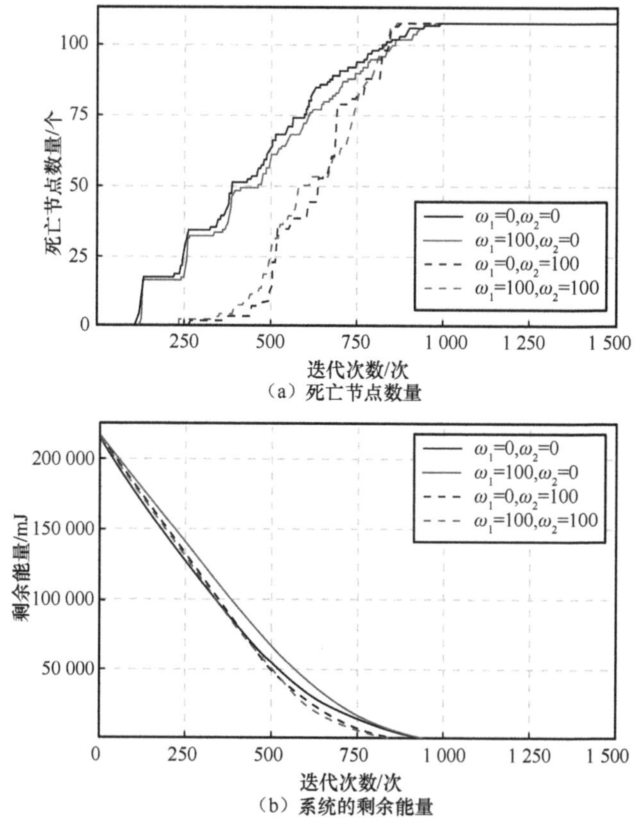

（a）死亡节点数量

（b）系统的剩余能量

图 5-11　不同权重系数对算法性能的影响

图 5-11（a）的死亡节点数量反映了节点存活率。从图 5-11（a）中可以看到，在数据采集的初始阶段，第一种和第二种情况的死亡节点数量明显要多于第三种和第四种情况。这说明没有考虑节点的剩余能量会加快节点失效。但是在数据采集的收尾阶段，节点位置优先考虑的第二种情况下的节点存活率反而要高于剩余能量优先考虑的第三种情况。这说明忽视了节点位置将会导致更多能耗，以致迅速出现节点失效。综上，节点存活率受自身剩余能量的影响，同时也与节点的位置有关。

图 5-11（b）的剩余能量反映了系统的能耗。从图 5-11（b）中可以看到，第二种情况全程都保持了最优的能耗，这说明仅考虑位置的情况能耗最小。此外，第一种情况在初始阶段能耗最高，但是在数据采集的收尾阶段，它的能耗反而优于第三种和第四种情况。这是因为初始阶段所有节点具有相等的能量储备，随机选择簇首节点的方式不利于系统节能，但随着节点的持续工作，能量逐步减少，且位置不同会导致各个节点的剩余能量出现差异，一些位置相对较优（距离质心近）的节点因优先充当簇首节点而能耗较大；距离质心远的节点反而剩余能量多，这些节点将被

优先选为簇首节点，并快速产生大量的能耗。综上可知，能耗仅与节点的位置相关，与剩余能量无关。因此，为了提升算法的性能，在设置权重系数时必须着重考虑节点位置的影响。本节将(ω_1, ω_2)设置为$(10^3, 10)$。

接下来，将本节所提算法 ECBIK 与常用的水下分簇算法 LEACH-L 和 K-Means 进行对比实验，以验证 ECBIK 算法的性能。不同算法的性能对比如图 5-12 所示。

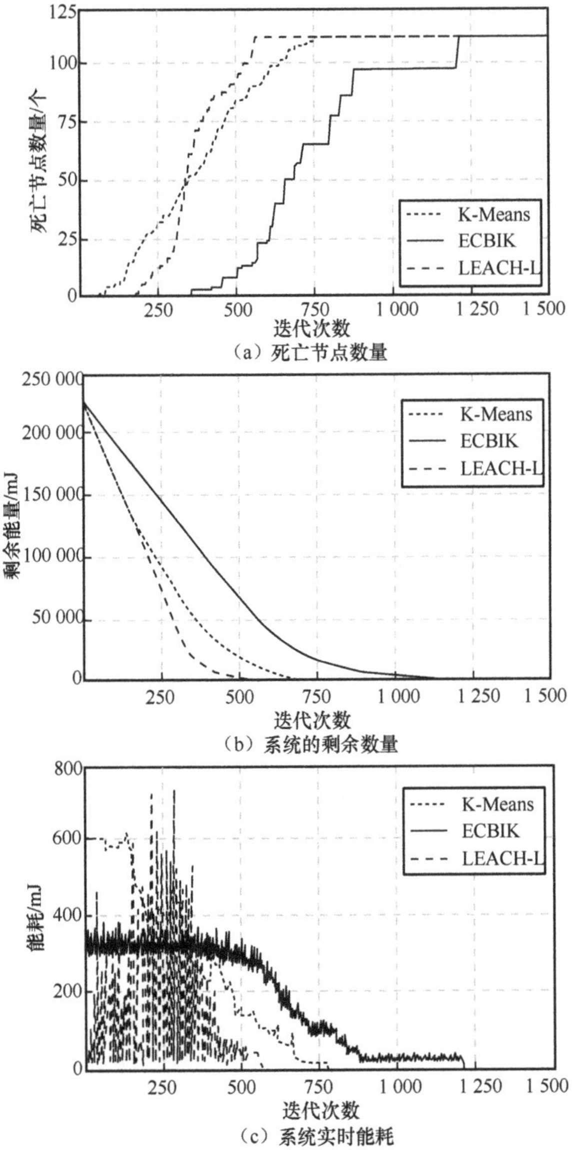

（a）死亡节点数量

（b）系统的剩余数量

（c）系统实时能耗

图 5-12　不同算法的性能对比

图 5-12（a）的死亡节点数量反映了节点存活率。从图 5-12（a）中可以看到，LEACH-L、K-Means 和 ECBIK 首次出现死亡节点的迭代次数分别是 176 次、65 次和 350 次；节点全部死亡的迭代次数分别是 561 次、765 次和 1 232 次。因此，无论是首次出现死亡节点还是节点全部死亡的迭代次数，ECBIK 都是最优的。相较于 LEACH-L 和 K-Means，ECBIK 分别将首次出现死亡节点的时间延长了 98.9%和 438.5%。出现上述情形的原因如下，K-Means 不是自适应算法，所以首先出现死亡节点；LEACH-L 的簇首节点选择方式没有充分考虑节点位置信息，因此能耗过大而首先出现全部节点死亡；ECBIK 不仅借鉴了传统算法的自适应性，而且在簇首节点的选择上兼顾位置信息。因此，无论是首次出现死亡节点还是节点全部死亡的时间都得到了延长。

图 5-12（b）的剩余能量反映了系统的能耗。从图 5-12（b）中可以看到，ECBIK 全程都保持了最低的能耗。图 5-12（c）反映了系统的实时能耗情况。从图 5-12（c）中可以看到，虽然 ECBIK 与 LEACH-L 都是自适应算法，但前者的稳定性明显优于后者。这是因为 ECBIK 在选择簇首节点时不仅考了节点的剩余能量还考虑了节点位置信息，每次迭代的能耗相对均衡。因此，相较于传统的水下分簇算法，ECBIK 能耗最优。

负载平衡因子（LBF）是簇中普通节点数量方差的倒数，表示簇首节点的负载平衡能力，即分簇效果的均衡程度。因此，LBF 越大，分簇效果越好，网络的负载平衡能力越佳。LBF 可以表示为

$$\mathrm{LBF}=\frac{k}{\sum_{n=1}^{k}(x_n-u)^2} \tag{5-45}$$

其中，k 表示簇的数量，x_n 表示第 n 个簇内所有节点的数量，u 表示每个簇的平均节点数，$u=\dfrac{N-k}{k}$。不同算法的 LBF 值对比如图 5-13 所示。

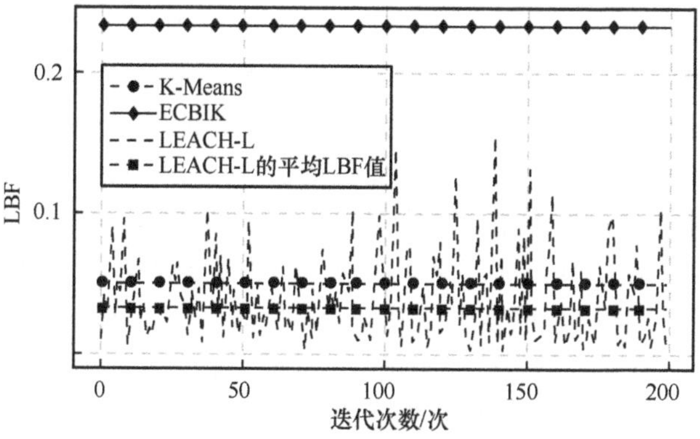

图 5-13　不同算法的 LBF 值对比

从图 5-13 中可以看到，LEACH-L 是一条浮动的曲线，而 K-Means 和 ECBIK 是两条直线。这是因为 LEACH-L 每次迭代都会重新分簇，所以 LBF 值会发生变化。而后两种算法只进行一次分簇，所以 LBF 值不变。具体来看，K-Means 和 ECBIK 的 LBF 值分别为 0.050 和 0.232，LEACH-L 的平均 LBF 值为 0.032。显然，ECBIK 具有最好的分簇效果和网络负载平衡能力。综上，相较于传统水下分簇算法，ECBIK 不仅具有最高的节点存活率，而且能耗最优，且具有较好的稳定性，在分簇的实际效果和网络负载平衡方面也有较大的优势，达到了算法设计的初衷和目的。

3. 时间复杂度分析

算法的时间复杂度是执行算法所耗费的时间成本，它反映了算法的资源占用情况，是用来衡量算法是否可行的重要指标。算法的时间复杂度分析如表 5-4 所示。从表 5-4 中可知，ECBIK 与 K-Means 的时间复杂度都是 $O(n)$，小于 LEACH-L 的时间复杂度 $O(n^2)$。从具体的求解时间来看，即便当水下节点数量达到 1 000 个时，ECBIK 的求解时间也只需要 8 s 左右。因此，ECBIK 切实可行。

表 5-4 算法的时间复杂度分析

算法	时间复杂度	求解时间/s				
		n=10	n=50	n=100	n=500	n=1 000
K-Means	$O(n)$	0.080	0.196	0.348	1.734	2.783
LEACH-L	$O(n^2)$	0.047	0.406	1.006	26.251	105.672
ECBIK	$O(n)$	0.232	0.671	0.834	4.281	8.067

5.4 基于 UUV 的水下物联网分层数据采集方案

海洋物联网的数据采集是海天一体信息网络要解决的关键问题之一。现有的水面物联网数据采集方式均无法应用到水下，因此本节将基于水下应用环境特性研究水下物联网数据采集问题，并设计相应解决方案。水下无线传感器网络具有布设成本低、灵活性高等优点，逐渐成为目前水下观测的主流方式。然而，受限于水下独特的传输环境，常规的无线通信手段不再适用，水声通信仍是目前唯一可靠的水下中远距离通信手段，其也面临带宽窄、速率低、传播介质不均匀等问题，且水下物联网节点受限于电池容量无法提供高功率补偿传输损耗，因此以水声通信为主的水下物联网目前尚无法实现大规模数据的远距离可靠传输。

UUV 是海天一体信息网络的常驻平台，是水下物联网的重要组成部分[45]。由于其具有和 UAV 类似的灵活可控的优势，且电池容量和存储空间较充足，因此非常适合用作水下的移动信息采集节点支撑水下物联网数据采集。UUV 可以由海上基站进行控制，在有数据采集任务时，其可以巡航到水下物联网节点上空建立短程的水声通信链路实施数据采集，在任务完成后还可以回到海上基站附近，利用短程水声通信或有缆通信方式进行数据回传，既有利于提高数据采集效率，又可以降低水下物联网节点传输能耗。基于这一思路，本节将探索基于 UUV 的水下物联网分层数据采集方案。具体地，本节考虑一个由物联网节点–汇点–UUV 构成的水下分层数据采集系统，其中，汇点负责采集和转发水下物联网节点数据，UUV 则负责直接和汇点建立通信链路实施数据采集。本节重点关注该数据采集系统中的汇点选择问题和 UUV 路径规划问题，并通过优化汇点选择实现节点负载均衡，通过优化 UUV 路径实现数据采集过程中网络能效最大化。

本节的研究内容和贡献如下。

（1）通过引入信息价值作为新的衡量指标，本节研究了基于 UUV 的水下物联网分层数据采集方案，通过优化汇点选择和 UUV 路径规划，实现了水下物联网的负载均衡和以信息价值为度量的网络能效的最大化。

（2）针对汇点选择问题，本节基于节点的不同工作模式推导了其数据传输过程中的时延和能耗模型，并提出了一种时延–能耗折中的汇点选择方案，既实现了负载均衡，又通过缩短时延优化了节点数据的信息价值。

（3）针对 UUV 路径规划问题，本节建立了整数线性规划（ILP）模型来对该问题进行分析，并基于分支定界法设计了最优路径规划算法，同时基于蚁群优化算法和遗传算法设计低复杂度的次优路径规划算法。

5.4.1　相关技术研究综述

目前，针对水面物联网的数据采集方案已经有大量研究，且相关研究主要围绕现有海洋通信系统展开。针对现有的 VHF 通信系统，文献[46]基于 IPv6 和 CoAP 设计了适用于水面物联网的传输协议，并通过仿真验证该协议可以在短距离通信范围内提升通信系统鲁棒性。通过利用水面无人艇（USV）作为海上中继，文献[47]提出了适用于近海场景的水面物联网数据回传方案，并基于拍卖模型设计了动态的带宽资源分配方法。文献[48]研究了基于卫星的数据采集系统，并围绕干扰控制问题重点研究了其中的接入控制协议和频谱资源分配。文献[49]通过引入分布式天线技术设计了基于岸基移动通信系统的数据采集方案，并基于信道特性研究了其中的天线选择方法。然而，这些研究并不适用于新型海天一体信息网络，也没有解决由高路径损耗和传输功率受限带来的通信速率低等问题。UAV 是海天一体信息网络中的重要常驻平台，具有部署方便、移动可控等优点，因此非常适合用作空中的移动信息采集节点支撑水面物联网的数据采集。一方面，UAV 可以飞到水面物联网节点上空建立短程通信链路降低路径损耗；另一方面，UAV 可以建立 LOS 链路避免海洋海浪干扰。在陆地物联网系统中，UAV 是主要的数据采集解决方案，已经有大量相关研究。文献[50-51]分别研究了二维和三维场景下 UAV 的最大覆盖范围和相应的位置坐标优化问题。文献[52-53]重点研究了UAV在数据采集过程中的轨迹优化问题。文献[54]研究了UAV在无线供能的物联网系统中的应用，并以最大化最小上行传输速率为目标研究了其中的UAV轨迹优化和带宽资源分配问题。文献[55]研究了物联网节点的睡眠及激活过程，并据此设计了UAV的最优运动模式以及轨迹和功率资源的联合优化方法。在上述工作中，UAV和物联网节点之间都是采用正交多址接入（OMA）进行数据传输，然而在OMA系统中，接入节点的数量受限于信道的数量，因此无法同时服务大量物联网节点，频谱效率没有得到充分利用。为了进一步提升系统吞吐量和频谱效率，近几年，基于非正交多址接入（NOMA）的UAV数据采集方案得到了越来越多的关注。围绕UAV和NOMA结合的应用场景，文献[56]研究了其中的公平传输问题，并以最大和最小传输速率为目标设计了传输功率、带宽和UAV位置的联合优化方法。文献[57]围绕最大上行传输容量优化，研究了基于NOMA的UAV系统的位置和传输功率的联合优化方法。文献[58]则重点研究了UAV-NOMA系统中的轨迹优化和NOMA传输编码问题，并通过仿真证明相比于OMA系统，基于NOMA的数据采集系统能够显著提升传输容量。

由于水声通信是目前唯一可靠的水下中远距离通信手段，因此水下物联网的数据采集方案研究主要围绕水声传感器网络（UWASN）展开。文献[59]总结了二维和三维应用场景中UWASN的架构，并针对不同应用场景分别讨论了数据的跨层传输方法。文献[60]基于节点的聚簇过程构建了分层的数据传输体系，并基于随机几何理论以及水声信号的传播特性，设计了网络容量传输模型。文献[61]则进一步分析了UWASN中的聚簇问题，并在高斯分布模型下给出了UWASN最佳簇数的分析框架。然而这些研究都是通过UWASN中的多跳传输实现数据回传，并没有解决传输过程中速率低、可靠性差等问题，因此难以实现大量数据的长距离传输。随着UUV的推广应用，利用UUV辅助UWASN进行数据采集吸引了大量研究者注意。一方面，UUV拥有和UAV类似的灵活可控的优势，可以建立短程的水声通信链路保证稳定性和传输速率；另一方面，UUV拥有较为充足的能量储备，适合水下长时间的航行和数据采集。围绕UUV支撑UWASN的数据采集问题，文献[62]提出了一种基于位置预测的数据采集方案，通过UUV轨迹和节点调度联合优化克服了数据采集过程中的高能耗问题。文献[63]研究了UWASN中UUV的路径规划问题，并基于经典的Dijkstra算法设计了UUV的单源最短路径方案。文献[64]基于栅格模型研究了在数据采集过程中UUV路径距离和旋转角度联合优化问题。文献[65]将UUV路径规划问题建模为经典的旅行商问题（TSP），并针对不同的TSP场景设计了不同的求解方法。上述工作只关注了UUV的设计，忽略了水下节点数据的差异性对数据采集过程的影响。为了解决这个问题，部分学者提出了信息价值的概念，并将其作为新的指标衡量水下数据采集方案。信息价值一般与水下节点对应的监测事件的重要性和数据的时效性有关，一般来说，水下节点监测的事件越重要、数据的时效性越强，数据的信息价值也就越高[66-68]。围绕数据采集过程中的信息价值优化问题，文献[66]将 UUV 路径规划问题建模为以最大化信息价值为目标的整数线性规划（ILP）问题，并提供了启发式解决方案。文献[68]将基于信息价值的 UUV 路径规划问题建模为无约束优化问题，并使用动态规划算法给出了最优求解方案。上述工作并没有考虑水下节点的能力差异和异构性，也没有考虑节点的负载均衡和能量管理问题，因此不适用于大规模数据采集场景。本节将关注水下物联网大规模数据采集场景，并基于 UUV 构建水下物联网分层数据传输体系，研究水下物联网的高效数据采集问题。本节将以信息价值为衡量指标，通过节点能量管理和 UUV 路径规划设计合理的数据采集方案，实现节点负载均衡和网络能效的最大化。

5.4.2　基于时延-能效折中的汇点选择

1. 系统模型

基于 UUV 的水下物联网分层数据采集系统如图 5-14 所示，本节考虑的水下物联网分层数据采集系统主要由海上基站、UUV 和 N 个水下物联网节点构成，其中 UUV 由海上基站进行控制并对水下物联网节点进行数据采集，在完成数据采集任务之后 UUV 将返回海上基站进行数据回传，再由海上基站以无线通信的方式将数据回传到陆地的数据中心。不失一般性，本节假设 N 个物联网节点可以被分成 M 组，每组负责完成某个特定的水下监测任务，且所有物联网节点的位置可以通过水下定位手段[69]获得。为了提升数据采集的效率，本节假设在数据采集过程中，每组物联网节点会选出一个节点作为汇点直接与 UUV 建立水声通信链路，并转发组内其他节点的数据，所有汇点组成的集合为 $\mathcal{S}=\{S_1,S_2,\cdots,S_M\}$。传输和接收数据会导致一定的能量损耗，本节假设对于每一个节点，其传输功率和接收功率分别为 P_{T} 和 P_{R}。

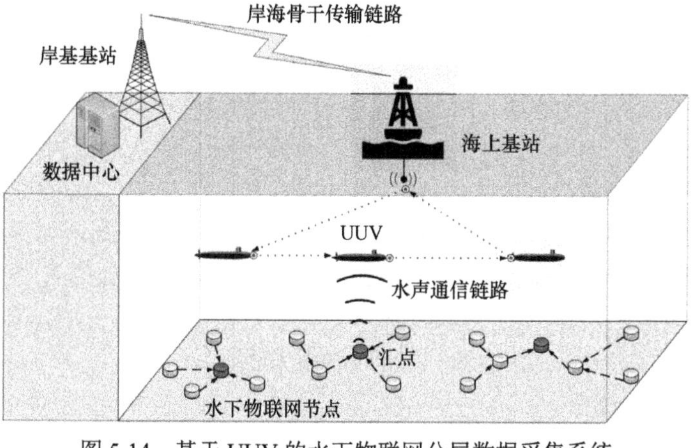

图 5-14　基于 UUV 的水下物联网分层数据采集系统

2. 汇点数据模型

对于该分层数据采集系统，汇点负责接收并转发组内其他节点的数据并直接与 UUV 建立水声通信链路。因此当 UUV 开始访问汇点 S_i 时，S_i 会将它接收并存储的数据盖上时间戳后打包上传。假设 S_i 的数据包长度为 $L_{S,i}$，时间戳为 $T_{S,i}$。考虑不同组的物联网节点负责监测不同的任务，如某些组负责采集水温、盐度等信息，而某些组则负责监控水下管道泄漏等信息，由于不同任务的重要性不同，不同组汇点的数据在价值方面存在差异性。为了衡量节点数据的不同价值对数据采集过程的影响，本节引入信息价值[66-68]的概念用于量化节点数据差异性。具体地，节点数据的信息价值与其监测任务的重要性和数据的时效性有关，其监测的任务越重要，数据的时效性越强，则信息价值也越高。对于汇点 S_i，本节假设其数据具有一个反映其监测任务重要性的初始价值 $E_{S,i} \in [0, E_{S,\max}]$，并且该价值会随着数据时效性的降低而下降。用 $\mathcal{V}_{S,i}(t)$ 表示 t 时刻汇点 S_i 数据的信息价值，则 $\mathcal{V}_{S,i}(t)$ 可以定义为[66-68]

$$\mathcal{V}_{S,i}(t) = \begin{cases} \beta E_{S,i} + (1-\beta) E_{S,i} f(t), & t \geqslant T_{S,i} \\ 0, & \text{其他} \end{cases} \tag{5-46}$$

其中，β 是表示数据初始价值与时效性折中关系的权重系数，$f(t)$ 用于衡量数据的时效性。一般来说，$f(t)$ 值随着 t 的增长而单调下降，即当 $t = T_{S,i}$ 时，$f(t)$ 值最大，代表数据的时效性最优；当 $t > T_{S,i}$ 时，$f(t)$ 值随着 t 的增大而减小。将 $f(t)$ 定义为 $f(t) = \mathrm{e}^{\frac{-(t-T_{S,i})}{\alpha}}$，其中 α 是比例因子。

3. UUV 轨迹模型

在每次数据采集过程中，为了采集所有节点的数据，UUV 将从海上基站处开始巡航，依次访问每一个汇点并采集它们的数据，之后再返回海上基站进行回传。当 UUV 巡航到汇点 S_i 上空时，它将与该汇点建立短程的水声通信链路进行数据采集，并在采集完成后通过直线路径行进到下一个汇点。为了避免 UUV 受到水下湍流或者凸起海床的影响，本节假设在数据采集过程中，UUV 始终巡航在固定的高度 h，并保持固定的航速 V_{uuv}。为了尽量减小所有汇点数据的信息价值损失，UUV 的巡航路径需要进行提前规划。假设将海上基站表示为 S_0，那么 UUV 的水下巡航路径实际上可以用包含所有汇点的一组序列表示。例如，如果 UUV 按照汇点标号的顺序进行数据采集，那么 UUV 的巡航路径可以表示为 $S_0 \to S_1 \to S_2 \to \cdots \to S_M \to S_0$。为了表述方便，本节用 $P = [S_0, P_1, P_2, \cdots, P_M, S_0]$ 表示 UUV 的巡航路径，其中 $P_i \in \mathcal{S}$ 表示 UUV 访问的第 i 个汇点。

4. 水声信道模型

假设该数据采集系统工作在浅水环境，且该传播环境在空间和时间上都是同

质的，则在该环境中，通信频率为f的水声信号在传输距离为l时受到的路径损耗可以表示为[70]

$$A(l,f)=l^{k}a(f)^{l} \tag{5-47}$$

其中，k是传播因子，在实际应用中通常取值为1.5。$a(f)$表示吸收系数，单位为dB/km，f的单位为kHz。$a(f)$可以进一步用索普公式进行建模。

$$10\lg(a(f))=\frac{0.11f^{2}}{1+f^{2}}+\frac{44f^{2}}{4100+f^{2}}+2.75\times10^{-4}f^{2}+0.003 \tag{5-48}$$

假设该场景中不存在其他特殊的噪声，那么外界噪声的功率谱密度可以表示为

$$N(f)=N_{\rm t}(f)+N_{\rm s}(f)+N_{\rm w}(f)+N_{\rm th}(f) \tag{5-49}$$

其中，$N_{\rm t}(f)$、$N_{\rm s}(f)$、$N_{\rm w}(f)$和$N_{\rm th}(f)$分别代表湍流噪声、船只噪声、海浪噪声和热噪声，它们的单位都是 dB re μPa 。这些噪声可以用下列经验计算式进行估算[71]。

$$\begin{aligned}
&10\lg N_{\rm turb}(f)=17-30\lg f\\
&10\lg N_{\rm ship}(f)=40+20\left(s-\frac{1}{2}\right)+20\lg f-40\lg(f+0.4)\\
&10\lg N_{\rm wave}(f)=50+7.5w^{\frac{1}{2}}+20\lg f-40\lg(f+0.4)\\
&10\lg N_{\rm ther}(f)=-15+20\lg f
\end{aligned} \tag{5-50}$$

其中，s和w分别表示船只活动强度和风速。因此受到路径损耗$A(l,f)$和外界噪声$N(l,f)$的双重影响，在单位传输功率和单位带宽下，水声信号的信噪比（SNR）可以表示为

$$\gamma(l,f)=\frac{1}{A(l,f)N(f)} \tag{5-51}$$

注意到，与电磁波在空气中的传播不同，在海洋环境中水声信号的 SNR 既受到传输距离l的影响，也受到通信频率f的影响，因此计算水声信道的传输容量十分困难。尽管水声信号是窄带信号，在计算其传输容量时，也需要在带宽范围内对式(5-51)进行积分计算。为了简化计算过程，本节考虑采用一个下界值来代替真正的信道容量，该下界值计算方式如下。在最优频率点$f_{\rm opt}(l)$附近定义一个 3 dB 带宽范围$[f_{\rm L}(l), f_{\rm U}(l)]$，其中$\gamma(l,f_{\rm L}(l))=\gamma(l,f_{\rm U}(l))=\gamma_{\rm opt}(l)-3$ dB。对于传输距离低于 1 km 的短程水声通信系统而言，其可获得的 3 dB 带宽在数十 kHz 左右。因此不失一般性，可以假设所有节点均采用窄带信号进行传输，且中心频率$f_{\rm c}$和传输带宽B均落在相应传输距离对应的 3 dB 带宽范围内。基于该假设，可以用式（5-52）所示的开关函数来代替水声信号的真实 SNR。

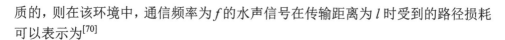

$$\gamma(x)=\begin{cases}\min\left\{\gamma\left(x,f_c-\dfrac{B}{2}\right),\gamma\left(x,f_c+\dfrac{B}{2}\right)\right\}, f\in B\\ 0,\ 其他\end{cases} \tag{5-52}$$

其中，$\tilde{\gamma}(l)$ 是 3 dB 带宽范围内的 SNR，而对于超出 3 dB 带宽的传输信号，可以选择将其忽略，因此，可以用 $\tilde{\gamma}(l)$ 作为一个下界代替水声信号真实的 SNR。基于以上的定义，假设水声信道是附加高斯白噪声信道，那么水声信道的传输容量可以表示为

$$R(l)=B\text{lb}\left(1+\frac{P_{\text{SL}}\tilde{\gamma}(l)}{B}\right) \tag{5-53}$$

其中，P_{SL} 表示声源级，单位是 dB re μPa。为了将物联网节点的电功率 P_{T} 转换为声源级功率 P_{SL}，应用了下列经验公式[72]

$$I_{\text{T}}=\frac{\eta P_{\text{T}}}{2\pi H} \tag{5-54}$$

$$P_{\text{SL}}=10\lg\frac{I_{\text{T}}}{1\mu\text{Pa}} \tag{5-55}$$

其中，η 和 H 分别是物联网节点电路的转换效率和水的深度，I_{T} 是参考距离 $l_0=1\,m$ 处的强度，而 1 μPa 取值为 0.67×10^{-22} Watts/cm²。

5. 基于信息价值的数据采集方案设计

假设在每次数据采集过程开始时，所有汇点的 ID 信息（如它们的位置、数据包长度和数据的初始价值等）都会以短消息广播[73]的形式告知海上基站，因此海上基站可以基于这些信息优化 UUV 的巡航路径从而实现数据采集过程所有汇点数据的信息价值最大化。由于每个汇点数据的初始价值已知，因此当该组数据被采集之后，它们的信息价值变化就仅由数据的时效性决定。接下来，以汇点 P_i 为例分析其数据的信息价值变化趋势。

假设 UUV 在 T_i 时刻访问 P_i，且 P_i 数据的初始价值为 E_i。则根据式(5-46)，当 $t<T_i$ 时，$\mathcal{V}_i(t)=0$；当 $t\geqslant T_i$ 时，$\mathcal{V}_i(t)=\beta E_i+(1-\beta)E_i\text{e}^{\frac{-(t-T_i)}{\alpha}}$。因此，$P_i$ 数据的信息价值变化主要取决于 UUV 在之后数据采集过程中花费的时间。当 UUV 在 T_{i+1} 时刻访问汇点 P_{i+1} 时，P_i 数据的信息价值将变为

$$\mathcal{V}_i(T_{i+1})=\beta E_i+(1-\beta)E_i\text{e}^{-\frac{t_{i\to i+1}}{\alpha}} \tag{5-56}$$

其中，$t_{i\to i+1}$ 表示 UUV 在汇点 P_i 和 P_{i+1} 之间花费的时间，可以表示为

$$t_{i\to i+1}=t_{\text{trans},i}+t_{\text{sail},i\to i+1} \tag{5-57}$$

其中，$t_{\text{trans},i}$ 表示汇点 P_i 处的数据传输时间，$t_{\text{sail},i\to i+1}$ 表示 UUV 从汇点 P_i 到 P_{i+1} 处的

航行时间。$t_{\text{trans},i}$ 和 $t_{\text{sail},i\to i+1}$ 可以进一步分别表示为[74]

$$t_{\text{trans},i}=\frac{h}{V_{\text{sound}}}+\frac{L_i}{R(h)} \tag{5-58}$$

$$t_{\text{sail},i\to i+1}=\frac{d_{i,i+1}}{V_{\text{uuv}}} \tag{5-59}$$

其中，$\frac{h}{V_{\text{sound}}}$ 表示水声传播时延，$V_{\text{sound}}=1\,500\text{ m/s}$ 表示水声传播速度，$\frac{L_i}{R(h)}$ 表示数据传输时延，$d_{i,i+1}$ 表示汇点 P_i 和 P_{i+1} 之间的距离。当 UUV 在 T_{M+1} 时刻返回海上基站时，UUV 已经访问了所有的 M 个汇点且汇点 P_i 数据的信息价值变为

$$\mathcal{V}_i(T_{M+1})=\beta E_i+(1-\beta)E_i\mathrm{e}^{-\sum\limits_{k=i}^{M}\frac{t_{k\to k+1}}{\alpha}} \tag{5-60}$$

本节的研究目标是通过优化UUV的巡航路径来最大化整个网络所有汇点数据的信息价值，因此该问题可以建模成如下无约束优化问题

$$\max_{P}\sum_{i=1}^{M}\mathcal{V}_i(P) \tag{5-61}$$

6. 基于时延–能效折中的汇点选择

由于本节考虑的是分层的数据采集系统，因此在优化 UUV 巡航路径之前，需要首先进行汇点选择。对于普通节点而言，式（5-46）中定义的信息价值模型仍然适用，而由于同组节点的数据具有相同的初始价值，其数据的信息价值损失仅由传输时延决定，因此一个自然而然的汇点选择方法是选择可以使全组节点总传输时延最小的节点作为汇点，这样全组的信息价值损失就可以达到最小。但是，由于数据传输时延在很大程度上由传输距离决定，这样的汇点选择方法使中心区域的节点更容易在每一轮数据采集过程中被选作为汇点，这将会导致这些节点的过早死亡。由于水下物联网节点更换和充电都很不方便，因此能量管理是该系统设计过程中不可忽视的问题。为此，本节提出了一种时延–能效折中的低复杂度分布式汇点选择方案，该方案能够最大限度保存数据信息价值的同时均衡所有节点的能耗，从而保证网络的服务时间。下面，以其中一组节点为例详细解释该汇点选择方案。

由于保存信息价值和均衡负载是影响汇点选择的主要因素，而它们又进一步由传输时延和能耗决定，因此本节先以其中一组节点 C 为例分析其在数据传输过程中的时延和能耗情况。对于 C 中的某一个节点 C_i 而言，如果 C_i 是普通节点，它的数据传输时延 $\mathcal{T}_{\text{tr},C_i}$ 和能耗 $\mathcal{E}_{\text{tr},C_i}$ 主要来自将它的数据传输给组内的汇点，因此可以分别表示为

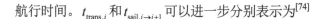

$$\mathcal{T}_{\mathrm{tr},C_i}=\frac{L_{C_i}}{R\left(l_{C_i}\right)}+\frac{l_{C_i}}{V_{\mathrm{sound}}} \tag{5-62}$$

$$\mathcal{E}_{\mathrm{tr},C_i}=P_{\mathrm{T}}\mathcal{T}_{\mathrm{tr},C_i} \tag{5-63}$$

其中，L_{C_i} 表示节点 C_i 的数据包长度，l_{C_i} 表示节点 C_i 到相应汇点的传输距离。

注意到对于所有待选汇点而言，由于传输功率 P_{T}、到 UUV 的传输距离 h 和组内数据包总长均相同，因此所有待选汇点到 UUV 的数据传输时延也都相同，因此只需要关注它们的能耗情况。如果 C_i 是汇点，那么它的能耗主要包括两部分：一是由于广播它的 ID 信息到海上基站带来的能耗，二是由于接收和处理其他节点数据带来的能耗。将第一部分的能耗表示为 $\mathcal{E}_{\mathrm{b},C_i}$，即

$$\mathcal{E}_{\mathrm{b},C_i}=P_{\mathrm{T}}\left(\frac{L_{\mathrm{b}}}{R(l_{\mathrm{b}})}+\frac{l_{\mathrm{b}}}{V_{\mathrm{sound}}}\right) \tag{5-64}$$

其中，L_{b} 和 l_{b} 分别代表广播数据包长度和最大广播距离。而对于第二部分的能耗，基于不同的假设，它有不同的计算形式。

假设 1 假设汇点不需要处理其他节点的数据，即所有接收到的数据都会被直接转发给 UUV，那么它相应的能耗 $\mathcal{E}_{\mathrm{tr-h1},C_i}$ 仅由接收数据能耗和转发数据能耗决定，即

$$\mathcal{E}_{\mathrm{tr-h1},C_i}=P_{\mathrm{T}}\sum_{j\in C}\frac{L_{C_j}}{R(h)}+\frac{P_{\mathrm{T}}h}{V_{\mathrm{sound}}}+P_{\mathrm{R}}\sum_{j\in C,\{C_i\}}\frac{L_{C_j}}{R\left(l_{C_j}\right)} \tag{5-65}$$

其中，前两项表示该汇点将数据传输给 UUV 的能耗，第三项表示接收其他节点数据的能耗。

假设 2 假设汇点具有一定的信息处理能力，由于同一组节点采集到的数据存在很大的信息冗余，因此在经过汇点融合处理之后转发给 UUV 的数据规模将远小于接收的数据规模。在这种情况下汇点第二部分的能耗 $\mathcal{E}_{\mathrm{tr-h2},C_i}$ 由接收数据能耗、转发数据能耗和数据处理能耗共同决定，即

$$\mathcal{E}_{\mathrm{tr-h2},C_i}=\frac{P_{\mathrm{T}}L_{\mathrm{f}}}{R(h)}+\frac{P_{\mathrm{T}}h}{V_{\mathrm{sound}}}+P_{\mathrm{R}}\sum_{j\in C,\{C_i\}}\frac{L_{C_j}}{R\left(l_{C_j}\right)}+\mathcal{E}_{\mathrm{f}}\sum_{j\in C}L_{C_j} \tag{5-66}$$

其中，L_{f} 表示经过汇点融合处理后的数据包的长度，$\mathcal{E}_{\mathrm{f}}$ 表示汇点处理 1 bit 数据所消耗的能量。因此，如果节点 C_i 被选作汇点，那么基于假设 1，它的总能耗为 $\mathcal{E}_{\mathrm{total},C_i}=\mathcal{E}_{\mathrm{b},C_i}+\mathcal{E}_{\mathrm{tr-h1},C_i}$；基于假设 2，它的总能耗为 $\mathcal{E}_{\mathrm{total},C_i}=\mathcal{E}_{\mathrm{b},C_i}+\mathcal{E}_{\mathrm{tr-h2},C_i}$。

本节在选择汇点时需要同时考虑数据传输时延和节点能耗的影响。将节点 C_i 的剩余能量表示为 $\mathcal{E}_{\mathrm{res},C_i}$，则按照时延和能耗均衡的思想，本节将汇点选择目标首先确定为

$$\min_{i\in C}\left(\mathcal{T}_{\text{total},C_i}-W_1\mathcal{E}_{\text{res},C_i}\right) \tag{5-67}$$

同时服从约束 $\mathcal{E}_{\text{res},C_i}-\mathcal{E}_{\text{total},C_i}>0$，其中 $\mathcal{T}_{\text{total},C_i}=\sum\limits_{j\in\mathcal{C},\{C_i\}}\mathcal{T}_{\text{tr},C_j}$ 表示该组节点总的数据传输时延，W_1 是用来衡量剩余能量重要性的权重因子。显然，W_1 值越小越有益于减小节点总传输时延从而保存信息价值，而 W_1 值越大越有益于均衡负载。此外，还需注意到汇点的选择会极大影响 UUV 的路径设计，从而影响整个系统的信息价值。由于 UUV 在一次数据采集过程中需要遍历所有的汇点，因此一个密集的网络拓扑结构要比一个稀疏的网络拓扑结构更有益于保存信息价值。为了优化 UUV 的路径，本节也将汇点之间的距离作为一个优化目标，并将本节的优化目标修改为

$$\min_{i\in C}\left(\mathcal{T}_{\text{total},C_i}-W_1\mathcal{E}_{\text{res},C_i}+W_2\sum_{j\in S_{\text{sel}}}d_{C_i,C_j}\right) \tag{5-68}$$

其中，S_{sel} 表示其他组汇点的集合，这些信息可以从其他组汇点的广播信息中得知，d_{C_i,C_j} 表示汇点 C_i 和 C_j 之间的欧氏距离，$W_2>0$ 是权重因子。因此，通过合理地选择 W_1 和 W_2，可以在保存信息价值和均衡负载之间进行折中。为了直观地定义汇点选择问题，本节引入了一个布尔类型参数 ς_i，其定义为

$$\varsigma_i=\begin{cases}1，& \text{若节点}C_i\text{被选作汇点}\\0, & \text{若节点}C_i\text{没有被选作汇点}\end{cases} \tag{5-69}$$

基于该定义，汇点选择问题可以被建模成如下的 ILP 问题

$$\min_{\varsigma_i}\sum_{i\in C}\left(\mathcal{T}_{\text{total},C_i}-W_1\mathcal{E}_{\text{res},C_i}+W_2\sum_{j\in S_{\text{sel}}}d_{C_i,C_j}\right)\varsigma_i \tag{5-70}$$

$$\text{s.t.}\ \sum_{i\in C}(\mathcal{E}_{\text{res},C_i}-\mathcal{E}_{\text{total},C_i})\varsigma_i\geqslant 0 \tag{5-70 a}$$

$$\sum_{i\in C}\varsigma_i=1 \tag{5-70 b}$$

$$\varsigma_i\in\{0,1\},\ \forall i\in C \tag{5-70 c}$$

具体地，约束条件式（5-70 a）确保被选出的汇点具有足够的剩余能量完成所有数据的处理和传输，约束条件式（5-70 b）确保只有一个节点会被选作汇点，而约束条件式（5-70 c）则表明每一个优化变量均只有二元的选择空间。考虑所有组中的待选节点是已知的，因此只需要对组内的每一个节点进行搜索即可以找到问题式（5-70）的最优解，用暴力搜索算法的计算复杂度仅为$\mathcal{O}(1)$，因此十分适合计算能力受限的水下物联网。汇点选择的具体流程如算法 5-2 所示。

算法 5-2　时延−能耗折中的汇点选择算法

1．输入：C、P_{T}、P_{R}、L_{b}、L_{f}、$\mathcal{E}_{\text{f}}$、W_1、W_2

2．初始化：汇点集合 $S_{\text{sel}}=\varnothing$

3．初始化：m=1，开始选择第 m 组的汇点；

4. while $m \leqslant M$ do

5. 获取节点的剩余能量 $\boldsymbol{\mathcal{E}}_{\text{res}}=[\mathcal{E}_{\text{res},1},\cdots,\mathcal{E}_{\text{res},|C|}]$ 和等待传输的数据包长度 $\boldsymbol{L}=[L_1,\cdots,L_{|C|}]$；

6. 计算 $\mathcal{T}_{\text{total},C_i}$ 和 $\mathcal{E}_{\text{total},C_i}$；

7. 计算 $\varsigma_i=\arg\min\sum_{i\in C}\left(\mathcal{T}_{\text{total},C_i}-W_1\mathcal{E}_{\text{res},C_i}+W_2\sum_{j\in S_{\text{sel}}}d_{C_i,C_j}\right)\varsigma_i$

s.t. 式（5-70 a）、式（5-70 b）、式（5-70 c）

8. 选择 $\varsigma_i=1$ 的节点作为汇点;

9. 更新汇点集合 S_{sel}，更新 $m=m+1$;

10. end while

11. 输出：汇点集合

5.4.3 基于信息价值的 UUV 路径规划

1. UUV 路径规划 ILP 模型

第 5.4.2 节给出了基于时延–能耗折中的汇点选择算法，下面将基于这些选择出来的汇点进行 UUV 路径规划。式（5-61）仅从形式上给出了 UUV 路径规划问题的定义，为了方便逻辑分析和编程求解，本节首先给出该问题的 ILP 模型。从 UUV 的角度看，整个网络可以用一张完全图 $G=\left(\mathcal{S}^+,\mathcal{F}\right)$ 建模，其中 $\mathcal{S}^+=\mathcal{S}\cup S_0$ 表示所有汇点和海上基站组成的集合，表示所有边的集合。为了表述方便，本节定义一个路径规划矩阵 $\boldsymbol{Z}_{M\times M}$，其中 $[\boldsymbol{Z}]_{i.j}=z_{i,j}$ 代表路径标识。如果 UUV 在第 i 个顺序访问汇点 S_j，即 $P_i=S_j$，则令 $z_{i,j}=1$，否则令 $z_{i,j}=0$。基于该定义，UUV 在第 i 个汇点 P_i 和在第 $i+1$ 个汇点 P_{i+1} 之间花费的时间可以表示为

$$t_{i\to i+1}=\frac{h}{V_{\text{sound}}}+\frac{\boldsymbol{Z}(i)\boldsymbol{L}_S}{R(h)}+\frac{\boldsymbol{D}(\boldsymbol{Z}(i)\boldsymbol{\Lambda},\boldsymbol{Z}(i+1)\boldsymbol{\Lambda})}{V_{\text{uuv}}} \tag{5-71}$$

其中，$\boldsymbol{Z}(i)=\boldsymbol{Z}(i,:)$ 表示矩阵 $\boldsymbol{Z}$ 的第 i 行，$\boldsymbol{L}_S=[L_{S_1},L_{S_2},\cdots,L_{S_M}]^{\mathrm{T}}$ 表示汇点 $[S_1,S_2,\cdots,S_M]$ 的数据包长度，$\boldsymbol{D}$ 表示欧氏距离矩阵，$[\boldsymbol{D}]_{i,j}=d_{i,j}$，$\boldsymbol{\Lambda}=[1,2,\cdots,M]^{\mathrm{T}}$ 表示 M 个汇点的标识。因此，从第 i 个汇点采集到的数据的信息价值可以表示为

$$\mathcal{V}_i(\boldsymbol{Z})=\beta\boldsymbol{Z}(i)\boldsymbol{E}_S+(1-\beta)\boldsymbol{Z}(i)\boldsymbol{E}_S\mathrm{e}^{-\sum_{k=i}^{M}\frac{t_{k\to k+1}}{\alpha}} \tag{5-72}$$

其中，$\boldsymbol{E}_S=[E_{S_1},E_{S_2},\cdots,E_{S_M}]^{\mathrm{T}}$ 表示汇点 $[S_1,S_2,\cdots,S_M]$ 数据的初始信息价值。基于以上分析，UUV 路径规划的 ILP 模型可以建模为

$$\max_{\boldsymbol{Z}}\ \sum_{i=1}^{M}(1-\beta)\boldsymbol{Z}(i)\boldsymbol{E}_S\mathrm{e}^{-\sum_{k=i}^{M}\frac{t_{k\to k+1}}{\alpha}} \tag{5-73}$$

$$\text{s.t.}\quad \sum_{j=1}^{M} z_{i,j} = 1, \quad i = 1,2,\cdots,M \tag{5-73a}$$

$$\sum_{i=1}^{M} z_{i,j} = 1, \quad j = 1,2,\cdots,M \tag{5-73b}$$

$$z_{i,j} \in \{0,1\}, \quad i = 1,2,\cdots,M, j = 1,2,\cdots,M \tag{5-73c}$$

其中，约束条件式（5-73a）和式（5-73b）确保 UUV 一次只访问一个汇点并且每个汇点不会被重复访问，约束条件（5-73c）确保每个路径标识只有一个二元选择空间。式（5-73）实际上是一个排列组合问题，其候选解共有 2^{M^2} 个，其中 $M!$ 个组合是可行解，如果使用暴力搜索算法进行求解，算法复杂度将达到 $\mathcal{O}(M!)$。因此暴力搜索算法只能在网络规模非常小的情况下使用，而网络规模较大时，必须设计新的求解算法。接下来将介绍两种低复杂度的求解算法，包括基于分支定界法的最优路径规划和基于群体智能的启发式算法。

2. *基于分支定界法的最优路径规划*

在应用分支定界法时，最重要的步骤在于选取优化目标的上界和下界，如果选择了较紧的上界和下界，那么最优解的搜索空间就会较小，算法的复杂度就会大大降低。因此首先关注上界和下界的选择。由于数据的初始信息价值和时效性都对数据的信息价值产生影响，因此本节通过分别优化这两项来寻找优化目标的下界。相应地，本节设计了两种下界搜索策略，即基于初始信息价值的下界搜索策略和基于时效性的下界搜索策略。

（1）基于初始信息价值的下界搜索策略

本节基于汇点数据初始信息价值的升序序列来选择 UUV 路径，即在选择 UUV 路径时优先考虑 $\boldsymbol{E}_S$ 的值对优化目标的影响。根据式（5-60），UUV 后访问的汇点有更好的时效性，因此其信息价值的损耗也比较小，为了最大化整个系统的信息价值，我们选择后访问 $\boldsymbol{E}_S$ 值较大的汇点，即按照 $\boldsymbol{E}_S$ 值的升序序列设计 UUV 路径。换句话说，UUV 路径 P_{lb1} 需要满足 $\boldsymbol{E}_S\left(P_{\text{lb1},1}\right),\boldsymbol{E}_S\left(P_{\text{lb1},2}\right),\cdots,\boldsymbol{E}_S\left(P_{\text{lb1},M}\right)$。如果相邻的汇点具有相同的 $\boldsymbol{E}_S$ 值，那么它们的访问顺序由它们到下一个汇点花费的时间决定。例如，如果汇点 $P_{\text{lb1},m},P_{\text{lb1},m+1},\cdots,P_{\text{lb1},m+n}$ 具有相同的 $\boldsymbol{E}_S$ 值，那么它们对应的汇点的访问顺序需要满足 $t_{P_{\text{lb1},m}\to P_{\text{lb1},m+1}},t_{P_{\text{lb1},m+1}\to P_{\text{lb1},m+2}},\cdots,t_{P_{\text{lb1},m+n}\to P_{\text{lb1},m+n+1}}$。将通过这种方法寻找的 UUV 路径表示为 P_{lb1}，那么它对应的优化目标下界为

$$\mathcal{V}_{\text{lb1}} = \sum_{i=1}^{M} \mathcal{V}_i\left(P_{\text{lb1}}\right) \tag{5-74}$$

（2）基于时效性的下界搜索策略

设计 UUV 路径时优先考虑时效性对优化目标的影响，即通过最小化 UUV 的

总巡航时间 $\sum_{i=1}^{M}\sum_{k=i}^{M}t_{k\to k+1}$ 来优化 UUV 路径。用 $\mathcal{A}(P)=\sum_{i=1}^{M}\sum_{k=i}^{M}t_{k\to k+1}$ 来表示总的数据采集时间，那么 $\mathcal{A}(P)$ 实际上代表的是数据的信息年龄（AoI）[75-76]。因此可以通过贪婪地优化 $\mathcal{A}(P)$ 来寻找另一条次优路径 P_{lb2}。存在如下的相等关系

$$\mathcal{A}(P)=\sum_{i=1}^{M}\sum_{k=i}^{M}t_{k\to k+1}=\sum_{i=1}^{M}it_{i\to i+1} \tag{5-75}$$

因此，后访问的汇点之间花费的时间将对整个系统的信息年龄产生更大的影响。基于该结论，可以通过贪婪地从后向前优化最后访问汇点的顺序确定 P_{lb2}。具体地，可以选择到海上基站 S_0 之间花费时间最小的汇点作为最后访问的汇点，即 $P_{\text{lb2},M}=\arg\min\limits_{i\in S}t_{i\to S_0}$，而倒数第二个访问的汇点即选择到最后一个汇点花费时间最小的节点，即 $P_{\text{lb2},M-1}=\arg\min\limits_{i\in S\setminus\{P_{\text{lb2},M}\}}t_{i\to P_{\text{lb2},M}}$，剩下的汇点可以按照这样的规律从后向前选择。通过这样的方式确定的 UUV 路径 P_{lb2}，它对应的优化目标的下界为

$$\mathcal{V}_{\text{lb2}}=\sum_{i=1}^{M}\mathcal{V}_i\left(P_{\text{lb2}}\right) \tag{5-76}$$

注意到上述方法设计了两种下界搜索策略，而我们希望获得一个更紧的下界，所以可以选择这两个下界中更大的一个作为总的下界，即

$$\mathcal{V}_{\text{lb}}=\max\left\{\mathcal{V}_{\text{lb1}},\mathcal{V}_{\text{lb2}}\right\} \tag{5-77}$$

在得到了下界搜索策略之后，上界可以很容易基于下界搜索策略得到。由于两个下界搜索策略有不同的侧重，因此可以把它们的侧重结合起来产生一个上界。具体地，假设存在这样一条虚拟路径 P_{ub}，其中的汇点既满足初始信息价值的升序排列，又满足汇点间花费时间的降序排列，即 $E(P_{\text{ub}})=E(P_{\text{lb1}})$、$\mathcal{A}(P_{\text{ub}})=\mathcal{A}(P_{\text{lb1}})$。注意到 P_{ub} 并不是图 G 中的一条可行路径，因为两种下界搜索策略找出的次优路径通常不相等，但是 P_{ub} 可以很好地找到优化目标的一个上界，因为对于任何可行路径，都有 $E(P_i)\leqslant E(P_{\text{lb1}})$ 或 $\mathcal{A}(P_i)\leqslant\mathcal{A}(P_{\text{lb1}})$，因此它们对应的优化目标都小于该路径对应的上界。在得到这条虚拟路径 P_{ub} 之后，它对应的优化目标上界为

$$\mathcal{V}_{\text{ub}}=\sum_{i=1}^{M}\mathcal{V}_i\left(P_{\text{ub}}\right) \tag{5-78}$$

至此，已经分别给出了优化目标下界和上界的搜索策略，基于此可以用分支定界法来求解优化问题式（5-73）的最优解。通过以下 4 个步骤来寻找 UUV 最优路径。

步骤 1 选择海上基站 S_0 为根节点，使用式（5-77）计算总的下界 $\mathcal{V}_{\text{opt\_lb}}$。

步骤 2 依次选择汇点 $S_1,S_2,\cdots,S_M$ 作为测试节点，并且以测试节点作为根节点添加新的分支来构造排列树。以汇点 S_1 为例具体地解释这一过程。当 S_1 被选作测试节点时，将 $P_M=S_1$ 作为一条已知路径，然后分别计算剩下汇点的上界 $\mathcal{V}_{\text{ub},S_1}$ 和

下界$\mathcal{V}_{\text{lb},S_1}$。如果$\mathcal{V}_{\text{ub},S_1} \geqslant \mathcal{V}_{\text{opt_lb}}$，那么汇点$S_1$就被作为一个新的分支加入，并且更新总的下界为$\mathcal{V}_{\text{opt_lb}} = \max\left\{\mathcal{V}_{\text{opt_lb}}, \mathcal{V}_{\text{lb},S_1}\right\}$，否则该分支就会被丢弃掉。其他的汇点使用同样的方式进行测试。

步骤 3　在给定已有分支的情况下，接着按照步骤 2 的方法在已有分支中测试剩下节点，而已有的分支则被视为已经确定的路径。

步骤 4　如果所有的汇点已经包含在某一个分支中，并且该分支的上界等于下界，那么这个分支上的汇点就是最优的 UUV 路径，否则重复步骤 3 直到找到最优路径。该算法的详细步骤如算法 5-3 所示。

算法 5-3　基于分支定界法的 UUV 路径规划方法

1．输入：网络拓扑图$G=\left(\mathcal{S}^{+},\mathcal{F}\right)$、数据包长度向量$\boldsymbol{L}_S=\left[L_{S_1},L_{S_2},\cdots,L_{S_M}\right]$、数据初始信息价值向量$\boldsymbol{E}_S=\left[E_{S_1},E_{S_2},\cdots,E_{S_M}\right]$

2．基于式（5-57）计算时间花费矩阵$\boldsymbol{T}_{M\times(M+1)}$，其中$T_{i,j}=t_{S_i\to S_j},1\leqslant j\leqslant M$，$T_{i,M+1}=t_{S_i\to S_0}$

3．初始化$\mathcal{B}=\varnothing$表示分支的集合，基于式（5-77）计算总的下界$\mathcal{V}_{\text{opt_lb}}$

4．for layer = 1 to M do

5．　　if $\mathcal{B}=\varnothing$ then

6．　　　　依次选择$S_{\text{test}}\in\mathcal{S}$作为测试汇点，计算上界$\mathcal{V}_{S_{\text{test_ub}}}$，如果$\mathcal{V}_{S_{\text{test_ub}}}\geqslant\mathcal{V}_{\text{opt_lb}}$，将汇点$S_{\text{test}}$加入集合$\mathcal{B}$中，更新$\mathcal{V}_{\text{opt_lb}}=\max\left\{\mathcal{V}_{\text{opt_lb}},\mathcal{V}_{S_{\text{test_lb}}}\right\}$；

7．　　else

8．　　　　初始化$\mathcal{B}_{\text{temp}}$表示在新的一层中剪枝后剩下的分支;

9．　　　　依次选择分支$P_{\text{deter}}\in\mathcal{B}$，将剩下的汇点的集合表示为$\mathcal{S}_{\text{unsch}}$；

10．　　　　依次选择汇点$S_{\text{test}}\in\mathcal{S}_{\text{unsch}}$作为测试汇点，计算上界$\mathcal{V}_{S_{\text{test_ub}}}$，如果$\mathcal{V}_{S_{\text{test_ub}}}\geqslant\mathcal{V}_{\text{opt_lb}}$，将$[S_{\text{test}},P_{\text{deter}}]$加入到$\mathcal{B}_{\text{temp}}$，更新$\mathcal{V}_{\text{opt_lb}}=\max\left\{\mathcal{V}_{\text{opt_lb}},\mathcal{V}_{S_{\text{test_lb}}}\right\}$；

11．　　　　更新$\mathcal{B}=\mathcal{B}_{\text{test}}$；

12．　　end if

13．end for

14．输出：集合$\mathcal{B}$中的第一个分支作为 UUV 最优路径P_{opt}

3．基于群体智能的启发式算法

尽管算法 5-3 已经设计了较优的下界和上界搜索策略，但还是有指数级的计算复杂度[77]，因此当网络规模较大的时候，该算法也不再适用。下面基于两种常用的群体智能算法，即蚁群优化算法和遗传算法来在多项式级别的计算复杂度内设计 UUV 近似最优路径规划算法。

（1）蚁群优化算法

首先利用蚁群优化算法来求解 UUV 路径规划问题。蚁群优化算法是一种比较常用的仿生学算法，它的原理在文献[78-79]中已经得到了详细阐述。为了应用蚁群优化算法，假设有 N_{ant} 只蚂蚁随机分布在 M 个汇点上。每个汇点上的蚂蚁需要不重复地走遍所有的汇点并且最终回到海上基站 S_0 处。基于蚂蚁觅食的行为，汇点间的信息素浓度和启发因子将是影响它们下一步走向的决定性因素。用 $\boldsymbol{\tau}_{M\times(M+1)}[r]$ 来表示第 r 轮行走过程中的信息素浓度矩阵，其中 $\tau_{i,j}[r]$ 表示汇点 S_i 和 S_j 之间的信息素浓度，特殊地，$\tau_{i,M+1}[r]$ 表示汇点 S_i 和海上基站 S_0 之间的信息素浓度。信息素浓度在每一轮行走过程中保持不变，但是在下一轮行走开始之前会进行更新。此外，用 $\boldsymbol{\eta}_{M\times(M+1)}$ 来表示启发因子矩阵，其中 $\eta_{i,j}$ 定义为[80]

$$\eta_{i,j}=\mathrm{e}^{-\frac{t_{S_i\to S_j}}{\alpha}} \tag{5-79}$$

在得到蚁群的初始位置以后，计算蚂蚁 n 从汇点 S_i 走到汇点 S_j 的概率为

$$p_{i,j,n}[r]=\begin{cases}\dfrac{\left(\tau_{i,j}[r]\right)^{\kappa_1}\left(\eta_{i,j}\right)^{\kappa_2}}{\sum\limits_{k\in\mathcal{N}(i)}\left(\tau_{i,k}[r]\right)^{\kappa_1}\left(\eta_{i,k}\right)^{\kappa_2}}, & j\in\mathcal{N}(i)\\ 0\text{ ,其他} & \end{cases} \tag{5-80}$$

其中，κ_1 和 κ_2 分别表示信息素浓度和启发因子，$N(i)$表示除已经访问的汇点外剩下的汇点。在得到了从汇点 S_i 走到其他汇点的概率之后，可以用轮盘赌选择法来选择下一个汇点。具体地，在计算得到 $p_{i,j,n}$ 后，接着计算走到汇点 S_j 的累计概率 $q_j=\sum_{k=1}^{j}p_{i,k,n}$。之后在区间[0, 1]内随机生成一个数 $\tilde{q}$，第一个累计概率大于 $\tilde{q}$ 的汇点将被选为 S_i 之后访问的汇点。当所有的蚂蚁在 r 轮都完成了所有汇点的遍历之后，第 r 轮的最优路径上的信息素浓度更新为

$$\tau_{i,j}[r+1]=(1-\rho)\tau_{i,j}[r]+\frac{Q}{\max\limits_{n}\mathcal{V}\left(P_n\right)} \tag{5-81}$$

其中，ρ 代表挥发系数，满足 $0<\rho<1$，Q 是一个常数。很显然，每一轮蚁群遍历结束后，当前轮最优路径上的信息素浓度将会增加，这也意味着在下一轮将会有更多的蚂蚁选择这条路径。因此，在经过几轮遍历之后，将有某一条路径上的信息素浓度远高于其他的路径，这也是蚁群优化算法选出的近似最优的 UUV 路径。该蚁群优化算法的详细步骤如算法 5-4 所示。

算法 5-4 基于蚁群优化算法的 UUV 近似最优路径规划算法

1. 输入：时间花费矩阵 $\boldsymbol{T}_{M\times(M+1)}$、数据初始信息价值向量 $\boldsymbol{E}_S=[E_{S_1},E_{S_2},\cdots,E_{S_M}]$、

蚁群数量 N_{ant}、信息素浓度 κ_1、启发因子 κ_2、挥发系数 ρ、常数 Q、最大迭代轮数 $R_{\max}$

2．令 $r=1$，初始化信息素浓度矩阵 $\boldsymbol{\tau}[r]=\mathbf{1}_{M\times(M+1)}$

3．基于式（5-79）计算启发因子矩阵 $\boldsymbol{\eta}$

4．for $r=1$ to $R_{\max}$ do

5．　　for $n=1$ to N do

6．　　随机选择一个汇点 $S_i\in\mathcal{S}$ 作为蚂蚁 n 的起始位置，令 $\mathcal{S}_{\text{remain}}=\mathcal{S}\setminus\{S_i\}$ 表示尚未访问的汇点;

7．　　　while $\mathcal{S}_{\text{remain}}\neq\varnothing$ do

8．　　　　基于式（5-80）计算剩下的汇点被访问的概率;

9．　　　　基于轮盘赌选择法选择下一个被访问的汇点，将该汇点从集合 $\mathcal{S}_{\text{remain}}$ 中移除;

10．　　　end while

11．　　end for

12．　　计算现有路径的信息价值，选择信息价值最大的路径作为当前轮的最优路径 P_{opt};

13．　　更新 $r=r+1$，基于式（5-81）更新 P_{opt} 上的信息素浓度;

14．end for

15．输出：当前迭代过程中的最优路径 P_{opt}

（2）遗传算法

下面基于遗传算法[81]提出另一种用于求解UUV近似最优路径的启发式算法。该算法的步骤如下。

首先，建立一个包含 $\mathcal{N}_{\text{c}}$ 个个体的族群，其中每个个体对应一条可行路径 P_i。那么路径 P_i 对应的个体的适应度函数可以表示为

$$\chi(P_i)=\left(1-\frac{\mathcal{V}_{\max}(\mathcal{N}_{\text{c}})-\mathcal{V}(P_i)}{\mathcal{V}_{\max}(\mathcal{N}_{\text{c}})-\mathcal{V}_{\min}(\mathcal{N}_{\text{c}})+\varepsilon}\right)^{\xi} \tag{5-82}$$

其中，ξ 和 ε 分别代表加速因子和适应因子。

其次，基于适应度函数选择 $\lfloor\mathcal{N}_{\text{c}}/2\rfloor$ 对个体进行交叉和变异，注意到上一代的个体对是通过轮盘赌选择法选择的，其中路径 P_i 对应的个体被选取的概率是 $p(P_i)=\dfrac{\chi(P_i)}{\sum_{P_j\in\mathcal{N}_{\text{c}}}\chi(P_j)}$。通过应用部分映射交叉和变异产生下一代的个体对，其中交叉和变异的概率分别为 p_{c} 和 p_{m}。

再次，通过用下一代的个体替代上一代的个体产生新的族群，这个过程一直

重复进行直至达到最大的遗传轮数。

最后，在最终的群体内选择信息价值最大的路径作为当前遗传过程中的最优路径。该遗传算法的详细步骤如算法 5-5 所示。

算法 5-5 基于遗传算法的 UUV 近似最优路径规划算法

1. 输入：时间花费矩阵 $\boldsymbol{T}_{M\times(M+1)}$、数据初始信息价值向量 $\boldsymbol{E}_S=[E_{S_1},E_{S_2},\cdots,E_{S_M}]$、族群个体数 $\mathcal{N}_c$、加速因子 ξ、适应因子 ε、交叉概率 p_c、变异概率 p_m、最大遗传轮数 G_{max}

2. 通过随机选取 $\mathcal{N}_c$ 条可行路径作为初始族群，设置遗传轮数 $g=1$

3. while $g \leqslant G_{max}$ do

4. 基于式（5-82）计算每个个体的适应度函数;

5. 基于轮盘赌选择法选择 $\lfloor \mathcal{N}_c/2 \rfloor$ 对个体;

6. 对每一对个体，基于概率 p_c 进行部分映射交叉运算，以概率 p_m 进行变异运算，产生新的个体对;

7. 用新的个体对替代老的个体对产生新的族群;

8. 更新 $g=g+1$;

9. end while

10. 计算最终族群中所有个体的信息价值，将最大信息价值对应的个体表示为最优路径 P_{opt};

11. 输出：当前遗传过程中的最优路径 P_{opt}

5.4.4 仿真分析

1. 实验参数设置

假设共有 N=100 个水下物联网节点随机分布在 500 m×500 m 的正方形区域内，水深 H=100 m。这些水下物联网节点通过 K-Means 算法[82]被分成了 M 组。海上基站的位置在该正方形区域的中心处。水下物联网节点之间采用中心频率 f=25 kHz，带宽 B = 1 kHz 的窄带信号进行传输。假设每个水下物联网节点的数据包长度在[1, 10] kbit 范围内随机分布，且每组水下物联网节点数据的初始信息价值用[1, 7]的一个整数表示。其他详细的仿真参数如表 5-5 所示。

表 5-5 仿真参数

参数	取值	参数	取值
UUV 航行高度 h/m	20	启发因子 κ_2	2.2
UUV 航行速度 V_{uuv}/(海里·h^{-1})	5	挥发系数 ρ	0.15
传输功率 P_T/mW	30	信息素常量 Q	10^6
接收功率 P_R/mW	10	最大迭代轮数 R_{max}	5M

续表

参数	取值	参数	取值
电路效率 η	20%	族群个体数 N_c	2 M
广播数据包长度 L_b/bit	50	加速因子 ξ	1.5
最大广播距离 l_b/m	500	适应因子 ε	0.1
数据处理能耗 ε_f/(μJ·kbit^{-1})	50	交叉概率 P_c	0.8
扩散因子 k	1.5	变异概率 P_m	0.6
蚁群数量 N_{ant}	2M	最大遗传轮数 G_{max}	5M
信息素浓度 κ_1	1.8		

2. 算法性能对比与分析

首先验证本节所提汇点选择算法的性能。假设水下物联网节点的初始能量在 [5, 30] J 范围内随机分布，且这些水下物联网节点被分成了 $M=10$ 组，每组内的信息冗余率为 60%，数据采集过程每半小时进行一次。死亡节点数量随数据采集轮数的变化如图 5-15 所示，其中权重参数 (W_1,W_2) 的不同取值代表不同侧重下的汇点选择方案。具体地，$(W_1,W_2)=(0,0)$、$(10^3,0)$、$(0,10)$ 分别代表可以最小化组内总的数据传输时延的节点被选为汇点（方案 1）、有最多剩余能量的节点被选为汇点（方案 2）和可以最小化与已知汇点之间的总距离的点被选为汇点（方案 3），$(W_1,W_2)=(10^3,10)$ 则代表本节提出的时延–能效折中的汇点选择方案。从图 5-15 中可以看到，在两种假设下，本节方案在均衡网络负载方面具有一定的优势。与方案 1 和方案 3 对比，本节方案可以有效延长网络服务时间，具体地，方案 1 和方案 3 在不到 100 轮的数据采集过程中已经出现死亡节点，而本节方案在 400 轮数据采集之后才出现死亡节点，节点服务时间延长了约 3 倍。注意到方案 2 由于每轮都选用剩余能量最多的节点为汇点，所以最晚出现死亡节点，但是本节方案也很逼近方案 2 的表现，这些结果证明本节方案可以很好地实现负载均衡和能效管理。

相应地，不同方案下的系统累积信息价值随数据采集轮数的变化如图 5-16 所示。在计算信息价值时，令 $\alpha=600$、$\beta=0.5$，每一轮数据采集过程中 UUV 路径由算法 5-3 确定。从图 5-16 可以看到，本节方案在保存信息价值方面的表现远超方案 1 和方案 2，并且随着数据采集轮数的增加，它们之间的差距在变大。同样地，方案 3 由于汇点之间的距离最近，因此有最好的数据采集时效性表现，所以有最高的系统累积信息价值，但本节方案也逼近方案 3 的性能表现。图 5-15 和图 5-16 共同证明了通过合适地选取 (W_1,W_2) 的值，时延–能耗折中的汇点选择方案既可以有效保存数据信息价值，又可以实现负载均衡，从而延长节点服务时间。

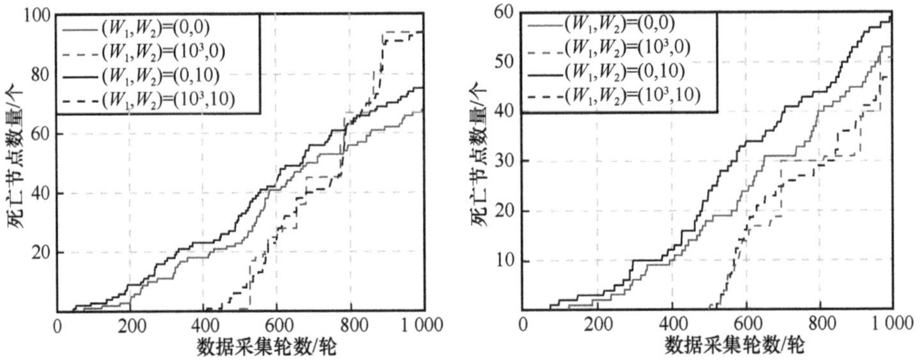

（a）假设1：汇点没有信息融合能力　（b）假设2：汇点有信息融合能力

图 5-15　死亡节点数量随数据采集轮数的变化

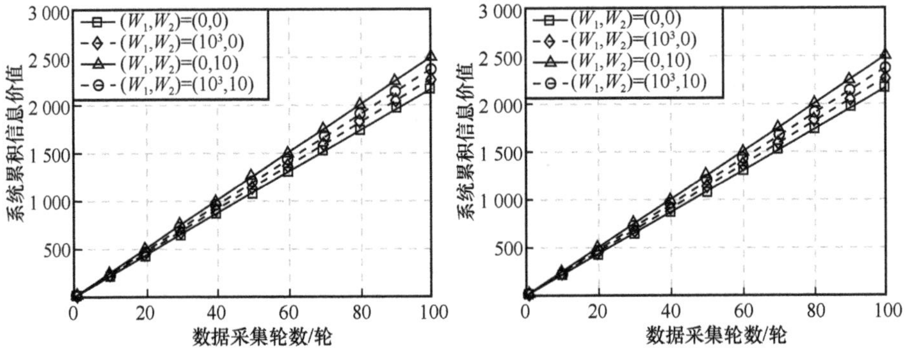

（a）假设1：汇点没有信息融合能力　（b）假设2：汇点有信息融合能力

图 5-16　系统累积信息价值随数据采集轮数的变化

接着验证本节所提的 UUV 路径规划算法的性能。由于数据采集过程是重复进行的，因此只关注一轮数据采集过程中 UUV 路径规划算法的性能表现。基于信息价值的 UUV 最优路径如图 5-17 所示，其中假设水下物联网节点被分为了 $M=12$ 组，即共有 12 个汇点，在计算数据信息价值时，令 $\alpha=600$ 、$\beta=0.5$ 。汇点上方的数字表示汇点被访问的次序，L 表示数据包长度，单位为 kbit，E 表示数据的初始信息价值。从图 5-17 中可以看到，总的来说，数据的初始信息价值是决定 UUV 最优路径的最重要因素。显然，初始信息价值高的汇点的时效性损失会带来更多的系统累积信息价值的损失，因此 UUV 会倾向于后访问这些汇点。而当汇点的初始信息价值相同时，如第 11 次访问的汇点和第 12 次访问的汇点，UUV 会倾向于后访问那些数据包长度更短的汇点和到海上基站距离更近的汇点。第 5 次和第 6 次被访问的汇点也显示了 UUV 路径规划过程中初始信息价值和时效性的均衡考量，尽管第 5 次被访问的汇点数据的初始信息价值更高，但是后访问它会造成 UUV 折返巡航，将降低其他节点数据的时效性，因此 UUV 还是选择先访问数据初始信息价值更高（第 5 次被访问）的汇点。相应地，UUV 最优路径中汇点数据剩余信息价值与初始信息价值对比如图 5-18 所示。从图 5-18 中可以看到，当 UUV 完成数据采集过程之后，所有汇点数据都能保存 50%以上的信息价值。此外，每个汇点数据的剩余信息价值差异较大，后访问的汇点由于数据时效性更强，因此可以保存更多的信息价值，例如，最后一次访问汇点的数据可以保存 90%以上的信息价值，而第一次访问汇点的数据只保存了略多于 50%的信息价值。图 5-18 也解释了为什么汇点数据的初始信息价值是决定 UUV 路径的最重要因素，因为在给定相同时效性损失的前提下，数据信息价值损失的百分比相同，而数据初始信息价值高的汇点显然损失更多，因此 UUV 倾向于后访问这些汇点。

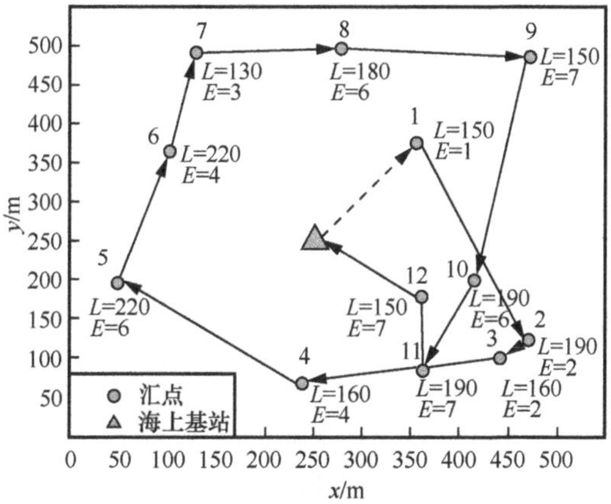

图 5-17　基于信息价值的 UUV 最优路径

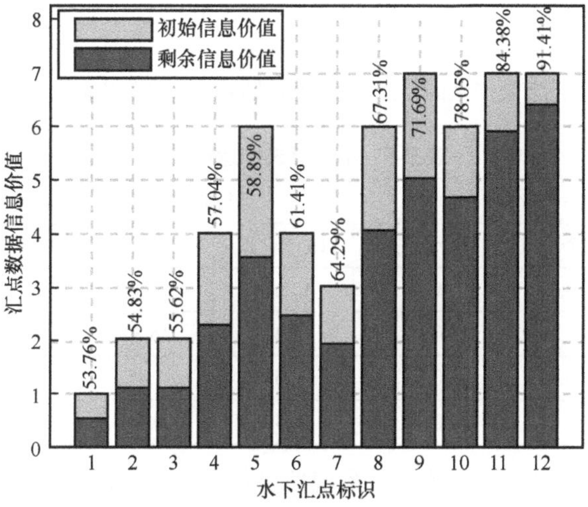

图 5-18　UUV 最优路径中汇点数据剩余信息价值与初始信息价值对比

接下来将对比不同的 UUV 路径规划算法的性能。具体地，不同算法产生的 UUV 路径对应的系统信息价值随汇点数量的变化如图 5-19 所示。从图 5-19 中可以看到，分支定界法求得的 UUV 路径始终都能取得和暴力搜索算法一样的信息价值，这证明了其能够求得 UUV 路径规划问题的最优解。而蚁群优化算法和遗传算法作为启发式算法也取得了近似最优的结果。尽管随着汇点数量的增加，启发式算法路径和暴力搜索算法路径之间的差距在变大，但启发式算法求得的路径仍能保存 90%以上的暴力搜索算法路径对应系统信息价值。此外，在表 5-6 中也展示了在相同计算环境下不同算法的运行时间。很明显，暴力搜索算法的运行时间随着汇点数量的增加而迅速增加，因此其只适用于网络规模较小的情况。与之相比，分支定界法的复杂度大大降低，比较适用于中等网络规模。蚁群优化算法和遗传算法运行时间较短，因此适用于较大网络规模。

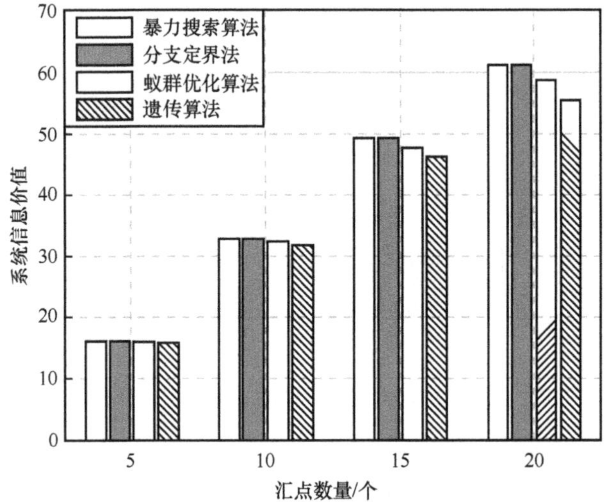

图 5-19　不同算法产生的 UUV 路径对应的系统信息价值随汇点数量的变化

表 5-6　不同算法的运行时间

算法	运行时间					
	5 个汇点	**10 个汇点**	**15 个汇点**	**20 个汇点**	**25 个汇点**	**30 个汇点**
暴力搜索算法	0.03	5.45	125.64	2 340	—	—
分支定界法	0.09	0.35	1.23	15.37	80.64	300.76
蚁群优化算法	0.04	0.16	0.67	1.45	3.05	5.43
遗传算法	0.05	0.09	0.35	0.89	1.78	3.69

图 5-20 和图 5-21 分别显示了系统信息价值随折中因子 β 和比例因子 α 的变化。假设共有 $M = 20$ 个汇点，图 5-20 中取比例因子 $\alpha = 600$，图 5-21 中取折中

因子 $\beta = 0.5$ 。值得注意的是，折中因子 β 衡量的是数据初始信息价值与时效性之间的折中，β 值越大代表数据初始信息价值对信息价值的影响更大，反之则代表时效性对信息价值影响更大。比例因子 α 则是衡量信息价值对时效性的敏感程度，α 值越大代表信息价值对时效性越敏感，反之亦然。从图 5-20 中可以看到，系统信息价值几乎是随着折中因子 β 线性增长的，且当 β 值较小时，分支定界法和启发式算法之间的差距较大。这是因为当 β 值较小时，信息价值更取决于数据时效性，而暴力搜索算法与启发式算法的时效性差距也最明显。此外，从图 5-21 中可以看到，系统信息价值随着比例因子 α 的增大而增大，且不同算法之间的差距也在变大。这是因为当 α 值增大时，信息价值对时效性更敏感，因此不同算法之间的时效性差异也体现得最明显。

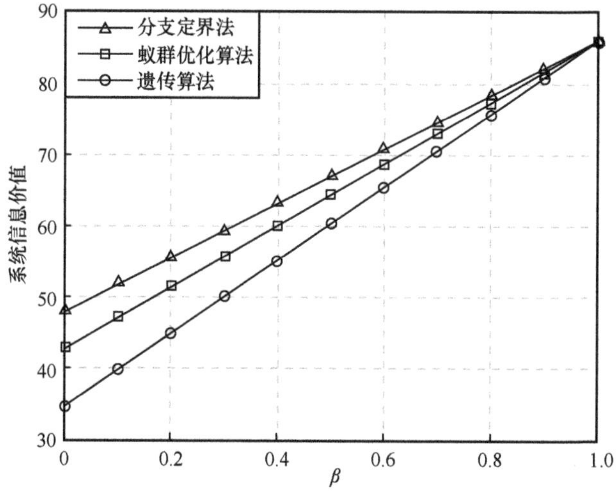

图 5-20　系统信息价值随折中因子 β 的变化

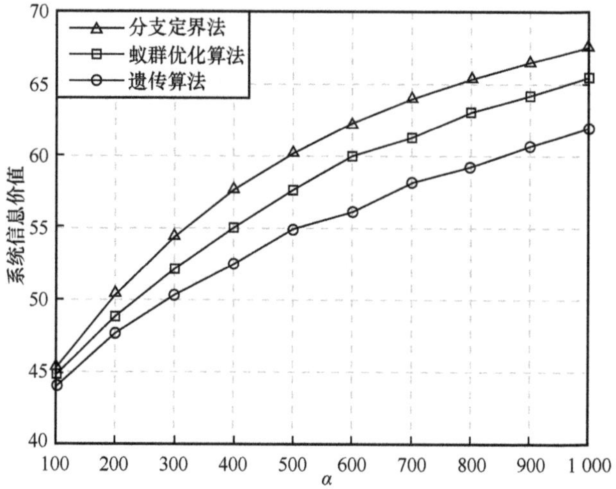

图 5-21　系统信息价值随比例因子 α 的变化

不同方案产生的UUV路径对应的系统信息价值随汇点数量的变化如图5-22所示。具体地，旅行商问题（TSP）算法是指将UUV路径规划问题建模为旅行商问题求解而找到的路径，而在贪婪算法中，UUV会贪婪地访问离当前位置最近的汇点。结果表明，在保存系统信息价值方面，分支定界法要明显优于其他算法，并且随着汇点数量的增加，其优势变得更加明显。这也证明了本节算法可以最大化以信息价值为代表的网络能效。

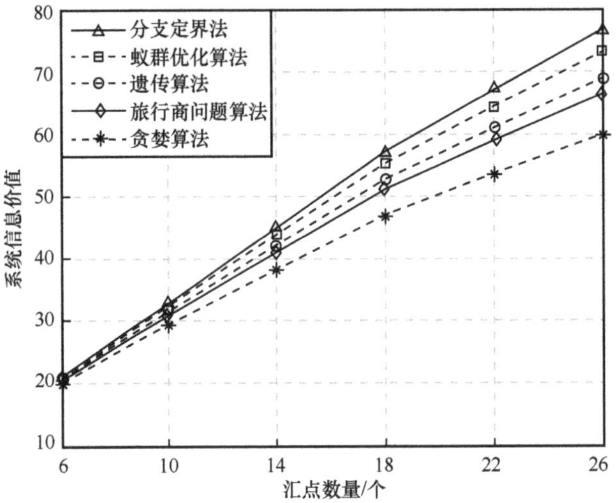

图5-22　不同方案产生的UUV路径对应的系统信息价值随汇点数量的变化

5.5　基于马尔可夫奖励过程的UUV路径规划

第5.4节提出了基于UUV的水下物联网分层数据采集方案，但是，在实际的基于UUV的海洋信息获取场景中，UUV运动轨迹复杂、避障能力弱以及航行角度易被忽略等一些问题没有得到妥善解决。并且，路径规划可以被分为单目的地和多目的地两种。单目的地是指在给定的存在障碍物的环境下，求解一条从出发点到终点的满足限定条件的最优路径，这类问题也可以称为点到点（P2P）问题。多目的地是相较于单目的地而言，不止存在一个目的地，且必须遍历所有目的地最终回到出发点，这个问题本质上就是经典的旅行商问题（TSP）。本节旨在探究设计一种具有避障功效的、低角度开销的UUV路径规划方案。通过对任务区域环境和UUV真实运行轨迹进行建模，区分P2P和TSP两个场景，提出具体的解决方案。本节将重点解决以下两个关键难点。

（1）如何量化UUV航行角度。UUV航行轨迹复杂，航行角度的变化将产生巨大能耗，然而这个问题在传统研究中都没有得到足够重视，故需要重新考虑。

（2）如何避免求解过程中可能陷入局部最优的情形。复杂环境下的 TSP，极易出现求解局部最优的答案，从而导致求解路径不佳，与真实值存在较大出入的情形，故需要着重解决。

5.5.1　相关技术研究综述

在基于 UUV 的海洋信息获取场景中，移动 UUV 将从海上基站出发，在距离海底某个固定深度的平面做运动，当到达簇首节点正上方时，迅速建立通信链路以完成数据传输，然后照此模式遍历所有的簇首节点，并最终回到海上基站。在这个过程中，需要对 UUV 进行路径规划，重点把握 3 个关键环节，首先是实现 UUV 自主避障，其次是完成 UUV 角度控制，最后是寻求路径的全局最优解。

通常 UUV 的路径规划方法可以分为基于图论的方法、基于采样的方法、人工势场算法、基于强化学习和深度学习的方法，以及基于群体智能的方法。

基于图论的方法主要是采用一种递归的思想，把一件事拆分成若干个相同的小事情组合完成。其中，A^*[83]和 Dijkstra[84]算法最早用以解决这类问题。这类方法在解决单目的地场景时具有很好的求解效果，但是一旦向多目的地场景拓展时，求解结果常常陷入局部最优。

基于采样的方法一般无须对空间环境进行建模，是一种能够有效解决高维空间和复杂约束路径规划问题的主要做法，其最大的亮点是可以实现多自由度机器人在未知环境下的路径规划。其中，比较经典的是快速扩展随机树算法[85]。这类算法在解决高维度复杂场景问题中具有得天独厚的优势，但其搜索效率并不高，大部分情况下所得结果也不是全局最优，因此它只解决了路径的有无问题，并不保证结果最优。

人工势场算法是一类专门用以解决环境中存在障碍物的路径规划算法，其原理是把障碍物看作排斥源，将目标点看作吸引点的集合，最终在引力和斥力的共同作用下，使 UUV 自主远离障碍物、靠近目的地[86]。该算法实时性好、结构简单，但在实际操作中对于如何获取障碍物的位置信息以及如何确认力场的大小等问题没有给出明确的答案，即对感知设备或者在线识别系统的依赖性过大，因此，这类算法仍然停留在理论研究层面，实际应用较少。

基于强化学习和深度学习的方法作为当下热门技术被广泛应用于各个研究领域。在 UUV 路径规划中，基于强化学习的方法通过实体与环境的交互，运用奖励或者惩罚机制，实现 UUV 路径的自主选择[87]。目前基于深度学习的方法以监督学习居多。通过标记出最优路径来训练网络生成，然后在新的场景下，用训练好的网络做决策。如文献[88]，就是利用改进卷积神经网络（CNN）进行监督学习的。这种类似人工智能的方式总体效果确实较优，但是可解释性很低，目的导向过分明显，底层数学分析和原理研究比较欠缺。

基于群体智能的方法是一类启发式的算法，仿照了自然界物种的选择规律，都是基于概率计算的随机搜索方法。这类算法是专门针对最优化问题设计的，在求解最佳路径问题上效果比较突出，所以这类算法也成为了大多数研究者的首选，各种改进的启发式算法层出不穷。特别值得一提的是，这些改进后的算法，在各自的实验场景下优化效果特别明显。如模拟退火算法[89]和 ACOA[90]堪称经典。这当中又以 ACOA 为甚，其被认为是解决 TSP 的不二之选。ACOA 是受蚂蚁觅食行为启发，模拟蚂蚁在觅食过程中释放信息素，并根据信息素浓度选择最优路径的方法，它具有强鲁棒性、易于实现以及方便与其他算法结合以提升性能的优势[91]。但是，传统的 ACOA 收敛速度较慢，且容易陷入局部最优。综上，本节倾向于采用一种既可以数学解释说明，又能够获取良好优化结果的方式。因此，本节设计了一种具有全局视野的、统筹考虑 UUV 航行角度的改进 ACOA 来实现 UUV 航行路径和航行角度的组合优化。

5.5.2 基于马尔可夫奖励过程的 UUV 路径规划算法

1. 环境模型

首先根据栅格图来建模障碍物环境。环境地图如图 5-23 所示，黑色方块表示障碍物，意味着 UUV 无法直接穿行；黑色的点表示 UUV 与簇首节点进行数据交互的特定位置，一般位于簇首节点正上方某固定高度处。本节用 E 来表示环境，E_{ij}=1 时表示在位置 i 和位置 j 之间存在障碍物；E_{ij}=0 表示没有障碍物，UUV 可以通行。

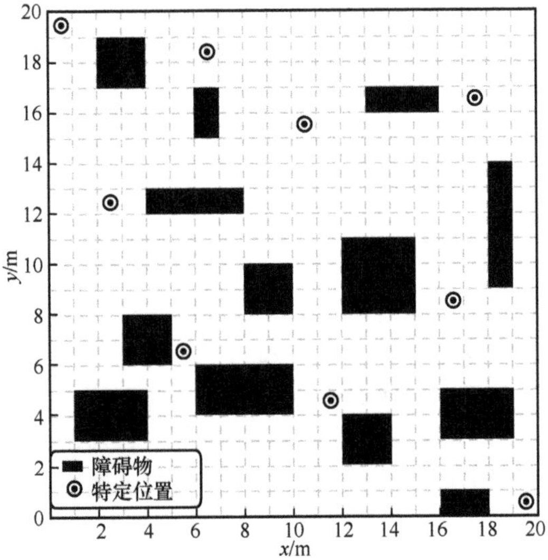

图 5-23 环境地图

2. 运动模型

在基于 UUV 的海洋信息获取体系中，UUV 的运动是一个在水平方向上的平面运动，UUV 运动示意如图 5-24 所示。本节采用 UUV 的动力学方程来建模它的运行特性。

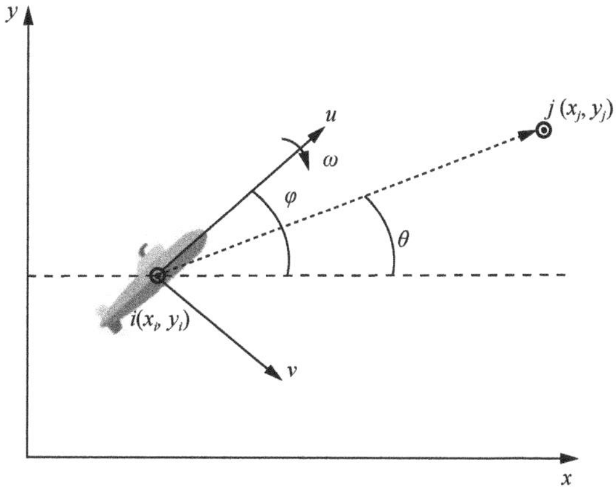

图 5-24　UUV 运动示意

具体来说，位置向量 $\boldsymbol{\eta}$ 和速度向量 $\boldsymbol{v}$ 用以描述 UUV 的运动轨迹

$$\begin{cases}\boldsymbol{\eta}=[x,y,\varphi]^{\mathrm{T}}\\ \boldsymbol{v}=[u,o,\omega]^{\mathrm{T}}\end{cases} \tag{5-83}$$

其中，x 和 y 表示 UUV 的位置坐标，φ 是它的航行角。u、o 和 ω 分别表示喘振速度、摇摆速度和偏航速度。定义 θ 是向量 $\boldsymbol{ij}$ 与水平方向的夹角。此外，我们将 φ 和 θ 之间的夹角，称为 UUV 在位置 i 和位置 j 之间的转向角，用 r_{ij} 来表示，它是用来衡量 UUV 运动过程中角度的改变程度。转向角可以表示为

$$r_{ij}=\varphi-\theta=\varphi-\arctan\frac{y_j-y_i}{x_j-x_i} \tag{5-84}$$

根据文献[92]，UUV 的运行轨迹可以表示为

$$\boldsymbol{\eta}_{t+1}=J(\boldsymbol{\eta})\boldsymbol{v} \tag{5-85}$$

其中，$\boldsymbol{\eta}_{t+1}$ 表示的是下一个时刻的位置，$J(\boldsymbol{\eta})$ 是仅与航行角有关的动力学转换矩阵，其可以表示为

$$J(\boldsymbol{\eta})=\begin{pmatrix}\cos\varphi & -\sin\varphi & 0\\ \sin\varphi & \cos\varphi & 0\\ 0 & 0 & 1\end{pmatrix} \tag{5-86}$$

由于本节假设 UUV 的运动速度是一个常数，根据式（5-85），就可以计算出下一时刻的位置。路径规划最终的优化目标是选择一条距离最短、角度最小的路径，因此这个问题可以建模为

$$\min \sum_{i,j\in \text{route}} d_{ij} + \xi \sum_{i,j\in \text{route}} \left(\varphi - \arctan \frac{y_j - y_i}{x_j - x_i} \right) \tag{5-87}$$

3. 算法设计

为了解决上述优化问题（式（5-87）），本节提出了一种基于马尔可夫奖励过程（MRP）的新型蚁群优化算法，即基于马尔可夫奖励过程算法的蚁群优化算法（R-ACOA）。MRP 本质上是一条具有价值的马尔可夫链[93]。具体来说，当系统从状态 s 向状态 s' 转换时，它将获得一个实时的预期奖励和未来奖励的折现值。此过程的目的在于最大化累积的预期奖励以指导系统做出全局最优的选择。因此它是一个可行的求解全局最优解的方法；再者，可以把 UUV 的航行距离和转向角度的倒数作为奖励输入给系统，使其根据奖励最大原则做出选择，即距离越短、角度越小，结果越优。MRP 通常可以表示为

$$v(s) = R_s + \gamma \sum_{s'\in S} P_{ss'} v(s') \tag{5-88}$$

其中，数组 (S,v,R,P) 用以描绘马尔可夫奖励过程的性质，S、v、R、P 分别表示状态集合、数值函数、奖励值以及状态转移概率。$\gamma \in [0,1)$ 是折扣因子，用来衡量未来状态的重要性，当它趋向于 0 时，系统具有近视评估效益，即结果倾向于局部最优；当它趋向于 1 时，系统具有远视评估效益，即结果倾向于全局最优，但通常情况下，未来奖励值很难被准确计算出来，所以通 γ 被设置为 0.5～0.99，本节取 0.6。

接下来，假设有 n 个巡游地址和 N_{ant} 只蚂蚁，τ_{ij} 表示 t 时刻位置 i 到位置 j 之间信息素的浓度。因此，在 t 时刻，蚂蚁 k 的状态转移函数可以表示为

$$p_{ij}^k(t) = \begin{cases} \dfrac{\left[\tau_{ij}(t)\right]^{\alpha} \left[\eta_{ij}(t)\right]^{\beta}}{\sum\limits_{s\in n(i)} \left[\tau_{is}(t)\right]^{\alpha} \left[\eta_{is}(t)\right]^{\beta}}, & j \in n(i) \\ 0, & \text{其他} \end{cases} \tag{5-89}$$

其中，$n(i)$ 表示紧邻位置 i 的集合，α 表示信息素浓度的权重，β 表示启发因子的权重。启发因子 η 通常表示影响路径选择的启发式信息，它可以表示为

$$\eta_{ij}(t) = \frac{1}{d_{ij}} + \frac{1}{r_{ij}} \tag{5-90}$$

所有的蚂蚁完成一轮遍历，留下的信息素浓度可以表示为

$$\tau_{ij}(t+1)=(1-\rho)\tau_{ij}(t)+\Delta\tau_{ij} \tag{5-91}$$

其中，ρ 是挥发系数，表示信息素随着时间的推移而减少，其取值范围是(0, 1)，$\Delta\tau_{ij}$ 表示一轮迭代后信息素的增长，它可以表示为

$$\Delta\tau_{ij}=\sum_{k=1}^{m}\Delta\tau_{ij}^{k} \tag{5-92}$$

其中，$\Delta\tau_{ij}^{k}$ 是蚂蚁 k 在本轮次所产生的信息素浓度。在信息素更新方程中同时考虑距离和角度的影响，并结合 MRP 全局最优的属性，蚂蚁 k 产生的信息素浓度可以表示为

$$\Delta\tau_{ij}^{k}=\frac{Q_1}{d_{ij}}+\frac{Q_2}{r_{ij}}+\gamma\sum_{\substack{s\in n(j)\\ s\neq i}}P_{js}\Delta\tau_{js}^{k} \tag{5-93}$$

其中，Q_1 和 Q_2 是两个常数，状态转移函数 P_{js} 就是蚂蚁 k 下一时刻的转移函数。算法的详细流程如算法 5-6 所示。

算法 5-6 基于马尔可夫奖励过程的蚁群优化算法

1. 初始化：maxround、τ_{ij}、N_{ant}、α、β、ρ、γ、Q_1、Q_2
2. for 每一个轮次 $\in$[1, maxround] do
3.   for 蚂蚁 $k\in[1,N_{\text{ant}}]$ do
4.   设置一个禁忌表 C 作为蚂蚁 k 的起始点，同时将其设置为空集;
5.   while C 是一个非空集合 do
6.   通过式（5-89）计算蚂蚁 k 移动到位置 j 的转移概率;
7.   将位置 j 添加到禁忌表 C 中，然后向下一位置移动;
8.   end while
9.   根据式（5-91）～式（5-93）更新信息素浓度;
10.   end for
11. end for

5.5.3 仿真分析

1. 参数设置

本节所提出的R-ACOA是在传统的蚁群优化算法基础上引入了马尔可夫奖励过程。因此，在一定程度上，所提算法既继承了传统 ACOA 的部分优势，又不可避免地吸纳了某些固有缺陷。其中，最需要考虑的就是如何在“搜索”与“利用”之间建立平衡点的问题。具体来说，就是怎样使算法的搜索空间尽可能大，以寻找可能存在的最优解区间，与此同时，又要充分利用信息素浓度，以较大概率收敛到某个最优解。应对上述问题，最直接有效的方式就是分析参数影响，做出针对性改进的策略。当前，对 ACOA 的参数设定尚无严格的理论依据，难以单纯使

用数学解析的方法来求解最优解，所以，通常情况下都是基于大量的数字仿真，从而确定一个较优的参数范围[94]。

ACOA 是一种典型的群体智能算法，它的求解过程是一个并行搜索的过程。当蚂蚁数量过多时，被搜索过的路径上信息素浓度变化趋于均匀，正反馈作用减弱，收敛速度随之变缓；反之，当数量过少时，尤其是在大规模搜索的场景下，全局搜索的随机性减弱，虽然收敛速度很快，其稳定性也会下降，特别容易出现过早停滞，所得结果往往不是最优解。蚂蚁数量 N_{ant} 对算法性能的影响如图 5-25 所示。从图 5-25（a）中可以看出，当 $n = 30$ 时，最优解发生突变，并且此后，即便再继续增加蚂蚁数量，对算法性能增益并不明显，而收敛速度反而变缓。由本节实验参数设置和图 5-25 的结果可知，蚂蚁数量与簇首节点的数量有关，当簇首节点的数量约等于 $1.5N_{ant}$ 时，求解效果较好。

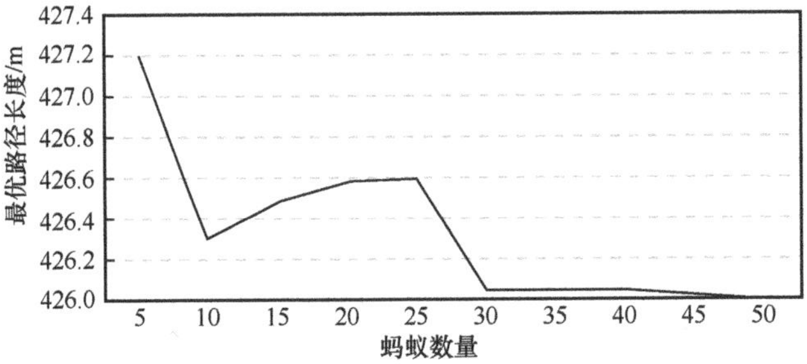

（a）蚂蚁数量与最优路径长度的关系

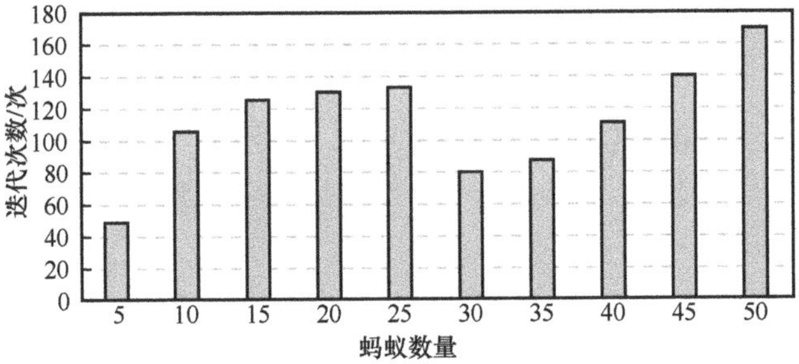

（b）蚂蚁数量与迭代次数的关系

图 5-25　蚂蚁数量 N_{ant} 对算法性能的影响

信息素浓度的权重 α 反映了信息素浓度的重要性，而信息素浓度是蚂蚁选择路径的决定性指标。因此，信息素浓度的权重将直接影响求解效率和结果，其对算法性能的影响如图 5-26 所示。从图 5-26 中可以看到，当 α 过小时，效果等同于贪婪算法，易使搜索陷入局部最优；当 α 过大时，先前被选择的路径可能性增大，搜索的随机性变小，算法过早收敛。这是因为信息素浓度过低，算法的求解性能较低；而信息素浓度过高时，路径选择的指向性会非常明确，算法快速收敛。从图 5-26 中可以看出，$\alpha \in [1.0,3.0]$ 时，算法求解性能最好。

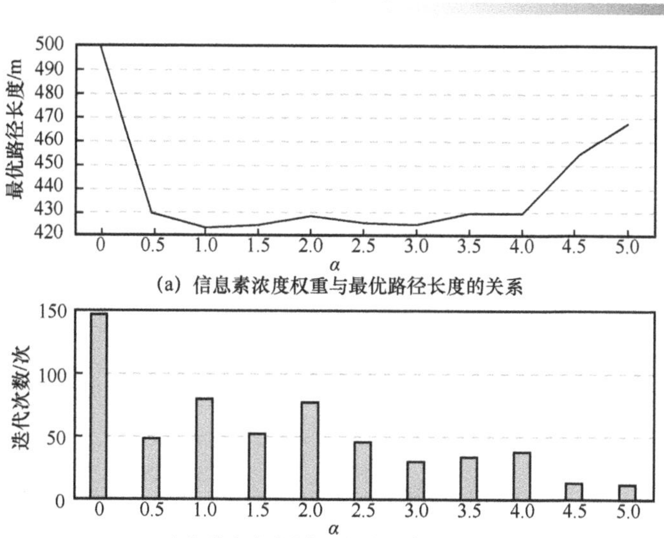

(a) 信息素浓度权重与最优路径长度的关系

(b) 信息素浓度权重与迭代次数的关系

图 5-26 信息素浓度权重 α 对算法性能的影响

启发因子的权重 β 反映了启发式信息的重要性。β 反映了 UUV 航行距离和航行角度的重要性，其对算法性能的影响如图 5-27 所示。从图 5-27 中可以看到，当 β 过小时，算法进行纯随机搜索，结果与最优解相去甚远；当 β 过大时，算法收敛性有变差的趋势。这是因为启发因子的权重 β 过小时，算法的优化目标非常模糊，求出的结果与实际目标差异很大；反之，β 过大时，求解目标非常明确，算法的收敛时间成本增加。在本节中取[2.5, 5.0]为宜。

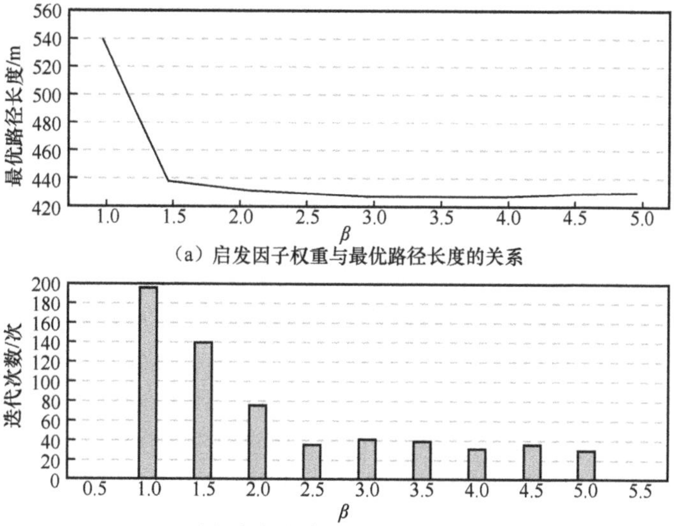

(a) 启发因子权重与最优路径长度的关系

(b) 启发因子权重与迭代次数的关系

图 5-27 启发因子权重 β 对算法性能的影响

挥发系数 ρ 对算法的影响是双重的。当 ρ 较小时，残留的信息素浓度较高，先前已经被多次选择的路径继续保持高浓度的残留信息素，而未被多次选择的路径上的信息素浓度将进一步衰减，算法易陷入局部最优；反之，先前的信息素过快挥发散尽，随机搜索的空间将增大，同时将带来收敛性大幅下降的问题。图 5-28 反映了挥发系数 ρ 对算法性能的影响。从图 5-28 中可以看到，当 $\rho\in[0.4,0.5]$ 时，算法的整体性能比较好。

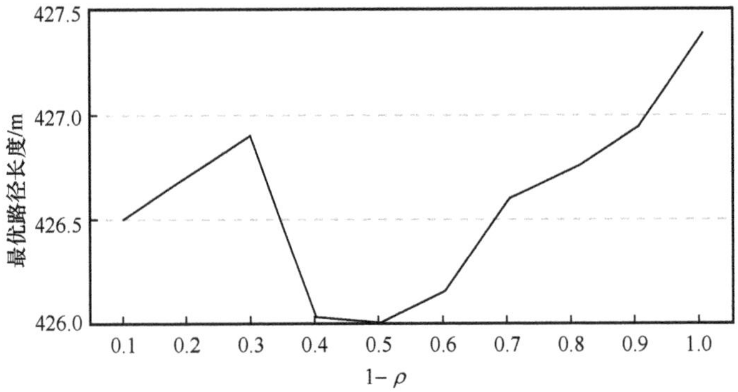

（a）挥发系数与最优路径长度的关系

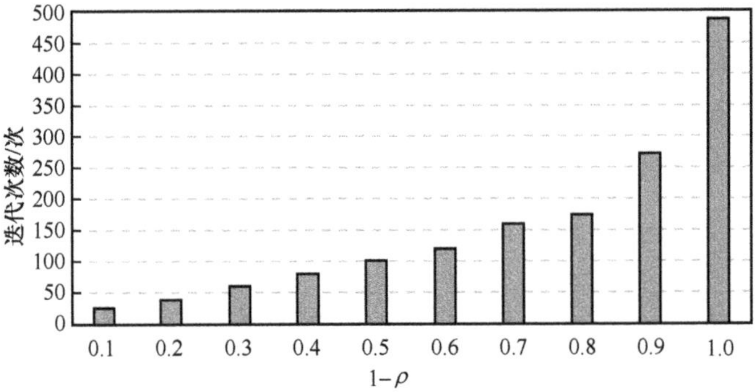

（b）挥发系数与迭代次数的关系

图 5-28　挥发系数 ρ 对算法性能的影响

常数 Q 是一种反馈量，在一定程度上反映了信息素浓度，Q 值过大或者过小都会对算法造成负面影响。其对算法性能的影响如图 5-29 所示。从图 5-29 中可知，Q 越大，收敛性越强，但求全局最优解的能力变弱；Q 越小，算法收敛性较差，求解能力变弱。因此，在本节中，为了体现角度的重要性，Q_2 可略大于 Q_1，但两者都不宜过大或者过小。本节将 (Q_1,Q_2) 设置为(25, 100)。蚁群优化算法中各参数的作用是紧密耦合的，如蚂蚁数量与簇首节点数量是强相关的，当簇首节点数量固定时，可按照两者关系进行配置。那么，对算法性能起关键作用的就是 α 、β 和 ρ 。从求解的最佳效果和稳定性来看，在本节应用场景下，最佳参数配置组合为 $\alpha=1$ 、$\beta=5$ 、$\rho=0.5$ 。

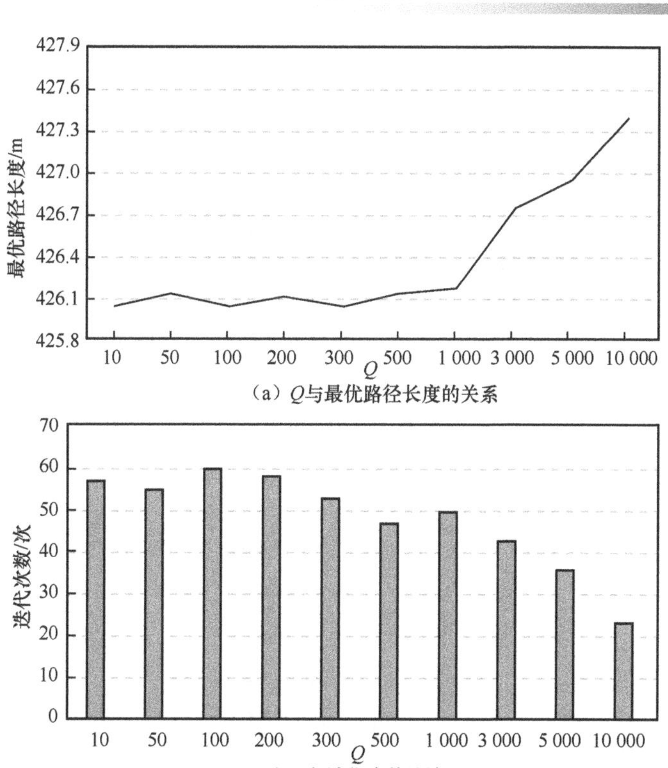

（a）Q与最优路径长度的关系

（b）Q与迭代次数的关系

图 5-29　常数 Q 对算法性能的影响

2. 结果对比与分析

P2P 和 TSP 场景下算法性能对比分别如图 5-30 和图 5-31 所示。图 5-30（a）和图 5-31（a）分别表示 UUV 在 P2P 和 TSP 场景下的最优路径示意。在 P2P 场景下，具体的求解结果如图 5-30（b）和图 5-30（c）所示。R-ACOA 和 ACOA 求得的航行距离基本持平，约等于 40.3 m，航行角度分别等于 157°和 163°。可见，在航行角度优化方面，本节所提的 R-ACOA 较 ACOA 减少了 3.7%，两者达到收敛所需的迭代次数分别为 20 次和 39 次，时间节约了 48.7%。另一方面，从仿真结果中也可以看到，R-ACOA 稳定性更好。在 TSP 场景下，具体的求解结果如图 5-31（b）和图 5-31（c）所示。在航行距离优化方面，R-ACOA 与 ACOA 的求解结果分别为 166.1 m 和 169.7 m，距离减少了 2.1%；在航行角度优化方面，结果分别为 537.7°和 637.9°，航行角度减少了 15.7%，两者达到收敛所需的迭代次数分别为 119 次和 187 次，时间节约了 36.4%，同时 R-ACOA 的稳定性也更好。综上，相较于传统的 ACOA，本节所提出的 R-ACOA 在两种不同的场景下均可以实现 UUV 航行距离和航行角度的联合优化，并且具有更好的收敛速度和稳定性，达到了算法设计的初衷和目的。

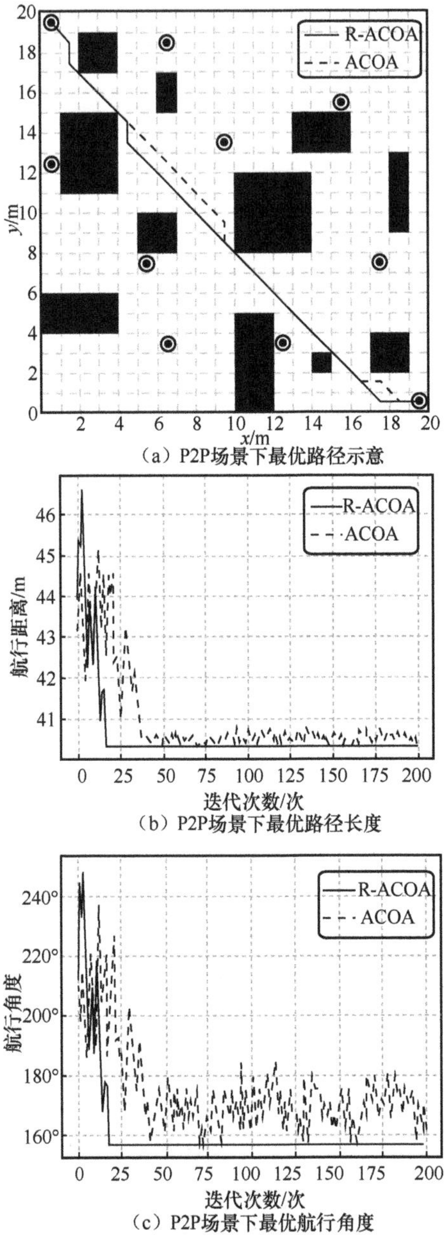

图 5-30　P2P 场景下算法性能对比

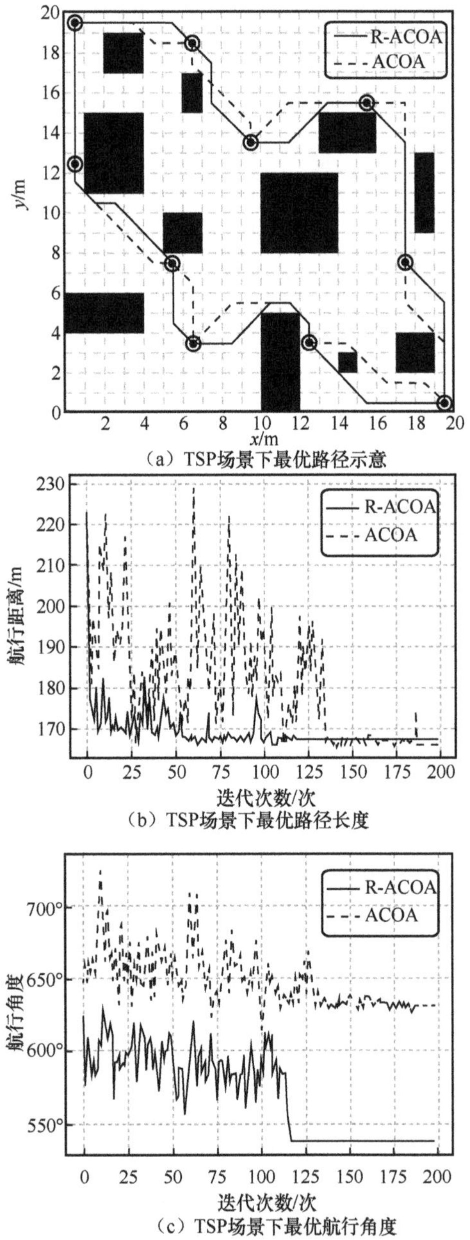

图 5-31　TSP 场景下算法性能对比

3. 时间复杂度分析

R-ACOA 和 ACOA 的时间复杂度分析如表 5-7 所示，两种算法的时间复杂度持平，均为 $O(n^2)$ 。当遍历的传感器节点数量 n 过多时，R-ACOA 求解时间稍长，且两种算法的求解时间都不短，这也是群体智能算法的通病。通常基于成本考量，在基于 UUV 的海洋数据采集体系中，一次性投入使用的传感器节点并不会特别多，那么被选为簇首节点的传感器节点个数会更少。一般来说，在任务区域内最多投入几千个传感器节点，而最终被选为簇首节点的个数大致也不会超过 100 个，此时算法求解的时间约为 50 s，时间成本可接受。因此，本节所提的算法具有实操性。

表 5-7　R-ACOA 和 ACOA 的时间复杂度分析

时间复杂度		求解时间/s				
		n=10	n=50	n=100	n=500	n=1 000
ACOA	$O(n^2)$	2.475	17.779	47.251	1 756.961	9 623.211
R-ACOA	$O(n^2)$	1.922	15.728	52.413	2 103.330	10 710.944

5.6　大规模海洋网络可靠性分析

在海天一体信息网络中，需要保证网络的安全性，但是其具有节点数量多、异质异构、连接关系复杂等特点，在实际运行中，往往面临节点失效、恶意破坏、干扰等各类威胁。总体来看，海天一体信息网络具有复杂网络的诸多特性，在面临恶意攻击时具有脆弱性，恶意攻击者可以通过攻击网络中的少量关键节点，达到严重破坏网络整体能效的目的。例如，一部分重要网络设备的失效，很可能导致网络的整体瘫痪[95]，少数几个节点发生故障，会造成一系列连锁反应，导致大规模的网络失效[96]，而在 AIS 等航行信息系统中，错误信息的传播总是起源于小部分恶意攻击或设备故障[97]，其遵循着与传染病相似的规律[98]。海天一体信息网络的以上特性，往往会给恶意攻击者留下可乘之机，攻击者可以仅仅通过攻击网络系统的一些关键部分而造成巨大的破坏。如果能够进行合理分析，并进行有针对性的预防，将有利于提高网络的可靠性。然而，由于实际系统中攻防双方的攻击与防护能力都是有限的，因此，网络管理者需要将有限的防御资源分配至各节点以防范各类攻击，并且在网络已经遭受攻击的情况下，尽可能减小网络能效损失，而如何合理分配有限的防御资源，就成了保证网络可靠性的关键问题。

海洋网络是海天一体信息网络的重要组成部分。因此，考虑海洋网络可靠性优化中常见的资源分配博弈场景，本节根据网络拓扑结构特点，对传统的上校博弈模型以及网络博弈相关研究进行拓展，提出了网络中的上校博弈模型。同时根据影响网络可靠性的关键因素（网络连通性、平均路径长度、平均度和网络传播力），确定了双人零和博弈的收益函数。最后对博弈的均衡策略进行了详细的分析，提出了一种基于共同进化的博弈均衡高效求解算法。

5.6.1 相关技术研究综述

在对攻防互动的分析中，博弈论是一种被广泛使用的工具，而对于此类的攻防战或竞争场景下的资源分配问题，上校博弈提供了一个经典的模型[99-100]。上校博弈在 1921 年被提出，文献[101]对这一模型进行了具体的定义和分析。在上校博弈中，两个作为指挥官的参与者分别将有限的兵力资源分配到若干个战场上，而在每个战场上，兵力较多者可以取胜，因此双方的目标是尽可能地取胜。虽然上校博弈问题的描述非常直观，但实际上却具有很高的复杂性，随着原问题中的兵力数量和战场数量的增加，可行行动的数量呈指数增长，对于一个典型的兵力数量为 120、战场数量为 6 的上校博弈问题，行动的数量可以达到 2.5 亿个[102]，均衡策略或证明均衡策略的存在性就更加困难。这导致了在博弈模型提出后的几十年中，很少有人研究和使用这一博弈模型。但近年来，研究者开始重新关注这一问题。文献[103]对这一问题进行了细致的分析，文献[104]证明了一系列关于此问题的重要结论，并证明了上校博弈不存在纯策略纳什均衡，激发了新一轮的研究热潮。近年来，上校博弈被广泛研究并应用于军事[99]、信息预测[105]、社会科学[106]、通信和网络[107]等领域，并产生了很多推广模型，如战场地位不同的上校博弈、连续资源的上校博弈、非对称的上校博弈和异构的上校博弈等[103,108]。在通信领域，文献[107]研究了无线通信多个信道中的干扰和抗干扰问题，文献[109]研究了多用户条件下的动态频谱分配问题，文献[110]研究了信息不对称条件下无线传感器网络中的资源分配问题，文献[111]研究了对于抗拥塞攻击的最优功率选择问题。此外，由于上校博弈模型本身具有的趣味性和现实背景，很多研究者从实验经济学的角度，通过在人群中进行调查实验寻找上校博弈的优质策略。文献[112]研究了含有 5 个战场和对称资源条件下参与者的策略选择，文献[102]研究了含有 6 个战场和 120 个兵力的上校博弈问题，文献[113]研究了在含有 8 个战场和不对称资源条件下的策略选择。此外，为了研究何种行动能在此类实验中获得较高胜率，文献[114]设计了一种生成优质策略的启发式算法，文献[115]设计了一种基于学习的算法。然而，这些博弈模型往往只在各个战场的博弈结果与全局收益间建立了简单且直接的联系，即对每个战场上的博弈结果进行简单的比较、相加或加权求和计算，并以此作为全局收益，参与者以赢得更多战场或加权换算后的得分为目标。但在实际中，各个战场的博弈结果与全局收益间往往具有更为复杂的间接联系。以上校博弈描述的军事攻防场景为例，指挥官可以通过同时赢得少数几个相互关联的重要战场，进而获得极高的全局收益，获得军事行动的胜利。此外，在上述几种网络中的博弈场景里，同样存在着多个战场上的博弈结果共同作用，进而影响全局收益的现象。

作为用于描述和分析各类实际网络系统的理论，图论[116]和网络科学理论[117]

将研究对象中包含的个体抽象为节点，而将这些节点间的相互关系抽象为边，以恰当地反映这些节点间的关联关系，并体现出通过这些节点和边共同构成的系统的整体特性，在各种研究中被广泛使用。因此，基于图论和复杂网络理论的网络博弈[118]也被广泛研究。一般来说，此类博弈将网络中的每个节点抽象为参与者，构成了一种多参与者博弈，博弈中参与者的收益取决于其邻居节点上参与者选择的行动，因此网络节点为了使自身收益最大化，会自发地产生合作或对抗关系，构成博弈的均衡，并在宏观上产生涌现的现象[119-120]。本节的研究与网络博弈存在一定的联系，但主要从宏观角度上进行分析，将整个网络系统视为一个整体，以研究网络对抗场景中的资源分配问题，因此攻防双方可以对网络中的全部节点进行统一部署。

基于以上分析，本节的研究基于博弈论、图论和网络理论，提出了一种网络中的上校博弈，在这种博弈模型中，参与者可以在网络节点上分配资源，而网络拓扑则体现了网络节点的重要性及相互间的联系，攻击者和防御者分别以最大程度地破坏和维护网络可靠性为目标，构成了一个双人零和博弈。在这种情况下，博弈的结果不仅体现在赢得节点的数量，还体现在这些节点的状态对网络系统整体可靠性的影响。

5.6.2　面向大规模海洋网络的可靠性优化

1. 网络中的攻防资源分配博弈模型

网络系统中的上校博弈模型是一种由两个参与者同时行动的单次零和博弈。首先，将攻防双方进行博弈的网络系统定义为一个无向图 $G=\{\mathbb{V},\mathbb{E}\}$，即图 G 由节点集合 $\mathbb{V}$ 和边集合 $\mathbb{E}$ 组成，其中 $\mathbb{V}=\{v_1,v_2,\cdots,v_N\}$，$\mathbb{E}=\{e_1,e_2,\cdots,e_M\}$，$N$ 为网络中节点的个数，M 为边的条数，每条边又可以由连接的两个节点构成的集合表示，如 $e_k=\{v_a, v_b\}$表示 e_k 是连接节点 v_a 和 v_b 的边。此外，为了方便描述，将博弈的两个参与者分别称为防御者和攻击者。其中，防御者拥有的资源数量为 A_1，并将资源分配到网络的各个节点上用以防范潜在的攻击行为，因此防御者的行动可以表示为

$$\boldsymbol{a}_1=[a_1^1,a_1^2,\cdots,a_1^N] \tag{5-94}$$

其中，$a_1^i \geqslant 0$ 代表防御者在节点 v_i 上分配的资源数量，并且保证 $\sum_{i=1}^{N} a_1^i = A_1$，不同于传统的上校博弈，在本节的研究中总资源数量和每个节点上分配的资源可以不是整数。与防御者类似，攻击者拥有的资源数量为 A_2，同样将资源分配到网络中的各个节点上，以控制网络节点，从而破坏网络系统，其行动可以表示为

$$\boldsymbol{a}_2=[a_2^1,a_2^2,\cdots,a_2^N] \tag{5-95}$$

其中，同样保证 $a_2^i \geqslant 0$ 以及 $\sum_{i=1}^{N} a_2^i = A_2$，所有可行行动共同构成了其行动集合。

每个节点上的博弈结果体现为该节点控制权的归属，而节点的控制权取决于双方在该节点上分配的资源数量。本节将网络系统中的节点分为两类：由防御者控制的节点集合 $\mathbb{V}_1$，以及由攻击者控制的节点集合 $\mathbb{V}_2$。定义 v_i 本身具有的最大防御能力为 $a_0^i \geqslant 0$，如果攻击者在该节点上部署的攻击资源超过了防御者部署的防御资源与节点自身最大防御能力之和，则可夺取该节点的控制权，即

$$v_i \in \begin{cases} \mathbb{V}_1,\ a_0^i + a_1^i \geqslant a_2^i \\ \mathbb{V}_2, a_0^i + a_1^i < a_2^i \end{cases} \tag{5-96}$$

此外，在网络性能分析中还需要考虑边的归属权。在无向图中，根据构成边的两个节点的归属，可以将边分为 3 类，即 $\mathbb{E}_{11}$、$\mathbb{E}_{12}$ 和 $\mathbb{E}_{22}$。如果边 $e_k \in \mathbb{E}_{ij}(i, j \in \{1,2\}, i \leqslant j)$，则构成边的两个节点分别属于 $\mathbb{V}_i$ 和 $\mathbb{V}_j$，节点攻防资源分配和节点与边所属集合之间的关系如图 5-32 所示。

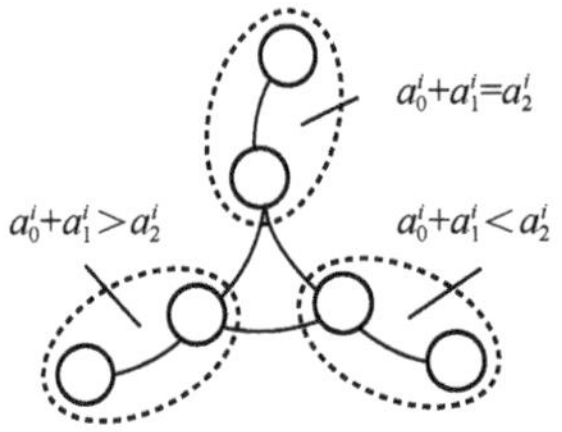

（a）每个节点上攻防资源之间的关系

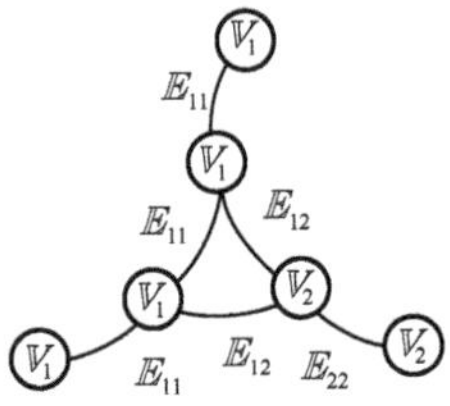

（b）节点与边所属的节点集合和边集合

图 5-32　节点攻防资源分配和节点与边所属集合之间的关系

在本节模型中，博弈前后的网络系统分别用 G' 和 G'' 表示，因此博弈的收益函数可以表示为

$$u_1(\boldsymbol{a}_1, \boldsymbol{a}_2) = -u_2(\boldsymbol{a}_1, \boldsymbol{a}_2) = f(G'') - f(G') \tag{5-97}$$

其中，u_1 表示防御者的效用，u_2 表示攻击者的效用，$f(\cdot)$ 表示网络系统可靠性的衡量函数，对于博弈前的网络系统 G'，由于双方尚未行动，可以认为此时的 $a_1^i = a_2^i = 0$，根据所述规则，G' 中节点全部属于 $\mathbb{V}_1$。综上所述，防御者的目标是最小化网络性能损失，而攻击者的目标是最大化网络性能损失，其共同构成了一个零和博弈。

2. 网络系统可靠性衡量指标

根据不同的网络攻防场景，网络可靠性的衡量方式是多种多样的，需要根据实际场景及攻防双方的主要目标选择最恰当的衡量方式，或将几种衡量方式加以组合，以确定博弈的收益函数。首先，为了便于计算，引入邻接矩阵 $\boldsymbol{W} = (w_{ij})_{n\times n}$，

用以表示网络系统的节点和边，即

$$\boldsymbol{W}=\begin{bmatrix} w_{11} & w_{12} & \cdots & w_{1n} \\ w_{21} & w_{22} & \cdots & w_{2n} \\ \vdots & \vdots & \ddots & \vdots \\ w_{n1} & w_{n2} & \cdots & w_{nn} \end{bmatrix} \tag{5-98}$$

其中，在加权图中，$w_{ij} \geqslant 0$ 表示节点 v_i 和 v_j 之间边的权重，如果不存在边$\{v_i, v_j\}$，则 $w_{ij}=0$；而在无权图中，直接使用 $w_{ij} \in \{0, 1\}$表示网络是否存在$\{v_i, v_j\}$。

（1）网络连通性

在许多网络攻防场景中，如果一些节点受到攻击者的控制和破坏，网络连通性将受到严重影响。因此，网络系统的顽存性，即在攻击下保持其连接性的能力，是一个关键的网络可靠性衡量指标。其中，边 w_{ij} 的权重可以定义为

$$w_{ij}=\begin{cases} 1, & \{v_i, v_j\} \in \mathbb{E}_{11} \\ 0, & \{v_i, v_j\} \in \mathbb{E}_{12} \cup \mathbb{E}_{22} \end{cases} \tag{5-99}$$

由于网络中可能存在未连接的部分，因此可以将网络划分为一个或多个子网络，节点最多的子网络称为最大连通分支。如果最大连通分支包含 n 个节点，则基于网络连通性的网络可靠性衡量函数可以表示为

$$f(G)=n \tag{5-100}$$

（2）平均路径长度

在很多情况下，恶意攻击可能不会破坏网络的连通性，但仍可能使网络连接恶化。节点 v_{i_1} 与 v_{i_K} 之间的路径 p_{i_1,i_K} 可以表示为无重复的节点序列，即 $p_{i_1,i_K}=[v_{i_1}, v_{i_2}, \cdots, v_{i_K}]$，对于路径上的相邻节点 v_{i_k} 和 $v_{i_{k+1}}$，存在 $w_{i_k,i_{k+1}}>0$。路径的长度定义为它包含的边的总权重，即

$$r\left(p_{i_1,i_K}\right)=\sum_{[v_{i_k}, v_{i_{k+1}}] \in p_{i_1,i_K}} w_{i_k,i_{k+1}} \tag{5-101}$$

其中，$[v_{i_k}, v_{i_{k+1}}]$表示路径上的两个相邻节点。需要注意的是，两个节点之间通常存在多条路径。因此，两个节点之间的最短路径长度可以表示为

$$r_{ij}^{*}=\min_{p_{ij}} r\left(p_{ij}\right) \tag{5-102}$$

而网络的平均路径长度为

$$\overline{r}=\frac{\sum_{i \neq j} r_{ij}^{*}}{N(N-1)} \tag{5-103}$$

因此，基于平均路径长度的网络可靠性衡量函数可以表示为

$$f(G) = -\bar{r} \tag{5-104}$$

（3）平均度

度是网络系统的重要通用指标，揭示了网络系统的连通性、结构等特征。节点 v_i 的度是其所连接的所有边的权重之和，可以表示为

$$d_i = \sum_{j=1}^{N} w_{ij} \tag{5-105}$$

因此，网络的平均度可以表示为

$$\bar{d} = \frac{\sum_{i=1}^{N} d_i}{N} = \frac{\sum_{i=1}^{N}\sum_{j=1}^{N} w_{ij}}{N} \tag{5-106}$$

其与网络中所有边的权重之和成正比。因此，基于平均度的网络可靠性衡量函数可以定义为

$$f(G) = \bar{d} \tag{5-107}$$

（4）网络传播能力

在一些传播过程的研究中，如果网络中存在错误信息和病毒，通常采用易感–感染（SI）传播模型。在该模型中，节点有两种状态，即易感状态和感染状态。易感节点可被其邻近的受感染节点感染。在这个过程中，$\mathbb{V}_1(t)$ 和 $\mathbb{V}_2(t)$ 分别表示在时间阶段 t 的易感节点集合和感染节点集合。此外，与此前的定义类似，$\mathbb{E}_{ij}(t)$ 表示时间阶段 t 对应的边集合。假设在博弈中由防御者控制的节点构成 $\mathbb{V}_1(0)$，而由攻击者控制的节点构成 $\mathbb{V}_2(0)$。根据 SI 传播模型，在每个时间阶段 t 中，节点 v_i 可能被感染并被添加到集合 $\mathbb{V}_2(t)$ 中，其概率为

$$p_i(t) = \begin{cases} \dfrac{\sum_{\{j:\{v_i, v_j\} \in \mathbb{E}_{12}(t-1)\}} c_j}{\sum_{\{j:\{v_i, v_j\} \in \mathbb{E}\}} c_j}, & v_i \in \mathbb{V}_1(t-1) \\ 1, & v_i \in \mathbb{V}_2(t-1) \end{cases} \tag{5-108}$$

其中，c_j 为节点 v_j 的影响力。相应地，节点 v_i 可能以 $1-p_i(t)$ 的概率保持易感状态，并划入 $\mathbb{V}_1(t)$ 中。因此，易感节点的感染概率是其相邻感染节点的总影响力与所有相邻节点的总影响力之比。然后，定义平均扩散时间 $\bar{t}$ 为受感染节点的比例达到阈值 β 的期望时间，即

$$\bar{t} = E\left(\min\left\{t : \frac{|\mathbb{V}_2(t)|}{N} \geqslant \beta\right\}\right) \tag{5-109}$$

其中，$|\mathbb{V}_2(t)|$ 表示时间阶段 t 内受感染的节点数。因此，基于网络传播能力的网络可靠性衡量函数可以表示为

$$f(G)=\overline{t} \tag{5-110}$$

3. 博弈的均衡策略分析

首先，对博弈模型在小规模网络系统中的求解方法进行分析，由于博弈具有无限的行动集合和不连续的收益，给分析带来了很大的困难。因此，可以采用常见的网格化方法将其转化为具有有限行为的博弈来逼近纳什均衡和期望收益[121-122]。这里首先假设资源数量为整数，即 $A_1, A_2, a_l^i \in \mathbb{N}(l=0,1,2，i=1,2,\cdots,N)$ 。因此双方的行动集合 $\mathbb{A}_1$ 和 $\mathbb{A}_2$ 是有限的，博弈可以转化为一个零和矩阵博弈。在这个矩阵博弈中，可以很容易地验证纯策略纳什均衡的存在性。双方的混合策略表示为 $\boldsymbol{s}_1=[s_1^1,s_1^2,\cdots,s_1^{K_1}]$ 以及 $\boldsymbol{s}_2=[s_2^1,s_2^2,\cdots,s_2^{K_2}]$ ，其中 $s_l^k(l=1,2)$ 表示参与者 l 采取行动 a_l^k 的概率，而 K_1 和 K_2 表示行动集合的大小。在求解混合策略纳什均衡时，主要难点是随着节点数量和资源数量的增加，可行行动的数量急剧增加。因此通常把其转化为线性规划问题进行求解。首先，在混合策略纳什均衡下，无论是防御者还是攻击者都不能通过单方面改变策略来提高期望效用。因此，$\left(\boldsymbol{s}_1^*,\boldsymbol{s}_2^*\right)$ 构成混合策略纳什均衡的充要条件为

$$u_1\left(\boldsymbol{a}_1^{k_1},\boldsymbol{s}_2^*\right)\leqslant u_1\left(\boldsymbol{s}_1^*,\boldsymbol{s}_2^*\right)\leqslant u_1\left(\boldsymbol{s}_1^*,\boldsymbol{a}_2^{k_2}\right) \tag{5-111}$$

对于所有 $k_1=1,2,\cdots,K_1$ 和 $k_2=1,2,\cdots,K_2$ 成立。当存在多个混合均衡时，由于零和博弈中均衡策略的无差别性和可交换性[123]，只要参与者采取均衡策略之一，就可以保证最大期望效用。条件式（5-111）可以表示为如下不等式形式。

$$\begin{cases}\sum\limits_{k_1=1}^{K_1}s_1^{k_1}u_1\left(\boldsymbol{a}_1^{k_1},\boldsymbol{a}_2^{k_2}\right)\geqslant v\\ \sum\limits_{k_1=1}^{K_1}s_1^{k_1}=1\\ s_1^{k_1}\geqslant 0\end{cases} \tag{5-112}$$

和

$$\begin{cases}\sum\limits_{k_2=1}^{K_2}s_2^{k_2}u_1\left(\boldsymbol{a}_1^{k_1},\boldsymbol{a}_2^{k_2}\right)\leqslant v\\ \sum\limits_{k_2=1}^{K_2}s_2^{k_2}=1\\ s_2^{k_2}\geqslant 0\end{cases} \tag{5-113}$$

因此，式（5-112）和式（5-113）可表示为一对互为对偶的线性规划问题

$$\max v \tag{5-114}$$

$$\text{s.t.} \quad \sum_{k_1=1}^{K_1} s_1^{k_1} u_1\left(\boldsymbol{a}_1^{k_1}, \boldsymbol{a}_2^{k_2}\right) \geqslant v \tag{5-114a}$$

$$\sum_{k_1=1}^{K_1} s_1^{k_1} = 1 \tag{5-114b}$$

$$s_1^{k_1} \geqslant 0 \tag{5-114c}$$

以及

$$\min w \tag{5-115}$$

$$\text{s.t.} \quad \sum_{k_2=1}^{K_2} s_2^{k_2} u_1\left(\boldsymbol{a}_1^{k_1}, \boldsymbol{a}_2^{k_2}\right) \leqslant w \tag{5-115a}$$

$$\sum_{k_2=1}^{K_2} s_2^{k_2} = 1 \tag{5-115b}$$

$$s_2^{k_2} \geqslant 0 \tag{5-115c}$$

通过求解主问题式（5-114）及其对偶问题式（5-115），可以求得最优解$\left(\boldsymbol{s}_1^*, v^*\right)$和$\left(\boldsymbol{s}_2^*, w^*\right)$。基于强对偶性质，可知$v^* = w^*$，其等于防御者的期望收益，即

$$E\left(u_1\right) = u_1\left(\boldsymbol{s}_1^*, \boldsymbol{s}_2^*\right) = \sum_{k_1=1}^{K_1} \sum_{k_2=1}^{K_2} s_1^{k_1} s_2^{k_2} u_1\left(\boldsymbol{a}_1^{k_1}, \boldsymbol{a}_2^{k_2}\right) \tag{5-116}$$

因此，对于此问题可以提出一种通用的求解方法。如算法 5-7 所示，通过按比例增加 $\boldsymbol{a}_1$、$\boldsymbol{a}_2$ 和 a_l^i，可以实现更细密度的网格逼近，使结果逼近于原问题的纳什均衡策略。然而，计算复杂度也会随之迅速提高。因此，需要选择一个合适的网格密度以平衡准确性和效率。

算法 5-7 基于网格化的均衡求解算法

1. 输入：网络系统 G'、可靠性衡量函数 $f(\cdot)$
2. 初始化：考虑攻防场景、求解精度和计算复杂度，设定 $\mathbb{A}_1$、$\mathbb{A}_2$ 和 $\boldsymbol{a}_0$
3. 生成参与者行动集合 $\mathbb{A}_1 = \left\{\boldsymbol{a}_1^1, \boldsymbol{a}_1^2, \cdots, \boldsymbol{a}_1^{K_1}\right\}$ 和 $\mathbb{A}_2 = \left\{\boldsymbol{a}_2^1, \boldsymbol{a}_2^2, \cdots, \boldsymbol{a}_2^{K_2}\right\}$；
4. 计算 $\mathbb{A}_1$、$\mathbb{A}_2$ 中每对行动 $(\boldsymbol{a}_1^{k_1}, \boldsymbol{a}_2^{k_2})$ 对应的收益 $u_1\left(\boldsymbol{a}_1^{k_1}, \boldsymbol{a}_2^{k_2}\right)$，构建支付矩阵;
5. 求解线性规划问题式（5-114）和式（5-115）；
6. 输出：纳什均衡策略 $\left(\boldsymbol{s}_1^*, \boldsymbol{s}_2^*\right)$ 和期望收益 $E\left(u_1\right)$

接下来将举例讨论该算法的性能。四节点海洋传感器网络拓扑如图 5-33 所示，所有节点均假设 $a_0^i = 0$，$A_1 : A_2 = 1 : 1$。由于将所有资源限制为整数，因此 A_1 和 A_2 的值表示资源划分粒度，即网格密度，然后在不同的网格密度下测试收益和均衡策略的收敛性。在 A_1:A_2=1 : 1 的情况下，防御者在不同网络可靠性指标下的期望收益如图 5-34 所示。在图 5-34（b）中，若 $\left\{v_i, v_j\right\} \in \mathbb{E}_{11}$，则 $w_{ij} = 1$；若

$\{v_i,v_j\}\in\mathbb{E}_{12}\cup\mathbb{E}_{22}$，则 $w_{ij}=2$。在图 5-34（c）中，若 $\{v_i,v_j\}\in\mathbb{E}_{11}$，则 $w_{ij}=1$；若 $\{v_i,v_j\}\in\mathbb{E}_{12}\cup\mathbb{E}_{22}$，则 $w_{ij}=0$。在图 5-34（d）中，节点影响力 $c_j=1$，阈值 $\beta=1$。从图 5-34 中可以发现，当按比例增加 A_1 和 A_2 时，所有情况下的结果都逐渐收敛。此外，在 $A_1{:}A_2=1:1$ 的情况下，纳什均衡策略下的双方资源分配方案如图 5-35 所示，在四节点海洋传感器网络拓扑中的结果表明，混合纳什均衡下的分配策略也随着更细网格密度收敛，证明了该算法的有效性。

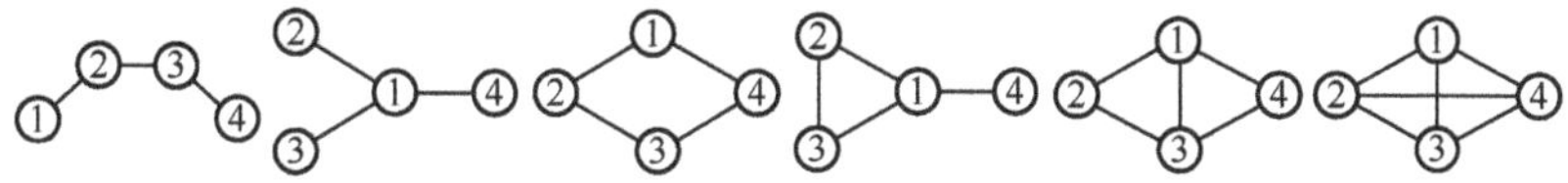

（a）线形　（b）星形　（c）环形　（d）增强星形　（e）增强环形　（f）全连接

图 5-33　四节点海洋传感器网络拓扑

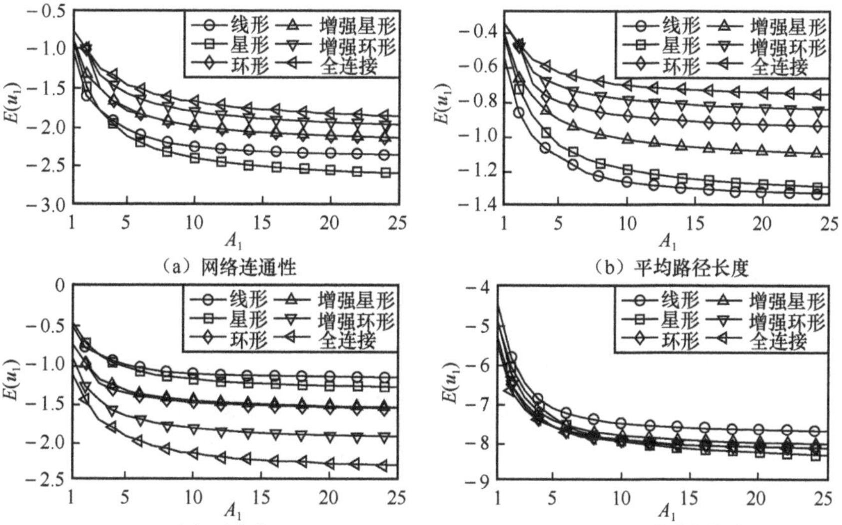

（a）网络连通性　（b）平均路径长度

（c）平均度　（d）网络传播能力

图 5-34　在 $A_1:A_2=1:1$ 的情况下，防御者在不同网络可靠性指标下的期望收益

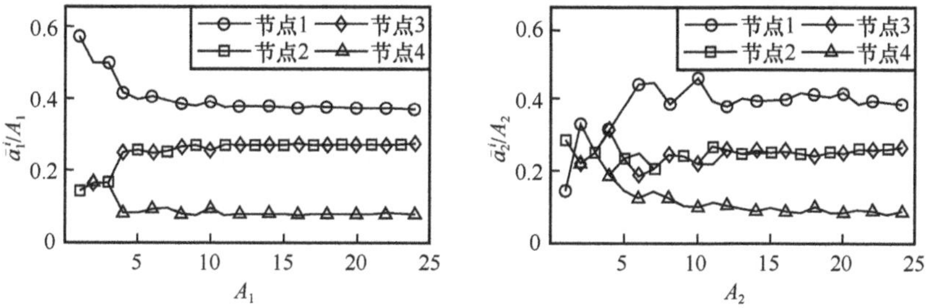

（a）防御者　（b）攻击者

图 5-35　在 $A_1:A_2=1:1$ 的情况下，纳什均衡策略下的双方资源分配方案

此外，对算法 5-7 的复杂度进行简单的分析。具体来说，在确定 A_1、A_2 和 $\boldsymbol{a}_0$ 后，防御者需要将总数为 A_1 的资源分配到 N 个节点上，将其转化为分配问题进行计算，可得 $K_1=\binom{A_1+N-1}{N}=\dfrac{(A_1+N-1)!}{(A_1-1)!N!}$。与之类似，对于攻击者来说，$K_2=\binom{A_2+N-1}{N}=\dfrac{(A_2+N-1)!}{(A_2-1)!N!}$。因此，生成两个行动集合的复杂度为 $O((K_1+K_2)N)$。

然后，构建大小为 $K_1\times K_2$ 的支付矩阵，步骤如下。对于确定的一对行动，计算节点状态的复杂度为 $O(N)$，而基于博弈规则生成邻接矩阵 $\boldsymbol{W}$ 的复杂度为 $O(N^2)$。对于不同的网络可靠性衡量函数，计算收益 $f(G)$ 的复杂度如下。

（1）网络连通性。为了找出网络的最大的连通分支，需要借助深度优先搜索（DFS）或广度优先搜索（BFS）来遍历网络。当使用邻接矩阵 $\boldsymbol{W}$ 表示网络时，其复杂度为 $O(N^2)$。

（2）平均路径长度。对于具有非负边权重的无向网络，首先利用 Floyd-Warshall 算法求出所有节点对的最短路径，然后计算平均路径长度，其计算复杂度为 $O(N^3)$。

（3）平均度。通过累加邻接矩阵 $\boldsymbol{W}$ 中的全部元素求得，其计算复杂度为 $O(N^2)$。

（4）网络传播能力。通过蒙特卡洛仿真，计算多次实验的平均扩散时间，以近似期望扩散时间。在仿真的每个时间阶段，需要计算每个节点的感染概率，并根据式（5-108）更新其状态，每次仿真平均运行时间阶段数为 $\bar{t}$，因此其复杂度为 $O(\bar{t}\,\bar{d}N)$，其中 $\bar{d}$ 为网络平均度。

事实上，由于不同的行动对可能导致相同的博弈结果，计算 $\boldsymbol{W}$ 和网络可靠性的时间复杂度可以减少到 $O(2^N)$。因此，该步骤的总复杂度为 $O(K_1K_2N)$，主要由计算给定行动对下的节点状态决定。

由于线性规划问题式（5-114）和式（5-115）互为对偶，用单纯形法只求解其中一个问题就可以得到均衡解。假设 $A_1\geqslant A_2(K_1\geqslant K_2)$，因此求解问题式（5-114）具有更低的复杂度。单纯形法每次迭代的复杂度为 $O(K_1K_2)$，在最坏情况下，迭代次数与变量数呈指数关系，即 $O\left(2^{K_1}\right)$。但在实践中，一般认为其平均迭代次数与约束数量呈线性关系[124]，即 $O(K_2)$。因此，这一步的总复杂度为 $O\left(K_1K_2^2\right)$。与之类似，若 $A_1\leqslant A_2(K_1\leqslant K_2)$，则总复杂度为 $O\left(K_1^2K_2\right)$。因此，总的计算复杂度由求解线性规划问题决定，等于 $O\left(K_1K_2\min\{K_1,K_2\}\right)$，其随着网络规模 N 以指数增长。此外，随着 N 的增长，为了保证求解的准确性，A_1 和 A_2 也呈线性增长。因此，随着网络规模的增大，其计算复杂度迅速提高，需要利用更加高效的方法进行求解。

4. 基于共同进化的博弈均衡高效求解算法

随着节点数量的增加，博弈的行动集合规模迅速增大，这使分析大规模网络系统中的策略变得非常困难。然而，在实践中可以发现，这一问题中大多数参与者只关注少数几种行动或分配方案。在实际的网络系统中，攻击者和防御者也有常用的攻击和防御模式，这些模式可以看作实践中的常见选择。此外，理性的防御者和攻击者只会选择具有较高期望收益的行动作为其策略。因此，为了简化计算，可以假设参与者的行动集合仅由所有可行行动中的一小部分优质行动组成，称为可行行动集合。

为了寻找优质策略并构成参与者的可行行动集合，本节提出了一种基于共同进化的博弈均衡高效求解算法，如算法 5-8 所示。在这种基于遗传算法[125-126]的启发式方法中，攻防双方首先随机生成一定数量的行动作为初始行动集合 $\mathbb{A}_l(l=1,2)$，攻防双方分别将自身行动集合中的行动与对方行动集合中的行动进行对抗，并记录行动集合中每个行动的收益，在对抗中收益较高的一部分行动可以直接保留至下一代，另外一部分子代则通过杂交和变异随机产生。在这样的迭代过程中，双方行动集合中的低收益行动被不断剔除，而优质行动得以保留，还可以通过杂交和变异操作进一步优化，实现双方的共同进化。

算法 5-8　基于共同进化博弈的均衡高效求解算法

1．输入：网络系统 G'，可靠性衡量函数 $f(\cdot)$，迭代次数 T，资源 $\mathbb{A}_1$、$\mathbb{A}_2$，行动集合大小 K_1、K_2，直接继承行动比例 μ_1、μ_2，突变率 γ_1、γ_2

2．初始化：随机生成染色体 $\boldsymbol{g}_l^k$ 构成初始基因库 $\mathbb{G}_1$、$\mathbb{G}_2$，根据式（5-117）和式（5-118）生成初始行动集合 $\mathbb{A}_1=\left\{\boldsymbol{a}_1^1,\boldsymbol{a}_1^2,\cdots,\boldsymbol{a}_1^{K_1}\right\}$ 和 $\mathbb{A}_2=\left\{\boldsymbol{a}_2^1,\boldsymbol{a}_2^2,\cdots,\boldsymbol{a}_2^{K_2}\right\}$

3．　for $t=1,\cdots,T$ do

4．　　根据 $f(\cdot)$，按照式（5-97）计算 $\mathbb{A}_1$ 和 $\mathbb{A}_2$ 中每对行动的收益，并按照式（5-119）和式（5-120）计算每个行动的平均收益 $\overline{\boldsymbol{u}_l}=[\overline{u_l^1},\overline{u_l^2},\cdots,\overline{u_l^{K_l}}],(l=1,2)$；

5．　　根据式（5-121），对于 $\mathbb{A}_1$ 和 $\mathbb{A}_2$ 中的每个行动，计算杂交概率 $p_1=\left\{p_1^1,p_1^2,\cdots,p_1^{K_1}\right\}$ 和 $p_2=\left\{p_2^1,p_2^2,\cdots,p_2^{K_2}\right\}$；

6．　for $l=1, 2$ do

7．　　生成空基因库 $\mathbb{G}_l'=\varnothing$ 和空行动集合 $\mathbb{A}_l'=\varnothing$；

8．　　for $k=1, 2, \cdots, K_l$　do

9．　　　if $k\leqslant \mu_l K_l$　then

10．　　　　根据 $\overline{\boldsymbol{u}_l}$，在 $\mathbb{A}_l$ 中选取收益第 k 高的行动，作为 $\boldsymbol{a}_l^k$ 加入 $\mathbb{A}_l'$；

11．　　　else

12．　　　　根据 p_l，选择亲代染色体 $\boldsymbol{g}_l^x$ 和 $\boldsymbol{g}_l^y$；

13．　　　　将节点集合 $\mathbb{V}$ 分为 $\mathbb{V}_x$ 和 $\mathbb{V}_y$；

根据式（5-122），基于 $\mathbb{V}_x$、$\mathbb{V}_y$ 和 $\boldsymbol{g}_l^x$、$\boldsymbol{g}_l^y$ 生成杂交染色体 $\boldsymbol{g}_l^{k'}$；
根据式（5-123）以概率 γ_l 从 $\boldsymbol{g}_l^{k'}$ 生成子代染色体 $\boldsymbol{g}_l^k$ 并加入 $\mathbb{G}_l'$；
根据式（5-117）和式（5-118），生成子代行动 $\boldsymbol{a}_l^k$ 并加入 $\mathbb{A}_l'$；
end if
end for
更新 $\mathbb{G}_l = \mathbb{G}_l'$ 和 $\mathbb{A}_l = \mathbb{A}_l'$；
end for
end for
计算可行行动集合 $\mathbb{A}_1$ 和 $\mathbb{A}_2$ 中每对行动（$\boldsymbol{a}_1^{k_1}, \boldsymbol{a}_2^{k_2}$）的收益 $u_1(\boldsymbol{a}_1^{k_1}, \boldsymbol{a}_2^{k_2})$；
求解线性规划问题式（5-114）和式（5-115）；
输出：纳什均衡策略 $\left(\boldsymbol{s}_1^*, \boldsymbol{s}_2^*\right)$ 和期望收益 $E\left(u_1\right)$

具体来说，首先设定 K_l (l=1,2)作为双方初始行动集合的大小，并随机生成 $\boldsymbol{g}_l^k = [g_l^{k(1)}, g_l^{k(2)}, \cdots g_l^{k(N)}]$，其中 $l=1,2$，$k=1,2,\cdots,K_l$，$g_l^{k(i)} \geqslant 0(i=1,2,\cdots,N)$ 为独立同分布随机数，可以将 $g_l^{k(i)}$ 设定为指数分布 $f(x)=\mathrm{e}^{-x}(x>0)$、正半轴上的标准正态分布 $f(x)=\sqrt{2/\pi}\mathrm{e}^{-x^2/2}(x>0)$、均匀分布 $f(x)=1(0<x<1)$ 等随机分布。初始的随机行动可以表示为

$$\boldsymbol{a}_l^k = A_l \cdot \frac{\boldsymbol{g}_l^k}{\sum_{i=1}^{N} g_l^{k(i)}} \tag{5-117}$$

在遗传算法中，$\boldsymbol{g}_l^k$ 通常被称为行动 $\boldsymbol{a}_l^k$ 的染色体，而 $g_l^{k(i)}(i=1,2,\cdots,N)$ 被称为构成染色体的基因，由 $\boldsymbol{a}_l^k$ 构成的行动集合 $\mathbb{A}_l$ 被称为种群，染色体构成的集合 $\mathbb{G}_l = \left\{\boldsymbol{g}_l^1, \boldsymbol{g}_l^2, \cdots, \boldsymbol{g}_l^{K_l}\right\}$ 则被称为基因库。此外，由于对博弈参与者的理性假设，需要保证 $a_2^i \leqslant a_0^i$，因此需要调整攻击者的行动 $\boldsymbol{a}_2^k = [a_2^{k(1)}, a_2^{k(2)}, \cdots, a_2^{k(N)}]$，即

$$a_2^{k(i)} = \begin{cases} 0, & i \notin \mathbb{I}^k \\ a_2^{k'(i)} \dfrac{A_2}{\sum_{i \in \mathbb{I}^k} a_2^{k'(i)}}, & i \in \mathbb{I}^k \end{cases} \tag{5-118}$$

其中，$a_2^{k'(i)}$ 是通过式（5-117）得出的原始资源分配方案，而 $\mathbb{I}^k$ 为节点下标 i 的集合，其满足 $a_2^{k'(i)} > a_0^i$。给定双方的初始行动集合 $\mathbb{A}_l = \left\{\boldsymbol{a}_l^1, \boldsymbol{a}_l^2, \cdots, \boldsymbol{a}_l^{K_l}\right\}$，根据式(5-97)，每个行动的平均收益可以表示为

$$\overline{u_1^{k_1}} = \frac{1}{K_2} \sum_{k_2=1}^{K_2} u_1\left(\boldsymbol{a}_1^{k_1}, \boldsymbol{a}_2^{k_2}\right) \tag{5-119}$$

或

$$\overline{u_2^{k_2}}=\frac{1}{K_1}\sum_{k_1=1}^{K_1}u_2\left(\boldsymbol{a}_1^{k_1},\boldsymbol{a}_2^{k_2}\right) \tag{5-120}$$

由此可得 $\overline{\boldsymbol{u}_l}=[\overline{u_l^1},\overline{u_l^2},\cdots,\overline{u_l^{K_l}}]$。而后，开始生成子代行动集合。亲代集合中收益前 $\mu_l K_l$ 高的行动直接加入子代行动集合，其中比例 μ_l 可以自由设定。而剩余行动则通过杂交和突变操作产生，在杂交过程中，首先随机选取亲代染色体 $\boldsymbol{g}_l^x$ 和 $\boldsymbol{g}_l^y$，每个染色体的被选中概率为

$$p_l^k=\frac{2\left(K_l+1-h_l^k\right)}{K_l\left(K_l+1\right)} \tag{5-121}$$

其中，h_l^k 为 $\mathbb{A}_l$ 中行动 $\boldsymbol{a}_l^k$ 收益的降序排名。从 $\boldsymbol{g}_l^x$ 中随机选取一半基因继承，并生成节点集合 $\mathbb{V}_x$，其余节点从 $\boldsymbol{g}_l^y$ 中继承，并生成集合 $\mathbb{V}_y=\mathbb{V}\setminus\mathbb{V}_x$。因此，杂交获得的基因可以表示为

$$g_l^{k'(i)}=\begin{cases}g_l^{x(i)}, & v_i\in\mathbb{V}_x\\ g_l^{y(i)}, & v_i\in\mathbb{V}_y\end{cases} \tag{5-122}$$

为了增加子代基因的多样性，每个基因 $g_l^{k'(i)}$ 以概率 γ_l 发生突变，即：

$$g_l^{k(i)}=\begin{cases}g^{\text{rand}}, & \gamma_l\\ g_l^{k'(i)}, & 1-\gamma_l\end{cases} \tag{5-123}$$

其中，g^{rand} 为与初始基因同分布的随机数。由此可以得到由基因 $g_l^{k(i)}$ 构成的子代染色体 $\boldsymbol{g}_l^k$，并根据式（5-117）得到子代行动，并将其加入子代行动集合，遗传算法中亲代染色体 $\boldsymbol{g}_j^x$ 和 $\boldsymbol{g}_j^y$ 通过杂交变异产生子代染色体 $\boldsymbol{g}_j^k$ 的过程如图 5-36 所示。最后，通过双方的可行行动集合求得纳什均衡策略。

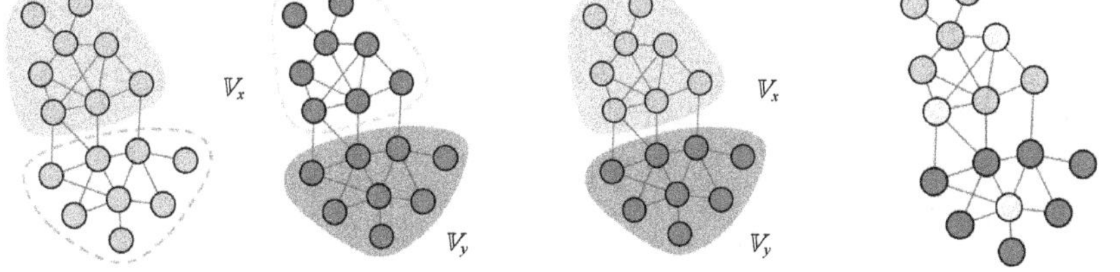

（a）亲代染色体 $\boldsymbol{g}_j^x$　（b）亲代染色体 $\boldsymbol{g}_j^y$　（c）$\boldsymbol{g}_j^x$,$\boldsymbol{g}_j^y$ 杂交产生 $\boldsymbol{g}_j^{k'}$　（d）$\boldsymbol{g}_j^{k'}$ 随机变异产生 $\boldsymbol{g}_j^k$

图 5-36　遗传算法中亲代染色体 $\boldsymbol{g}_j^x$ 和 $\boldsymbol{g}_j^y$ 通过杂交变异产生子代染色体 $\boldsymbol{g}_j^k$ 的过程

为了验证算法的有效性，首先在小规模网络中进行实验，这里选择前面所述的增强星形拓扑网络，并使用网络连通性 $f(G)=n$ 作为网络可靠性指标。在仿真中，设定 $A_1=A_2=1$，所有节点的 $a_0^i=0$、$K_1=K_2=50$、$\mu_1=\mu_2=20$、$\gamma_1=\gamma_2=0.15$。博弈双方的资源分配策略如图 5-37 所示。与图 5-35 中所示的仿真结果对比，可以发现由算法 5-8 求解的分配策略收敛于原问题的均衡解，证明了算法的可行性。

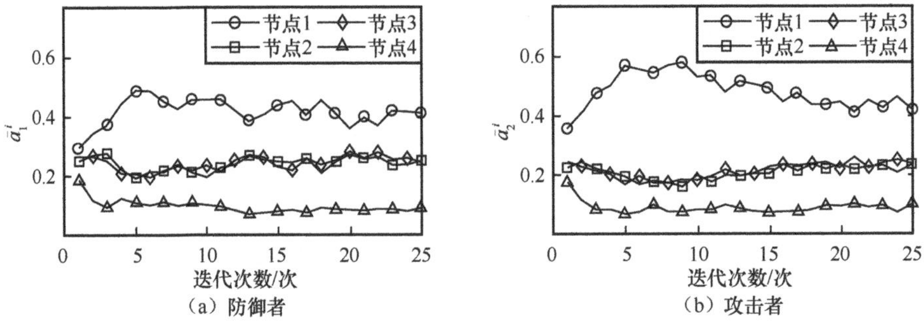

图 5-37　博弈双方的资源分配策略

在实际的网络系统中，博弈的参与者常常会根据历史经验而对另一方的策略有所了解，即具有先验知识。例如，通过统计数据，网络管理员可以知道每个网络设备受到攻击的方式、频率和强度，这可以看作对攻击者策略的先验知识。然而，由于网络系统的复杂性和可靠性评估方法的抽象性，寻找最佳的应对策略行为仍然非常困难。因此，在算法 5-8 的基础上，本节进一步提出如算法 5-9 所示的改进算法。在具有攻击者策略的先验知识下，只对防御者的行动集合进行迭代进化，最终输出期望收益最高的行动。与之类似，也可以利用防御者策略的先验知识来分析攻击者的行动。

算法 5-9　存在先验知识情况下的优质策略求解算法

1．输入：网络系统 G'、可靠性衡量函数 $f(\cdot)$、迭代次数 T、对方行动集合 $\mathbb{A}_2=\left\{\boldsymbol{a}_2^1,\boldsymbol{a}_2^2,\cdots,\boldsymbol{a}_2^{K_2}\right\}$、对方策略 $\boldsymbol{s}_2=[s_2^1,s_2^2,\cdots,s_2^{K_2}]$、资源 A_1、行动集合大小 K_1、直接继承行动比例 μ_1、突变率 γ_1

2．初始化：随机生成染色体 $\boldsymbol{g}_1^k$ 构成初始基因库 $\mathbb{G}_1$，根据式（5-117）生成初始行动集合 $\mathbb{A}_1=\left\{\boldsymbol{a}_1^1,\boldsymbol{a}_1^2,\cdots,\boldsymbol{a}_1^{K_1}\right\}$

3．　for $t=1,\cdots,T$ do

4．　　根据式（5-119），计算 $\mathbb{A}_1$ 中每个行动的平均收益 $\overline{\boldsymbol{u}_1}=[\overline{u_1^1},\overline{u_1^2},\cdots,\overline{u_1^{K_1}}]$；

5．　　根据式（5-121），对于 $\mathbb{A}_1$ 中的每个行动，计算杂交概率 $p_1=\left\{p_1^1,p_1^2,\cdots,p_1^{K_1}\right\}$；

6．　　取 $l=1$，执行算法 5-8 的第 7 步至第 19 步;

7.　end for

8．输出：优质行动 $\boldsymbol{a}_1 = \arg\max_{\boldsymbol{a}_1^k \in \mathcal{A}_1} u_1(\boldsymbol{a}_1^k, \boldsymbol{s}_2)$

然后，对算法 5-8 的复杂度进行分析。算法 5-8 的复杂度主要与节点数量 N、种群大小 K_1 和 K_2，以及迭代次数 T 有关。首先，初始化基因库及双方行动集合的复杂度为 $O((K_1+K_2)N)$，其中假设产生 N 个随机数的复杂度为 $O(N)$。在迭代过程中，首先需要 K_1K_2 次计算以求得所有行动对的收益。如前文所述，计算节点状态的复杂度为 $O(N)$，而生成新的邻接矩阵的复杂度为 $O(N^2)$，计算网络可靠性的复杂度为 $O(g_{f(G)})$，根据前面所述的 4 种网络可靠性指标，$g_{f(G)}$分别等于 N^2、N^3、N^2 和 $\overline{t}\,\overline{d}N$ 。计算平均收益的复杂度为 $O(K_1K_2)$，因此总的复杂度可以表示为 $O(K_1K_2\max\{N^2, g_{f(G)}\})$。为了计算杂交过程中的被选中概率，基于快速排序算法对收益进行排序的复杂度为 $O(K_1\log K_1 + K_2\log K_2)$，而计算被选中概率的复杂度为 $O(K_1+K_2)$。接下来的操作包括选择、杂交、突变以及生成新的行动集合等过程，其总迭代次数为 K_1+K_2，每步操作均能在 N 的线性时间内完成，因此总复杂度为 $O((K_1+K_2)N)$。最后，基于可行行动集合求解均衡的复杂度为 $O(K_1K_2\min\{K_1, K_2\})$。

因此，算法 5-8 的总复杂度为 $O(TK_1K_2\max\{N^2, g_{f(G)}\})$，主要由计算收益的步骤决定，为 N 的多项式复杂度。此外，在实践中，随着 N 的增加，行动集合的大小 K_1、K_2 以及迭代次数 T 不需要显著增加。因此与算法 5-7 相比，算法 5-8 明显降低了计算复杂度，由 N 的指数复杂度降低到 N 的多项式复杂度，有利于对大规模海洋网络可靠性进行高效分析。算法 5-9 的复杂度分析过程与算法 5-8 相似，其复杂度同样由计算收益的步骤决定，为 $O(TK_1K_2\max\{N^2, g_{f(G)}\})$。

5.6.3　仿真分析

为了进一步证明模型及分析方法的可行性，下面将面向常见海洋网络场景进行仿真，包括海洋网络顽存性、船舶自组织网络的通信时效性、海运系统的效率和可靠性以及船舶识别系统中错误信息的传播控制，这 4 种场景对应了前面介绍的 4 个评价指标。这些网络系统规模较大，因此主要基于算法 5-8 进行分析。在共同进化过程中，经过迭代，选择 10 个平均效用最高的行动作为每个参与者的可行行动集合，并求解混合纳什均衡策略。

不同可靠性指标下攻防双方资源 A_1、A_2 和期望收益 $E(u_1)$之间的关系如图 5-38 所示。深色网格线表示防御者采用均衡策略，攻击者采用随机行动时的期望收益 $E(u_1)$，而浅色网格线表示攻击者采用均衡策略，防御者采用随机行动时的期望收益 $E(u_1)$。结果表明，算法 5-8 生成的策略优于随机生成策略，说明了该算法的有效性，下面将对具体仿真结果作进一步解释和讨论。

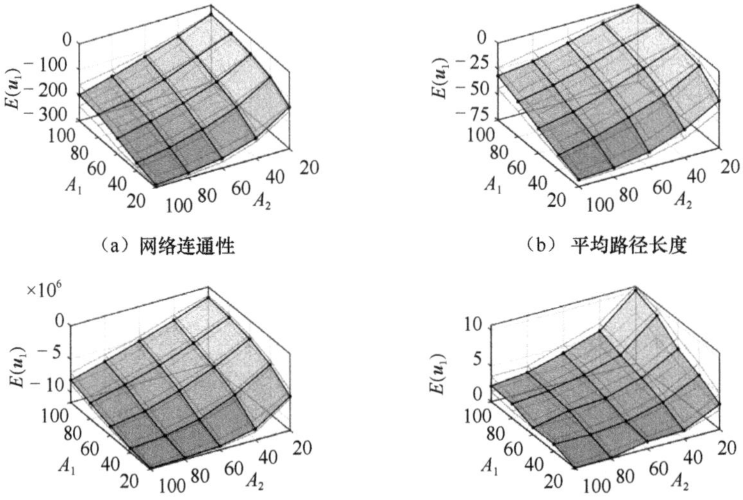

（a）网络连通性　（b）平均路径长度

（c）平均度　（d）网络传播能力

图 5-38　不同网络可靠性指标下攻防双方资源 A_1、A_2 和期望收益 $E(u_1)$之间的关系

网络攻防对抗中的资源分配是博弈模型的典型应用场景，恶意攻击者可以通过入侵、干扰等手段攻击海洋网络中的关键网络设备，而防御者可以通过安装防火墙、升级硬件和软件等手段来保护网络设备。这些行为可以抽象为资源分配。网络设备上消耗的预算越多，攻击或防御的级别就越高。假设攻击者占据的网络设备或节点崩溃或失效，则这些节点的相邻边的权重变为零。在仿真中，使用一个具有 300 个节点和 400 条边的无尺度网络模拟大规模海洋网络中的网络设备，并假设攻防双方资源 $A_1 = A_2 =100$，双方行动集合大小 $K_1 = K_2 = 50$，直接继承行动比例 $\mu_1 = \mu_2 = 0.4$，突变概率 $\gamma_1 = \gamma_2 = 0.15$（各场景下的仿真中均采用以上参数）。此外，假设节点的自我防护能力 $a_0^i = 0.01d_i$ 与节点的度成正比。基于网络连通性指标的攻防双方资源分配策略如图 5-39 所示，其中节点的颜色深度表示该节点的预期资源分配量，防御者的期望收益为 $E(u_1) = -198.5$。因此，在给定的参数下，大约有 200 个节点与海洋网络骨干网分离。此外可以发现，攻击者倾向于在枢纽节点上分配大量资源，使其相邻节点与最大连通分支分离，造成整个网络崩溃。事实上，由于无尺度网络中节点的度呈幂律分布，因此很容易受到有针对性的攻击。

在很多海洋网络研究中，船舶间通过多跳通信来传输信息，构成海上船联网，因此信息传输时效性是一个关键问题。然而，在开放的无线通信环境中，恶意攻击者可以通过干扰某些船载设备的通信造成通信的时滞和阻塞。在这种情况下，网络管理者可以利用资源优化配置提高这些设备的传输功率和抗干扰能力。在仿真中，生成由 125 个节点组成的具有小世界特性的环状网络用以模拟航道上的船舶，每个船舶只能与附近的船舶直接通信，与更远处船舶则通过多跳方式通信，并假设 $a_0^i = 0.1$。通信链路的时延由边的权重表示。由于恶意干扰会导致数据速率严重下降，在仿真中假设

$$w_{ij} = \begin{cases} 1, & \{v_i, v_j\} \in \mathbb{E}_{11} \\ 10, & \{v_i, v_j\} \in \mathbb{E}_{12} \cup \mathbb{E}_{22} \end{cases} \tag{5-124}$$

即受干扰链路的传输时延将变为正常链路的 10 倍。

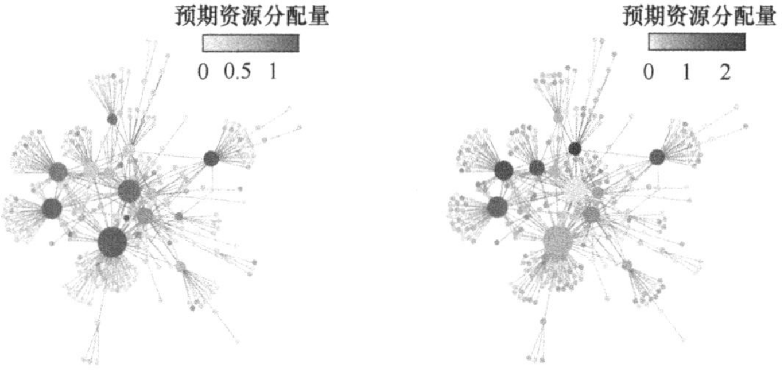

（a）防御者　　（b）攻击者

图 5-39　基于网络连通性指标的攻防双方资源分配策略

基于网络平均路径长度指标的攻防双方资源分配策略如图 5-40 所示，攻防双方均倾向于在中心性较高的节点上分配更多的资源，这部分节点作为众多最短路径中必须经过的节点，发挥着重要的作用。这主要是因为当网络中的一般节点被攻击者干扰时，仍然存在其他较短路径。然而，如果关键节点被控制，数据只能继续经过这个受干扰的节点传输，或选择另一条跳数较多的链路绕行，造成巨大的传输时延。此外，增加船舶密度或增加船舶的通信范围，将使海上自组织网络的节点之间联系更加紧密，有利于提高通信的抗干扰能力和时效性。

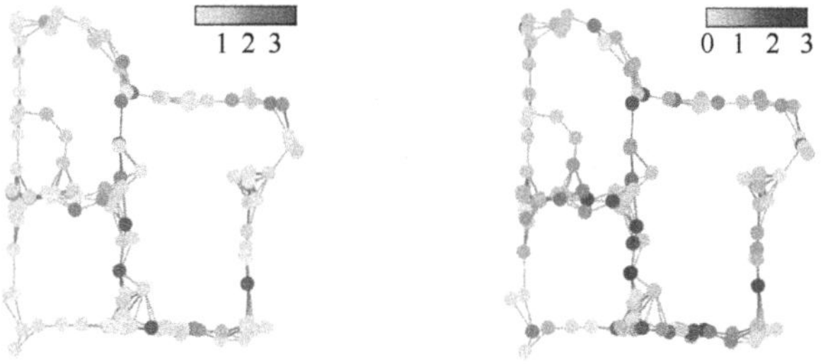

（a）防御者　　（b）攻击者

图 5-40　基于网络平均路径长度指标的攻防双方资源分配策略

海运系统在海洋产业中发挥着重要的作用。因此，保持其效率和可靠性至关重要。然而，海运系统往往会受到各种社会或自然环境的影响，如海上事故、恶劣天气等，因此管理者必须在有限的预算下，最大限度地发挥系统的风险防范和应对能力，维持系统的运行。在仿真中，使用一个含有 50 个节点的密集网络，用以表示不同的港口，而边节点则代表港口间的货运量。在这个模型中，假设攻击者通过攻击节点对航运计划造成破坏，使对应港口的货运量下降到原来的一半，即

$$w_{ij}'' = \begin{cases} w_{ij}', \{v_i, v_j\} \in \mathbb{E}_{11} \\ \dfrac{1}{2} w_{ij}', \ \{v_i, v_j\} \in \mathbb{E}_{12} \cup \mathbb{E}_{22} \end{cases} \tag{5-125}$$

其中，w_{ij}'' 表示网络 G' 中的边权重，而 w_{ij}' 表示博弈后网络 G'' 中的边权重。基于平均度指标的攻防双方资源分配策略如图 5-41 所示，根据仿真结果可以发现，防御者和攻击者都倾向于在度较高的节点上分配更多的资源。由于航运网络的密集特性，其仿真结果在一定程度上类似于传统的上校博弈。

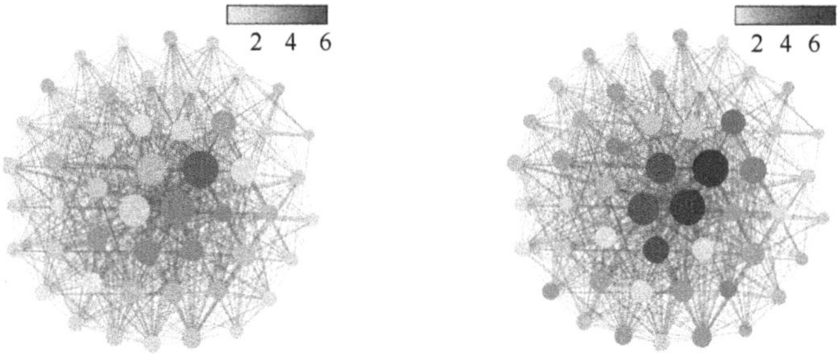

（a）防御者　　（b）攻击者

图 5-41　基于平均度指标的攻防双方资源分配策略

AIS 等航行信息系统可以方便地自动交换航行信息，因此广泛应用于电子海图、交通管理和海上救援等应用。然而，AIS 频繁的自动收发及大规模转发也导致了错误信息迅速和广泛传播，给航行安全造成隐患。在仿真中选择一个包含约 250 个节点的无尺度网络用以模拟海上船舶自组织网络，其中度较大的节点代表信息收发能力较强的大型船舶设备，而其他节点代表普通小型船舶设备，并设置传播阈值比例 $\beta = 0.8$，节点的自我防御能力 $a_0^i = 0.01d_i$，根据自组织网络的传播特性，设置节点 v_k 的介数中心性作为节点的影响力 c_k。基于网络传播能力指标的攻防双方资源分配策略如图 5-42 所示，攻击者倾向于攻击两种节点以作为消息源传播错误信息，一种是影响力大的节点，另一种是连接各簇的枢纽节点。可以发现，错

误信息在自组织网络中具有很强的传播能力，除非防御者拥有远多于攻击者的资源，否则很难抑制错误信息的出现和传播。

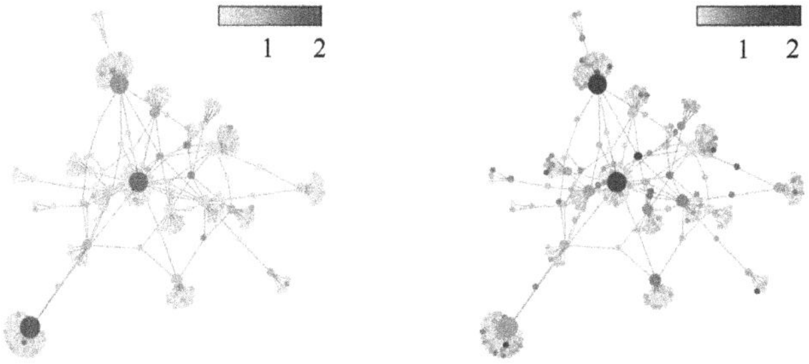

（a）防御者　　（b）攻击者

图 5-42　基于网络传播能力指标的攻防双方资源分配策略

5.7　未来展望

海洋物联网组网是开发海洋、认识海洋、经略海洋的重要技术，是我国实现海洋强国战略目标的刚需。但是海洋物联网研究面临传输速率低、传播慢、信息感知能力差等问题。所以目前海洋物联网组网技术的发展有两个主要的技术方向。第一个技术方向是采用新型高速跨介质通信技术，降低传输时延，提升海洋网络空间的传输能力。第二个技术方向是围绕边云协同的海量信息智能感知、边缘计算等需求，构建海洋物联网智能协同计算平台，加快海洋信息数据的处理过程。海洋物联网组网技术的发展以及海天一体信息网络的构建，对于推动我国的海洋强国建设具有重大意义。

参考文献

[1]　姜晓轶, 潘德炉. 谈谈我国智慧海洋发展的建议[J]. 海洋信息, 2018, 33(1): 1-6.

[2]　CHEN W, YANG J, MA J, et al. New developments in maritime communications: a comprehensive survey[J]. China Communications, 2012, 9(2): 31-42.

[3]　PU L N, LUO Y, MO H N, et al. Comparing underwater MAC protocols in real sea experiment[C]//Proceedings of the 2013 IFIP Networking Conference. Piscataway: IEEE Press, 2013: 1-9.

[4]　ELHABYAN R S Y, YAGOUB M C E. Two-tier particle swarm optimization protocol for clustering and routing in wireless sensor network[J]. Journal of Network and Computer Applications, 2015(52): 116-128.

[5] RAMANA RAO M V, ADILAKSHMI T. Optimized cluster with genetic swarm technique for wireless sensor networks[J]. Indian Journal of Science and Technology, 2016, 9(17): 92985.

[6] KUILA P, JANA P K. Energy efficient clustering and routing algorithms for wireless sensor networks: particle swarm optimization approach[J]. Engineering Applications of Artificial Intelligence, 2014(33): 127-140.

[7] SARANGI S. A novel routing algorithm for wireless sensor network using particle swarm optimization[J]. IOSR Journal of Computer Engineering, 2012, 4(1): 26-30.

[8] HU Y F, DING Y S, REN L H, et al. An endocrine cooperative particle swarm optimization algorithm for routing recovery problem of wireless sensor networks with multiple mobile sinks[J]. Information Sciences, 2015(300): 100-113.

[9] MISRA S, DHURANDHER S K, OBAIDAT M S, et al. An ant swarm-inspired energy-aware routing protocol for wireless ad-hoc networks[J]. Journal of Systems and Software, 2010, 83(11): 2188-2199.

[10] AMIRI E, KESHAVARZ H, ALIZADEH M, et al. Energy efficient routing in wireless sensor networks based on fuzzy ant colony optimization[J]. International Journal of Distributed Sensor Networks, 2014, 10(7): 768936.

[11] LI K H, LEU J S, HOEK J. Ant-based on-demand clustering routing protocol for mobile ad-hoc networks[C]//Proceedings of the 2013 Seventh International Conference on Innovative Mobile and Internet Services in Ubiquitous Computing. Piscataway: IEEE Press, 2013: 354-359.

[12] LIU Q, ODAKA T, KUROIWA J, et al. An artificial fish swarm algorithm for the multicast routing problem[J]. IEICE Transactions on Communications, 2014, E97.B(5): 996-1011.

[13] LI M. An AFSA-inspired vector energy routing algorithm based on fluid mechanics[J]. Tehnicki Vjesnik - Technical Gazette, 2020, 27(1): 290-296.

[14] PASUPATHI S, VIMAL S, HAROLD-ROBINSON Y, et al. Energy efficiency maximization algorithm for underwater mobile sensor networks[J]. Earth Science Informatics, 2021, 14(1): 215-225.

[15] HAMEED A R, JAVAID N, ISLAM S U, et al. BEEC: balanced energy efficient circular routing protocol for underwater wireless sensor networks[C]//Proceedings of the 2016 International Conference on Intelligent Networking and Collaborative Systems (INCoS). Piscataway: IEEE Press, 2016: 20-26.

[16] ZHANG Y, LIANG J X, JIANG S M, et al. A localization method for underwater wireless sensor networks based on mobility prediction and particle swarm optimization algorithms[J]. Sensors, 2016, 16(2): 212.

[17] WU T T, SUN N. A reliable and evenly energy consumed routing protocol for underwater acoustic sensor networks[C]//Proceedings of the 2015 IEEE 20th International Workshop on Computer Aided Modelling and Design of Communication Links and Networks (CAMAD). Piscataway: IEEE Press, 2015: 299-302.

[18] WU H F, CHEN X Q, SHI C J, et al. An ACOA-AFSA fusion routing algorithm for underwater wireless sensor network[J]. International Journal of Distributed Sensor Networks, 2012, 8(5): 920505.

[19] CHEN Y G, ZHU J Y, WAN L, et al. ACOA-AFSA fusion dynamic coded cooperation routing for different scale multi-hop underwater acoustic sensor networks[J]. IEEE Access, 2020(8): 186773-186788.

[20] JIN Z G, MA Y Y, SU Y S, et al. A Q-learning-based delay-aware routing algorithm to extend the lifetime of underwater sensor networks[J]. Sensors, 2017, 17(7): 1660.

[21] MUNK W H. Sound channel in an exponentially stratified ocean, with application to SOFAR[J]. Acoustical Society of America Journal, 1974, 55(2): 220.

[22] 刘伯胜, 雷家煜. 水声学原理[M]. 第 2 版. 哈尔滨: 哈尔滨工程大学出版社, 2010.

[23] SCHMIDT V, RAINEAULT N, SKARKE A, et al. Correction of bathymetric survey artifacts resulting from apparent wave-induced vertical position of an AUV[EB]. 2010.

[24] GOVINDAN R, HELLERSTEIN J, HONG W, et al. The sensor network[R]. 2002.

[25] YU J Y, CHONG P H J. A survey of clustering schemes for mobile ad hoc networks[J]. IEEE Communications Surveys & Tutorials, 2005, 7(1): 32-48.

[26] KUMAR D, ASERI T C, PATEL R B. EEHC: energy efficient heterogeneous clustered scheme for wireless sensor networks[J]. Computer Communications, 2009, 32(4): 662-667.

[27] ZHANG K, WANG J J, JIANG C X, et al. Content aided clustering and cluster head selection algorithms in vehicular networks[C]//Proceedings of the 2017 IEEE Wireless Communications and Networking Conference (WCNC). Piscataway: IEEE Press, 2017: 1-6.

[28] WANG J J, JIANG C X, QUEK T Q S, et al. The value strength aided information diffusion in socially-aware mobile networks[J]. IEEE Access, 2016(4): 3907-3919.

[29] SALEET H, BASIR O, LANGAR R, et al. Region-based location-service-management protocol for VANETs[J]. IEEE Transactions on Vehicular Technology, 2010, 59(2): 917-931.

[30] LI C F, YE M, CHEN G H, et al. An energy-efficient unequal clustering mechanism for wireless sensor networks[C]//Proceedings of the IEEE International Conference on Mobile Adhoc and Sensor Systems Conference. Piscataway: IEEE Press, 2005: 604.

[31] DU J, WANG L. Uneven clustering routing algorithm for wireless sensor networks based on ant colony optimization[C]//Proceedings of the 2011 3rd International Conference on Computer Research and Development. Piscataway: IEEE Press, 2011: 67-71.

[32] GURU S M, HALGAMUGE S K, FERNANDO S. Particle swarm optimisers for cluster formation in wireless sensor networks[C]//Proceedings of the 2005 International Conference on Intelligent Sensors, Sensor Networks and Information Processing. Piscataway: IEEE Press, 2006: 319-324.

[33] MCGLYNN M J, BORBASH S A. Birthday protocols for low energy deployment and flexible neighbor discovery in ad hoc wireless networks[C]//Proceedings of the 2nd ACM International Symposium on Mobile Ad Hoc Networking & Computing - MobiHoc '01. New York: ACM Press, 2001: 137-145.

[34] LI X, FANG S L, ZHANG Y C. The study on clustering algorithm of the underwater acoustic sensor networks[C]//Proceedings of the 2007 14th International Conference on Mechatronics and Machine Vision in Practice. Piscataway: IEEE Press, 2007: 78-81.

[35] HRUSCHKA E R, CAMPELLO R J G B, FREITAS A A, et al. A survey of evolutionary algorithms for clustering[J]. IEEE Transactions on Systems, Man, and Cybernetics, Part C (Applications and Reviews), 2009, 39(2): 133-155.

[36] HAMERLY G, ELKAN C. Learning the k in k-means[C]//Advances in neural information processing systems. New York: Curran Associates, 2004: 281-288.

[37] AADIL F, RAZA A, KHAN M F, et al. Energy aware cluster-based routing in flying ad-hoc networks[J]. Sensors, 2018, 18(5): 1413.

[38] EL KHEDIRI S, THALJAOUI A, DALLALI A, et al. An optimal clustering mechanism based on K-means for wireless sensor networks[C]//Proceedings of the 2018 15th International Multi-Conference on Systems, Signals & Devices (SSD). Piscataway: IEEE Press, 2018: 677-682.

[39] SOZER E M, STOJANOVIC M, PROAKIS J G. Underwater acoustic networks[J]. IEEE Journal of Oceanic Engineering, 2000, 25(1): 72-83.

[40] BREKHOVSKIKH LM, LYSANOV Y P. Fundamentals of ocean acoustics[M]. [S.l.:s.n.], 1982.

[41] BREKHOVSKIKH L M, LYSANOV Y P. Fundamentals of ocean acoustics (3rd edition)[M]. Net York: Springer, 2004.

[42] JURDAK R, LOPES C, BALDI P. Battery lifetime estimation and optimization for underwater sensor networks[J]. IEEE Sensor Network Operations, 2004: 397-420.

[43] LIU H B, FANG S Y, JI J HUA. An improved weighted fusion algorithm of multi-sensor[C]//Proceedings of 2019 2nd International Conference on Computer Information Science and Artificial Intelligence (CISAI 2019). [S.l.]: IOP Publishing, 2020: 012009.

[44] MARUTHO D, HENDRA HANDAKA S, WIJAYA E, et al. The determination of cluster number at k-mean using elbow method and purity evaluation on headline news[C]//Proceedings of the 2018 International Seminar on Application for Technology of Information and Communication. Piscataway: IEEE Press, 2018: 533-538.

[45] LIOU E C, KAO C C, CHANG C H, et al. Internet of underwater things: challenges and routing protocols[C]//Proceedings of the 2018 IEEE International Conference on Applied System Invention (ICASI). Piscataway: IEEE Press, 2018: 1171-1174.

[46] PALMA D. Enabling the maritime Internet of things: CoAP and 6LoWPAN performance over VHF links[J]. IEEE Internet of Things Journal, 2018, 5(6): 5205-5212.

[47] ZHANG J L, DAI M H, SU Z. Task allocation with unmanned surface vehicles in smart ocean IoT[J]. IEEE Internet of Things Journal, 2020, 7(10): 9702-9713.

[48] XIA T T, WANG M M, YOU X H. Satellite machine-type communication for maritime Internet of things: an interference perspective[J]. IEEE Access, 2019(7): 76404-76415.

[49] KIM Y, SONG Y, LIM S H. Hierarchical maritime radio networks for Internet of maritime things[J]. IEEE Access, 2019(7): 54218-54227.

[50] AL-HOURANI A, KANDEEPAN S, LARDNER S. Optimal LAP altitude for maximum coverage[J]. IEEE Wireless Communications Letters, 2014, 3(6): 569-572.

[51] BOR-YALINIZ R I, EL-KEYI A, YANIKOMEROGLU H. Efficient 3-D placement of an aerial base station in next generation cellular networks[C]//Proceedings of the 2016 IEEE International Conference on Communications (ICC). Piscataway: IEEE Press, 2016: 1-5.
[52] YANG Q, YOO S J. Optimal UAV path planning: sensing data acquisition over IoT sensor networks using multi-objective bio-inspired algorithms[J]. IEEE Access, 2018(6): 13671-13684.
[53] SAMIR M, SHARAFEDDINE S, ASSI C M, et al. UAV trajectory planning for data collection from time-constrained IoT devices[J]. IEEE Transactions on Wireless Communications, 2020, 19(1): 34-46.
[54] NA Z Y, ZHANG M S, WANG J, et al. UAV-assisted wireless powered Internet of things: joint trajectory optimization and resource allocation[J]. Ad Hoc Networks, 2020(98): 102052.
[55] MOZAFFARI M, SAAD W, BENNIS M, et al. Mobile unmanned aerial vehicles (UAVs) for energy-efficient Internet of things communications[J]. IEEE Transactions on Wireless Communications, 2017, 16(11): 7574-7589.
[56] NASIR A A, TUAN H D, DUONG T Q, et al. UAV-enabled communication using NOMA[J]. IEEE Transactions on Communications, 2019, 67(7): 5126-5138.
[57] LIU X N, WANG J J, ZHAO N, et al. Placement and power allocation for NOMA-UAV networks[J]. IEEE Wireless Communications Letters, 2019, 8(3): 965-968.
[58] ZHAO N, PANG X W, LI Z, et al. Joint trajectory and precoding optimization for UAV-assisted NOMA networks[J]. IEEE Transactions on Communications, 2019, 67(5): 3723-3735.
[59] AKYILDIZ I F, POMPILI D, MELODIA T. Underwater acoustic sensor networks: research challenges[J]. Ad Hoc Networks, 2005, 3(3): 257-279.
[60] LI X, ZHAO D X. Capacity research in cluster-based underwater wireless sensor networks based on stochastic geometry[J]. China Communications, 2017, 14(6): 80-87.
[61] YADAV S, KUMAR V. Optimal clustering in underwater wireless sensor networks: acoustic, EM and FSO communication compliant technique[J]. IEEE Access, 2017(5): 12761-12776.
[62] HAN G J, LONG X H, ZHU C, et al. An AUV location prediction-based data collection scheme for underwater wireless sensor networks[J]. IEEE Transactions on Vehicular Technology, 2019, 68(6): 6037-6049.
[63] EICHHORN M. A new concept for an obstacle avoidance system for the AUV “SLOCUM glider” operation under ice[C]//Proceedings of the OCEANS 2009-EUROPE. Piscataway: IEEE Press, 2009: 1-8.
[64] ZHANG K, DU J, WANG J J, et al. Distributed hierarchical information acquisition systems based on AUV enabled sensor networks[C]//Proceedings of the ICC 2019 - 2019 IEEE International Conference on Communications (ICC). Piscataway: IEEE Press, 2019: 1-6.
[65] HOLLINGER G A, CHOUDHARY S, QARABAQI P, et al. Underwater data collection using robotic sensor networks[J]. IEEE Journal on Selected Areas in Communications, 2012, 30(5): 899-911.
[66] GJANCI P, PETRIOLI C, BASAGNI S, et al. Path finding for maximum value of information

in multi-modal underwater wireless sensor networks[J]. IEEE Transactions on Mobile Computing, 2018, 17(2): 404-418.

[67] BIDOKI N H, BAGHDADABAD M B, SUKTHANKAR G, et al. Joint value of information and energy aware sleep scheduling in wireless sensor networks: a linear programming approach[C]//Proceedings of the 2018 IEEE International Conference on Communications (ICC). Piscataway: IEEE Press, 2018: 1-6.

[68] YAN J, YANG X, LUO X Y, et al. Energy-efficient data collection over AUV-assisted underwater acoustic sensor network[J]. IEEE Systems Journal, 2018, 12(4): 3519-3530.

[69] CHENG W, TEYMORIAN A Y, MA L, et al. Underwater localization in sparse 3D acoustic sensor networks[C]//Proceedings of the IEEE INFOCOM 2008 - The 27th Conference on Computer Communications. Piscataway: IEEE Press, 2008: 236-240.

[70] JENSEN F B, KUPERMAN W A, PORTER M B, et al. Computational ocean acoustics[M]. New York: Springer, 2011.

[71] STOJANOVIC M. On the relationship between capacity and distance in an underwater acoustic communication channel[C]//Proceedings of the 1st ACM international Workshop on Underwater Networks - WUWNet '06. New York: ACM Press, 2006: 41-47.

[72] LUO H J, GUO Z W, WU K S, et al. Energy balanced strategies for maximizing the lifetime of sparsely deployed underwater acoustic sensor networks[J]. Sensors, 2009, 9(9): 6626-6651.

[73] VASILESCU I, KOTAY K, RUS D, et al. Data collection, storage, and retrieval with an underwater sensor network[C]//Proceedings of the 3rd International Conference on Embedded Networked Sensor Systems. New York: ACM Press, 2005: 154-165.

[74] LIU J, WANG X J, BAI B, et al. Age-optimal trajectory planning for UAV-assisted data collection[C]//Proceedings of the IEEE INFOCOM 2018 - IEEE Conference on Computer Communications Workshops (INFOCOM WKSHPS). Piscataway: IEEE Press, 2018: 553-558.

[75] ABD-ELMAGID M A, DHILLON H S. Average peak age-of-information minimization in UAV-assisted IoT networks[J]. IEEE Transactions on Vehicular Technology, 2019, 68(2): 2003-2008.

[76] ABD-ELMAGID M A, PAPPAS N, DHILLON H S. On the role of age of information in the Internet of things[J]. IEEE Communications Magazine, 2019, 57(12): 72-77.

[77] BOYD S P, MATTINGLEY J. Branch and bound methods[EB]. 2007.

[78] MAZZEO S, LOISEAU I. An ant colony algorithm for the capacitated vehicle routing[J]. Electronic Notes in Discrete Mathematics, 2004(18): 181-186.

[79] REED M, YIANNAKOU A, EVERING R. An ant colony algorithm for the multi-compartment vehicle routing problem[J]. Applied Soft Computing, 2014(15): 169-176.

[80] DORIGO M. Ant colony optimization[J]. Scholarpedia, 2007, 2(3): 1461.

[81] MIRJALILI S. Genetic algorithm[M]. Cham: Springer International Publishing, 2018.

[82] HARB H, MAKHOUL A, COUTURIER R. An enhanced K-means and ANOVA-based clustering approach for similarity aggregation in underwater wireless sensor networks[J]. IEEE Sensors Journal, 2015, 15(10): 5483-5493.

[83] GARAU B, ALVAREZ A, OLIVER G. Path planning of autonomous underwater vehicles in current fields with complex spatial variability: an A^* approach[C]//Proceedings of the 2005 IEEE International Conference on Robotics and Automation. Piscataway: IEEE Press, 2005: 194-198.

[84] LEE T, CHUNG H, MYUNG H. Multi-resolution path planning for marine surface vehicle considering environmental effects[C]//Proceedings of the OCEANS 2011 IEEE - Spain. Piscataway: IEEE Press, 2011: 1-9.

[85] KUFFNER J J, LAVALLE S M. RRT-connect: an efficient approach to single-query path planning[C]//Proceedings of the 2000 ICRA. Millennium Conference. IEEE International Conference on Robotics and Automation. Symposia Proceedings. Piscataway: IEEE Press, 2000: 995-1001.

[86] CHENG C L, ZHU D Q, SUN B, et al. Path planning for autonomous underwater vehicle based on artificial potential field and velocity synthesis[C]//Proceedings of the 2015 IEEE 28th Canadian Conference on Electrical and Computer Engineering (CCECE). Piscataway: IEEE Press, 2015: 717-721.

[87] TAMAR A, LEVINE S, ABBEEL P, et al. Value iteration networks[C]//Proceedings of the 30th Conference on Neural Information Processing Systems (NIPS 2016). New York: Curran Associates, 2016: 2154-2162.

[88] PFEIFFER M, SCHAEUBLE M, NIETO J, et al. From perception to decision: a data-driven approach to end-to-end motion planning for autonomous ground robots[C]//Proceedings of the 2017 IEEE International Conference on Robotics and Automation (ICRA). Piscataway: IEEE Press, 2017: 1527-1533.

[89] MEER K. Simulated annealing versus metropolis for a TSP instance[J]. Information Processing Letters, 2007, 104(6): 216-219.

[90] DORIGO M, STÜTZLE T. Ant colony optimization: overview and recent advances[M]. Cham: Springer, 2019.

[91] DEWANTORO R W, SIHOMBING P, SUTARMAN. The combination of ant colony optimization (ACO) and tabu search (TS) algorithm to solve the traveling salesman problem (TSP)[C]//Proceedings of the 2019 3rd International Conference on Electrical, Telecommunication and Computer Engineering (ELTICOM). Piscataway: IEEE Press, 2019: 160-164.

[92] FOSSEN T I. Guidance and control of ocean vehicles[M]. New Jersey: John Wiley & Sons Inc, 1994.

[93] DU S J, ZENG Z G, FANG Y P, et al. Resilience analysis of multistate systems based on Markov reward processes[C]//Proceedings of the 2019 4th International Conference on System Reliability and Safety (ICSRS). Piscataway: IEEE Press, 2019: 436-440.

[94] SHRIVASTAVA K, KUMAR S. The effectiveness of parameter tuning on ant colony optimization for solving the travelling salesman problem[C]//Proceedings of the 2018 8th International Conference on Communication Systems and Network Technologies (CSNT). Piscataway: IEEE Press, 2018: 78-83.

[95] ALBERT R, JEONG H, BARABASI A L. Error and attack tolerance of complex networks[J]. Nature, 2000, 406(6794): 378-382.

[96] BULDYREV S V, PARSHANI R, PAUL G, et al. Catastrophic cascade of failures in interdependent networks[J]. Nature, 2010, 464(7291): 1025-1028.

[97] ANDERSON R M, MAY R M, ANDERSON B. Infectious diseases of humans: dynamics and control[M]. New Jersey: Wiley, 1992.

[98] MORENO Y, NEKOVEE M, PACHECO A F. Dynamics of rumor spreading in complex networks[J]. Physical Review E, Statistical, Nonlinear, and Soft Matter Physics, 2004, 69(6 Pt 2): 066130.

[99] SHUBIK M, WEBER R J. Systems defense games: Colonel Blotto, command and control[J]. Naval Research Logistics Quarterly, 1981, 28(2): 281-287.

[100] BOREL E. The theory of play and integral equations with skew symmetric kernels[J]. Econometrica, 1953, 21(1): 97.

[101] GROSS O, WAGNER R. A continuous Colonel Blotto game[R]. 1950.

[102] ARAD A, RUBINSTEIN A. Multi-dimensional iterative reasoning in action: the case of the Colonel Blotto game[J]. Journal of Economic Behavior & Organization, 2012, 84(2): 571-585.

[103] GOLMAN R, PAGE S E. General Blotto: games of allocative strategic mismatch[J]. Public Choice, 2009, 138(3): 279-299.

[104] ROBERSON B. The Colonel Blotto game[J]. Economic Theory, 2006, 29(1): 1-24.

[105] MEROLLA J, MUNGER M C, TOFIAS M. LOTTO, Blotto or frontrunner: an analysis of spending patterns by the national party committees in the 2000 presidential election[C]//Annual Meeting of the Midwest Political Science Association. [S.l.:s.n.], 2003.

[106] KOHLI P, KEARNS M, BACHRACH Y, et al. Colonel Blotto on Facebook: the effect of social relations on strategic interaction[C]//Proceedings of the 4th Annual ACM Web Science Conference. New York: ACM Press, 2012: 141-150.

[107] FERDOWSI A, SANJAB A, SAAD W, et al. Generalized Colonel Blotto game[C]//Proceedings of the 2018 Annual American Control Conference (ACC). Piscataway: IEEE Press, 2018: 5744-5749.

[108] SCHWARTZ G, LOISEAU P, SASTRY S S. The heterogeneous Colonel Blotto game[C]//Proceedings of the 2014 7th International Conference on Network Games, Control and Optimization. Piscataway: IEEE Press, 2014: 232-238.

[109] HAJIMIRSADEGHI M, SRIDHARAN G, SAAD W, et al. Inter-network dynamic spectrum allocation via a Colonel Blotto game[C]//Proceedings of the 2016 Annual Conference on Information Science and Systems (CISS). Piscataway: IEEE Press, 2016: 252-257.

[110] FUCHS Z E, KHARGONEKAR P P. A sequential Colonel Blotto game with a sensor network[C]//Proceedings of the 2012 American Control Conference (ACC). Piscataway: IEEE Press, 2012: 1851-1857.

[111] WU Y L, WANG B B, RAY LIU K J. Optimal power allocation strategy against jamming attacks using the Colonel Blotto game[C]//Proceedings of the GLOBECOM 2009 - 2009 IEEE

Global Telecommunications Conference. Piscataway: IEEE Press, 2009: 1-5.

[112] MODZELEWSKI K, STEIN J, YU J L. An experimental study of classic Colonel Blotto games[R]. 2009.

[113] CHOWDHURY S M, KOVENOCK D, SHEREMETA R M. An experimental investigation of Colonel Blotto games[J]. Economic Theory, 2013, 52(3): 833-861.

[114] TOFIAS M W. Of colonels and generals understanding asymmetry in the Colonel Blotto game[R]. 2007.

[115] WITTMAN M. "solving" the Blotto game: a computational approach[R]. 2011.

[116] WEST D B. Introduction to graph theory[M]. 2nd ed. [S.l.:s.n.], 2018.

[117] NEWMAN M E J. Networks: an introduction[M]. Oxford: Oxford University Press, 2010.

[118] JACKSON M O. Social and economic networks[M]. Princeton: Princeton University Press, 2010.

[119] MYERSON R B. Graphs and cooperation in games[J]. Mathematics of Operations Research, 1977, 2(3): 225-229.

[120] SLIKKER M, VAN DEN NOUWELAND A. Social and economic networks in cooperative game theory[M]. Boston: Springer, 2001.

[121] FUDENBERG D, TIROLE J. Game theory[M]. Cambridge: MIT Press, 1991.

[122] DASGUPTA P, MASKIN E. The existence of equilibrium in discontinuous economic games, II: applications[J]. The Review of Economic Studies, 1986, 53(1): 27-41.

[123] OSBORNE M J, RUBINSTEIN A. A course in game theory[M]. Cambridge: MIT Press, 1994.

[124] TODD M J. The many facets of linear programming[J]. Mathematical Programming, 2002, 91(3): 417-436.

[125] GOLDBERG D E. Genetic algorithms in search, optimization, and machine learning[M]. Reading: Addison-Wesley Pub. Co., 1989.

[126] WHITLEY D. A genetic algorithm tutorial[J]. Statistics and Computing, 1994, 4(2): 65-85.

第 6 章 跨域无人平台集群智能协同与组网优化

6.1 引言

21 世纪以来，随着科技水平和智能化程度不断提高，与 UAV/USV/UUV 相关的研究和开发快速发展，广泛应用于海岸建设等领域，如水域勘察、海上巡逻和搜救等。单一 UUV 集群在深远海具有定位精度低、协作能力低、频繁上浮下潜能耗较大、续航能力差等技术难题，UAV/USV/UUV 跨域无人智能系统同时包含水上节点、水面节点、水下节点 3 类不同的节点和空气与水两种不同的通信介质，其中部分水面节点同时具备电磁波通信和声波通信的能力，从而使系统具备跨介质通信能力。该领域研究主要集中在水上空气介质-水下水介质的跨介质通信链路设计与验证、UAV/USV/UUV 空海协同数据采集方案设计与验证、跨介质传感器设计等。包含水上-水面-水下节点全方位空海环境的跨域无人智能系统为集群团队在深远海定位与作业提供了可能。该跨域无人智能系统采用 UAV/USV/UUV 边协调边进行上下并行巡航，通过水声通信和电磁波通信实时获取水上-水面-水下信息，从而准确掌握自己的位置，进而完成自主避障、应急处理等智能化操作，在巡航中可根据实际海况改变航线。

6.2 UAV-USV 物联网协同数据采集

6.2.1 相关技术研究综述

近些年，得益于物联网（IoT）技术的成熟，海洋物联网发展迅速，越来越多的物联网设备被投放到海洋中用以帮助人们探索和认知海洋。海洋物联网已成为建设“智慧海洋”的关键。然而随着物联网设备的增多，海洋数据呈指数级增长[1]，如何高效地采集这些数据已经成为海洋物联网发展的瓶颈。传统的海洋物联网数据采集主要依靠卫星和水下电缆实现。例如，在实时地转海洋学观测阵列计划（ARGO）中，海事卫星通过跟踪浮标位置，定时采集浮标信息并回传[2]，而在加拿大“海王星”海底观测网（NEPTUNE）中，水下浮标采集的数据通过水下电缆的方式进行回传[3]。然而这些数据采集方式存在固有缺陷：基于卫星的数据采集面临通信链路不稳定、采集时间长、卫星传输容量有限等问题；而基于水下电缆的数据采集面临覆盖范围小、灵活性差等问题。因此，需要探索更为可靠高效的数据采集手段。本书将海洋物联网的数据采集列为研究重点之一，由于水面物联网和水下物联网的工作平台和载荷不同，工作方式各异，本书分开对其研究。本章将重点研究水面物联网的数据采集问题。

水面物联网数据采集的关键在于建立稳定高效的通信链路。海天一体信息网络为水面物联网的数据采集提供了可靠的信息传输架构。水面物联网节点采集的数据可以先传输给海上基站，再由海上基站以多跳的方式传输给陆地的信息处理中心，从而大大缩短数据的回传时间。然而这样的数据采集方式存在以下不足。一方面，在海天一体信息网络中，其基站选址受限，单基站的覆盖范围较陆地蜂窝网络基站更广，因此水面物联网节点直接将数据传输给海上基站需要承受较长的通信距离和由此带来的高路径损耗；另一方面，在海上传输环境中，海浪的存在可能会阻碍水面物联网设备与基站的连接，造成链路中断[4]。因此在海天一体信息网络架构下，需要探索适用于水面物联网“最后一公里”传输的可靠高效的手段。

UAV 是海天一体信息网络的重要组成部分，也是当前移动通信领域的研究热点[5-6]。由于 UAV 具有成本低、容易部署、移动可控等优点，因此非常适合用作空中信息采集节点以支撑水面物联网的数据采集[7]。一方面，UAV 可以灵活地飞到水面物联网节点上空建立视距（LOS）链路完成数据采集，之后可以飞回海上基站完成信息上传，既可以避免海浪的干扰，又可以大大减少通信距离，缩短数据采集时间。另一方面，UAV 和物联网设备之间可以探索更多的信息传输手段。在现有的研究中，UAV 和物联网设备之间主要采用开放移动联盟（OMA）的方式进行上行传输[8-9]，然而在 OMA 系统中，受到信道数量限制，UAV 可以接入的物联网节点数量有限，因此在节点数量较多的情况下可能需要往返多次才能完成全部数据采集，这样既增加了 UAV 的功耗，又降低了数据采集的时效性。而 NOMA 技术允许同一个信道被分配给多个物联网节点使用[10]，因此可以大大增加接入节点数量，从而提升数据采集效率。因此，本章将探索利用 UAV 通信和 NOMA 结合的水面物联网数据采集方案，从而为水面物联网提供可靠的数据采集手段并提升采集效率。具体地，本章以最大化水面物联网上行传输容量为目标，通过优化数据采集过程中的信道分配、物联网节点传输功率及 UAV 位置坐标，设计了适用于水面物联网的数据采集方案。

本章的研究内容和贡献主要为以下 3 点。

（1）充分利用 UAV 灵活可控的优势，本章研究了基于 NOMA 的多 UAV 辅助的水面物联网数据采集方案，通过优化数据采集过程中的信道分配、水面物联网节点传输功率和 UAV 位置坐标，来最大化该数据采集系统上行传输容量，从而提高数据采集效率。

（2）该数据采集系统优化设计是典型的非凸优化问题，本章设计了一种梯度优化策略来求解该非凸优化问题的近似最优解。本章首先基于 K-Means 算法将整个数据采集系统分为多个基于 UAV 的子系统；其次，采用低复杂度的多对多匹配算法来优化每个子系统内信道分配；最后，基于信道分配的结果来分布式地优化水面物联网节点传输功率和 UAV 高度，并提出了交替优化算法来求解最终的近似最优解。

（3）本章通过详细的仿真分析来验证所提算法的可行性和有效性。仿真结果表明所提的梯度优化算法能够以较快的速度收敛到一个近似最优解，且与传统的基于 OMA 的方案相比，基于 NOMA 的方案系统传输容量可以提升 40%。

6.2.2　物联网节点传输功率及部署联合优化

1. 系统模型

多 UAV 辅助的水面物联网数据采集系统模型如图 6-1 所示，在系统建模中，考虑有 M 个 UAV 同时为 N 个水面物联网节点提供数据采集服务，它们构成的集合分别为 $\mathcal{M} = \{1, 2, \cdots, M\}$ 和 $\mathcal{N} = \{1, 2, \cdots, N\}$，其中 $N \gg M$。为了降低数据采集的冗余度，假设在数据采集过程中，每个水面物联网节点只与一个 UAV 建立通信链路，同时多个 UAV 可以实现对所有水面物联网节点的通信覆盖，因此该系统可以分为 M 个基于 UAV 的数据采集子系统。将 UAVm 负责采集的水面物联网节点组成的集合，表示为 S_m，则根据假设，有 $\bigcup_{m=1}^{M} S_m = \mathcal{N}$ 和 $S_{m_1} \cap S_{m_2} = \varnothing, \forall m_1, m_2 \in \mathcal{M}$，$m_1 \neq m_2$。对于水面物联网节点，它们的位置信息可以通过全球定位系统等技术获得，本模型假设在数据采集过程中，它们的位置是固定并且已知的。为了方便描述位置信息，本节引入了三维笛卡儿坐标系，并且将 UAVm 和水面物联网节点 n 的位置坐标分别表示为 $(x_m^{\text{uav}}, y_m^{\text{uav}}, h_m)$ 和 $(x_n^{\text{node}}, y_n^{\text{node}})$，其中 $(x_m^{\text{uav}}, y_m^{\text{uav}})$ 和 $\left(x_n^{\text{node}}, y_n^{\text{node}}\right)$ 分别表示 UAVm 和水面物联网节点 n 的平面位置坐标，h_m 表示 UAVm 的高度坐标。假设该系统的总传输带宽为 B，并且被均分为 K 个信道，用 $\mathcal{K} = \{1,2,\cdots,K\}$ 表示 K 个信道构成的集合。为了突破信道数量对接入水面物联网节点数量的限制，同时进一步提升数据采集效率，模型假设水面物联网节点和 UAV 之间采用 NOMA 协议进行信息传输。此外，影响该系统数据采集效率的因素还包括 UAV 和水面物联网节点之间的信道状态、干扰水平等，下面将这些信息建模如下。

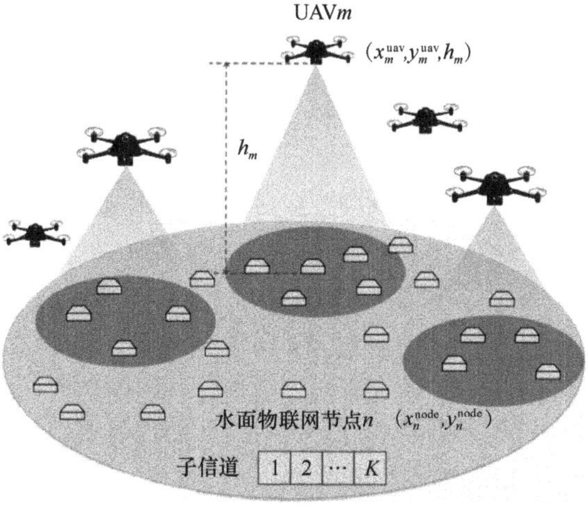

图 6-1 多 UAV 辅助的水面物联网数据采集系统模型

2. 信道模型

不失一般性，用 $g_{m,n,k}$ 表示 UAVm 和水面物联网节点 n 之间第 k 个信道的信道增益。相比于陆地传输环境，海上既没有树木、建筑物等作为遮挡，又不存在多个反射体带来的干扰，因此 UAV 和水面物联网节点之间更容易建立起 LOS 通信链路，所以本节采用自由空间传播模型来建模 UAV 和水面物联网节点之间的信道。特殊地，$g_{m,n,k}$ 仅由 UAVm 和水面物联网节点 n 之间的通信距离决定，即

$$g_{m,n,k} = \frac{\eta}{d_{m,n}^2} \tag{6-1}$$

其中，η 表示单位参考距离 $d_0 = 1\,\text{m}$ 情况下的单位功率增益，$d_{m,n}$ 为 UAVm 和水面物联网节点 n 之间的通信距离，可以通过式（6-2）计算

$$d_{m,n} = \sqrt{\left(x_m^{\text{uav}} - x_n^{\text{node}}\right)^2 + \left(y_m^{\text{uav}} - y_n^{\text{node}}\right)^2 + h_m^2} \tag{6-2}$$

3. 干扰模型

在本节研究的数据采集系统中，UAV 和水面物联网节点之间采用功率域非正交多址（Power-domain NOMA）协议进行信息传输。根据 Power-domain NOMA 协议，在传输端，每个水面物联网节点可以占用多个信道进行数据传输，而每个信道可以同时分配给多个水面物联网节点使用。在接收端，UAV 将采用连续干扰消除（SIC）方法来解码各个水面物联网节点传输的信息。因此，根据解码顺序，在 UAVm 和其负责的水面物联网节点 S_m 构成的子系统内，后解码信号将成为先解码信号的干扰。同时由于频谱复用，在多个子系统间存在同信道干扰。因此，本节首先给出每个信道上水面物联网节点传输信号受到的干扰模型。考虑接收端

UAV 是基于信道质量进行解码的，且解码顺序是从信道质量较好的水面物联网节点到信道质量较差的水面物联网节点，否则发送端就需要用较大的传输功率来补偿传输损耗。基于这一假设，接下来以 UAVm 和其负责的水面物联网节点 S_m 为例来具体分析干扰情况。

不失一般性，假设水面物联网节点 n 包含在 S_m 中，即 $n \in S_m$。对于来自水面物联网节点 n 的信号来说，其干扰主要包括 3 部分，分别是组内干扰、组间干扰和附加噪声。其中组内干扰来自 S_m 中比节点 n 信道质量差的节点，这些节点信号解码顺序在节点 n 之后，因此在解码节点 n 的信号时，这些节点的信号作为干扰存在。而组间干扰来自其他子系统内同一个信道传输的信号。为了建模这些干扰，首先引入该系统功率分配矩阵 $\boldsymbol{P}_{M \times N \times K}$ 和信道分配矩阵 $\boldsymbol{A}_{M \times N \times K}$。在功率分配矩阵 $\boldsymbol{P}$ 中，$[\boldsymbol{P}]_{m,n,k} = p_{m,n,k}$ 表示水面物联网节点 n 分配给 UAVm 第 k 个信道的传输功率。而对于信道分配矩阵 $\boldsymbol{A}$，$[\boldsymbol{A}]_{m,n,k} = a_{m,n,k}$ 代表信道分配标识，当第 k 个信道被分配给水面物联网节点 n 和 UAVm 时，令 $a_{m,n,k} = 1$，否则 $a_{m,n,k} = 0$。基于这一定义，水面物联网节点 n 和 UAVm 之间第 k 个信道中的组内干扰 $I_{m,n,k}$ 可以通过式（6-3）计算。

$$I_{m,n,k} = \sum_{i \in S_{m,n}} a_{m,i,k} p_{m,i,k} g_{m,i,k} \tag{6-3}$$

其中，$S_{m,n} = \{ i | \ i \in S_m, \ g_{m,n,k} > g_{m,i,k} \}$ 表示 UAVm 负责的水面物联网节点 S_m 中信道质量劣于节点 n 的节点的集合。同时，水面物联网节点 n 在第 k 个信道上的信号受到的组间干扰 $\tilde{I}_{m,n,k}$ 可以表示为

$$\tilde{I}_{m,n,k} = \sum_{\substack{i=1, \ j=1 \\ i \neq m}}^{M} \sum_{j=1}^{N} a_{i,j,k} p_{i,j,k} g_{m,j,k} \tag{6-4}$$

4. 信干噪比和传输容量

在已知干扰模型的前提下，在第 k 个信道中，UAVm 收到的来自水面物联网节点 n 的信号的 SINR 可以通过式（6-5）计算。

$$\gamma_{m,n,k} = \frac{p_{m,n,k} g_{m,n,k}}{I_{m,n,k} + \tilde{I}_{m,n,k} + \sigma^2} \tag{6-5}$$

其中，σ^2 表示信道中 AWGN 的功率谱密度。

同时，根据香农公式，该水面物联网节点 n 在第 k 个信道上的上行传输容量为

$$R_{m,n,k} = \frac{B}{K} a_{m,n,k} \mathrm{lb}(1 + \gamma_{m,n,k}) \tag{6-6}$$

5. 数据采集系统优化设计

本节的研究目标是通过优化该数据采集系统的各类资源，设计高效的数据采集方案，因此系统设计的目标可以定为最大化整个数据采集系统的上行传输容量。该数据采集系统由基于 UAV 的 M 个数据采集子系统构成，因此该系统的总上行传输容量可以通过式（6-7）计算

$$R^{\text{total}}=\sum_{m=1}^{M}\sum_{n=1}^{N}\sum_{k=1}^{K}\frac{B}{K}a_{m,n,k}\text{lb}(1+\gamma_{m,n,k}) \tag{6-7}$$

此外，在设计数据采集方案过程中，需要考虑来自水面物联网节点、UAV 的各类限制，同时还需考虑整个系统设计的复杂度和公平性要求等约束。因此，本节考虑了如下的约束条件。

（1）水面物联网节点传输功率约束

由于水面物联网节点的电池容量有限，且能量不易补充，因此这些水面物联网节点存在最大传输功率约束 $p_{\max}$。同时为了保证节点之间的公平性，避免某些水面物联网节点因为干扰优化无法进行信息传输，本节还给出了每个水面物联网节点的最低传输功率约束 $p_{\min}$。基于这些约束，对于每个水面物联网节点 $\forall n\in\mathcal{N}$，有如下约束

$$p_{\min}\leqslant\sum_{m=1}^{M}\sum_{k=1}^{K}a_{m,n,k}p_{m,n,k}\leqslant p_{\max} \tag{6-8}$$

同时，在实际应用中，水面物联网节点在每个信道上的传输功率还存在非负限制，即

$$p_{m,n,k}\geqslant 0,\ \forall m\in\mathcal{M},\ \forall n\in\mathcal{N},\ \forall k\in\mathcal{K} \tag{6-9}$$

（2）UAV 高度约束

为了保证每个 UAV 的覆盖范围，同时为了避免海浪、浮标、过往船只等对 UAV 造成的影响，本节考虑 UAV 悬停高度存在一个下限约束 $h_{\min}$。同时，考虑过高的高度既不利于高效地采集数据也不利于节约 UAV 能耗，本节还假设 UAV 存在悬停高度上限约束 $h_{\max}$。因此，对于每一个 UAV，有如下约束

$$h_{\min}\leqslant h_m\leqslant h_{\max},\forall m\in\mathcal{M} \tag{6-10}$$

此外，在实际应用中，为了避免 UAV 之间发生碰撞，多个 UAV 的高度还应该满足碰撞避免要求，即

$$\sum_{i,j\in\mathcal{M},\ i\neq j}(h_i-h_j)^2\geqslant\chi^2 \tag{6-11}$$

其中，χ^2 是避免碰撞的最小阈值。

（3）信道分配约束

注意到在接收端，UAV 需要采用 SIC 方法来解码来自各个水面物联网节点的信息，因此如果每个信道分配的水面物联网节点过多将造成解码复杂度的快速增长，这对计算能力有限的 UAV 来说是个巨大的挑战，因此本节考虑每个信道分配的水面物联网节点存在一个最大约束 D_1，即每个数据采集子系统内每个信道至多只能分配给 D_1 个水面物联网节点使用。同时，考虑信道资源有限，为了确保所有的水面物联网节点都可以被接入系统，同时保证公平性，本节假设每个水面物联网节点可以占用的信道存在一个最大约束 D_2，即每个水面物联网节点至多只能占用 D_2 个信道进行信息传输。为了保证所有水面物联网节点都能被接入，假设 $ND_2 < KD_1$。因此对于信道分配矩阵，有如下约束

$$\begin{aligned}&\sum_{n=1}^{N} a_{m,n,k} \leqslant D_1,\ \ \forall m \in \mathcal{M},\ \ \forall k \in \mathcal{K}\\&\sum_{k=1}^{K} a_{m,n,k} \leqslant D_2,\ \ \forall m \in \mathcal{M},\ \ \forall n \in \mathcal{N}\end{aligned} \tag{6-12}$$

同时，信道分配矩阵取值还应该满足 0-1 约束，即

$$a_{m,n,k} \in \{0,1\},\ \ \forall m \in \mathcal{M},\ \ \forall n \in \mathcal{N},\ \ \forall k \in \mathcal{K} \tag{6-13}$$

基于数据采集方案设计目标和考虑的实际约束条件，本章的数据采集方案优化问题，实际上可以建模为

$$\max_{\boldsymbol{P},\boldsymbol{A},v_m} \sum_{m=1}^{M}\sum_{n=1}^{N}\sum_{k=1}^{K} \frac{B}{k} a_{m,n,k} \mathrm{lb}(1+\gamma_{m,n,k}) \tag{6-14}$$

$$\text{s.t.}\ \ p_{\min} \leqslant \sum_{m=1}^{M}\sum_{k=1}^{K} a_{m,n,k} p_{m,n,k} \leqslant p_{\max}, n \in \mathcal{N} \tag{6-14a}$$

$$p_{m,n,k} \geqslant 0, \forall m \in \mathcal{M}, \forall n \in \mathcal{N}, \forall k \in \mathcal{K} \tag{6-14b}$$

$$h_{\min} \leqslant h_m \leqslant h_{\max}, \forall m \in \mathcal{M} \tag{6-14c}$$

$$\sum_{i,j \in \mathcal{M}, i \neq j} \left(h_i - h_j\right)^2 \geqslant \chi^2 \tag{6-14d}$$

$$\sum_{n=1}^{N} a_{m,n,k} \leqslant D_1, \forall m \in \mathcal{M}, \forall k \in \mathcal{K} \tag{6-14e}$$

$$\sum_{k=1}^{K} a_{m,n,k} \leqslant D_2, \forall m \in \mathcal{M}, \forall n \in \mathcal{N} \tag{6-14f}$$

$$a_{m,n,k} \in \{0,1\}, \forall m \in \mathcal{M}, \forall n \in \mathcal{N}, \forall k \in \mathcal{K} \tag{6-14g}$$

其中，$v_m = (x_m^{\text{uav}},\ y_m^{\text{uav}},\ h_m)$ 表示 UAVm 的三维坐标。

可见，本研究的关键是通过优化信道分配、水面物联网节点传输功率和 UAV 位置坐标等传输资源来最大化该数据采集系统上行传输容量，即通过求解问题式（6-14）获得最优的数据采集方案。但是求解问题式（6-14）存在诸多困难：首先，由于存在多个 UAV 和多个水面物联网节点，UAV 和水面物联网节点之间连接方式多样，网络逻辑拓扑复杂，针对 UAVm，如何确定其服务的水面物联网节点 S_m 存在困难；其次，在问题式（6-14）中需要对 UAVm 的三维空间位置 v_m 进行优化，搜索空间巨大，如何快速确定多个 UAV 最优位置存在困难；再次，由于同时存在离散优化变量 $\boldsymbol{A}$ 和连续优化变量 $\{\boldsymbol{P},\ v_m\}$，且优化目标和约束条件相对于优化变量都是严格非凸的，因此问题式（6-14）是严格非凸优化问题，求解其最优解十分困难。因此为了解决这些问题，以较低的设计复杂度得到较优的数据采集方案，本节提出了一种梯度优化策略来求解问题式（6-14）。如图 6-2 所示，首先，基于 K-Means 算法将 N 个水面物联网节点基于位置信息分为 M 个簇，并且基于聚簇结果建立 M 个基于 UAV 的数据采集子系统，同时固定 UAV 平面位置使 UAV 位置优化变为只包含高度的一维搜索问题；其次，针对每一个数据采集子系统，利用多对多匹配方法设计低复杂度的信道分配算法；再次，针对剩下的涉及水面物联网节点传输功率 $\boldsymbol{P}$ 和 UAV 高度 $\boldsymbol{H}$ 的联合优化问题，本节将该问题解耦，分别求解水面物联网节点传输功率优化设计方法和 UAV 高度优化设计方法；最后，通过交替迭代优化水面物联网节点传输功率和 UAV 高度得到最终的联合优化问题的最优解。经过这样一系列设计步骤可以以较低的复杂度求解问题式（6-14）并获得较优的数据采集方案。

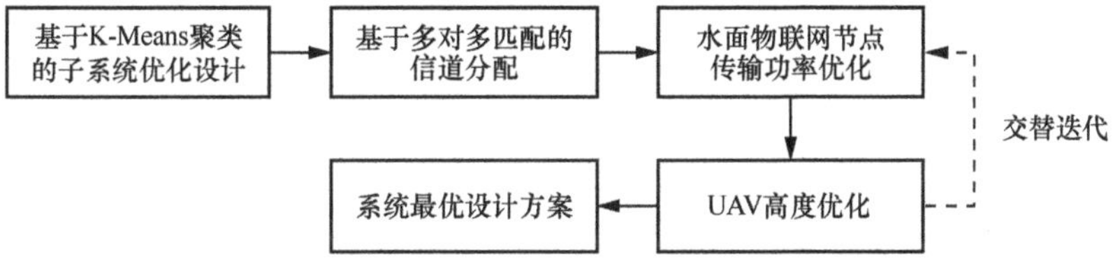

图 6-2　求解问题式（6-14）的梯度优化策略流程示意

6. 子系统设计及信道分配

（1）基于 K-Means 聚类的子系统优化设计

在进行进一步的优化设计之前，需要首先完成该数据采集系统的子系统设计，即在系统内存在 M 个 UAV 和 N 个水面物联网节点的前提下，如何确定每个 UAV 服务集合 $\{S_1, S_2, \cdots, S_M\}$ 包含哪些水面物联网节点。基于系统模型，由于 N 个水面物联网节点在数据采集过程中位置是相对固定并且已知的，一个自然的并且符合实际应用的做法是让每个 UAV 负责采集地理位置相近的一群水面物联网节点的数据，这样做可以缩短 UAV 和其服务的水面物联网节点之间的通信距离，也可以尽量减小多个数据采集子系统间的干扰。由于水面物联网节点的位置和相对距离是本节考量的主要因素，因此考虑采用 K-Means 聚类将 N 个水面物联网节点分为 M 组，并让 M 个 UAV 分别负责采集其中一组的数据，这样就建立了 M 个基于 UAV 的数据采集子系统。该基于 K-Means 聚类的子系统优化设计算法如算法 6-1 所示。在得到了 N 个水面物联网节点的分簇结果之后，让每个 UAV 负责采集其中一簇水面物联网节点的数据，同时将该 UAV 的水平位置固定在该组水面物联网节点的质心处，即对于 UAVm 而言，其平面位置坐标固定为

$$\left(x_m^{\text{uav}},y_m^{\text{uav}}\right)=\frac{1}{\left|S_m\right|}\sum_{n\in S_m}\left(x_n^{\text{node}},y_n^{\text{node}}\right) \tag{6-15}$$

其中，$\left|S_m\right|$ 表示集合中的元素个数。

与其他许多涉及 UAV 位置优化的工作不同，本节研究的是优化 UAV 的高度而不是平面位置，这样做的好处在于既降低了计算复杂度又避免了多 UAV 在寻找最佳平面位置时发生碰撞。

算法 6-1 基于 K-Means 聚类的子系统优化设计算法

1．输入：N 个水面物联网节点位置组成的向量、聚类的簇数 M、M 个空集合 $\{S_1,S_2,\cdots,S_M\}$、最大迭代次数 T

2．从 N 个水面物联网节点位置中随机选择 M 个样本作为初始质心向量

3．for t=1 to T do

4．　对于 $n=1,2,\cdots,N$，计算各样本和各质心向量的距离，将样本归入距离最小的质心向量的集合中;

5．　对于 $m=1,2,\cdots,M$，重新计算质心向量为各集合内平均位置;

6．　如果所有的 M 个质心向量都不发生变化，则输出结果;

7．end for

8．输出：M 个分簇结果 $\{S_1,S_2,\cdots,S_M\}$

（2）基于多对多匹配的信道分配

在完成子系统设计，得到 M 个基于 UAV 的数据采集子系统后，下一步则是进行各子系统内的信道分配。注意到各子系统内信道分配只涉及子系统内的各个水面物联网节点，因此对于 UAVm 和其服务的水面物联网节点 S_m 而言，有

$$a_{m,n,k}=0,\ \forall n\notin S_m \tag{6-16}$$

接下来，选择 UAVm 和其服务的水面物联网节点 S_m 来设计该子系统内的信道分配算法。由于只有在获得信道分配结果之后才能进行进一步的优化，因此本节只选择水面物联网节点传输功率和 UAV 高度的可行解作为已知条件来进行信道分配。假设水面物联网节点采用平均功率分配策略，即如果水面物联网节点 n 分

配了 D_n 个信道，则每个信道上的传输功率为 $p_{\max} / D_n$。而由于 UAVm 的平面位置由式（6-15）确定，因此本节假设其悬停在一个固定高度 h_0。基于这些假设，该子系统的信道分配问题可以建模为一个多对多的匹配问题，可以采用匹配算法进行求解。

为了应用多对多的匹配算法进行信道分配，本节首先建立信道的优先级列表 $\mathcal{P}$。注意到本节的目标是最大化系统的上行传输容量，而在水面物联网节点传输功率已定的情况下，上行传输容量是由信道质量决定的，因此可以认为信道分配时更加偏向那些信道质量高的节点。以第 k 个信道为例，如果 $g_{m,n_1,k} > g_{m,n_2,k}$，那么可以认为在信道 k 上，水面物联网节点 n_1 比 n_2 拥有更高的优先级。基于这一理论，可以建立所有 K 个信道的优先级列表

$$\mathcal{P} = \{\mathcal{P}_1, \mathcal{P}_2, \cdots, \mathcal{P}_K\} \tag{6-17}$$

其中，$\mathcal{P}_k$ 代表第 k 个信道的优先级列表，其中包含 S_m 中的所有水面物联网节点并且按照信道质量降序排列。在得到所有信道的优先级列表后，就可以通过多对多匹配算法来完成信道分配，该算法的具体流程如下。

在 UAVm 和其对应的水面物联网节点 S_m 组成的子系统内，每个信道 k 优先分配给优先级列表 $\mathcal{P}_k$ 中排名靠前的水面物联网节点 n_1；如果节点 n_1 已被分配的信道数目小于 D_2，则该分配是有效的，令 $a_{m,n_1,k} = 1$；如果节点 n_1 被分配的信道数目等于 D_2，则将该信道与已分配的信道进行比较，如果替换掉其中某个信道 k_1 可以获得更高的传输容量，则替换掉 k_1，否则该信道分配给优先级列表 $\mathcal{P}_k$ 中下一个节点 n_2；持续该匹配过程直至所有水面物联网节点都被分配了 D_2 个信道。该信道分配算法的详细过程如算法 6-2 所示。算法 6-2 的计算复杂度主要来自排序阶段和匹配阶段。在排序阶段，每个信道都需要对 $|S_m|$ 个水面物联网节点进行优先级排序，因此排序阶段的复杂度为 $\mathcal{O}\left(K|S_m|^2\right)$。而在匹配阶段，每个信道都会被分配至多 $K|S_m|$ 次，因此其复杂度为 $\mathcal{O}\left(K|S_m|^2\right)$。作为对比，使用暴力搜索求解信道匹配结果的复杂度为 $\mathcal{O}\left(K \cdot 2^{|S_m|}\right)$，因此相比于暴力搜索算法，所提算法具有相对较低的复杂度，十分适合实际应用场景。

算法 6-2　基于多对多匹配的信道分配算法

1．输入：K 个信道的优先级列表 $\mathcal{P}$

2．初始化：$\mathcal{L}_{\mathrm{C},k} = \varnothing$，表示分配得到第 K 个信道的水面物联网节点集合，其中 $k \in \mathcal{K}$

3．初始化：$\mathcal{L}_{N,n} = \varnothing$，表示分配给水面物联网节点 n 的信道集合，其中 $n \in \mathcal{S}_m$

4．初始化：$\mathcal{L}_m = \mathcal{S}_m$，表示信道未分配满的水面物联网节点集合

5. while $\mathcal{L}_m \neq \varnothing$ do
6. for $k=1$ to K do
7. if $|\mathcal{L}_{\mathrm{C},k}| < D_1$ then
8. 从优先级列表 $\mathcal{P}_k$ 中选择优先级最高的节点进行信道分配
9. if $|\mathcal{L}_{N,n_1}| < D_2$ then
10. 该信道分配被接受，将信道 k 加入集合 $\mathcal{L}_{N,n_1}$ 中，将节点 n_1 加入集合 $\mathcal{L}_{\mathrm{C},k}$ 中，令 $a_{m,n_1,k}=1$；
11. else
12. 从集合 $\mathcal{L}_{N,n_1}$ 中选择信道 k_1，其中 $k_1 = \underset{k\in\mathcal{L}_{N,n}}{\operatorname{argmin}}(R_{m,n_1,k})$；
13. if $R_{m,n_1,k} > R_{m,n_1,k_1}$ then
14. 从集合 $\mathcal{L}_{N,n_1}$ 中移除信道 k_1，从集合 $\mathcal{L}_{\mathrm{C},k_1}$ 中移除节点 n_1,将信道 k 加入集合 $\mathcal{L}_{N,n_1}$ 中，将节点 n_1 加入集合 $\mathcal{L}_{\mathrm{C},k}$ 中，令 $a_{m,n_1,k_1}=0$，令 $a_{m,n_1,k}=1$；
15. else
16. 从优先级列表 $\mathcal{P}_k$ 选择下一个节点 n_2，返回步骤 8;
17. end if
18. end if
19. end if
20. end for
21. if $|\mathcal{L}_{N,n}| = D_2$ then
22. 从集合 $\mathcal{L}_m$ 中移除节点 n；
23. end if
24. end while
25. 输出：信道分配矩阵 $\boldsymbol{A}$

（3）水面物联网节点传输功率及 UAV 高度联合优化

本节分别基于 K-Means 聚类和多对多匹配方法完成了该数据采集系统的子系统设计和子系统内信道分配，得到了信道分配矩阵 $\boldsymbol{A}$ 和 UAVm 平面位置坐标 $\left(x_m^{\mathrm{uav}}, y_m^{\mathrm{uav}}\right)$。但是，水面物联网节点的传输功率和 UAV 的高度还会影响该数据采集系统的干扰水平和信道状态，从而影响系统上行传输容量，因此还需要研究水面物联网节点传输功率 $\boldsymbol{P}$ 和 UAV 高度 $\boldsymbol{H}=\left[h_1,h_2,\cdots,h_M\right]^{\mathrm{T}}$ 的优化设计方案。从问题式（6-14）可以看出，得到 $\boldsymbol{A}$ 和 $\left(x_m^{\mathrm{uav}}, y_m^{\mathrm{uav}}\right)$ 之后，剩下的问题是涉及 $\boldsymbol{P}$ 和 $\boldsymbol{H}$ 的联合优化问题。由于 $\mathrm{lb}\left(1+\gamma_{m,n,k}\right)$ 是关于 $\boldsymbol{P}$ 和 $\boldsymbol{H}$ 的非凸项，且约束条件式（6-14d）

是非凸约束，因此该联合优化问题仍然是一个非凸优化问题。为了以较低的复杂度求解该问题，本节考虑对问题式（6-14）进行解耦，首先固定 UAV 的高度 $\boldsymbol{H}$，求解关于水面物联网节点传输功率 $\boldsymbol{P}$ 的优化子问题，之后基于得到的结果再求解关于 UAV 高度 $\boldsymbol{H}$ 的优化子问题，最后通过交替迭代的方式求解联合优化问题的最优解。接下来将分别介绍解耦后两个子问题的优化设计方法。

（4）水面物联网节点传输功率优化

首先固定 UAV 的高度，求解关于水面物联网节点传输功率的优化子问题。注意到给定的 UAV 高度需要满足约束条件式（6-14c）和约束条件式（6-14d），因此本节给定 UAV 高度 $\boldsymbol{H}_0$ 的一组初始可行解为 $\left[h_{\min}, h_{\min}+\frac{h_{\max}-h_{\min}}{M-1}, \cdots, h_{\max}\right]$，此时问题式（6-14）退化为一个功率优化问题

$$\max_{\boldsymbol{P}} \sum_{m=1}^{M}\sum_{n=1}^{N}\sum_{k=1}^{K}\frac{B}{K}a_{m,n,k}\operatorname{lb}\left(1+\gamma_{m,n,k}\right) \tag{6-18}$$
$$\text{s.t.}\ (6\text{-}14\text{a}),\ (6\text{-}14\text{b})$$

然而尽管问题式（6-18）的约束条件是凸约束，其优化目标仍然是关于 $\boldsymbol{P}$ 的非凸函数。为了求解该问题，本节考虑采用对数近似的方法来将该问题近似为一个凸优化问题求解。注意到，式（6-18）的非凸性来自非凸项 $\operatorname{lb}\left(1+\gamma_{m,n,k}\right)$，因此考虑采用如下的对数近似来对该项进行凸松弛

$$\operatorname{lb}\left(1+\gamma_{m,n,k}\right) \geqslant \frac{\alpha_{m,n,k}\ln\left(\gamma_{m,n,k}\right)+\beta_{m,n,k}}{\ln 2} \tag{6-19}$$

其中，$\alpha_{m,n,k}$ 和 $\beta_{m,n,k}$ 是近似项，当 $\gamma_{m,n,k}=\bar{\gamma}_{m,n,k}$ 且 $\alpha_{m,n,k}$ 和 $\beta_{m,n,k}$ 分别取下列结果时，不等式（6-19）可以取得等号

$$\begin{aligned} \alpha_{m,n,k} &= \frac{\bar{\gamma}_{m,n,k}}{1+\bar{\gamma}_{m,n,k}} \\ \beta_{m,n,k} &= \ln\left(1+\bar{\gamma}_{m,n,k}\right)-\frac{\bar{\gamma}_{m,n,k}}{1+\bar{\gamma}_{m,n,k}}\ln\left(\bar{\gamma}_{m,n,k}\right) \end{aligned} \tag{6-20}$$

进一步地，通过做变量代换，令 $p_{m,n,k}=\mathrm{e}^{\tilde{p}_{m,n,k}}$，则问题式（6-18）的优化目标可以用下凹的下界来近似。

$$R^{\text{total}} \geqslant \sum_{m=1}^{M}\sum_{n=1}^{N}\sum_{k=1}^{K}\frac{B}{K}a_{m,n,k}\frac{\alpha_{m,n,k}\ln\left[\gamma_{m,n,k}\left(\tilde{p}_{m,n,k}\right)\right]+\beta_{m,n,k}}{\ln 2} \tag{6-21}$$

其中，$\gamma_{m,n,k}\left(\tilde{p}_{m,n,k}\right)$ 是用 $\tilde{p}_{m,n,k}$ 表示的水面物联网节点 n 和 UAVm 之间在第 k 个信道上的传输容量

$$\gamma_{m,n,k}\left(\tilde{p}_{m,n,k}\right)=\frac{g_{m,n,k}\mathrm{e}^{\tilde{p}_{m,n,k}}}{\sum\limits_{i\in\mathcal{S}_{m,n}}a_{m,i,k}g_{m,i,k}\mathrm{e}^{\tilde{p}_{m,i,k}}+\sum\limits_{\substack{i=1,\\ i\neq m}}^{M}\sum\limits_{j=1}^{N}a_{i,j,k}g_{m,j,k}\mathrm{e}^{\tilde{p}_{i,j,k}}+\sigma^{2}} \tag{6-22}$$

在得到了目标函数的凸近似结果之后，问题式（6-18）转变为一个凸优化问题，因此可以采用一些常用的凸优化算法求解。

（5）UAV 高度优化

在给定 UAV 高度 $\boldsymbol{H}_0$ 的前提下，下面将基于水面物联网节点传输功率优化的结果设计 UAV 高度优化算法。在给定水面物联网节点功率分配矩阵 $\boldsymbol{P}$ 的前提下，UAV 高度优化问题可以表示为

$$\begin{aligned}&\max_{\boldsymbol{H}}\sum_{m=1}^{M}\sum_{n=1}^{N}\sum_{k=1}^{K}\frac{B}{K}a_{m,n,k}\mathrm{lb}\left(1+\gamma_{m,n,k}\right)\\&\text{s.t.}(6\text{-}14\text{c}),(6-14\text{d})\end{aligned} \tag{6-23}$$

由于目标函数中非凸项 $\mathrm{lb}\left(1+\gamma_{m,n,k}\right)$ 和约束式（6-14d）的存在，问题式（6-23）也是关于 UAV 高度的非凸优化问题。接下来利用泰勒公式对该问题进行凸近似，将其转变为凸优化问题求解。注意到 UAV m 的平面位置已经由式（6-15）确定，因此 UAVm 和水面物联网节点 n 在二维平面上的距离可以表示为

$$l_{m,n}=\sqrt{\left(x_m^{\text{uav}}-x_n^{\text{node}}\right)^2+\left(y_m^{\text{uav}}-y_n^{\text{node}}\right)^2} \tag{6-24}$$

将式（6-24）代入式（6-1），则信道增益 $g_{m,n,k}$ 为

$$g_{m,n,k}=\frac{\eta}{h_m^2+l_{m,n}^2} \tag{6-25}$$

进一步问题式（6-23）也可以写为如下的形式

$$\begin{aligned}&\max_{\boldsymbol{H},\tau}\sum_{m=1}^{M}\sum_{n=1}^{N}\sum_{k=1}^{K}\frac{B}{K}a_{m,n,k}\left(\hat{R}_{m,n,k}+\tilde{R}_{m,n,k}\right)\\&\text{s.t. }(6\text{-}14\text{c}),(6\text{-}14\text{d})\\&\tau_m\leqslant h_m^2,\ \forall m\in\mathcal{M}\end{aligned} \tag{6-26}$$

7. 仿真分析

假设所有的水面物联网节点随机分布在 2 000 m×2 000 m 的正方形区域内。每个水面物联网节点的最大和最小传输功率约束分别设置为 $p_{\max}=500\,\text{mW}$ 和 $p_{\min}=100\,\text{mW}$。每个 UAV 的最高和最低悬停高度约束分别设置为 $h_{\max}=500\,\text{m}$ 和 $h_{\min}=100\,\text{m}$，同时高度的最小方差 $\chi^2=100$。此外，每个数据采集子系统的传输总带宽 $B=120\,\text{kHz}$，并被分为 K（$K=16$）个信道。高斯白噪声的功率谱密度设

置为 $-174\ \mathrm{dBm/Hz}$。每个子系统内每个信道最多只能分配给 D_1（$D_1=3$）个水面物联网节点使用，同时每个水面物联网节点最多只能接入 D_2（$D_2=2$）个信道。单位参考距离下的单位功率增益设置为 $\eta=1.4\times10^{-4}$。

接下来将验证所提算法的性能和对系统上行传输容量的提升，为了直观展示，系统在一次优化设计过程中的子系统设计及水面物联网节点传输功率分配如图 6-3 所示。在该仿真场景中，假设 N（$N=30$）个水面物联网节点随机分布在 $2\,000\ \mathrm{m}\times2\,000\ \mathrm{m}$ 的正方形区域内，同时有 M（$M=3$）个 UAV 负责采集这些节点的数据。从图 6-3 可以看出，基于所提出的 K-Means 聚类算法，这些节点按照其位置被分为 3 个簇，同时通过固定 UAV 的平面位置，可以看到在平面投影上这些水面物联网节点均匀地分布在 UAV 的周围，这样的好处是可以最小化平面位置上水面物联网节点和 UAV 之间的通信距离。另外，图 6-3 还表明，为了最大化整个数据采集系统的上行传输容量，在每个子系统内会倾向于最大化那些中心节点的传输功率而最小化那些边缘节点的传输功率。这是由于中心节点通信距离短，信道增益高，最大化这些节点的传输功率有助于最大化整个系统的上行传输容量。与之相反，对于边缘节点，由于它们更靠近其他子系统的水面物联网节点，最小化它们的传输功率有益于减小组间干扰和组内干扰，因而有益于增大系统的总上行传输容量。

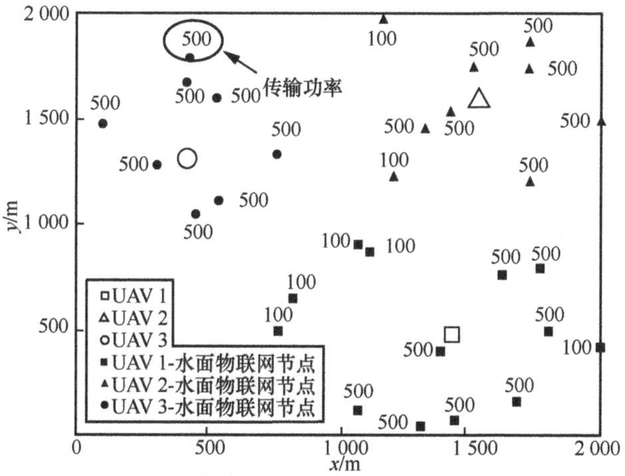

图 6-3　子系统设计及水面物联网节点传输功率分配

系统上行传输容量随水面物联网节点最大传输功率和水面物联网节点数量的变化分别如图 6-4 和图 6-5 所示，为了进行对比，本节分别验证了 M 为 3 和 5 时系统的上行传输容量。其中，在图 6-4 的场景中，假设存在 30 个水面物联网节点，并且水面物联网节点最小传输功率被设置为最大传输功率的 $\frac{1}{5}$，即 $p_{\min}=0.2\times p_{\max}$。可以看到，系统的上行传输容量是随水面物联网节点最大传输功率的增大而增大的。此外，随着最大传输功率的增大，系统上行传输容量的增速变慢，这是由于水面物联网节点最大传输功率增大的同时，组间干扰和组内干扰也在增大。

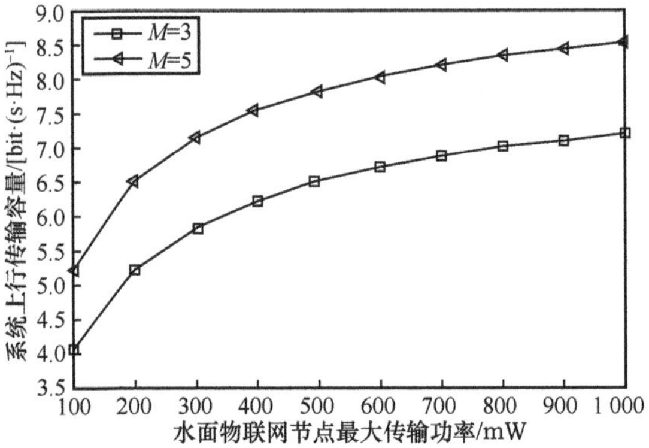

图 6-4　系统上行传输容量随水面物联网节点最大传输功率的变化

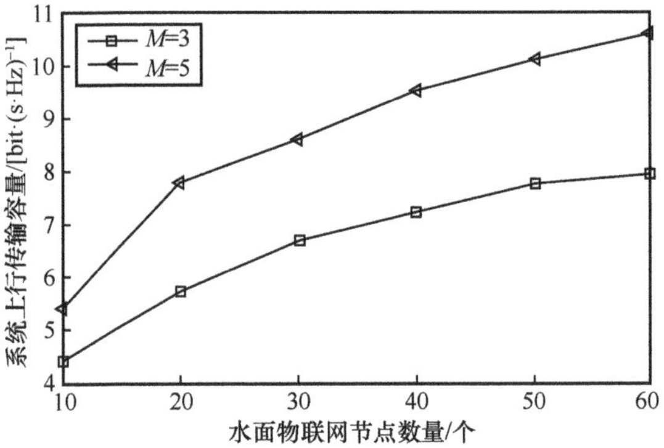

图 6-5　系统上行传输容量随水面物联网节点数量的变化

而在图 6-5 的场景中，固定水面物联网节点最大传输功率 $p_{\max}=500\ \text{mW}$，最小传输功率 $p_{\min}=100\ \text{mW}$。从图 6-5 中可以看到系统的上行传输容量是随水面物联网节点数量的增长而增大的，但是增速也在变慢。此外，图 6-4 和图 6-5 的结果共同表明，在水面物联网节点最大传输功率和数量确定的情况下，进行数据采集的 UAV 越多，系统的总上行传输容量就越大，而且它们的差距还会随着水面物联网节点数量增长而变大。这是因为随着 UAV 数量增多，每个 UAV 需要服务的水面物联网节点数量就会变少，进一步地，它们之间的通信距离就会变短。并且，随着 UAV 数量的增多，数据采集子系统增加，每个子系统内每个信道被分配的节点数量就会减小，这在一定程度上会降低组内干扰和组间干扰。

不同方案系统上行传输容量随水面物联网节点数量的变化如图 6-6 所示。在该仿真场景中，假设存在 3 个 UAV，NOMA 方案就是本节提出的方案。NOMA

方案并固定 UAV 高度是基于上述讨论的修改方案，在修改方案中，3 个 UAV 的高度分别固定为 100 m、150 m、200 m。而 OMA 方案则是考虑在 UAV 和水面物联网节点之间采用 OMA 传输的方案。作为对比，在 OMA 方案和 OMA 方案并固定 UAV 高度中，每个信道只能分配给一个节点使用，每个节点也只能占用一个信道。在对比方案中，本节采用了一种比较简单的信道分配方案，即每个子系统的信道优先分配给那些信道质量较高的节点使用。从图 6-6 中可以看出，相比于其他方案，NOMA 方案能够获得最大的系统上行传输容量。此外，相较于 OMA 方案，NOMA 方案可以提升系统的上行传输容量 40% 以上。接入的水面物联网节点数量随水面物联网节点数量的变化如图 6-7 所示，可以看到，当水面物联网节点数量比较少时，无论 NOMA 方案还是 OMA 方案，所有节点都可以被接入，但是因为 NOMA 方案有更高的频谱传输效率，所以可以实现更高的传输容量。而当水面物联网节点数量比较多时，这时 NOMA 方案比 OMA 方案可以接入更多的水面物联网节点，因此其还可以实现更高的传输容量。

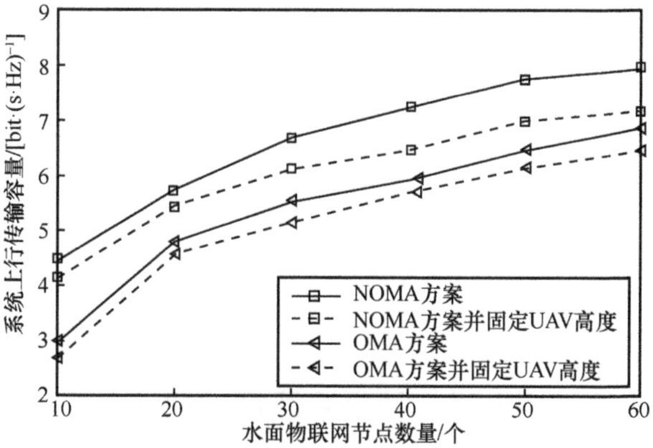

图 6-6 不同方案系统上行传输容量随水面物联网节点数量的变化

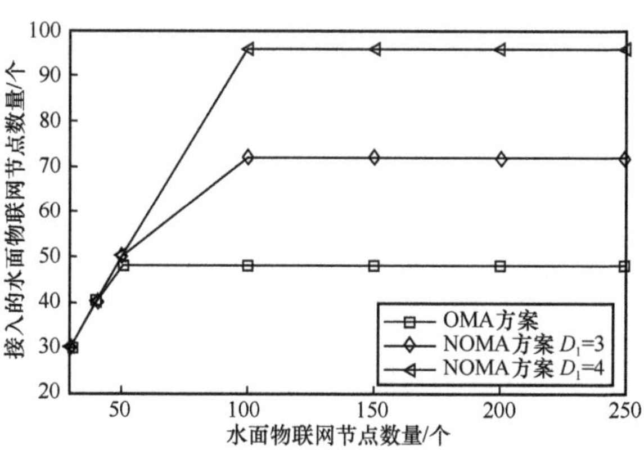

图 6-7 接入的水面物联网节点数量随水面物联网节点数量的变化

接入水面物联网节点平均上行传输速率随水面物联网节点数量的变化如图 6-8 所示，可以看到，总的来说，接入水面物联网节点的平均上行传输速率是随水面物联网节点数量的增多而减小的，这是因为水面物联网节点数量的增多会带来更多的干扰。此外，图 6-8 还表明，当水面物联网节点数量小于某一个阈值时，如小于信道数量时，NOMA 方案相较于 OMA 方案可以获得更高的平均上行传输速率。而当水面物联网节点数量超过这个阈值，NOMA 方案和 OMA 方案的平均上行传输速率大致在同一水平，但是 NOMA 方案还是可以接入更多的水面物联网节点。因此这一结果验证了 NOMA 方案的优越性。

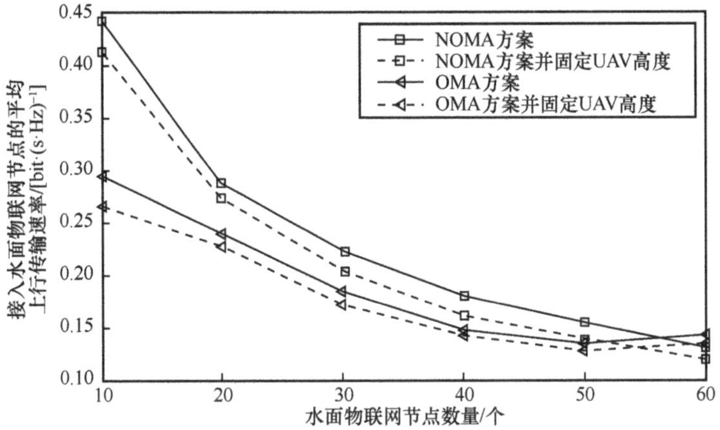

图 6-8　接入水面物联网节点平均上行传输速率随水面物联网节点数量的变化

6.3　UAV-USV-UUV 协同任务路径规划

6.3.1　相关技术研究综述

水下异构无人系统主要包括 UUV 和 USV，两类航行器能够相互配合，具备协同作业能力。目前国内外对水下异构无人系统研究的方向主要集中在 USV 发射与回收 UUV 的控制方案设计、USV 与 UUV 协同监测系统等。文献[11]展示了一个集成系统，系统包含 UUV、水下声学调制解调器和 USV。该系统能够监视陆上指挥与控制中心的 UUV 测量任务。文献[12]介绍了一种基于 UUV 和 USV 协作的观测系统。在远程 UUV 设备的基础上，系统部署了 UUV 阵列，这些阵列配置了互补传感器，作为一个基于自主设备的观测系统。文献[13]介绍了一种由 USV 进行运载、发射和回收 UUV 的协作系统。文献[14]介绍了 USV-UUV 对接和回收系统的设计方案，对 USV 回收 UUV 的过程进行了实验与测试，说明了系统的可行性。文献[15]描述了一种基于 USV 的 UUV 自动发射和恢复系统，并通过建模和仿真评估其可行性。

空海跨介质异构无人系统同时包含水上节点 UAV、水面节点 USV、水下节点 UUV 3 类不同的节点和空气与水两种不同的通信介质，其中部分水面节点同时具备电磁波通信和声波通信的能力，使系统具备跨介质通信能力。该领域研究主要集中在水上空气介质–水下水介质的跨介质通信链路设计与验证、UAV-USV-UUV 空海协同数据采集方案设计与验证、跨介质传感器设计等。文献[16]使用 UAV、UUV 和 USV 以及载人船构成的系统跟踪鱼群，在该系统中使用了多种传感器，以及摄像机和声呐装置进行持续监测，使生物学家能够更好地了解鱼群行为和环境。文献[17]设计了一种跨介质通信系统并进行了实际测试，在厦门大学芙蓉湖中安装了多个水下节点、一个水面节点，并在湖岸安装了一个水上节点，使用其中一个水下节点向其他水下节点发送声信号，其他水下节点接收该声信号并转发至水面节点，水面节点接收该声信号并转化为无线电信号发送至水上节点。

6.3.2　面向水下目标围捕任务的 3V 协同路径规划

考虑 UAV 与 UUV 之间的通信效率较低和 UUV 频繁的自定位更新导致任务执行效率较低，本节提出了一种联合 3V（UAV-USV-UUV）协同目标围捕系统，UAV-USV-UUV 协同路径规划与资源配置系统如图 6-9 所示，旨在保证系统连通性和合理的跨层资源分配，构建一个包括空中监视、海面中继和水下围捕在内的 3 层网络。为了在一定的时间内得到可以接受的解，本节将目标围捕问题建模为马尔可夫决策过程（MDP），采用深度强化学习方法，实时地将 UUV 位置、动作作为输入，训练得到近似最优的目标围捕路径，解决水下目标围捕系统的定位难题。本节采用一种改进的深度强化学习的高效求解算法来解决资源受限的问题，通过神经网络与强化学习结合的方式，拟实现 UAV 高度、UUV 轨迹以及异构平台之间连通性的联合优化。

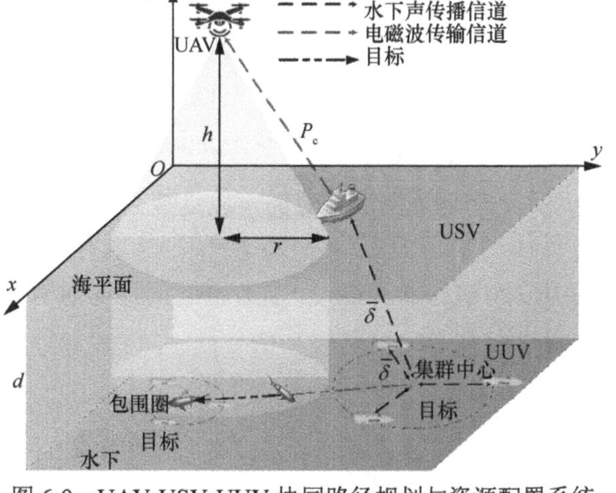

图 6-9　UAV-USV-UUV 协同路径规划与资源配置系统

1. 系统模型

本节考虑水上-水面-水下 3 层异构网络支持的水下目标围捕系统（由一架 UAV、一艘 USV 和多艘 UUV 组成）。其中，UAV 作为空中监视器（飞行高度为 h、搜索半径为 r），M 艘 UUV 用于执行水下任务与作战，USV 起到 UAV 和 UUV 之间通信中继的作用。定义 UAV 和 USV 的坐标分别为 $U=(u_x, u_y, u_z)$ 和 $S=(s_x, s_y, s_z)$。$G=(g_x, g_y, g_z)$ 表示 UUV 围捕团队集群中心点的坐标。

定义当目标逃离搜索区域时，UAV-USV-UUV 跨层协同系统的围捕任务失败。UAV 与 USV 之间的连接采用的是电磁波信道，而 UUV 与 USV 之间的信号传输采用的是水声信道。在连通性和能量的约束下，所有 UUV 相互组队，协同围捕目标。在每个任务时隙中，当 UAV 接收到目标的大致位置 $W=(w_x, w_y, w_z)$ 时，UUV 迅速组成围捕团队对目标进行追踪与围捕。

（1）UAV 模式

在每个时隙，UAV 可以在路径损失的约束下，通过改变 r 来调整搜索范围。由于 UAV 总是对 USV 可见，UAV 和 USV 之间的通信链路被合理建模为视距无线传输。高度 h 与半径 r 的关系可以表示为

$$\frac{\pi h}{9\ln(10)r}+\frac{\eta_{\mathrm{LOS}}\exp[-\arctan(h/r)-1]}{[\exp(-\arctan(h/r))]^2}=0 \tag{6-27}$$

其中，η_{LOS} 是与视距无线传输相对应的环境依赖损失。

（2）USV 模式

作为无线通信中继，USV 在海面上随机游走，在 UAV 和 UUV 之间传输控制信息和目标信息。传输成功的概率 P_{c} 表示 UAV 与 USV 之间的连通性，即

$$P_{\mathrm{c}}=P[R\geqslant T_a] \tag{6-28}$$

其中，$R=(p_a\lambda\|U-S\|^{-a})/(\sigma^2+I_t)$ 代表信噪比，a 表示路径损失指数。T_a 是 R 的阈值，λ 服从均值为 μ 的指数分布。此外，p_a 是传输功率。σ^2 表示噪声功率，I_t 为信号干扰，且 $E[I_t]=\mu\sum I_t$，因此，P_{c} 可以进一步地表示为

$$P_{\mathrm{c}}=\mathrm{e}^{-(T_{\mathrm{a}}\|U-S\|^a\sigma^2+E[I_t])/(\mu p_a)} \tag{6-29}$$

对于水下连通性，本节假设每个 UUV 可以连接到 USV 和其他 UUV，并用 $\Psi=(\phi_{ij}\setminus l)_{\kappa\times\kappa}$ 表示它们之间的连通性，其中，$\kappa=M+1$ 代表 UUV 和 USV 的数量。在这里，$\phi_{ij}=1$ 代表第 i 个航行器和第 j 个航行器之间存在通信链路，否则 $\phi_{ij}=0$。l 为 UUV 和 USV 上装备的信号发射装置和信号接收装置之间的距离。δ_i 代表 Ψ 的第 i 个特征值。因此，水下连通性定义为

$$\bar{\delta}=\ln\left(\frac{1}{M+1}\sum_{i=1}^{M+1}\mathrm{e}^{\delta_i}\right) \tag{6-30}$$

（3）UUV 模式

在该协同目标围捕任务中，每个 UUV 都被认为是追踪与围捕的参与者，需要保证连通性和能量的约束。首先，考虑水声信道受水声传播衰减的影响，其中 $\varGamma(l,f)=l^{\xi}\gamma(f)^{l}$ 为水声传播路径损失随载波频率 f 和距离 l 的变化，其中 ξ 为扩展因子，描述了传播的几何形状。$\gamma(f)$ 为吸收系数，可定义为

$$10\lg\gamma=\frac{0.11f^2}{1+f^2}+\frac{44f^2}{4100+f^2}+2.75\times10^{-4}f^2+0.003 \tag{6-31}$$

总能耗 $E_{\mathrm{UUV}}=E_{\mathrm{m}}+E_{\mathrm{c}}$。进一步地，$E_{\mathrm{m}}=t_{\mathrm{h}}+E_{\mathrm{p}}$ 为运动能耗，t_{h} 表示 UUV 的围捕时间，UUV 在每个时隙运动的能耗可以表示为 $E_{\mathrm{p}}=\varepsilon\cdot F_{\mathrm{d}}\cdot\|V_G\|$。其中 ε 表示电能的转换效率，F_{d} 表示 UUV 的牵引力，V_G 定义为 UUV 在 G 位置受海流影响的速度。总的航行距离 L 可以进一步表示为 $L=\int V_G\mathrm{d}t$。

进一步地，$E_{\mathrm{c}}=E_{\mathrm{t}}(k,l)+E_{\mathrm{r}}(k)$ 表示通信能耗，$E_{\mathrm{t}}(k,l)$ 为 UUV 在航行距离 l 传送 k 比特数据时的能耗，可以表示为 $E_{\mathrm{t}}(k,l)=kE_{\mathrm{u}}+qkT_{\mathrm{b}}g_z l\mathrm{e}^{\gamma(f)l}$。$E_{\mathrm{r}}(k)$ 定义为接收消息的能耗，可以表示为 $E_{\mathrm{r}}(k)=kE_{\mathrm{u}}$。$E_{\mathrm{u}}$ 表示处理一个比特信息的能耗，T_{b} 表示发送每比特消息的持续时间。此外，本节采用 q 来调节信道的损耗情况。

（4）目标行为

当目标进入被探测区域时，围捕任务开始。假设目标能感知到 UUV 的接近，然后以 $V_t=V_{t,0}\hat{e}_{\mathrm{GW}}$ 的速度逃离，其中，$V_{t,0}$ 是目标的随机初始速度，$\hat{e}_{\mathrm{GW}}$ 表示目标的逃离方向（远离 UUV 集群中心与目标连线的方向）。目标安全区域 $\mathcal{G}=\{J\in O-xyz\,|\,\|J-W\|<r_2\}$ 的半径为 r_2，如果某一个时刻 t 当 UUV 进入区域 $\mathcal{G}$，即 $\|G(t)-W(t)\|\leqslant r_2$，认为目标被 UUV 捕获。

（5）问题公式化

3V 系统的目标是使围捕系统总能耗 E_{UUV} 最小化。因此，3V 能耗优化问题可定义为

$$\min_{\{r,P_{\mathrm{c}},\bar{\delta},\|L\|\}}\quad E_{\mathrm{UUV}} \tag{6-32}$$

$$\text{s.t.}\quad h_{\min}\leqslant h\leqslant h_{\max} \tag{6-32a}$$

$$\frac{p_a\lambda\|U-S\|^{-a}}{\sigma^2+I_t}\geqslant T_a \tag{6-32b}$$

$$\ln\left(\frac{1}{M+1}\sum_{i=1}^{M+1}\mathrm{e}^{\delta_i}\right)\geqslant C_1 \tag{6-32c}$$

$$\|W-G\|\leqslant r \tag{6-32d}$$

$$\sum_{i=1}^{M}\left\| E_i - \frac{1}{M}\sum_{i=1}^{M} E_i \right\| \leqslant C_2 \tag{6-32e}$$

①UAV 悬停高度约束：考虑空中交通管制，UAV 的悬停高度被限制在$[h_{\min}, h_{\max}]$。

②UAV-USV 连通性约束：由于 UAV 的高机动性和电磁波信道的干扰，UAV 和 USV 之间的连通性需服从$R \geqslant T_a$，保证 3V 系统的协同工作。

③USV-UUV 连通性约束：UUV 需要上传能量信息，通过水声信道获取目标信息。考虑水下环境的复杂性，连通性$\bar{\delta}$需要保证水下信道的可靠性和通信质量。C_1取决于系统对连通性的要求。

④围捕约束：为了避免目标从搜索区域逃离，目标和水下集群搜索中心之间的距离$H = \| W - G \|$应该小于或等于搜索半径r。

⑤能量平衡约束：UUV 内部剩余能量差距的增大，极易导致目标围捕任务的失败。因此，需要考虑围捕集群内部的能量平衡，具体来说，需服从能量约束$\sum_{i=1}^{M}\| E_i - \frac{1}{M}\sum_{i=1}^{M} E_i \| \leqslant C_2$。

2. 深度强化学习解决方案

本问题采用一种高效的深度强化学习方法——深度 Q 网络（DQN）来求解。DQN 可以探索环境，尝试不同状态下的多个动作，并最终通过经验学习到最佳策略。因此，本节通过 DQN 求解采用 UUV 围捕目标的能量优化问题。应用于 UUV 的 DQN 模型由状态、动作空间、奖励函数和Q值组成。

（1）状态：令$s(t) = \{U(t), S(t), G(t), W(t), \hat{e}_{\mathrm{GW}}, L\}$表示某一时隙$t$中的状态，包含所有 UAV、USV、UUV 的位置信息、目标逃离方向和 UUV 的总航行距离。

（2）动作空间：定义为 UUV 的移动方向$A = \{a_i \mid i \in (0,7)\}$，将 2π 平面分成 8 个离散方向。

（3）奖励函数：在采取行动$a(t)$之后，从状态$s(t)$到状态$s(t+1)$的转换生成奖励$r(t)$。$r(t)$允许 UUV 学习通用的策略行为，在特定条件下自动导航。

$$r(t) = \begin{cases} R_1, & \| W(t) - G(t) \| < r \\ R_2, & \| W(t) - G(t) \| < \| W(t-1) - G(t-1) \| \\ R_3, & \text{其他} \end{cases} \tag{6-33}$$

其中，R_1、R_2和R_3是不同系统状态条件下的奖励值。R_1对应围捕约束，R_2使 UUV 一步步接近目标。如果系统违反优化问题的约束条件，将得到负奖励R_3。在 DQN 的学习环境中，当某一行为在当前时隙对$r(t)$产生积极影响时，该行为更有可能在下一个时隙被选择。

（4）Q值：受 UUV 在状态$s(t)$采取动作$a(t)$影响下迭代更新，可以表示为

$$Q^*(s,a)=E_{s'\sim s}[r+\chi\max_{a'}Q^*(s',a')\,|\,s,a] \tag{6-34}$$

其中，$0\leqslant\chi\leqslant1$ 为降低未来奖励权重的折扣因子，而 s' 和 a' 分别为下一时间步的状态和行为。

6.3.3　仿真分析

在计算机模拟中，UAV、USV、UUV 位于 400 m×400 m 的正方形区域内。UAV 和 USV 在区域内随机分布，UUV 集群的中心初始位置为（200,200,−120），UUV 集群的数量 M 为 3。悬停高度 h 范围为 50～120 m。水下目标搜索深度 d 为 −120 m。UAV 的位置保持在（200,200,h），USV 航速设置为 3.9 knot，V_G 设置为 3.9 ~ 27.3 knot。阻力 F_a 设置为 2 000 N，电流的转换效率 ε 设置为 80%，V_t 设置为 1 knot。UUV 能耗如图 6-10 所示。

UAV 高度 h 是 E_{UUV} 的一个参数，因为它对搜索半径 r 有影响。图 6-10（a）显示了固定 V_G，h 变化的 E_{UUV} 值。可以清楚地看到，DQN（ξ= 0.001）和 DQN（ξ= 0.01）的能耗始终低于 ACOA。当 h 发生变化时，DQN 总能找到一条最优路径，以最小能耗快速搜索目标并保持连通性，证明了 DQN 的有效性。同样，从图 6-10（b）可以看出，固定 h=100 m，在不同 V_G 条件下，DQN 总能找到能耗最小的优化路径，ACOA 的性能比 DQN 差。此外，由于速度增加，DQN 和 ACOA 的平均围捕时间下降。

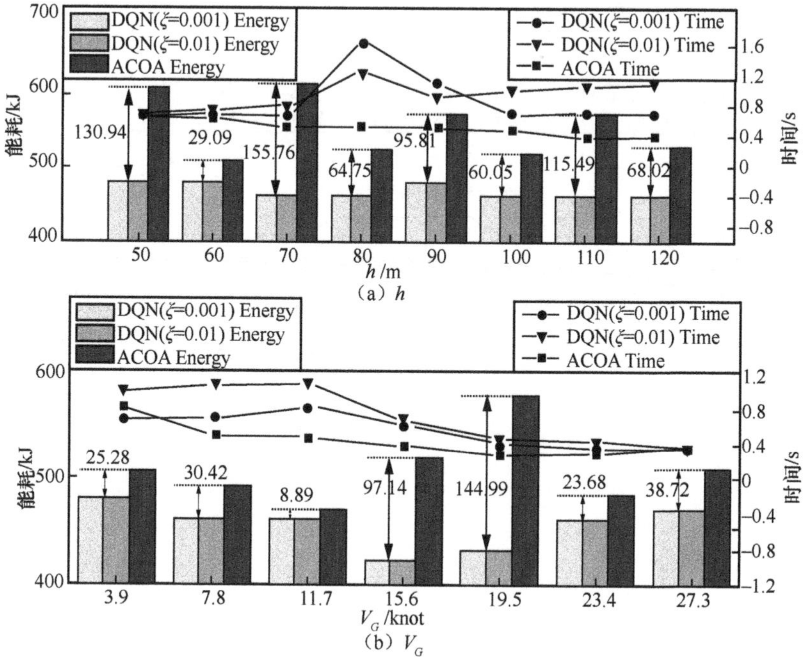

图 6-10　UUV 能耗

本节进一步研究了 h 和 V_G 对路径连通性的影响，由于电磁波通信链路连通性和水声通信链路连通性与航行器之间的距离呈负相关，仿真实验分别在 10 000 次迭代中测量平均 $\|U-S\|$ 和平均 $\|S-G\|$。这里的电磁波通信链路连通性跟平均 $\|U-S\|$ 呈负相关，水声通信链路连通性跟平均 $\|S-G\|$ 呈负相关。空中、水下平台的航行距离如图 6-11 所示，从图 6-11 可以清楚地看到，与 ACOA 相比，DQN（ξ=0.01 和 ξ=0.001）都能获得较高的电磁波通信链路连通性和水声通信链路连通性。图 6-11（a）显示 DQN 的平均 $\|U-S\|$ 随着 h 的增加而增加，即电磁波通信链路连通性的降低。此外，DQN 的平均 $\|S-G\|$ 是平滑的，这是由于 h 对 USV 和 UUV 之间的连通性影响很小。随着 V_G 的增长，从图 6-11（b）可以看出，DQN 的平均 $\|U-S\|$ 逐渐下降。这主要是因为 USV 在执行水下目标追捕任务时，随着 UUV 速度 V_G 的增加，USV 航行距离变短，从而使 UAV 与 USV 之间的总距离变化减小，电磁波通信链路连通性稳步提高。同时，可以看到 DQN 的平均 $\|S-G\|$ 随着 V_G 的增加而增加。这是因为 V_G 的增加会直接影响 UUV 与 USV 之间的距离，从而使水声通信链路的连通性变差。

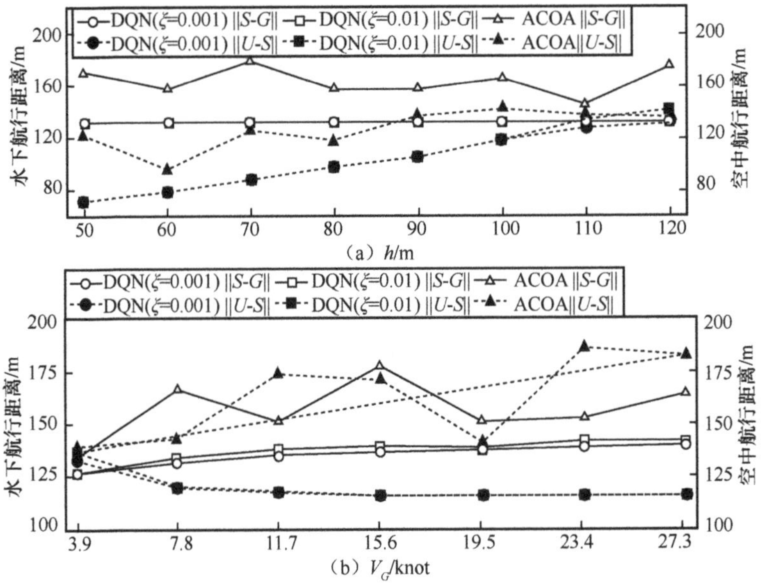

图 6-11　空中、水下平台的航行距离

6.4　未来展望

目前国内对于低速通信约束情况下 UAV-USV-UUV 跨域集群分布式协同系统的研究相对较少，对 UAV-USV-UUV 的协同任务规划缺乏成熟的建模和评估技术。

针对 UAV-USV-UUV 跨域集群执行海上任务的关键技术需求，我国对 UAV-USV-UUV 的研究亟须从同构无人智能系统向集群化的多 UAV-USV-UUV 拓展，从单一任务向更加复杂、多样的服务任务发展，满足跨域节点间信息共享的效率与实时性需求，攻克低速通信情况下的无人智能集群系统跨域协同难题。

参考文献

[1] WANG H, OSEN O L, LI G Y, et al. Big data and industrial Internet of things for the maritime industry in northwestern Norway[C]//Proceedings of the TENCON 2015 - 2015 IEEE Region 10 Conference. Piscataway: IEEE Press, 2015: 1-5.

[2] VON SCHUCKMANN K, SALLÉE J B, CHAMBERS D, et al. Consistency of the current global ocean observing systems from an Argo perspective[J]. Ocean Science, 2014, 10(3): 547-557.

[3] BARNES C R, BEST M M R, JOHNSON F R, et al. NEPTUNE Canada: installation and initial operation of the world's first regional cabled ocean observatory[EB]. 2015.

[4] HUO Y M, DONG X D, BEATTY S. Cellular communications in ocean waves for maritime Internet of things[J]. IEEE Internet of Things Journal, 2020, 7(10): 9965-9979.

[5] GUPTA L, JAIN R, VASZKUN G. Survey of important issues in UAV communication networks[J]. IEEE Communications Surveys & Tutorials, 2016, 18(2): 1123-1152.

[6] NAWAZ H, ALI H M, ALI LAGHARI A. UAV communication networks issues: a review[J]. Archives of Computational Methods in Engineering, 2021, 28(3): 1349-1369.

[7] ZHANG Q X, JIANG M L, FENG Z Y, et al. IoT enabled UAV: network architecture and routing algorithm[J]. IEEE Internet of Things Journal, 2019, 6(2): 3727-3742.

[8] YANG Q, YOO S J. Optimal UAV path planning: sensing data acquisition over IoT sensor networks using multi-objective bio-inspired algorithms[J]. IEEE Access, 2018(6): 13671-13684.

[9] MOZAFFARI M, SAAD W, BENNIS M, et al. Mobile unmanned aerial vehicles (UAVs) for energy-efficient Internet of things communications[J]. IEEE Transactions on Wireless Communications, 2017, 16(11): 7574-7589.

[10] DAI L L, WANG B C, DING Z G, et al. A survey of non-orthogonal multiple access for 5G[J]. IEEE Communications Surveys & Tutorials, 2018, 20(3): 2294-2323.

[11] ROBB D A, WILLNERS J S, VALEYRIE N, et al. A natural language interface with relayed acoustic communications for improved command and control of AUVs[C]//Proceedings of the 2018 IEEE/OES Autonomous Underwater Vehicle Workshop (AUV). Piscataway: IEEE Press, 2018: 1-6.

[12] HOBSON B W, KIEFT B, RAANAN B, et al. An autonomous vehicle based open ocean Lagrangian observatory[C]//Proceedings of the 2018 IEEE/OES Autonomous Underwater Vehicle Workshop (AUV). Piscataway: IEEE Press, 2018: 1-5.

[13] SARDA E I, DHANAK M R. Launch and recovery of an autonomous underwater vehicle from

a station keeping unmanned surface vehicle[J]. IEEE Journal of Oceanic Engineering, 2019, 44(2): 290-299.

[14] PAGE B R, MAHMOUDIAN N. AUV docking and recovery with USV: an experimental study[C]//Proceedings of the OCEANS 2019 - Marseille. Piscataway: IEEE Press, 2019: 1-5.

[15] SARDA E I, DHANAK M R. A USV-based automated launch and recovery system for AUVs[J]. IEEE Journal of Oceanic Engineering, 2017, 42(1): 37-55.

[16] SOUSA L L, LÓPEZ-CASTEJÓN F, GILABERT J, et al. Integrated monitoring of mola mola behaviour in space and time[J]. PLoS One, 2016, 11(8): e0160404.

[17] ZHENG S Y, WANG X Y, JIANG W H, et al. Lake trial of an underwater acoustic cross-media network testbed[C]//Proceedings of the 2017 IEEE International Conference on Signal Processing, Communications and Computing (ICSPCC). Piscataway: IEEE Press, 2017: 1-4.

第7章 新型海洋工程装备相关综述

7.1 深海漂浮平台

新型钢混结构海上漂浮平台，能够通过搭载多频段高速数据传输、多频段天线、海上卫星接入组网，实现海上漂浮平台间、海上漂浮平台与舰船、飞机、卫星间高速率、远距离的传输，从而满足对海上通信探测平台的迫切需求。同时该种新型漂浮平台结构与材料设计优良，具有较强的抗老化、耐腐蚀能力。面对独特的海洋通信环境，海上漂浮平台具有良好的防摆自稳定能力、主动减摇能力、偏移修正能力、自我保护和自我诊断能力。

7.1.1 相关技术研究综述

LTE 技术是在国际得到广泛商用的 4G 技术，产业成熟度高，并且在通信能力上不断提升。国内三大电信运营商已经建设和运营超过 100 万个 4G 基站，用户数过亿。同时，中国电信、中国移动等已经在南海岛屿部署多个 4G 基站。

目前宽带无线干线设备主要有两类。一类多用于移动运营商的传统微波设备，此类设备基于美国博通的芯片组，设备的工作频段在 8～39 GHz，因通信的调制模式为单载波调制，需要完全视距通信，传输距离多为 10 km 以内。另一类设备工作在 6 GHz 以下的频段，而且多数为免申请的开放频段，设备具有一定的非视距通信能力，在天线高度合适的条件下设备最远可提供 200 km 的高速链路，目前我国具有自主知识产权，其他类似设备的提供商为美国、加拿大、以色列。

综上所述，为了在南海部署基于海上漂浮平台的通信网络系统，出于系统安全（尤其是军事应用的安全）考虑，必须采用具有自主知识产权，由我国独立研发、生产的宽带无线干线设备。在海上通信场景下，基站无法采用光纤等有线方式进行回传，必须采用无线方式回传。为了保证相邻基站大间距（50 海里）情况下的通信质量，需要对现有技术进行重新设计，使其满足系统要求。

7.1.2 关键核心技术

1. 海上漂浮平台设计理论和建造方法

漂浮平台主体由水泥、玻璃钢和泡沫塑料制成，具有结实稳定、廉价、耐腐蚀等特点。漂浮平台具体可分为伞碟、立柱两个部分。伞碟内部设有环状空腔机仓，可用于安装所有设备，另有若干空仓作为储水箱以备装水下沉，其余各仓加泡沫塑料填充，表面覆盖太阳能电池板以补充电能。立柱分为上、中、下 3 节，上、中两节为碳纤维和玻璃钢材料制成，下节为钢筋混凝土圆柱，底部连接 3 根尼龙缆绳，可挂载水声探测传感器阵列，缆绳底部安装钢筋水泥定海坨。经论证，此结构和配重能使漂浮平台在 5 级海况下保持基本稳定。遇到台风天气，漂浮平台注水下潜，台风过后，漂浮平台排水上升。如果塔身位移，则可通过定向喷水复位。海上漂浮平台结构如图 7-1 所示

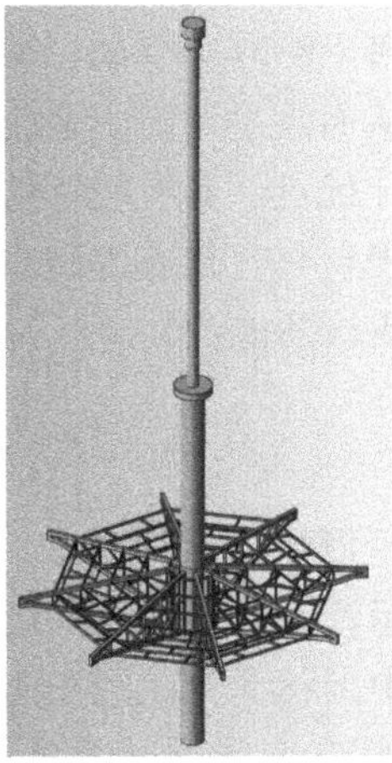

图 7-1　海上漂浮平台结构

2. 海上漂浮平台自我调节技术

海上漂浮平台采用先进的自我调节技术，能够适应海上独特的通信环境。海上漂浮平台采用的防摆自稳定天线技术，能够有效解决海浪产生的力矩导致的浮塔摆动问题。塔上的陀螺仪能够有效感知摆动，采用仿生原理的高速响应伺服执行结构能够快速反应，使通信、雷达天线等设备在 5 级海况下仍能够维持指向不变，保持正常工作。平台采用的主动减摇技术，能够有效解决面波（海浪）造成的浮塔的近圆周摇动问题。应用主动减摇技术，能够抵御至少 5 级海况的涌浪。浮塔装备加速度传感器、风向仪和摄像机，能实时判定海浪的方向、周期、幅度，智能控制开启相应电磁阀启动喷水实现减摇。浮塔有若干空舱，当遇到台风时，电磁阀自动打开，水泵向舱内注水，浮塔圆盘潜入水中。风浪减小时，水泵反向

抽水，使浮塔圆盘浮出水面。针对洋流和台风导致的浮塔位移，采用自动修正偏移技术。浮塔通过卫星确定自身偏移程度。浮塔圆盘边缘侧面下方有出水孔，可喷水推动浮塔行进。当偏移较小时，由蓄电池支撑电动机带动水泵；当偏移较大时，则以柴油发动机支撑电动机带动水泵。台风到来时，浮塔在风力作用下以阿基米德螺线路径偏离原始位置。海上漂浮平台采用的自我保护与自我诊断技术，满足了其对稳定性与耐久性的要求。例如：圆盘伞碟装备超声波与光纤传感器探测缺陷与毁伤；尼龙缆绳与塔主体连接处装备重力传感器，绳断时报警；太阳能电池板和水声探测传感器阵列的主要功能部件有冗余配置并具备防水、防盐、防震功能；圆盘安装侵入报警装置，实时监视浮塔动态。

3. 海上漂浮平台试验验证系统设计

与漂浮平台相对应的试验验证系统，能够通过模拟海上独特的通信环境以及平台可能遇到的各类情况，从而验证海上漂浮平台的相关能力。比如：通过耐老化、耐腐蚀试验验证漂浮平台的使用寿命；通过风浪试验验证漂浮平台的防摇摆自稳定能力和主动减摇能力；通过偏移试验验证漂浮平台的自我偏移修正能力；通过搭载相应的通信载荷，验证海上漂浮平台间、海上漂浮平台与舰船、飞机、卫星间高速率、远距离的通信传输能力。

4. 海工装备设计制造关键技术

通过建模方法设计海上漂浮平台的立柱和伞碟模型。考虑材料性能对结构局部的影响，分别赋予材料弹性模量、泊松比、密度等性能参数。采用有限元软件对所设计的漂浮平台进行无预应力模态分析，网格为六面体与四面体混合网格，并得到相应振动频率。通过实测多种应变速率下的应力应变曲线，研究玻璃钢、碳纤维等材料的拉压力学性能，表征碰撞过程中材料的应力应变演化规律，从而建立适用于碰撞加载的材料损伤失效本构模型，并基于碰撞仿真和碰撞试验，验证损伤失效本构模型和模型参数的准确性。

5. 海洋新材料技术

采用钢筋混凝土建造海上漂浮平台伞碟，采用碳纤维玻璃钢制造海上漂浮平台立柱，使平台具有优良的材料强度和抗老化耐腐蚀能力。采用轻质高强材料建造百米量级的基站天线，使共平台基站覆盖约 50 km 内信息节点及实现约 90 km 内基站间通信，同时具有较强的抗老化、耐腐蚀能力。

7.2　超视距探海雷达

岛基地波超视距探测技术采用全新的岛基天线设计技术、先进空时编码信号技术等新型关键技术原理，实现了与现有系统相当的探测威力。

岛基地波超视距探测技术在收发一体化天线阵列基础上，利用数字波束成形技术集中发射波束的能量，集中后的发射波束可以实现对大范围区域的重点观测以及连续性监视，从而达到重点目标凝视的效果；利用新型超分辨技术实现在低空间采样条件下的目标高分辨能力。

岛基地波超视距探测技术采用收发一体天线以及空时信号利用技术等构成的新型探测机制，重点突破岛基阵列条件下的目标能量集中、空间波束利用、收发系统实现以及各项信号处理技术，构成新型工作模式和体制，适应各项任务需求。

收发一体地波超视距探测系统由 7 个分系统组成：天馈分系统、发射分系统、接收分系统、多路相控分系统、信号处理分系统、主控分系统和显示分系统。其组成示意如图 7-2 所示。

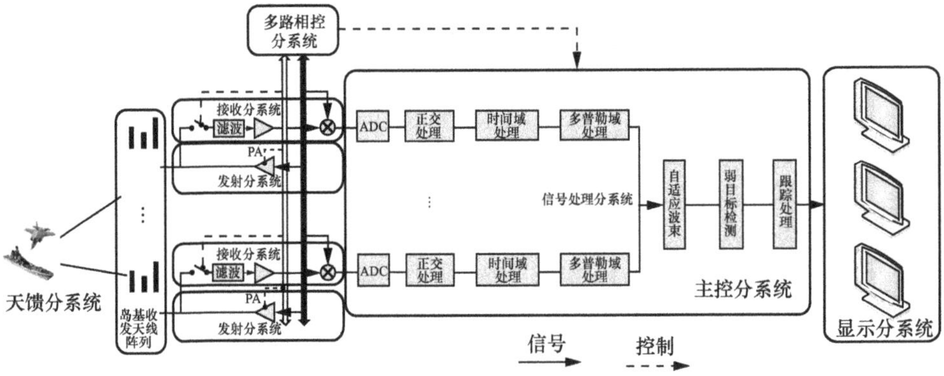

图 7-2　系统组成示意

7.2.1　相关技术研究综述

高频地波超视距雷达集现代高新技术于一身，具有良好的超视距和反隐身能力，受到了世界上少数几个经济发达、技术领先并有着辽阔海疆国家的重点关注和发展，如英国、美国、澳大利亚、加拿大、俄罗斯等。目前，高频地波超视距雷达装备主要用于早期预警。它的探测距离远，可同时监测超过 3 万平方海里内的海面舰船和空中飞行目标，并且具有天然的抗隐身目标、抗低空突防目标和抗反辐射导弹的优势。

20 世纪 60 年代初美国海军实验室就开始了利用天波返回散射机理探测舰船和飞机的高频天波超视距雷达（HF OTH-B R）研究，20 世纪 90 年代，其海军型号为 AN/TPS-71 的高频超视距系统发射阵列长达 1 km，而接收阵列更大。21 世纪初，典型的高频地波超视距系统是俄罗斯研制的 5K1 系统，已经在我国东南沿海布设。该系统采用了收发分置结构，收发距离达 3 km，而接收阵地占地面积高达数万平方米，发射阵地占地面积大致相同。我国于“八五”开始研究高频地波雷达，于“十二五”期间正式装备。该装备采用了收发分置的发射和接收阵列，利用模拟非相控宽波束发射覆盖全探测区域，以及多数字接收波束探测的机制，占地面积也高达数万平方米，应用于重点海域的大范围监视任务。

显然，在现有地波雷达装备系统中，体积最为庞大的设备无疑是天馈分系统，即天线收发阵列。由于工作频率较低，相应的波长很长，为保障雷达系统的接收发射增益、测角精度、抗干扰性能等技术指标的要求，天线收发阵列的尺寸往往都十分庞大。以岸基高频地波雷达接收天线阵列为例，如采用常规方法设计天线阵列，其占地面积均在几万平方米以上（约为 500 m × 60 m）。这样庞大的占地面积对岛礁来说有很多不利的因素，如阵地面积过大，容易暴露、易受打击、机动性差、不易管理等。

采用地波传播方式的高频超视距雷达系统，收发天线阵列必须架设在海岸边。由于国内经济发展的需要，海岸区域已成为寸土寸金的宝地，即使能够征用，其造价也非常昂贵。同时高频天线阵列对阵地外部电磁环境的要求相对比较苛刻，在寻找合适的阵地时比较困难，更加不适合岛礁架设。

我国海疆幅员辽阔，大陆海岸线长约 1.8 万千米，海域面积 300 多万平方千米，500 m^2 以上的岛屿有 6 536 个。海洋边疆防御和安全保卫的任务重，范围广。建立全方位国家海疆战略安全通道迫切需要大量具有阵地面积小、监视范围巨大、目标监视种类多、性能优越的雷达参与其中，共同组成超长海洋纵深、超大海域范围的安全防卫体系。面对南海建设的飞速发展，也迫切需要大范围超视距探测技术为我经济建设、海防建设提供有效的手段，因此发展和研制小型化、小规模、探测威力与现有系统相当的岛基高频超视距探测系统需求迫切，势在必行。

7.2.2　系统总体设计

1. 最佳总体构成

针对岛基环境，通过仿真计算岛基地波超视距雷达的传播特点、威力等，得到该雷达系统的最佳构成，主要包括系统构成、系统技术指标、定位方法等。

2. 最优信号及其参数设计

新体制工作模式确定了雷达信号体制及其参数，需要根据系统工作模式、探测目标的特性、外部环境噪声、电离层特性、覆盖区域等进行选择。信号和工作参数的选择主要受以下几个方面的影响。

（1）工作模式：新体制雷达既有大范围警戒模式，能够快速扫描全部覆盖区域，又有针对重点区域和目标的凝视，同时还能兼顾单一频率和双频率的兼容要求。雷达的信号形式和参数能够符合不同模式下的要求，从而使其达到最佳使用目的。

（2）电磁环境：高频雷达探测性能的好坏在很大程度上取决于其工作频段内的电磁环境。在高频波段，影响电磁环境的主要因素包括大气噪声、工业干扰、短波通信等，这使高频雷达的工作环境十分恶劣，高频雷达无法工作在某一固定的频率上。为使高频雷达在非常复杂的电磁环境中避开干扰，雷达能够根据外部的电磁环境、自身的抗干扰能力等特性选择合适的信号参数。

（3）电离层特性：电离层杂波一直是影响高频地波超视距雷达性能的主要因素。新体制下的电离层杂波特性与会呈现为与方位、时间有关的特性，通过对不同信号时间参数、频率参数等条件下的电离层杂波特性的研究，提高对电离层杂波的抑制能力以及电离层杂波抑制的有效性。

（4）目标特性：雷达目标的散射特性可以分为 3 个区，即瑞利区、谐振区和光学区。在瑞利区，雷达目标的散射截面积随频率的增加单调增加；在光学区，目标的散射截面积基本保持为一个常数；而在谐振区，散射面积随频率的变化而起伏变化。舰船和飞机目标在高频波段的电磁波散射特性，主要处在谐振区。新体制雷达能够根据目标的散射特性选择工作参数，从而使更多的雷达基站捕获到目标。

（5）海杂波：对于高频雷达，除环境噪声外，海杂波也会对目标的检测产生影响。海杂波的一阶谱远高于大气噪声，但因能量在频域非常集中，对于单站雷达可以通过选择信号参数避开海杂波的影响，对目标检测影响不大；对于多站雷达，由于同一目标对各基站的径向速度不同，目标容易淹没在海杂波中，无法被检测到。特别是对于舰载移动基站，其动态性会使海杂波谱展宽，新体制雷达能够选择合适的参数，保证对多目标的捕捉。

7.2.3 关键核心技术

1. 大范围同时凝视的探测技术

岛礁高频地波雷达采用了凝视探测的机制，可以集中探测能量至重点区域或目标。采用空时、空频以及空时频联合编码技术，能够解决同时兼顾大范围监视的难题。采用空时编码技术，利用空分和时分联合技术，既保证了空间上的能量集中，又兼顾了大范围的海域探测。

2. 收发一体化天线校准和补偿技术

收发一体化体制强化了收发一体化天线的设计、校准和补偿难题。幅相误差越小，空间合成效果、系统凝视探测效果越好。通过合理设计幅相误差小的收发一体化阵列，能够解决阵列内互耦问题。同时，基于目标、固定物以及快速移动平台，采用动态、可重复的校准技术，能够提高一体化天线阵列的能量合成有效性以及探测能力。

3. 高速信号处理技术

无论接收天线小型化，还是收发天线共用技术，都将信号处理的任务从原有的阵元末端信号，提高到阵元中子阵元的控制层面上。在提高系统灵活可靠性的基础上，提高了系统复杂度和任务处理的难度。通过将核心算法、函数、应用框架、多核处理器间的任务分配、优化原则等糅合在一起，建立一体化处理的框架，既能够支撑规则化运算，又能够实现复杂化的算法，使处理平台能够适应更多通道、更复杂、更高速、满足雷达信号相参处理需求，从而提高平台的综合处理能力。

7.3　无人自主潜航器

新型水声信道测量仪器是一种基于多水声测量仪时空栅格自适应数据采集与动态时空反演的网络化、多尺度、移动式仪器系统。采用仿生摆尾式动力推进系统以改进传统螺旋桨推进系统，实现移动平台低噪、高效能工作；采用分布式多平台协同组网测量，实现动态、多尺度的时空栅格自适应立体水声信息获取；通过群体智能技术挖掘水声信道传播的特性受温度、盐度、深度、流速及测量节点移动等时空耦合因素的影响机理及其量化关系，来获取网络化、多尺度水声信道动态测量对水声信道声传播特性建模精度的影响因素，从而对水声传播特性进行动态时空反演，并实现对水声传播特性实时、准确的定性定量描述。

7.3.1　相关技术研究综述

AUV 的研制工作始于 20 世纪 50 年代，到 20 世纪 90 年代，AUV 的相关技术发展相对成熟，其重要价值才日渐被各国重视。

在世界各国中，美国的 AUV 体系处于领先地位。美国海军研究生院自 1987 年开始水下 AUV 的研究工作，美国已经研制出涵盖大中小型的各式 AUV，如远程环境监测单元（REMUS）系列和波尔多自主水下航行器原型（BAUV）等，在 AUV 的动力技术、导航精度和自主化水平方面都达到了世界领先的水平。日本在过去十几年已经为 AUV 的研制投入了数亿美元的资金，研究场景主要为民用深海开发，如深海海底山脉调查、海水层大范围监测等，具备较高的技术水平。

自 20 世纪 90 年代以来，我国 AUV 的研制形成了以二所三校一厂（沈阳自动化所、702 所、哈尔滨工程大学、上海交通大学、华中理工大学（现华中科技大学）及武昌造船厂）为主的科研格局，经过三十余年的努力，技术水平也有了相当的提高，但技术性能及智能化程度距离国外先进水平整体上仍存在较大差距，尤其在水下机动性、静音等性能方面亟待提高。总体来说，与国际先进水平相比，我国深海技术与装备仍有不小的差距，严重制约了我国海洋经济与技术的发展。

水下 AUV 的关键技术主要包括高性能电池技术、推进系统技术、水声通信技术、精密导航技术、传感器探测技术、潜航器控制智能化技术等。目前先进的 AUV 巡航速度达到 8～10 节，由装备捷联惯导和多普勒测速仪等组成的组合导航系统的定位误差可以缩小到航程的 0.1%，能够适应几十米到几千米的潜航深度，声呐探测距离可达 100 m。未来 AUV 的发展趋势是向分布式组网、跨域集群编队和协同执行任务方向发展，在导航定位技术、推进系统技术上也有很大的发展空间。根据潜航器的有无自主动力及结构外观，水下潜航器可分为多种类型，适用于不同场景及任务的潜航器在速度、续航、潜深、噪声、机动性等性能指标上也存在较大差别。

水下潜航器的主要分类及代表产品见表 7-1。

表 7-1　水下潜航器的主要分类及代表产品

分类	结构外形	型号	国家
有自主动力（AUV）	鱼雷式	Bluefin-21	美国
		Echo Voyager	美国
		REMUS 600	美国、挪威
		Knifefish	美国
		Status-6	俄罗斯
		Harpsichord	俄罗斯
		HUGIN	挪威
		橙鲨	中国
		乘帆	中国
		海神	中国
	仿生机器鱼	潜龙三号	中国
		BIKI	中国
		ROBO-FISH	中国
		Bluebot	美国
		GhostSwimmer	美国
		BionicFinWave	德国
		MIRO	韩国
		ROBO-SHARK	中国
		HN-1	中国
		SPC-Ⅱ	中国

续表

分类	结构外形	型号	国家
有自主动力（AUV）	仿生龙虾	BUR-001	美国
	仿生水母	AquaJelly	德国
无自主动力（水下滑翔机）	鱼雷式	海燕	中国
		海翼-7000	中国

潜航器推进方式主要可分为仿生摆尾推进和螺旋桨推进两种，表 7-2、表 7-3 分别列出了国内外仿生摆尾推进 AUV 产品性能指标对比，以及国内外螺旋桨推进 AUV 产品性能指标对比。两种推进方式特点对比见表 7-4。总体来看，采用传统螺旋桨推进器的水下机器人，在螺旋桨旋转推进过程中会产生侧向的涡流，增加能量消耗、降低推进效率，且有噪声。摆尾式推进器通过摆尾运动推动周围的水，以此来获得推进力，对于涡流的精确控制使得推进效率高、机动性好。清华大学在自主式水下仿生机器鱼设计研发方面具有多年经验，先后研制了 3 套推进系统并分别做了具体实验，2018 年 12 月在天津东丽湖测试了伺服减速舵机驱动式仿生 AUV 原理样机“BFAUV-甲”，运行平稳、控制灵活，速度 3.5 节；2019 年研制了 200 kg 大推力分布式永磁直线电机摆尾驱动结构，并于同年 10 月做了水池测试，出力迅猛、摆频较高，适合装载于深水湿舱中；2020 年 7 月至 12 月于天津东丽湖及河北省沧州市青县某深水水域测试了搭载电机旋转偏心轮摇杆式驱动部的仿生 AUV 原理样机“BFAUV-乙”上，速度可达 12 节，噪声低至 104.7 dB。因此，模仿鱼类的游动推进模式，研制出高效低噪、灵活机动的仿生潜航器，用以进行水下复杂环境作业，已经成为当前研究热点。

表 7-2　国内外仿生摆尾推进 AUV 产品性能指标对比

仿生摆尾推进 AUV	尺寸	质量/kg	工作深度	最高航速	巡航速度	续航	厂商
ROBO-FISH	长×高×直径：1 000 mm×390 mm×410 mm	30~45	0~60 m	—	2~3 节	3 h	博雅工道（北京）机器人科技有限公司
ROBO-SHARK	长×高：2 200 mm×1 000 mm	60~90	300~1 000m	6~8 节	4 节	—	博雅工道（北京）机器人科技有限公司
HN-1	—	200	0~50 m	约 16 节	—	—	北京航天海纳科技发展有限公司
SPC-Ⅱ	—	40	0~5 m	2.8 节	—	—	北京航空航天大学
GhostSwimmer	长：1 524mm	45	0~90 m	2.5 节	—	—	美国波士顿工程公司
Bluebot	长：1 219.2mm	—	—	约 40 节	—	—	美国波士顿工程公司
MIRO-9	长×高×直径：530 mm× 250 mm×110 mm	2.6	0~30 m	—	—	16 h	韩国 AIRO 公司

表 7-3　国内外螺旋桨推进 AUV 产品性能指标对比

螺旋桨推进 AUV	尺寸	质量/kg	工作深度	最高航速	巡航速度	续航	厂商
橙鲨 I~A	长×高：2 000 mm×φ220 mm	65~80	0~300 m	5 节	—	6~20 h	深之蓝海洋科技股份有限公司
橙鲨 I~B	长×高：1 700 mm×φ190 mm	45	0~100 m	5 节	—	6 h	深之蓝海洋科技股份有限公司
乘帆	长×高：2 000 mm×φ324 mm	160~220	0~300 m	—	2 节	48 h	天津瀚海蓝帆海洋科技有限公司
天威一号	长×高：2 300 mm×φ300 mm	100	0~500 m	5 节	3 节	12 h	哈尔滨工业大学（威海）海洋智能装备研究中心
REMUS-100	长×高：1 600 mm×φ190 mm	37	100 m	5 节	—	20 h	美国伍兹霍尔海洋研究所
REMUS-600	长×高：3 250 mm×φ324 mm	240	600 m	5 节	—	70 h	美国伍兹霍尔海洋研究所
BPAUV	长×高：3 300 mm×φ530 mm	330	最高 270 m	4.5 节	—	25 h	美国金枪鱼机器人技术公司
Bluefin-12S	长×高：3 770 mm×φ320 mm	213	200 m	5 节	—	26 h	美国金枪鱼机器人技术公司
Bluefin-12D	长×高：4 320 mm×φ320 mm	260	1500 m	5 节	—	30 h	美国金枪鱼机器人技术公司
Echo Voyager	长：15.5m	50 000	3 300 m	—	—	6 个月	美国波音公司
MANTA	长：10.4m	7 000	244 m	10 节	—	5 h	美国海军水下作战中心
Mk2	长×高×直径：3450mm×980mm×480 mm	1 100	600 m	8 节	—	24 h	德国阿特拉斯•科普柯集团
HUGIN 1000	长×高：3850 mm×φ750 mm	600~800	600 m	6 节	—	24 h	挪威康斯伯格海事公司
Alister 300	长×高×直径：3 200mm×1 200 mm×1 100 mm	600	300 m	3 节	—	12 h	法国 ECA 公司
Harpsichord 1R	长×高：35 800 mm×φ900 mm	2 500	6 000 m	2.9 节	—	120 h	俄罗斯科学院远东分院海洋技术研究所
Status-6	长×高：324 000 mm×φ1 500 mm	40 000	—	56 节	—	几乎无限	俄罗斯科学院远东分院海洋技术研究所
Tailsman	长×高×直径：5 000mm×4 500mm×2 500 mm	1 800	300 m	5 节	—	24 h	英国宇航系统公司

表 7-4　仿生摆尾推进与螺旋桨推进特点对比

（Δ 表示有很大优势，◎表示有优势）

对比项	摆尾推进	螺旋桨推进	备注
噪声	Δ		螺旋桨推进随速度升高而增大；摆尾推进属于低频，极难被发现

续表

对比项	摆尾推进	螺旋桨推进	备注
空泡	Δ		空泡会形成噪声与气蚀
运动平稳性		Δ	运动平稳有利于声呐及图像识别
控制复杂性	◎		摆尾可舵桨合一，即尾鳍可控方向
易损件寿命	Δ		旋转密封寿命 1 500 h；摆动密封不存在硬性磨损
成熟度		Δ	螺旋桨推进早已普及应用，摆尾推进属于新生技术
推进效率	—	—	理论上摆尾推进效率远高于螺旋桨，实际应用受诸多因素影响，如尾鳍品质、电机效率等，目前直线电机在效率上有很大提升空间
动力成本	◎		螺旋桨推进器工艺复杂、价格昂贵，350 W 的推进器售价为 3～4 万元

7.3.2　系统总体设计

仪器设备系统结构设计如图 7-3 所示，此种仪器是一种基于群体智能的任意海域网络化、多尺度、移动性水声信道测量仪器，能够满足海洋复杂水声信道多尺度、多参数、立体、同步、移动观测需求。

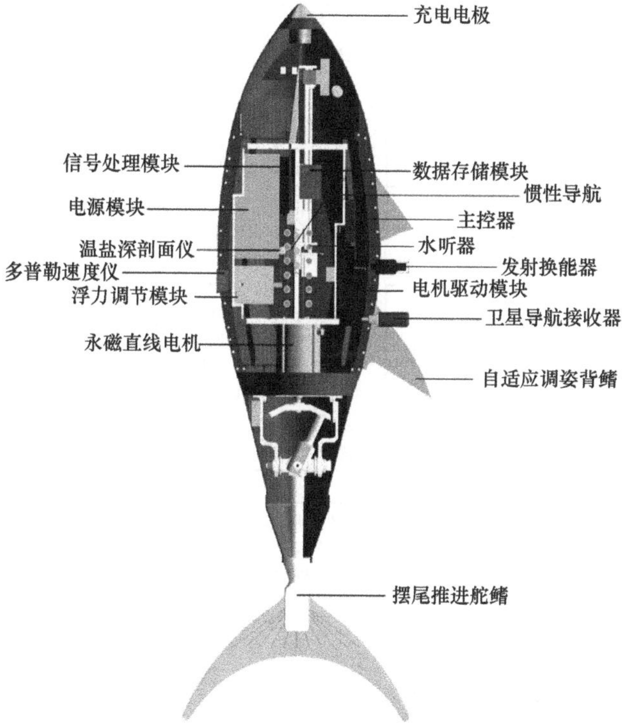

图 7-3　仪器设备系统结构设计

仪器设备系统结构包括：① 水声通信系统（发射换能器、水听器）；② 供电系统（电源模块、充电电极）；③ 水文传感系统（温盐深剖面仪、多普勒速度仪）；④ 仿生低噪摆尾推进系统（电机驱动模块、永磁直线电机、摆尾推进舵鳍、自适应调姿背鳍、浮力调节模块）；⑤ 综合控制系统（主控器、信号处理模块、数据存储模块）；⑥ 导航系统（惯性导航、卫星导航接收器）。

7.3.3 关键核心技术

该种任意海域水声信道动态特性测量仪，能够满足海洋复杂水声信道多尺度、多参数、立体、同步、移动观测的需求。仪器功能总体设计如图 7-4 所示，包括仿生低噪摆尾推进系统、水声通信系统、水文传感系统、导航系统、综合控制系统、供电系统。

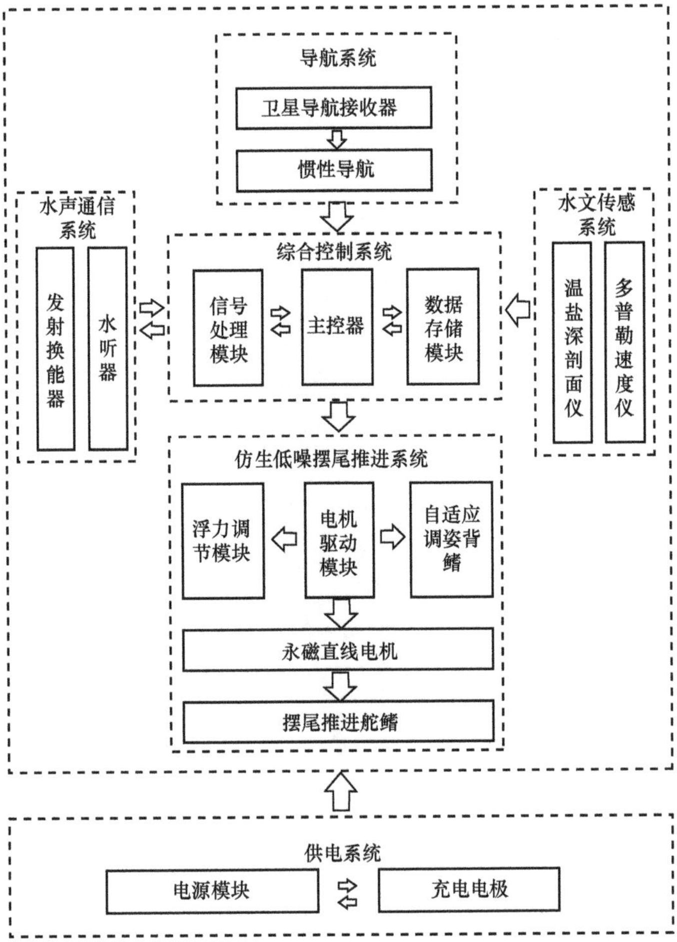

图 7-4　仪器功能总体设计

仪器各子系统功能及相关技术如下。

1. 仿生低噪摆尾推进系统

仿生低噪摆尾推进系统是实现动态、多尺度的立体移动平台的基础。该子系统由电机驱动模块、永磁直线电机、摆尾推进舵鳍、浮力调节模块、自适应调姿背鳍组成。电机驱动模块通过驱动永磁直线电机，进而控制摆尾推进舵鳍实现测量仪器的高速、低噪推进；此外，根据测量需求，电机驱动模块通过控制浮力调节模块实现测量平台垂直移动，并且通过控制自适应调姿背鳍实现测量仪器的平稳移动。

2. 水声通信系统

水声通信系统主要负责传输与接收声信号，以实现水声信道特性的观测，同时也是实现测量仪器分布式测量的信息交互基础。该子系统主要由发射换能器与水听器组成。其中发射换能器负责将数字信号转换成声信号，通过特定的编码与调制解调方案发射信号；水听器则负责接收水声信号，并将其转换成数字信号。

3. 水文传感系统

水文传感系统负责获取结构化的海洋温度、盐度、深度、流速等数据，从而为水声信道的测算提供多维水文参数。该子系统主要由温盐深剖面仪与多普勒速度仪构成。其中温盐深剖面仪集温度、盐度、深度信息探测功能于一体，可以在水下实现精确的温度、盐度、深度水文信息的采集；多普勒速度仪则利用声学多普勒效应，用超声波探测水的流速。

4. 导航系统

导航系统主要负责实现仪器的自主定位，保证水下高效、准确的信道测量；该子系统主要由卫星导航接收器与惯性导航组成。其中，卫星导航接收器负责在仪器周期性浮出水面后接收北斗/GPS 等卫星导航的信号，实现全球定位。惯性导航通过测量仪器在惯性参考系的加速度，将它对时间进行积分，且把它变换到导航坐标系中，就能够得到测量仪器在导航坐标系中的速度、偏航角和位置等信息，从而实现水下的无卫星导航信号情景下的自主导航。

5. 综合控制系统

综合控制系统是测量仪器的主控核心，主要由主控器、信号处理模块、数据存储模块组成，负责实现对获取的水文数据与信道特性数据的处理、分析、存储，以及仪器整体的运动控制与子系统间协作。

6. 供电系统

供电系统负责实现测量仪水下高稳定性的能量供应，保证仪器长续航工作，主要由电源模块与充电电极组成。充电电极实现高稳定性的水下接口对准与电能传输；电源模块主要包括升压电路、降压电路、保护电路与电能存储器，能够实现水下恶劣环境下稳定的电能供应。

7.4 深远海智能网箱

深远海渔业养殖被视为21世纪海洋经济新的增长点，其中，智能化养殖装置是关键。20世纪90年代中期，国际上根据海水养殖业的可持续发展，在总结传统养殖技术的经验，对比分析现代生物技术和环境工程技术在海水养殖中应用的基础上，提出了网箱养殖的全新概念。新型深远海网箱具备抗风浪能力强、安全水平高、智能化水平高等优点，能够满足南海现代化养殖的需求。

7.4.1 相关技术研究综述

挪威、日本、美国等近年都在发展网箱养殖，以拓展养殖海域、减轻环境压力。挪威的大型深远海网箱养殖业是世界上最先进、最典型的，其深远海网箱养殖从无到有进而在世界上占据领先地位的过程耗时并不长，发展十分迅速，在世界网箱养殖行业中处于领先位置，以大型化、自动化、智能化闻名。日本深远海网箱养殖起步较早，但是没有形成规模化，一般由家庭经营，政府支持不足，网箱养殖的发展因此受到制约。希腊深远海网箱养殖业在欧洲和世界都占有重要地位，养殖产量达82 850 t，人均养殖产量90 t，其深远海网箱养殖场具有先进的水质检测和处理设施和行动投饵、机械控网、计算机监控等机械设备，并引进了质量保证系统，国际标准化组织（ISO）和危害分析和关键控制点（HACCP）用以保证产品安全质量。然而，目前国外养殖网箱造价、运维费用高昂，难以适用于我国南海规模化养殖。

在海产品加工方面，传统的海产品加工包括冷藏、冷冻、加热、辐射、干制、腌制、熏制、发酵等仍占有较高的比重，但随着精深加工技术逐渐发展和完善，海产品综合利用效率逐步提升，高值、高质化逐渐成为海产品加工的主流趋势，即通过活性物质和功能物质制备、活性结构改性、安全与质控技术等现代生物技术手段，研发海洋食品、海洋药物、海洋生物材料、海洋生物制品等高附加值产品。国际上，日本实施的“全鱼利用计划”使其全鱼利用率已达到97%，鱼肉以外的鱼皮、鱼鳞和鱼骨等废弃物，都用来提取胶原蛋白、磷脂、壳聚糖、复合微量元素及维生素等功效成分，并将其广泛应用于海洋生物医药、保健品、美容化妆品、调味品及牙膏辅料等。国外从事相关研究的主要机构及其研究成果如表7-5所示。

表 7-5　国外从事相关研究的主要机构及其研究成果

机构名称	研究内容	研究成果	成果应用情况
挪威 Nordlaks Oppdrett AS	养殖工船 JOSTEIN ALBERT	全球首条单点系泊固定	已投入使用
西班牙 Universidad de Santiago de Compostela	贻贝壳的高值化利用	贻贝壳加工碳酸钙制品	已产业化应用
瑞典 Farmocean	半潜式深远海养殖网箱	• 自动化投饲 • 水温海况感知功能	可抗大于 10 m 的波浪，养殖最高产量为 150 t
挪威 SalMar	全自动智能半潜式海上养殖平台	• 可抗 12 级台风 • 智能养殖、自动化保障、高端深远海运营管理等系统	150 万条三文鱼
挪威 BYKSAS	海洋球型网箱	适应性强，操作方便，环境友好，低污染，养殖区域可扩展	该系统容量约 40 000 m^3，养殖产量可达 1 000 t

科技部国家重点研发计划“蓝色粮仓科技创新”2018—2019 年度共支持海洋牧场模式、设施养殖相关项目 9 项，海洋生物苗种培育相关项目 5 项，海洋生态影响、环保相关项目 5 项，以及水产品加工、材料提取、产品高值化加工相关项目 6 项，取得了大量理论与技术成果，开展了一系列养殖、生产装备及海产品、材料研发。

2018 年，中国在海南布局建设国内首个深远海智能养殖渔场。在深远海网箱的道路上，中国起步较晚，在网箱信息感知与获取、数据处理与分析、科学决策等方面与世界一流水平存在一定差距。首先，高度自动化和智能化养殖程度低，监测数据的分析能力不足。目前中国已经初步具备了用传感器监测深远海网箱养殖环境状态的技术，但在不同规格、形状网箱结构传感器布设技术、数据传输的抗干扰能力，以及不同监视系统之间的集成性等尚有不足，导致现有监测数据集成使用效率低下等问题，针对中国深远海网箱主要养殖对象、养殖装备、养殖环境的行为监测、生理生化指标、饲养投喂、装备质量与维修等基础技术支撑不足，尚未形成科学规范的程序与标准。其次，造价高、运营费用高。以“深蓝 1 号”“深蓝 2 号”为例，其单位养殖水体造价达到 2 000～3 000 元/立方米，我国十万吨级养殖工船“国信一号”单位养殖水体造价降低至 1 200 元/立方米，但其运营费用极高，难以进行规模化推广应用。同时，南海养殖实用性低、适应性差。目前国内外主要养殖网箱及工船设施深度主要为 20～30 m，我国南海该深度水域温度较高，无法养殖黄鰤鱼、南海金枪鱼等鱼类，难以保障鱼类生长周期，收益受限。此外，养殖设施综合生态应用能力低。因此，目前国内外主要养殖网箱及工船设施无法满足南海智能化设施养殖发展需求，难以实现推广普及，产业化程度低。

随着我国深远海网箱养殖产业的逐渐兴起，国内养殖产品的精深加工技术也取得了一定的成就。目前，我国已掌握生产大规模网箱养殖军曹鱼的关键技术，如脂肪酶酶解结合超声波辅助生鱼片低温脱脂技术、无磷保水技术、鱼片减菌与品质改良技术、液熏鱼片加工工艺技术、冰温气调保鲜加工技术等，制定了军曹鱼鱼片加工技术规范，使军曹鱼鱼片达到出口制品加工要求。另外，我国解决了网箱养殖鲍鱼高品质产品和副产物加工利用的关键技术问题，开发了复合盐溶液滚筒清洗改良鲍鱼罐头鲍肉质构的技术、鲍鱼罐头智能化加工机械与装备、太阳能–热泵联合干燥系统和副产物生物活性物质高效制备技术等。但是不可忽略的一点是，相比国际领先水平，我国目前已实现精深加工的深远海网箱养殖产品品类尚少，远不能满足深远海网箱养殖产业的快速发展，亟须研究开发更多相关品类的精深加工技术。国内从事相关研究的主要机构及其研究成果如表 7-6 所示。

表 7-6　国内从事相关研究的主要机构及其研究成果

机构名称	研究内容	研究成果	成果应用情况
中国海洋大学	世界最大全潜式深远海钢构网箱“深蓝 1 号”	• 双层超高分子聚乙烯网衣 • 钢架结构 • 随需下潜适宜水层 • 半潜式波浪能发电 • 可抗 12 级台风	已投入使用
中国水产科学研究院南海水产研究所	大规模网箱养殖军曹鱼的多元化加工关键技术	冷冻/冰温/液熏军曹鱼鱼片加工技术规范	已商业化生产
中国水产科学研究院	深远海大型养殖平台	• 改装十万吨级阿芙拉油船 • 可抗 12 级台风 • 移动躲避超强台风功能	改装中
中国水产科学研究院南海水产研究所、天津德赛环保科技有限公司	我国第一艘半潜船形桁架浮体混合结构万吨级“德海智能化养殖渔场”（“德海 1 号”）	• 智能化、无人化养殖系统 • 可抗 17 级台风 • 使用年限>20 年	已商业化生产
中国海洋大学、中国水产科学研究院渔业机械仪器研究所	养殖工船	鱼苗培育、看护养殖网箱、饲料存储、鱼类加工、冷藏等功能	第一批试养 12 万尾三文鱼

7.4.2　系统总体设计

针对南海高海况特征，多边链柔性网箱具备抗高台风的能力。该网箱直径为 12 m，单位养殖水体造价为 100～200 元/立方米，可下潜至水下 50～60 m 深度。考虑南海水域水面温度在 31 ℃左右，每下降 10 m 水温下降 1 ℃，水下 50～60 m 是黄鲫鱼最适宜的生长温度，即 25 ℃～26 ℃，并且可以有效保证黄鲫鱼全年的生长周期均处于适宜水文环境，有利于其生长，提高其价值。此外，该网箱设计支持贝类、藻类吊养，能够有效提高养殖设施的综合生态应用能力。因此，该深远海新型多边链柔性网箱从研制成本、南海养殖环境适应性、综合生态应用能力等方面，均优于现有国内外养殖网箱设施。

新型多边链柔性网箱架构如图 7-5 所示，该网箱由柔性浮架系统、网衣系统和坠砣组成，巨型管架组成浮架系统，外圈挂网，网下挂接实心柱坠坨。管架周边锚定，巨型管架由复合材料制作的圆球和圆管组成多个等边三角形，共 4 圈，最里圈是一个浮球，浮球和圆管采用销轴铰接。网箱包括海浪发电模块、电池模块、天气监测模块、导航模块、养殖环境监测模块、摄像机模块、图传数传模块和通信模块。网箱外围浮筒安装海浪发电模块，通过吸收海浪能，海浪发电液压缸挤压海水，驱动浮球中放置的水轮发电机旋转实现发电，更好的将自然界中的能量转化为网箱中所需的电能，同时降低了海浪对网箱的作用力。网箱利用海浪发电获得的电量用于补充蓄电池或 AUV、爬网机器人、补网机器人、整体设备用电。电池模块内置发电机检测部分，可将发电状态回传给陆地工作人员检查。网箱浮球内部放置蓄电池作为整体电源，电池模块内置电池保护板管理系统保护电池的充放电特性，并且为整体设备供电。网箱顶部放置天气监测模块，监测风、光、雨、温度、湿度，使陆地工作人员及时掌握海面上的天气情况，当接到台风预警或其他灾害预警时可在陆地远程控制网箱紧急下潜，从而保证设施安全。导航模块内置水平、震动和位置检测的功能，在浮筒顶部放置导航模块，主要用于检测网箱漂浮时各浮筒的角速率、加速度以及速度和定位情况，判别是否出现脱锚、震动倾斜和丢失情况；网箱主动下潜避浪时可根据每个浮筒姿态信息进行注水。

图 7-5　多边链柔性网箱架构

同时，陆海接力信息网络与信息综合系统能够满足南海智能化养殖的需求，实现大数据存储与人机界面展示、大数据分析以及人工智能化养殖。在网箱水下指定区域放置养殖环境监测模块，包括流速、水温、盐度、浊度、溶解氧、pH 值、电导率等传感器，用于监测水下养殖环境状态，根据反馈信息及时进行干预调整。在网箱顶部和底部水域放置多个摄像机模块，顶部摄像机模块用于采集网箱周边出现的情况，底部摄像机模块用于采集水下出现的情况，采集到的图像信息通过通信模块回传到陆地计算机控制端，方便工作人员查看和记录。网箱内部通过 2 条控制器局域网总线将检测到的各模块信息和控制状态整合到图传数传模块，经过光纤调制器调制后一并发送到陆地控制端，同时接收陆地控制端对网箱的控制命令，及时做出控制动作。该网箱还安装了超远程网箱养殖检测系统，通过从陆地架设光纤至深远海网箱进行远距离有线通信，陆地监控人员可通过计算机上位机和手机端远程监控网箱的养殖环境因子（流速、水温、盐度、浊度、溶解氧、pH 值、电导率等）和网箱状态信息，实现网络化信息获取与融合，通过大数据存储、分析，实现人工智能化养殖。该网箱采用一种智能养殖系统，从放入鱼苗、投食、常规运营到最终捕鱼整体流程都实现无人化、智能化，是集自供电、智能投食、养殖监控、抗风浪沉降、自修复等功能于一体的智能养殖系统，只有当出现自身不可解决的故障时故障船才去检查维修。此网箱为无人化和智能化养殖，需要 AUV 在网箱内部进行周期性巡航，用于检测网箱渔网是否出现破损，鱼群密度、鱼群健康状态、网箱底部是否出现异常，以及海底是否出现异常等。此网箱还设置了爬网、补网机器人，分别用于附着在渔网上进行清洁和修补工作。

7.5 未来展望

海洋是沿海国家经济和社会可持续发展的重要保障，是影响国家战略安全的重要因素。我国拥有超过 300 万平方千米海域、1.8 万千米大陆海岸线，发展海洋经济、加强海洋资源环境保护、维护海洋权益，关系到国家安全和长远发展。习近平总书记在党的十九大报告中明确要求“坚持陆海统筹，加快建设海洋强国”，海洋的国家战略地位空前提高，把我国建设成为海洋经济强国已经成为党中央、国务院既定的宏伟目标之一。随着国家海洋战略的开展，对海上运输、环保监测、现代渔业、海洋文化、安全搜救、监测检修、资源探获、海洋能源、水文地质、海洋生态等应用的需求日益增加，特别是在深远海区域完成观察、探测、攻击等特定任务。

现今研发的各种新型海洋工程装备相互连接，构建起覆盖水下、水面和空中的海洋信息网络，为海洋产业提供信息化保障，为海员、渔民、邮轮 / 游艇乘客以及海岛军民提供三全（全天时、全天候、全海域）不间断信息服务，为海防和海洋经济发展提供必要支撑。但是海洋网络信息体系建设仍存在诸多难点。例如，深远海环境复杂多变、地面技术难以适用、网络体系不够健全、应用系统不够先进。海洋在国防与民生具有极其重要的战略位置，为了进一步对海洋资源的保护和使用，我们需要对深远海的工程装备不断优化更新，推动海洋信息网络便捷化、可靠化、高速化，促进国家海洋战略的深入发展。

第8章 结论与展望

"向海而兴，背海而衰"，近些年随着海洋开发和利用的不断深入，海洋信息网络已经成为世界各国的战略前沿和研究重点。在最近发表的 6G 相关研究中，实现包括海洋在内的全球覆盖已经成为 6G 的三大愿景之一。在这样的背景下，融合了天-空-陆-海-潜多维平台和载荷的海天一体信息网络必将成为下一个十年信息领域的研究核心。然而与陆地信息网络相比，海天一体信息网络系统的高动态、多业务、资源受限、异质异构等特性使其成为设计最复杂的应用系统之一。面对复杂的应用环境和有限的网络资源，海天一体信息网络协作资源配置研究成为发挥网络能效的关键，尤其是基于应用和业务驱动的资源分配将成为主要模式。本书的研究还存在一些不足之处，接下来围绕本书的不足之处，对未来海天一体信息网络的研究方向提出如下展望。

（1）空地海一体化信息网络协作资源配置。本书重点研究了空网（UAV）、地网（岸基基站）、海网（海上基站）和潜网中的资源分配问题，然而弱化了天网（卫星）对系统性能的影响。随着宽带卫星通信系统的建设和完善，卫星必将在海洋信息网络中扮演重要角色。然而增加了卫星这一维度会引出许多需要研究的问题，如天网与地网、海网之间的协作覆盖、干扰控制、协同传输等，因此研究空地海一体化信息网络协作资源配置将是进一步提升网络能效的关键。

（2）基于不完整信道信息的传输鲁棒设计。在本书研究中，为了降低系统设计复杂度，均假设海上的信道状态信息是已知的。然而海上传输面临复杂的环境影响，不规则海平面带来的反射信号的干扰和长距离通信带来的导频污染等问题都会对海上信道估计带来很大影响，因此研究信道信息存在误差下的传输鲁棒设计具有很强的实际应用价值。此外，对于海上信道而言，其大尺度衰落容易估算，然而小尺度衰落存在随机性，因此基于信道统计信息设计相应的传输优化方法也是未来的可能研究方向。

（3）面向服务过程的资源调度方案。在本书系统设计中，均假设海洋物联网设备、海上用户等在信息服务过程中位置是相对固定的，然而海洋是高动态环境，节点的位置状态信息是持续变化的。以海上用户信息服务为例，海上用户在服务过程中可能沿着航线运动，在运动过程中可能会接入不同的基站，同时更新自己的状态信息和 QoS 要求信息等，因此研究面向服务过程的资源调度方案从而提升服务过程中的资源利用效率可能是未来的研究方向。

（4）骨干链路传输受限特性对网络能效影响机制。在海天一体信息网络中，由于环境及成本限制，各维平台之间只能采用无线骨干链路连接，然而受到通信距离等影响，骨干链路的传输容量可能是受限的，这将进一步影响现有研究中资源分配的相关设计。因此，针对海上传输环境限制，研究海上无线骨干链路的传输容量界，以及骨干链路传输受限下新的资源分配机制将是提升网络效能的关键，因此也是未来可能的研究方向。